"十二五"普通高等教育本科国家级规划教材
第1版和第2版为北京高等教育精品教材
第2、3版为普通高等教育"十一五"国家级规划教材
和"十二五"普通高等教育本科国家级规划教材

21世纪大学本科计算机专业系列教材

计算机组成原理

(第4版)

蒋本珊 编著

清华大学出版社
北京

内容简介

本书系统地介绍了计算机的基本组成原理和内部工作机制。主要内容分成两个部分，由9章组成：第1、2章介绍计算机的基础知识；第3～9章介绍计算机的各子系统（包括运算器、存储器、控制器、总线、外部设备和输入输出子系统等）的基本组成原理、设计方法、相互关系以及各子系统互相连接构成整机系统的技术。

本书讲述了计算机的基本原理和基本概念，并注意与实用性和先进性相结合。全书内容由浅入深，通俗易懂，每章之后均附有习题，便于自学。

本书可以作为高等院校计算机及相关专业"计算机组成原理"课程的教材，也可供从事计算机工作的工程技术人员参考。

图书在版编目(CIP)数据

计算机组成原理/蒋本珊编著. —4版. —北京：清华大学出版社，2019（2025.3重印）
（21世纪大学本科计算机专业系列教材）
ISBN 978-7-302-53021-3

Ⅰ. ①计… Ⅱ. ①蒋… Ⅲ. ①计算机组成原理－高等学校－教材 Ⅳ. ①TP301

中国版本图书馆CIP数据核字(2019)第093911号

责任编辑：张瑞庆
封面设计：常雪影
责任校对：梁 毅
责任印制：曹婉颖

出版发行：清华大学出版社
网 址：https://www.tup.com.cn，https://www.wqxuetang.com
地 址：北京清华大学学研大厦A座 **邮 编**：100084
社 总 机：010-83470000 **邮 购**：010-62786544
投稿与读者服务：010-62776969，c-service@tup.tsinghua.edu.cn
质量反馈：010-62772015，zhiliang@tup.tsinghua.edu.cn
课件下载：https://www.tup.com.cn，010-83470236
印 装 者：北京同文印刷有限责任公司
经 销：全国新华书店
开 本：185mm×260mm **印 张**：22.25 **字 数**：536千字
版 次：2004年3月第1版 2019年8月第4版 **印 次**：2025年3月第16次印刷
定 价：59.90元

产品编号：083950-02

第4版前言

FOREWORD

《计算机组成原理》一书最初写作于2003年，先后出版了第1～3版，累计发行20万册。本书的第3版出版于2013年5月，它与配套的参考书《计算机组成原理学习指导与习题解析》(第3版)和《计算机组成原理教师用书》(第3版)均受到了读者的欢迎和好评，印刷13次。由于第3版出版迄今已6年有余，应广大同行和读者的强烈要求，从2018年9月底开始了本次修订。

本次修订未对全书的框架结构进行调整，只是对部分内容进行了必要的调整、更新、删减，并且参考国内外相关资料增加了一些最新的概念和技术。

修订后的本书保持了原书概念清楚、通俗易懂的风格，在强调基本原理、基本概念的同时，也注意了实用性和先进性。

本书每章后附有大量的习题，在与本书完全配套的《计算机组成原理教师用书》(第4版)第一章的"教材习题解答"版块中给出了本书中全部习题的解答，以供读者参考。

本人所公布的电子邮箱(bs.jiang@163.com)多年来收到很多同行和读者的来信，均已逐一认真回复。对于一些好的建议，在本次修订中也有所体现。希望修订之后的本书能对读者更有帮助，欢迎继续来信提出宝贵意见和建议。

作　者

2019年3月

第3版前言

FOREWORD

《计算机组成原理》一书是本人积多年教学经验和体会精心写作完成的，本书第1版出版至今已近10年。承蒙专家和读者的厚爱，收获了不少成果。例如，《计算机组成原理》2004年被评为北京市精品教材，2007年入选教育部普通高等教育“十一五”国家级规划教材；《计算机组成原理》（第2版）2009年获得兵工高校优秀教材一等奖，《计算机组成原理》（第2版）以及配套参考书《计算机组成原理学习指导与习题解析》（第2版）、《计算机组成原理教师用书》（第2版）共3本书在2011年被评为北京市精品教材，《计算机组成原理》（第2版）2012年入选教育部“十二五”普通高等教育本科国家级规划教材。

本次修订有比较大的调整。首先是增加了总线一章，使全书的总章数由8章变为9章。然后，对原有的各章也都进行了必要的调整、更新、删减，补充了不少新的内容，特别是为适应计算机飞速发展的需要，参考国内外相关资料，增加了不少最新的概念和技术，仅补充和更新的内容就近4万字。

修订后的本书保持了原书概念清楚、通俗易懂的风格，在强调基本原理、基本概念的同时，也注意了实用性和先进性。

此次修订得到欧阳凌、潘海军的大力支持和帮助，他们在资料收集、图表制作、书稿整理等方面参与了工作，在此表示感谢。

继续欢迎读者来信提出意见和建议，电子邮箱：bs.jiang@163.com。对于读者的来信，本人将会逐一回复。

作　者

2013年5月

第 2 版前言

FOREWORD

承蒙读者的厚爱，本书第 1 版出版仅三年，已连续印刷 10 次，总印数达到 41 000 册。本书 2004 年被评为北京市精品教材，2007 年入选教育部普通高等教育“十一五”国家级规划教材。本书作为主教材，与 2005 年以来相继出版的《计算机组成原理学习指导与习题解析》和《计算机组成原理教师用书》一起形成了一个比较完整的教材教学体系，可以适应大多数高校的计算机及相关专业“计算机组成原理”课程教学的需要，受到了许多老师的欢迎。

随着计算机技术发展的日新月异，对第 1 版教材中部分内容的更新也被提上了议事日程。此次修订，保留了原书的框架和风格，全书章节基本保持不变，但与原书相比，进行了必要的调整、删减，补充了一些新的内容，增加了不少新的概念和新的技术。

第 1 章增加哈佛结构的内容，第 3 章增加指令系统的发展的内容，第 5 章增加 DDR2 SDRAM 和 DDR3 SDRAM 等内容，第 6 章增加微处理器中的新技术的内容，第 7 章增加 SATA 硬盘、NCQ 技术和显卡等内容，第 8 章增加 PCI-Express 总线的内容。

除了这些大的变化，其余章节的内容也有一些修改和补充。

修订后的本书力求概念清楚、通俗易懂，并注意处理好基本原理、基本概念与实用性、先进性之间的关系。

本书第 1 版自面市以来，收到了许多同行和读者发来的电子邮件，对于读者的来信，本人均给予了一一回复和解答。希望修订之后的本书能对读者有所帮助，欢迎来信提出意见和建议。电子邮箱：bs.jiang@163.com。

作　者

2008 年 6 月

第1版前言

FOREWORD

“计算机组成原理”是计算机类各专业学生的必修核心课程之一，主要讨论计算机各大部件的基本组成原理，各大部件互连构成整机系统的技术。本课程在计算机学科中处于承上启下的地位，先修课程应包括计算机基础、数字电路等。本课程的参考教学时数为56～72学时。

全书共分8章：第1、2章介绍计算机的基础知识（概论、数据的机器层次表示），第3～8章介绍计算机的各子系统（指令系统、数值的机器运算、存储系统和结构、中央处理器、外部设备、输入输出系统）的基本组成原理。

本书的内容与教学时数允许的分量相比偏多一些，有些内容对某些专业来说可能已在先导课程中讨论过，因此，在使用本教材时，可根据各专业的具体情况在章节上有选择地进行取舍。

计算机组成原理类的教材在国内已有不少，本书在下列几个方面具有一定的特色。

第一，本书是中国计算机学会和清华大学出版社共同规划的面向全国高等学校计算机专业本科生的“21世纪大学本科计算机专业系列教材”之一，内容覆盖了《中国计算机科学与技术学科教程2002(CCC2002)》对本课程所列出的知识单元。

第二，本书既强调计算机的基本概念和基础知识，对计算机的各大基本部件的组成原理、设计方法及相互关系都进行了较详细的描述，又注意与实际应用相结合，具有一定的针对性，以避免理论和实际脱节。

第三，计算机技术的发展日新月异，作为一本专业基础课教材，不可能也没有必要处处体现先进技术；有时过于求新，反倒会使内容显得高深且难以理解。本书在阐述中注意由浅入深、循序渐进，在讲清基本原理的基础上，再提出先进技术和新的发展方向，以降低学习的难度。

第四，本书根据各章节内容的要求按横向方式组织课程实例，而不拘泥于某一种具体的机型，以减少局限性，扩大读者的视野和适用面。考虑到目前国内的实际情况，实例以微、小型计算机为主。

第五，为了帮助读者建立整机概念，本书中介绍了一个仅有十几条指令的模型机，试图通过解剖这样一个小小的“麻雀”来介绍控制器的设计方法。

第六，各章内容相对独立，由浅入深，同时注意章节间内容的衔接，适合自学。

总之，本书力求做到内容全面、概念清楚、通俗易懂，并注意到实用性和先进性。

本书每章后附有大量的习题，为读者提供较多的练习机会。

本书还附有配套的电子教案，以便于教学使用，需要的教师可直接与清华大学出版社联系索取。

在本书编写过程中得到了"21世纪大学本科计算机专业系列教材"编委会的多次指导和建议。重庆大学计算机系袁开榜教授亲自仔细审阅了本书的全部内容，提出了许多宝贵的修改意见。清华大学出版社的编辑们也为本书的出版做了许多工作。在此对他们辛勤的工作和热情的支持表示诚挚的感谢！

由于时间的原因以及个人的水平限制，书上难免出现错误和不妥之处，欢迎同行和广大读者批评指正。如有问题可直接与作者联系，电子邮箱是：bs.jiang@163.com。

作　者

2003年11月

CONTENTS

第1章 概论

本章从存储程序的概念开始，讨论计算机的基本组成与工作原理，使读者对于计算机系统先有一个简单的整体概念，为今后深入学习各个部件打下基础。

1.1 电子计算机与存储程序控制

电子计算机是一种不需要人工直接干预，能够自动、高速、准确地对各种信息进行处理和存储的电子设备。电子计算机从总体上来说可以分为两大类：电子模拟计算机和电子数字计算机。电子模拟计算机中处理的信息是连续变化的物理量，运算的过程也是连续的；而电子数字计算机中处理的信息是在时间上离散的数字量，运算的过程是不连续的。通常所说的计算机都是指电子数字计算机。

1.1.1 电子计算机的发展

1. 计算机的发展历史

人们习惯把电子计算机的发展历史分“代”，其实分代并没有统一的标准。最常见的分代方法是根据计算机所采用的电子器件来划分的：

第一代，1946—1958年，电子管计算机；

第二代，1958—1964年，晶体管计算机；

第三代，1964—1971年，小、中规模集成电路(SSI、MSI)计算机；

第四代，1971—至今，大、超大规模集成电路(LSI、VLSI)计算机。

(1) 电子管计算机时代

这一时期的计算机采用电子管作为基本器件，初期使用延迟线作为存储器，以后发明了磁芯存储器。早期的计算机主要用于科学计算，为军事与国防尖端科技服务。

(2) 晶体管计算机时代

这一时期计算机的基本器件由电子管改为晶体管，存储器采用磁芯存储器。运算速度从每秒几千次提高到几十万次，存储器的容量从几千存储单元提高到10万存储单元以上。这不仅使计算机在军事与尖端技术上的应用范围进一步扩大，而且在气象、工程设计、数据处理以及其他科学研究领域也得到应用。

(3) 小、中规模集成电路计算机时代

这一时期的计算机采用小、中规模集成电路为基本器件,因此功耗、体积和价格等进一步下降,而速度及可靠性相应提高,使得计算机的应用范围进一步扩大。

(4) 大、超大规模集成电路计算机时代

20世纪60年代后,微电子技术发展迅猛,半导体存储器问世,迅速取代了磁芯存储器,并不断向大容量、高集成度、高速度方向发展。从1971年开始出现了包含CPU的单片集成电路(微处理器),以微处理器为核心的电子计算机就是微型计算机。微型计算机的出现,形成了计算机发展史上的又一次革命,使计算机进入了几乎所有的行业。

严格意义上说,现代计算机还属于第四代计算机,但是随着集成电路的不断发展,单片集成电路的规模越来越大。有专家将单片超过100万晶体管以上的集成电路称为特大规模集成电路(ULSI),单片达到一亿到十亿晶体管的集成电路称为极大规模集成电路(ELSI)。

2. 计算机的发展趋势

现在,世界已进入了计算机时代,计算机的发展趋势正向着"两极"分化。一极是微型计算机向更微型化、网络化、高性能、多用途方向发展。微型计算机分为台式机、便携机、笔记本机、亚笔记本机、掌上机等。由于它们体积小、成本低而占领了整个国民经济和社会生活的各个领域。另一极则是巨型机向更巨型化、超高速、并行处理、智能化方向发展。它是一个国家科技水平、经济实力、军事实力的象征。在解决天气预报、地震分析、航空气动、流体力学、卫星遥感、激光武器、海洋工程等方面的问题上,巨型机将大显身手。

随着新的元器件及其技术的发展,新型的超导计算机、量子计算机、光子计算机、生物计算机、纳米计算机等将会在不久的将来走进人们的生活,遍布各个领域。

1.1.2 存储程序概念

世界上第一台电子数字计算机是1946年2月在美国宾夕法尼亚大学诞生的ENIAC(Electronic Numerical Integrator and Computer)。ENIAC是一个庞然大物,它共用了18 000多个电子管,重达30t,占地面积170m^2,每秒钟可完成5000次加法运算。ENIAC有一个很大的缺点,即它的存储容量极小,只能存储20个字长为10位的十进制数,所以只能用线路连接的方法来编排程序,每次解题都要依靠人工来改变接线,准备时间将大大超过实际计算时间。

在研制ENIAC的同时,以美籍匈牙利裔数学家冯·诺依曼(John von Neumann)为首的研制小组提出了"存储程序控制"的计算机结构,并开始了存储程序控制的计算机EDVAC(Electronic Discrete Variable Automatic Computer)的研制。由于种种原因,EDVAC直到1951年才问世。而吸收了冯·诺依曼的设计思想,由英国剑桥大学研制的EDSAC(Electronic Delay Storage Automatic Computer)则先于它两年诞生,成为事实上的第一台存储程序的计算机。

存储程序概念是冯·诺依曼等人于1945年6月首先提出来的,它可以简要地概括为以下3点:

① 计算机(指硬件)应由运算器、存储器、控制器、输入设备和输出设备五大基本部件组成。

② 计算机内部采用二进制来表示指令和数据。

③ 将编好的程序和原始数据事先存入存储器中,然后再启动计算机工作,这就是存储程序的基本含义。

冯·诺依曼对计算机界的最大贡献在于“存储程序控制”概念的提出和实现。70多年来,虽然计算机的发展速度是惊人的,但就其结构原理来说,目前绝大多数计算机仍建立在存储程序概念的基础上。通常把符合“存储程序概念”的计算机统称为冯·诺依曼型计算机。当然,现代计算机与早期计算机相比在结构上还是有许多改进的。

随着计算机技术的不断发展,也暴露出了冯·诺依曼型计算机的主要弱点:存储器访问会成为瓶颈。目前已出现了一些突破存储程序控制的计算机,统称为非冯计算机,如数据驱动的数据流计算机、需求驱动的归约计算机和模式匹配驱动的智能计算机等。本书讨论的范围仅限于冯·诺依曼型计算机的组成,有关非冯计算机将在后续的课程中进行讨论。

1.2 计算机的硬件组成

原始的冯·诺依曼计算机在结构上是以运算器为中心的,而发展到现在,已转向以存储器为中心,图1-1为计算机最基本的组成框图。

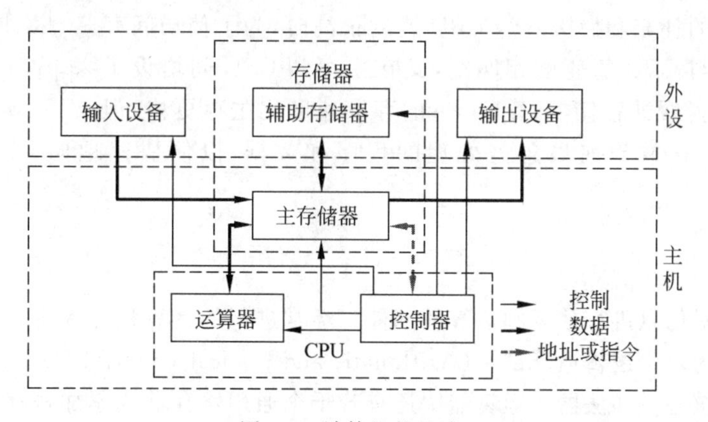

图1-1 计算机的组成

通常将运算器和控制器合称为中央处理器(Central Processing Unit,CPU)。在由超大规模集成电路构成的微型计算机中,往往将CPU制成一块芯片,称为微处理器。

中央处理器和主存储器(内存储器)一起组成主机部分。除去主机以外的硬件装置(如输入设备、输出设备和辅助存储器等)称为外围设备或外部设备。

1.2.1 计算机的主要部件

1. 输入设备

输入设备的任务是把人们编好的程序和原始数据送到计算机中,并且将它们转换成计算机内部所能识别和接受的信息方式。

按输入信息的形态输入可分为字符(包括汉字)输入、图形输入、图像输入及语音输入等。目前,常见的输入设备有键盘、鼠标、扫描仪、摄像头、手写输入板等。辅助存储器(磁盘、磁带)也可以视为输入设备。

2. 输出设备

输出设备的任务是将计算机的处理结果以数字、字符(汉字)、图形、图像、声音等形式送出计算机。

常用的输出设备有打印机、显示器、绘图仪等。辅助存储器也可以视为输出设备。

3. 存储器

存储器是用来存放程序和数据的部件,它是一个记忆装置,是计算机能够实现“存储程序控制”的基础。

在计算机系统中,规模较大的存储器往往分成若干级,称为存储系统。图1-2所示的是常见的三级存储系统。主存储器可由CPU直接访问,存取速度快,但容量较小,一般用来存放当前正在执行的程序和数据。辅助存储器设置在主机外部,它的存储容量大,价格较低,但存取速度较慢,一般用来存放暂时不参与运行的程序和数据。CPU不可以直接访问辅存,辅存中的程序和数据在需要时才传送到主存,因此它是主存的补充和后援。当CPU速度很高时,为了使访问存储器的速度能与CPU的速度相匹配,又在主存和CPU间增设了一级Cache(高速缓冲存储器)。Cache的存取速度比主存更快,但容量更小,用来存放当前最急需处理的程序和数据,以便快速地向CPU提供指令和数据。

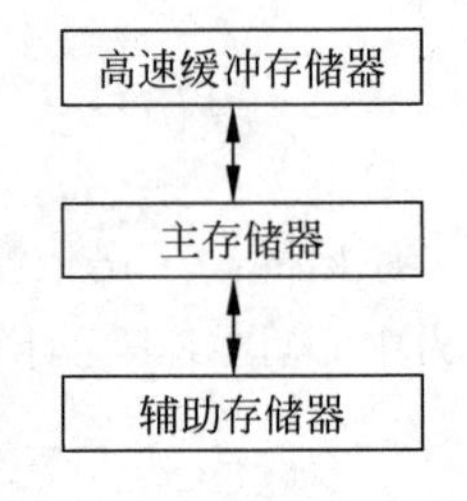

图1-2 三级存储系统

4. 运算器

运算器是对信息进行处理和运算的部件。经常进行的运算是算术运算和逻辑运算,所以运算器又称为算术逻辑运算部件(Arithmetic and Logical Unit,ALU)。

运算器的核心是加法器。运算器中还有若干个通用寄存器或累加寄存器,用来暂存操作数并存放运算结果。寄存器的存取速度比存储器的存取速度快得多。

5. 控制器

控制器是整个计算机的指挥中心,它的主要功能是按照人们预先确定的操作步骤,控制整个计算机的各部件有条不紊地自动工作。

控制器从主存中逐条地取出指令进行分析,根据指令的不同来安排操作顺序,向各部件发出相应的操作信号,控制它们执行指令所规定的任务。

控制器中包括一些专用的寄存器。

1.2.2 计算机各大部件之间连接

将前述的各大基本部件,按某种方式连接起来就构成了计算机的硬件系统。

1. 总线结构(小、微型机的典型结构)

所谓总线(Bus)是一组能为多个部件服务的公共信息传送线路,它能分时地发送与接收各部件的信息。计算机中采用总线结构,可以大大减少信息传送线的数量,又可以提高计算机扩充主存及外部设备的灵活性。

最简单的总线结构是单总线结构,如图 1-3 所示。各大部件都连接在单一的一组总线上,故将这个单总线称为系统总线。CPU 与主存、CPU 与外设之间可以直接进行信息交换,主存与外设、外设与外设之间也可以直接进行信息交换,而无须经过 CPU 的干预。

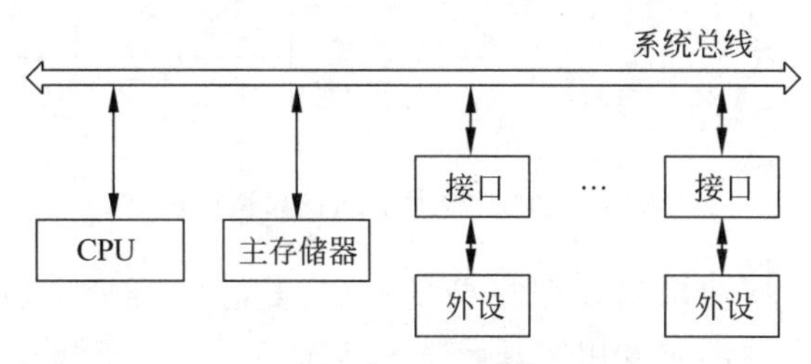

图 1-3　单总线结构

单总线结构提高了 CPU 的工作效率,而且外设连接灵活,易于扩充。但由于所有部件都挂在同一组总线上,而总线又只能分时地工作,故同一时刻只允许一对设备(或部件)之间传送信息。

所谓单总线并不是指只有一根信号线。系统总线按传送信息的不同可以细分为地址总线、数据总线和控制总线。地址总线(Address Bus)由单方向的多根信号线组成,用于 CPU 向主存、外设传输地址信息;数据总线(Data Bus)由双方向的多根信号线组成,CPU 可以沿这些线从主存或外设读入数据,也可以沿这些线向主存或外设送出数据;控制总线(Control Bus)上传输的是控制信息,包括 CPU 送出的控制命令和主存(或外设)返回 CPU 的反馈信号。

总线结构是小、微型计算机的典型结构。这是因为小、微型计算机的设计目标是以较小的硬件代价组成具有较强功能的系统,而总线结构正好能满足这一要求。

2. 大、中型计算机的典型结构

大、中型计算机系统的设计目标更着重于系统功能的扩大与效率的提高。图 1-4 为大、中型计算机的典型结构图。在系统连接上分为四级:主机、通道、设备控制器和外部设备。

通道是承担 I/O 操作管理的主要部件,每个通道可以接一台或几台设备控制器,每个设备控制器又可接一台或几台外部设备,这样整个系统就可以连接很多的外部设备。这种结构具有较大的扩充变化余地。对较小的系统来说,可将设备控制器与外设合并在一起,将通道与 CPU 合并在一起;对较大的系统,则单独设置通道部件;对更大的系统,通道可发展成为具有处理功能的外围处理机。

1.2.3　不同对象观察到的计算机硬件系统

从第一台计算机诞生至今,已经经历了 70 多年的风风雨雨,目前计算机可以说已经无

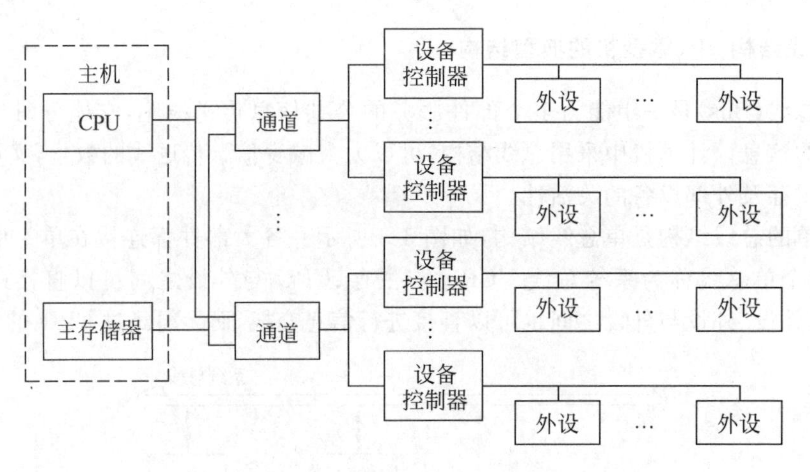

图 1-4　大、中型计算机的典型结构

处不在、无事不通。在绝大多数的人看来，计算机(主要指微型计算机)已不再是陌生和充满玄机的神秘之物，而仅仅是一种常用工具而已。然而不同对象所观察到的计算机硬件系统是不相同的，所涉及的技术问题也是不同层次的，下面仅以微型计算机为例来分析它们之间的区别。

1. 一般用户观察到的计算机硬件系统

一般用户是指那些仅局限于使用计算机最基本功能的用户。他们观察到的只是计算机的用户界面，如人机交互使用的键盘、鼠标、显示器，用于存储信息的磁盘、光盘等，计算机本身对于他们来说只是一个或立或卧在那里的铁箱子，至于它内部的结构和组成、工作原理等都是不必关心的。一般用户观察到的计算机硬件系统如图 1-5 所示。

图 1-5　一般用户观察到的计算机硬件系统

2. 专业用户观察到的计算机硬件系统

专业用户观察到的计算机硬件系统要比一般用户深入得多，他们可能更多地关注计算机机箱内各部分的结构和组成，专业用户观察到的计算机硬件系统如图 1-6 所示。

图 1-6 中除了键盘、显示器以外，其余部分都在机箱内。机箱中的核心是主板，微处理器、内存条、外部高速缓冲存储器(Cache)、显卡、磁盘控制器等可以直接制作在主板上或插在主板上。近年的计算机已都将外部 Cache 集成在微处理器芯片中了。

3. 计算机设计者观察到的计算机硬件系统

计算机的设计者更多地关心计算机的组成原理和实现方法，图 1-7 所示的是计算机设计者观察到的计算机硬件系统，此时计算机的硬件系统被进一步分解。

从图 1-7 可以看出，计算机硬件系统是由运算器、控制器、存储器和外设组成的，这就是系统级。系统级是由寄存器级组成的，寄存器级又是由门级组成的，门级最后由晶体

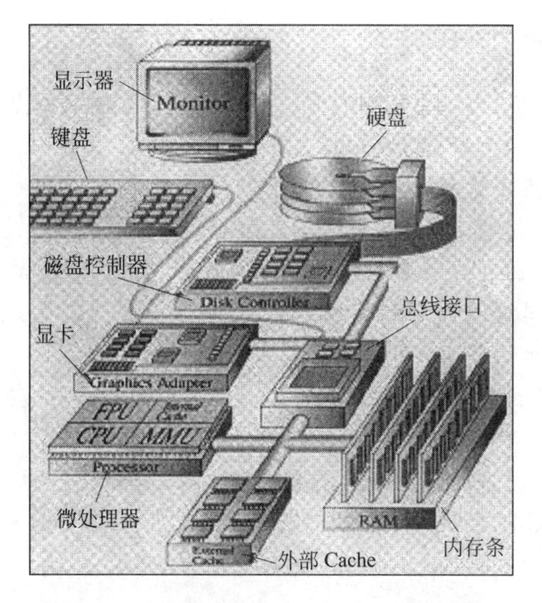

图 1-6　专业用户观察到的计算机硬件系统

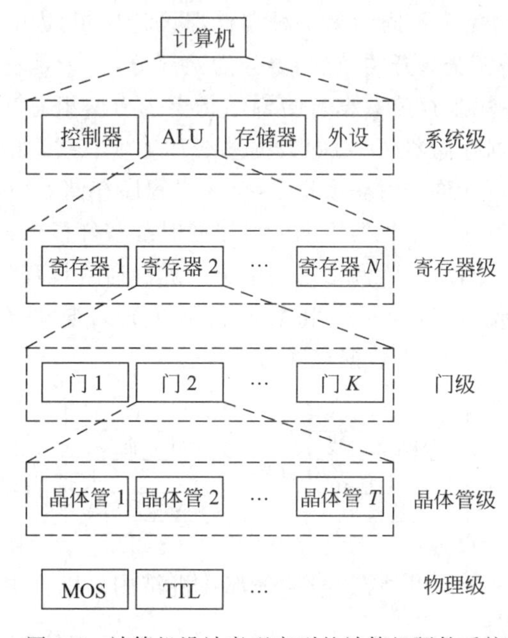

图 1-7　计算机设计者观察到的计算机硬件系统

管级组成，而晶体管的物理实现主要有两种：金属氧化物半导体(MOS)和晶体管-晶体管逻辑(TTL)。

1.2.4　冯·诺依曼结构和哈佛结构的存储器设计思想

前面已经提到过冯·诺依曼计算机的存储程序概念，然而根据程序(指令序列)和数据的存放形式，存储器设计思想又可以分为冯·诺依曼结构和哈佛结构。

1. 冯·诺依曼结构

冯·诺依曼结构也称普林斯顿结构,是一种传统的存储器设计思想,即指令和数据是不加区别地混合存储在同一个存储器中的,共享数据总线,如图1-8所示。指令地址和数据地址指向同一个存储器的不同物理位置,指令和数据的宽度相同。由于指令和数据存放在同一存储器中,因此冯·诺依曼结构中不能同时取指令和取操作数。又由于存储器存取速度远远低于CPU运算速度,从而使计算机运算速度受到很大限制,CPU与共享存储器间的信息交换成了影响高速计算和系统性能的"瓶颈"。

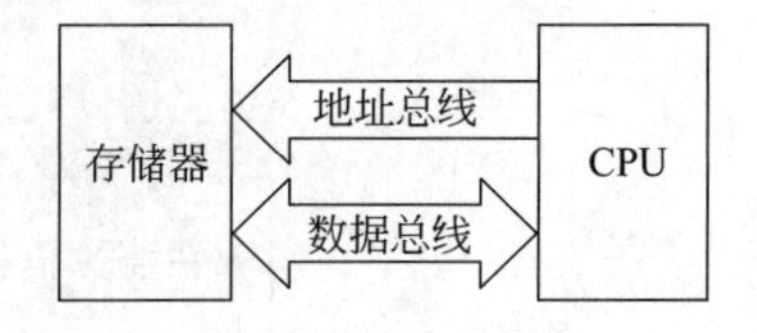

图1-8　冯·诺依曼结构的存储器设计

使用冯·诺依曼结构的中央处理器是很多的。例如,Intel公司的80x86及其他中央处理器、ARM公司的ARM7和MIPS公司的MIPS等也都采用了冯·诺依曼结构。

2. 哈佛结构

冯·诺依曼结构在面对高速、实时处理时,不可避免会造成总线拥挤。为此,哈佛大学提出了与冯·诺依曼结构完全不同的另一种存储器设计思想,人们习惯称之为哈佛结构。哈佛结构的指令和数据是完全分开的,存储器分为两部分,一个是程序存储器,用来存放指令,另一个是数据存储器,用来存放数据。哈佛结构至少有两组总线:程序存储器(PM)的数据总线和地址总线,数据存储器(DM)的数据总线和地址总线,如图1-9所示。这种分离的程序总线和数据总线,可允许同时获取指令字(来自程序存储器)和操作数(来自数据存储器)而互不干扰。这意味着在一个机器周期内可以同时准备好指令和操作数,本条指令执行时可以预先读取下一条指令,所以哈佛结构的中央处理器通常具有较高的执行效率。同时,由于指令和数据分开存放,可以使指令和数据有不同的数据宽度,如Microchip公司的PIC16芯片的指令宽度为14位,而数据宽度为8位。

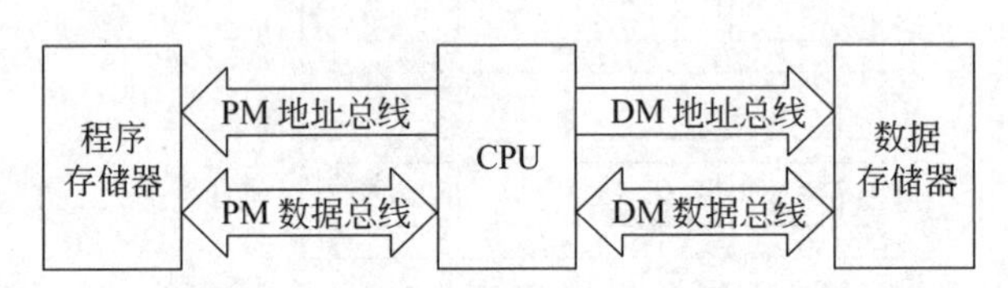

图1-9　哈佛结构的存储器设计

使用哈佛结构的中央处理器有很多。例如,Motorola公司的MC68系列,Zilog公司的Z8系列,以及ARM公司的ARM9、ARM10和ARM11。大多数单片机和数字信号处理(DSP)系统都使用哈佛结构。

目前,许多现代微型计算机中的高速缓冲存储器(Cache)采用哈佛结构,将Cache分为指令Cache和数据Cache两个部分,而主存储器采用冯·诺依曼结构,只有一个,由指令和数据合用。如此将冯·诺依曼结构和哈佛结构结合起来,不仅可以提高主存储器的利用率,而且可以提高程序执行的效率,缩短指令执行的时钟周期。

1.3 计算机系统

一个完整的计算机系统包含硬件系统和软件系统两大部分。硬件通常是指一切看得见、摸得到的设备实体；软件通常是泛指各类程序和文件，它们实际上是由一些算法以及其在计算机中的表示所构成的。

1.3.1 硬件与软件的关系

硬件是计算机系统的物质基础，正是在硬件高度发展的基础上，才有软件赖以生存的空间和活动场所，没有硬件对软件的支持，软件的功能就无从谈起；同样，软件是计算机系统的灵魂，没有软件的硬件“裸机”将不能提供给用户使用，犹如一堆废铁。因此，硬件和软件是相辅相成、不可分割的整体。

当前，计算机的硬件和软件正朝着互相渗透、互相融合的方向发展，在计算机系统中没有一条明确的硬件与软件的分界线。原来一些由硬件实现的功能可以改由软件模拟来实现，这种做法称为硬件软化，它可以增强系统的功能和适应性；同样，原来由软件实现的功能也可以改由硬件来实现，称为软件硬化，它可以显著降低软件在时间上的开销。由此可见，硬件和软件之间的界面是浮动的，对于程序设计人员来说，硬件和软件在逻辑上是等价的。一项功能究竟采用何种方式实现，应该从系统的效率、速度、价格和资源状况等诸多方面综合考虑。

既然硬件和软件不存在一条固定的一成不变的界线，那么今天的软件可能就是明天的硬件，今天的硬件也可能就是明天的软件。

除去硬件和软件，还有一个概念需要引起注意，这就是固件(Firmware)。固件一词是1967年由美国人A·Opler首先提出来的。固件是指那些存储在能永久保存信息的器件(如ROM)中的程序，是具有软件功能的硬件。固件的性能指标介于硬件与软件之间，吸收了软、硬件各自的优点，其执行速度快于软件，灵活性优于硬件，是软、硬件结合的产物，计算机功能的固件化将成为计算机发展的一个趋势。

1.3.2 系列机和软件兼容

计算机技术是飞速发展的技术，随着元器件、硬件技术和工业生产能力的迅猛发展，新的高性能的计算机不断地被研制和生产出来。用户希望在新的计算机系统出台后，原先已开发的软件仍能继续在升级换代后的新型号的机器上使用，这就要求软件具有可兼容性。

所谓系列机，是指一个厂家生产的，具有相同的系统结构，但具有不同组成和实现的一系列不同型号的机器。

系列机从程序设计者的角度看具有相同的机器属性，即相同的系统结构。这里的相同是指在指令系统、数据格式、字符编码、中断系统、控制方式和输入输出操作方式等多个方面保持统一，从而保证了软件的兼容。系列机的软件兼容分为向上兼容、向下兼容、向前兼容和向后兼容4种。向上(下)兼容指的是按某档次机器编制的程序，不加修改就能运行在比它更高(低)档的机器上；向前(后)兼容是指按某个时期投入市场的某种型号机器编制的程序,不加修改就能运行在它之前(后)投入市场的机器上。图1-10形象地说明了兼容性的概念。对系列机的软件向下和向前兼容可以不作要求,但必须保证向后兼容,力争做到向上兼容。

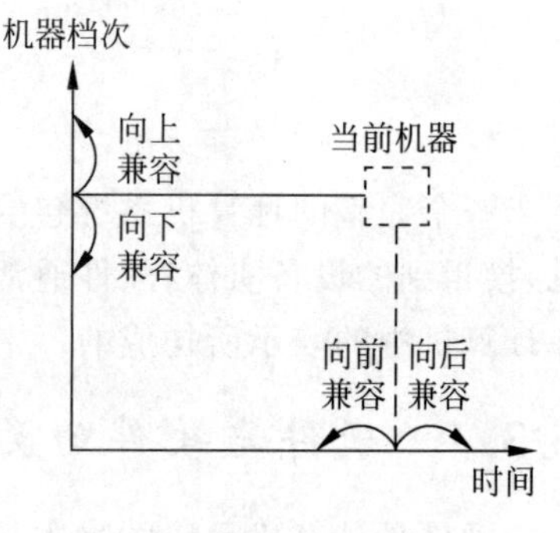

图1-10 兼容性示意

1.3.3 计算机系统的多层次结构

现代计算机系统是一个硬件与软件组成的综合体,可以把它看作按功能划分的多级层次结构,如图1-11所示。

第零级是硬联逻辑级,这是计算机的内核,由门、触发器等逻辑电路组成。

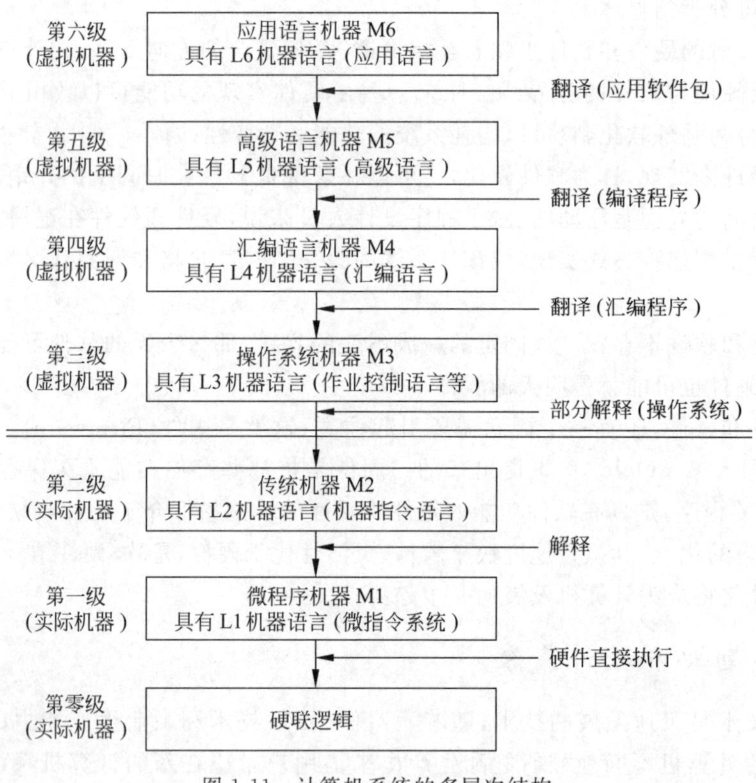

图1-11 计算机系统的多层次结构

第一级是微程序机器级。这级的机器语言是微指令集,用微指令编写的微程序一般是直接由硬件执行的。

第二级是传统机器级。这级的机器语言是该机的指令集,用机器指令编写的程序可以由微程序进行解释。

第三级是操作系统机器级。从操作系统的基本功能来看,一方面它要直接管理传统机器中的软硬件资源,另一方面它又是传统机器的延伸。

第四级是汇编语言机器级。这级的机器语言是汇编语言,完成汇编语言翻译的程序称为汇编程序。

第五级是高级语言机器级。这级的机器语言就是各种高级语言，通常用编译程序来完成高级语言翻译的工作。

第六级是应用语言机器级。这一级是为了使计算机满足某种用途而专门设计的，因此这一级语言就是各种面向问题的应用语言。

把计算机系统按功能划分成多级层次结构，有利于正确理解计算机系统的工作过程，明确软件、硬件在计算机系统中的地位和作用。

1.3.4 实际机器和虚拟机器

在图1-11所示的多级层次结构中，对每一个机器级的用户来说，都可以将此机器级看作一台独立的使用自己特有的"机器语言"的机器。

实际机器是指由硬件或固件实现的机器，如图1-11所示的第零级到第二级。虚拟机器是指以软件或以软件为主实现的机器，如图1-11所示的第三级到第六级。

虚拟机器只对该级的观察者存在，即在某一级观察者看来，他只需要通过该级的语言来了解和使用计算机，至于下级是如何工作和实现就不必关心了。如高级语言级机器及应用语言机器级的用户，不必了解机器的具体组成，不必熟悉指令系统，直接用所指定的语言描述所要解决的问题即可。

1.4 计算机的工作过程和主要性能指标

为使计算机按预定要求工作，首先要编制程序。程序是一个特定的指令序列，它告诉计算机要做哪些事，按什么步骤去做。指令是一组二进制信息的代码，用来表示计算机所能完成的基本操作。

1.4.1 计算机的工作过程

编制好的程序放在主存中，由控制器控制逐条取出指令执行，下面以一个例子来加以说明。

例如：计算 $a+b-c=?$（设 a、b、c 为已知的3个数，分别存放在主存的5～7号单元中，结果将存放在主存的8号单元），如果采用单累加寄存器结构的运算器，完成上述计算至少需要5条指令，这5条指令依次存放在主存的0～4号单元中，参加运算的数也必须存放在主存指定的单元中，主存中有关单元的内容如图1-12(a)所示。运算器的简单框图如图1-12(b)所示，参加运算的两个操作数一个来自累加寄存器，一个来自主存，运算结果则放在累加寄存器中。图1-12(b)中的存储器数据寄存器是用来暂存从主存中读出的数据或写入主存的数据的，它本身不属于运算器的范畴。

计算机的控制器将控制指令逐条地执行，最终得到正确的结果，步骤如下：

① 执行取数指令，从主存5号单元取出数 a，送入累加寄存器中。

② 执行加法指令，将累加寄存器中的内容 a 与从主存6号单元取出的数 b 一起送到ALU中相加，结果 $a+b$ 保留在累加寄存器中。

③ 执行减法指令，将累加寄存器中的内容 $a+b$ 与从主存7号单元取出的数 c 一起送到ALU中相减，结果 $a+b-c$ 保留在累加寄存器中。

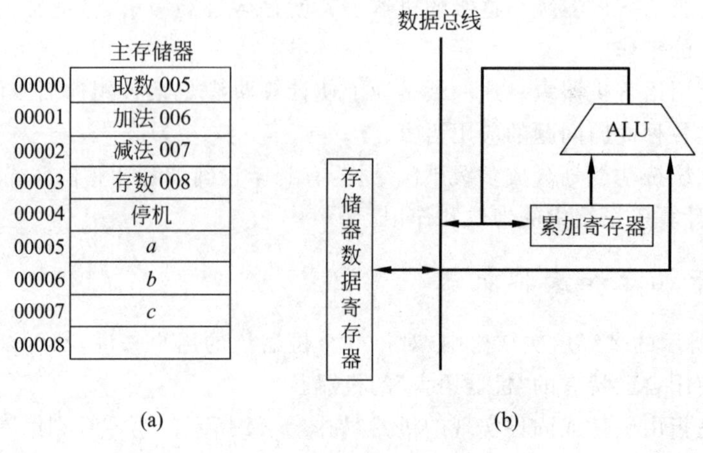

图 1-12 计算机执行过程实例

④ 执行存数指令,把累加寄存器的内容 $a+b-c$ 存至主存 8 号单元。

⑤ 执行停机指令,计算机停止工作。

1.4.2 计算机的主要性能指标

为了进一步了解计算机的特性,全面衡量一台计算机的性能,下面介绍计算机的主要性能指标。

1. 机器字长

机器字长是指参与运算的数的基本位数,它是由加法器、寄存器的位数决定的,所以机器字长一般等于内部寄存器的大小。字长标志着精度,字长越长,计算的精度就越高。

在计算机中为了更灵活地表达和处理信息,以字节(Byte)为基本单位,字节用大写字母B表示。一个字节等于8位二进制位(bit),位用小写字母b表示。通常所说的字(Word)是指数据字,不同的计算机,数据字长度可以不相同,但对于系列机来说,数据字的长度应该是固定的。例如,Intel 80x86 系列中,一个数据字等于16位;IBM 303X 系列中,一个数据字等于32位。

需要注意的是,这里所说的字(数据字)和字长(机器字长)的概念是有区别的,字实际上是一个度量单位,用来度量各种数据类型的宽度,而字长表示数据运算的宽度,反映了计算机处理信息的能力。它们两者的长度可以一样,也可以不一样。

2. 数据通路宽度

数据总线一次所能并行传送信息的位数,称为数据通路宽度。它影响到信息的传送能力,从而影响计算机的有效处理速度。这里所说的数据通路宽度是指外部数据总线的宽度,它与CPU内部的数据总线宽度(内部寄存器的位数)有可能不同。有些CPU的内、外数据总线宽度相等,如Intel 8086、80286、80486等;有些CPU的外部数据总线宽度小于内部,如8088、80386SX等;也有些CPU的外部数据总线宽度大于内部,如Pentium等。所有的Pentium都有64位外部数据总线和32位内部寄存器——这一结构看起来似乎有问题,这是因为 Pentium 有两条 32 位流水线，它就像两个合在一起的 32 位芯片，64 位数据总线可以满足高效地充满多个寄存器的需要。

3. 主存容量

一个主存储器所能存储的全部信息量称为主存容量。通常，以字节数来表示存储容量，这样的计算机称为字节编址的计算机。也有一些计算机是以字为单位编址的，它们用字数乘以字长来表示存储容量。在表示容量大小时，经常用到 K、M、G、T、P 之类的字符，它们与通常意义上的 K、M、G、T、P 有些差异，如表 1-1 所示。

表 1-1　K、M、G、T、P 的定义

单　位	通常意义	实际表示
K(Kilo)	10^3	$2^{10}=1024$
M(Mega)	10^6	$2^{20}=1\ 048\ 576$
G(Giga)	10^9	$2^{30}=1\ 073\ 741\ 824$
T(Tera)	10^{12}	$2^{40}=1\ 099\ 511\ 627\ 776$
P(Peta)	10^{15}	$2^{50}=1\ 125\ 899\ 906\ 842\ 624$

1024 个字节称为 1KB，1024KB 称为 1MB，1024MB 称为 1GB……计算机的主存容量越大，存放的信息就越多，处理问题的能力就越强。

4. 运算速度

计算机的运算速度与许多因素有关，如机器的主频、执行什么样的操作以及主存本身的速度等。

(1) 吞吐量和响应时间

吞吐量是指系统在单位时间内处理请求的数量。响应时间是指系统对请求作出响应的时间，响应时间包括 CPU 时间（运行一个程序所花费的时间）与等待时间（用于磁盘访问、存储器访问、I/O 操作、操作系统开销等时间）的总和。

(2) 主频和 CPU 时钟周期

CPU 的主频又称为时钟频率，表示在 CPU 内数字脉冲信号振荡的速度。主频的倒数就是 CPU 时钟周期，这是 CPU 中最小的时间元素。每个动作至少需要一个时钟周期。

(3) CPI

CPI(Cycles per Instruction)是指每条指令执行所用的时钟周期数。在现代高性能计算机中，由于采用各种并行技术，使指令执行高度并行化，常常是一个系统时钟周期内可以处理若干条指令，所以 CPI 参数经常用 IPC(Instructions per Cycle)表示，即每个时钟周期执行的指令数。

$$\text{IPC}=\frac{1}{\text{CPI}}$$

(4) CPU 执行时间

$$\text{CPU 执行时间}=\frac{\text{CPU 时钟周期数}}{\text{时钟频率}}=\frac{\text{指令数}\times\text{CPI}}{\text{时钟频率}}$$

(5) MIPS和MFLOPS

MIPS(Million Instructions per Second)表示每秒执行多少百万条指令。对于一个给定的程序,MIPS定义为:

$$\text{MIPS}=\frac{\text{指令条数}}{\text{执行时间}\times 10^6}=\frac{\text{主频}}{\text{CPI}}=\text{主频}\times\text{IPC}$$

这里所说的指令一般是指加、减运算这类短指令。

MFLOPS(Million Floating-point Operations per Second)表示每秒执行多少百万次浮点运算。对于一个给定的程序,MFLOPS定义为:

$$\text{MFLOPS}=\frac{\text{浮点操作次数}}{\text{执行时间}\times 10^6}$$

MFLOPS适用于衡量向量机的性能。

习　题

1-1　电子数字计算机和电子模拟计算机的区别在哪里?

1-2　冯·诺依曼计算机的特点是什么?其中最主要的一点是什么?

1-3　计算机的硬件是由哪些部件组成的?它们各有哪些功能?

1-4　什么叫总线?简述单总线结构的特点。

1-5　简述计算机的层次结构,说明各层次的主要特点。

1-6　计算机系统的主要技术指标有哪些?

第 2 章 数据的机器层次表示

数据是计算机加工和处理的对象，数据的机器层次表示将直接影响到计算机的结构和性能。本章主要介绍无符号数和带符号数的表示方法、数的定点与浮点表示方法、字符和汉字的编码方法、数据校验码等。熟悉和掌握本章的内容是学习计算机原理的最基本要求。

2.1 数值数据的表示

在计算机中，采用数字化方式来表示数据，数据有无符号数和带符号数之分，其中带符号数根据其编码的不同又有原码、补码和反码 3 种表示形式。

2.1.1 计算机中的数值数据

人们在日常生活中最常使用的是十进制数，这恐怕和人有十个手指头是分不开的。然而，在计算机中数据通常用二进制数来表示，任何数值数据都可以由一串“0”或“1”的数字构成。考虑到二进制数位数比较长，书写起来不方便，在计算机中也使用八进制和十六进制来表示数值数据。

为了避免出现误会，在给出一个数的同时就必须指明这个数的数制。例如，$(1010)_2$、$(1010)_8$、$(1010)_{10}$、$(1010)_{16}$所代表的数值就不同。除了用下标来表示不同的数制以外，在计算机中还常用后缀字母来表示不同的数制。后缀 B 表示这个数是二进制数(Binary)；后缀 Q 表示这个数是八进制数(Octal)，本来八进制数的英文单词的第一个字母应当是 O，因为字符 O 与数字 0 很容易混淆，所以常使用字符 Q 作为八进制数的后缀；后缀 H 表示这个数是十六进制数(Hexadecimal)；而后缀 D 表示这个数是十进制数(Decimal)。十进制数在书写时后缀 D 可以省略，其他进制在书写时后缀一般不可省略。例如，有 4 个数分别为 375D、101B、76Q、A17H，从后缀字母就可以知道它们分别是十进制数、二进制数、八进制数和十六进制数。

计算机系统设计师和程序员更钟情于采用程序设计语言的记号来表示不同进制的数，这就是前缀表示法。例如，在 C 语言中，八进制常数以前缀 0 开始，十六进制常数以前缀 0x 开始。

2.1.2 无符号数和带符号数

所谓无符号数，就是整个机器字长的全部二进制位均表示数值位(没有符号位)，相当于

数的绝对值。例如:

N_1=01001 表示无符号数 9。

N_2=11001 表示无符号数 25。

机器字长为 $n+1$ 位的无符号数的表示范围是 $0\sim(2^{n+1}-1)$,此时二进制的最高位也是数值位,其权值等于 2^n。若字长为 8 位,则数的表示范围为 0~255。

一般计算机中都设置有一些无符号数的运算和处理指令。例如,Intel 8086 中的 MUL 和 DIV 指令就是无符号数的乘法和除法指令,还有一些条件转移指令也是专门针对无符号数的。

然而,大量用到的数据还是带符号数,即正、负数。在日常生活中用符号+、-加绝对值来表示数值的大小,用这种形式表示的数值在计算机技术中称为“真值”。

对于数的符号+或-,计算机是无法识别的,因此需要把符号数码化。通常,约定二进制数的最高位为符号位,0 表示正号,1 表示负号。这种在计算机中使用的表示数的形式称为机器数,常见的机器数有原码、反码、补码等不同的表示形式。

带符号数的最高位被用来表示符号位,而不再表示数值位。前例中的 N_1、N_2 在这里的含义变为:

N_1=01001 表示+9。

N_2=11001 根据机器数的不同形式表示不同的值,如是原码则表示-9,若是补码则表示-7,若是反码则表示-6。

为了能正确地区别出真值和各种机器数,本书用 X 表示真值,$[X]_{原}$ 表示原码,$[X]_{补}$ 表示补码,$[X]_{反}$ 表示反码。

2.1.3 原码表示法

原码表示法是一种最简单的机器数表示法,其最高位为符号位,符号位为 0 时表示该数为正,符号位为 1 时表示该数为负,数值部分与真值相同。

若真值为纯小数,它的原码形式为 $X_s.X_1X_2\cdots X_n$,其中 X_s 表示符号位。原码的定义为:

$$[X]_{原}=\begin{cases}X & 0\leqslant X<1\\ 1-X=1+|X| & -1<X\leqslant 0\end{cases}$$

假设机器数长度为 5 位,则有:

例 2-1 $X=0.0110$ $[X]_{原}=X=0.0110$

$X=-0.0110$ $[X]_{原}=1-X=1-(-0.0110)=1+0.0110=1.0110$

若真值为纯整数,它的原码形式为 $X_sX_1X_2\cdots X_n$,其中 X_s 表示符号位。原码的定义为:

$$[X]_{原}=\begin{cases}X & 0\leqslant X<2^n\\ 2^n-X=2^n+|X| & -2^n<X\leqslant 0\end{cases}$$

例 2-2 $X=1101$ $[X]_{原}=X=01101$

$X=-1101$ $[X]_{原}=2^n-X=2^4-(-1101)=10000+1101=11101$

在原码表示中,真值 0 有两种不同的表示形式:

$$[+0]_{原}=00000$$

$$[-0]_{原}=10000$$

原码表示法的优点是直观易懂，机器数和真值间的相互转换很容易，用原码实现乘、除运算的规则很简单；缺点是实现加、减运算的规则较复杂。

2.1.4 补码表示法

1. 模和同余

为了理解补码表示法，首先需要引入模和同余的概念。

模(Module)是指一个计量器的容量，可用 M 表示。例如，一个 4 位的二进制计数器，当计数器从 0 计到 15 之后，再加 1，计数值又变为 0。这个计数器的容量 $M=2^4=16$，即模为 16。由此可见，纯小数的模为 2，一个字长为 $n+1$ 位的纯整数的模为 2^{n+1}。

同余概念是指两个整数 A 和 B 除以同一个正整数 M，所得余数相同，则称 A 和 B 对 M 同余，即 A 和 B 在以 M 为模时是相等的，可写成如下形式：

$$A=B \pmod M$$

对钟表而言，其模 $M=12$，故 4 点和 16 点、5 点和 17 点……均是同余的，它们可以写成如下形式：

$$4=16 \pmod{12},\quad 5=17 \pmod{12}$$

利用模和同余概念的补码表示法在进行算术运算时可以使减法运算转化成加法运算，从而简化机器的运算器电路。

假设时钟停在 8 点，而现在正确的时间是 6 点，这时拨准时钟的方法有如下两种：

① 将分针倒着旋转两圈(即时钟倒拨 2 小时)$8-2=6$(做减法)。

② 将分针正着旋转 10 圈(即时钟正拨 10 小时)$8+10=6 \pmod{12}$(做加法)。

此时，　$8-2=8+10 \pmod{12}$

设：　$A=-2,\quad B=10$

则：　$\dfrac{10}{12}=\dfrac{12-2}{12}=1+\dfrac{-2}{12}$

故 -2 和 10 同余。同余的两个数具有互补关系，-2 与 10 对模 12 互补，也可以说 -2 的补数是 10(以 12 为模)。

可见，只要确定了“模”，就可找到一个与负数等价的正数(该正数即为负数的补数)来代替此负数，而这个正数可以用模加上负数本身求得，这样就可把减法运算用加法实现了。

例 2-3　$9-5=9+(-5)=9+(12-5)=9+7=4 \pmod{12}$

例 2-4　$65-25=65+(-25)=65+(100-25)=65+75=40 \pmod{100}$

将补数的概念用到计算机中，便出现了补码这种机器数。

$$[X]_{补}=\begin{cases} X & 0\leqslant X<\dfrac{M}{2} \\ M+X & -\dfrac{M}{2}\leqslant X<0 \end{cases} \pmod M$$

2. 补码表示

补码的符号位表示方法与原码相同，其数值部分的表示与数的正负有关：对于正数，数值部分与真值形式相同；对于负数，将真值的数值部分按位取反，且在最低位上加 1。

若真值为纯小数,它的补码形式为 $X_s.X_1X_2\cdots X_n$,其中 X_s 表示符号位。补码的定义为:

$$[X]_补=\begin{cases}X & 0\leqslant X<1\\ 2+X=2-|X| & -1\leqslant X<0\end{cases}\pmod 2$$

假设机器数长度为5位,则有:

例 2-5 $X=0.0110$ $[X]_补=X=0.0110$

$X=-0.0110$ $[X]_补=2+X=2+(-0.0110)=10-0.0110=1.1010$

若真值为纯整数,它的补码形式为 $X_sX_1X_2\cdots X_n$,其中 X_s 表示符号位。补码的定义为:

$$[X]_补=\begin{cases}X & 0\leqslant X<2^n\\ 2^{n+1}+X=2^{n+1}-|X| & -2^n\leqslant X<0\end{cases}\pmod{2^{n+1}}$$

例 2-6 $X=1101$ $[X]_补=X=01101$

$X=-1101$ $[X]_补=2^{n+1}+X=2^5+(-1101)=100000-1101=10011$

在补码表示中,真值0的表示形式是唯一的:

$$[+0]_补=[-0]_补=00000$$

3. 由真值、原码转换为补码

采用补码系统的计算机需要将真值或原码形式表示的数据转换为补码形式,以便于运算器对其进行运算。通常,从原码形式入手来求补码。

当 X 为正数时,$[X]_补=[X]_原=X$。

当 X 为负数时,其$[X]_补$等于把$[X]_原$除去符号位外的各位求反后最低位再加1。

反之,当 X 为负数时,已知$[X]_补$,也可通过对其除符号位外的各位求反加1来求得$[X]_原$。

当 X 为负数时,由$[X]_原$转换为$[X]_补$的另一种更有效的方法是:自低位向高位,尾数的第一个1及其右部的0保持不变,左部的各位取反,符号位保持不变。

例 2-7 $[X]_原=1.1110011000$

$[X]_补=\underset{不变}{\underline{1}}.\underset{取反}{\underline{000110}}\ \underset{不变}{\underline{1000}}$

这种方法避免了加1运算,是实际求补线路逻辑实现的依据。

对于负数,也可以直接由真值 X 转换为$[X]_补$,其方法更简单:数值位自低位向高位,尾数的第一个1及其右部的0保持不变,左部的各位取反,负号用1表示。

例 2-8 $X=-0.1010001010$

$[X]_补=1.0101110110$

2.1.5 反码表示法

反码表示法与补码表示法有许多类似之处,对于正数,数值部分与真值形式相同;对于负数,将真值的数值部分按位取反。反码与补码的区别是末位少加一个1,因此很容易从补码的定义推出反码的定义。

若真值为纯小数,它的反码形式为 $X_s.X_1X_2\cdots X_n$,其中 X_s 表示符号位。反码的定义为:

$$[X]_{反}=\begin{cases}X & 0\leqslant X<1 \\ (2-2^{-n})+X & -1<X\leqslant 0\end{cases}\quad (\bmod\ 2-2^{-n})$$

假设机器数长度为5位,则有:

例 2-9　$X=0.0110$　　$[X]_{反}=X=0.0110$

$X=-0.0110$　　$[X]_{反}=(2-2^{-n})+X=(2-2^{-4})+X$

$=1.1111+(-0.0110)=1.1111-0.0110=1.1001$

若真值为纯整数,它的反码形式为 $X_sX_1X_2\cdots X_n$,其中 X_s 表示符号位。反码的定义为:

$$[X]_{反}=\begin{cases}X & 0\leqslant X<2^n \\ (2^{n+1}-1)+X & -2^n<X\leqslant 0\end{cases}\quad (\bmod\ 2^{n+1}-1)$$

例 2-10　$X=1101$　　$[X]_{反}=X=01101$

$X=-1101$　　$[X]_{反}=(2^{n+1}-1)+X=(2^5-1)+(-1101)$

$=11111-1101=10010$

在反码表示中,真值0也有两种不同的表示形式:

$$[+0]_{反}=00000$$

$$[-0]_{反}=11111$$

2.1.6 3种机器数的比较与转换

1. 比较

原码、补码和反码这3种机器数既有共同点,又有各自不同的性质,主要区别有以下几点:

① 对于正数它们都等于真值本身,对于负数则各有不同的表示。

② 最高位都表示符号位,补码和反码的符号位可作为数值位的一部分看待,和数值位一起参加运算;但原码的符号位不允许和数值位同等看待,必须分开进行处理。

③ 对于真值0,原码和反码各有两种不同的表示形式,而补码只有唯一的一种表示形式。

④ 原码、反码表示的正、负数范围相对零来说是对称的;但补码负数表示范围较正数表示范围宽,能多表示一个最负的数(绝对值最大的负数),其值等于 -2^n(纯整数)或 -1(纯小数)。

表2-1列出了真值与3种机器数间的对照,表中设字长等于4位(含1位符号位)。

表 2-1　真值与3种机器数间的对照

真值 X		$[X]_{原}$、$[X]_{反}$、$[X]_{补}$	真值 X		$[X]_{原}$	$[X]_{反}$	$[X]_{补}$
十进制	二进制		十进制	二进制			
+0	+000	0000	−0	−000	**1000**	1111	0000
+1	+001	0001	−1	−001	1001	1110	1111
+2	+010	0010	−2	−010	1010	1101	1110
+3	+011	0011	−3	−011	1011	1100	1101
+4	+100	0100	−4	−100	1100	1011	1100
+5	+101	0101	−5	−101	1101	1010	1011
+6	+110	0110	−6	−110	1110	1001	1010
+7	+111	0111	−7	−111	1111	**1000**	1001
+8	—	—	−8	−1000	—	—	**1000**

在表 2-1 中,请特别注意 1000 这个代码,当其为原码时,对应的真值是-0;当其为补码时,对应的真值是-8;当其为反码时,对应的真值是-7。

2. 转换

3 种不同机器数以及真值之间的转换关系如图 2-1 所示。

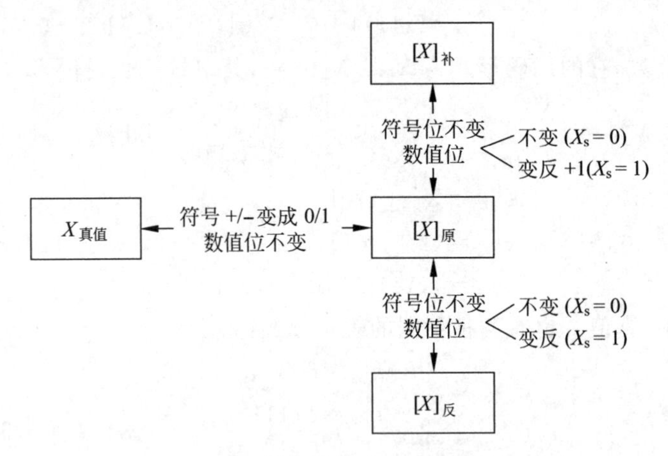

图 2-1 3 种不同机器数及真值间的转换关系

从图 2-1 可看出,真值 X 与补码或反码之间的转换通常是通过原码实现的,对于已熟练掌握转换方法的读者,也可以直接完成真值与补码或反码之间的转换。

如果已知机器的字长,则机器数的位数应补够相应的位数。例如,设机器字长为 8 位,则:

$X=1011$　　$[X]_原=00001011$　　$[X]_补=00001011$　　$[X]_反=00001011$

$X=-1011$　　$[X]_原=10001011$　　$[X]_补=11110101$　　$[X]_反=11110100$

$X=0.1011$　　$[X]_原=0.1011000$　　$[X]_补=0.1011000$　　$[X]_反=0.1011000$

$X=-0.1011$　　$[X]_原=1.1011000$　　$[X]_补=1.0101000$　　$[X]_反=1.0100111$

2.2 机器数的定点表示与浮点表示

计算机在进行算术运算时,需要指出小数点的位置。根据小数点的位置是否固定,在计算机中有两种数据格式:定点表示和浮点表示。

2.2.1 定点表示法

在定点表示法中约定:所有数据的小数点位置固定不变。通常,把小数点固定在有效数位的最前面或末尾,这就形成了两类定点数。

1. 定点小数

定点小数即纯小数,小数点的位置固定在最高有效数位之前、符号位之后,如图 2-2 所示。定点小数的小数点位置是隐含约定的,小数点并不需要真正地占据一个二进制位。

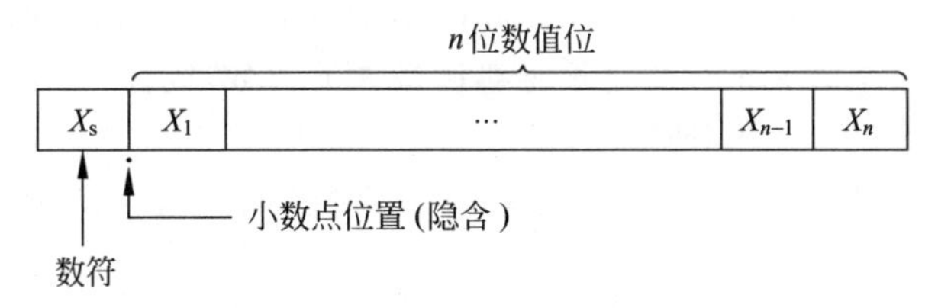

图 2-2　定点小数格式

当 $X_s=0, X_1=1, X_2=1, \cdots, X_n=1$ 时，X 为最大正数，其真值为：

$$X_{最大正数}=1-2^{-n}$$

当 $X_s=0, X_1=0, \cdots, X_{n-1}=0, X_n=1$ 时，X 为最小正数，其真值为：

$$X_{最小正数}=2^{-n}$$

当 $X_s=1$，表示 X 为负数时，情况要稍微复杂一些，这是因为在计算机中带符号数可用补码表示，也可用原码表示，原码和补码的表示范围有一些差别。

若机器数为原码，当 $X_s \sim X_n$ 均等于 1 时，X 为绝对值最大的负数，其真值为：

$$X_{绝对值最大负数}=-(1-2^{-n})$$

若机器数为补码，当 $X_s=1, X_1 \sim X_n$ 均等于 0 时，X 为绝对值最大的负数，其真值为：

$$X_{绝对值最大负数}=-1$$

综上所述，设机器字长有 $n+1$ 位，原码定点小数的表示范围为 $-(1-2^{-n}) \sim (1-2^{-n})$，补码定点小数的表示范围为 $-1 \sim (1-2^{-n})$。若字长为 8 位，原码定点小数的表示范围为 $-\frac{127}{128} \sim \frac{127}{128}$，补码定点小数的表示范围为 $-1 \sim \frac{127}{128}$。

2. 定点整数

定点整数即纯整数，小数点位置隐含固定在最低有效数位之后，如图 2-3 所示。

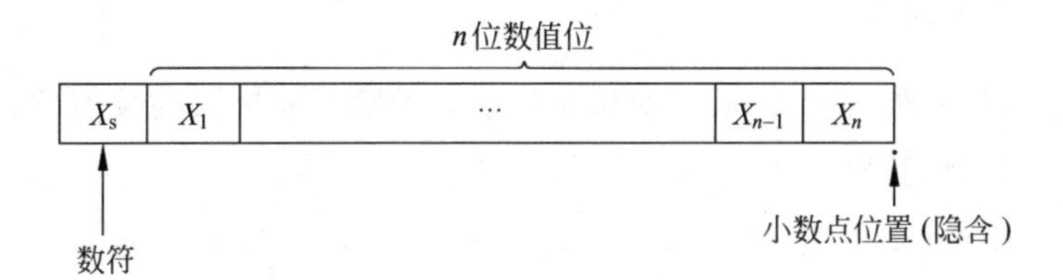

图 2-3　定点整数格式

根据前述方法不难推出：

$$X_{最大正数}=(2^n-1)$$

$$X_{最小正数}=1$$

$$X_{绝对值最大负数}=-(2^n-1)\text{(原码表示时)}$$

$$X_{绝对值最大负数}=-2^n\text{(补码表示时)}$$

综上所述，设机器字长为 $n+1$ 位，原码定点整数的表示范围为 $-(2^n-1) \sim (2^n-1)$，补码定点整数的表示范围为 $-2^n \sim (2^n-1)$。若字长为 8 位，原码定点整数的表示范围为 $-127 \sim 127$，补码定点整数的表示范围为 $-128 \sim 127$。

在定点表示法中,参加运算的数以及运算的结果都必须保证落在该定点数所能表示的数值范围内,如结果大于最大正数和小于绝对值最大的负数,统称为"溢出"。这时计算机将暂时中止运算操作,而进行溢出处理。

需要说明的是,现代计算机中大多只采用整数数据表示,小数则通过浮点数表示来实现。

2.2.2 浮点表示法

在科学计算中,计算机处理的数往往是混合数,它既有整数部分又有小数部分,如果要将这些数变为上述约定的两种定点数形式,就必须在运算前设定一个比例因子,把原始的数缩小成定点小数或扩大成定点整数,运算后的结果还需要根据比例因子还原成实际的数值,这会给编程带来很多麻烦。另外,在运算中常常会遇到非常大或非常小的数值,如果用同样的比例因子来处理,很难兼顾数值范围和运算精度的要求。因此,在计算机中引入了浮点数表示。

让小数点的位置根据需要而浮动,这就是浮点数。例如:

$$N=M\times r^E$$

其中,r 是浮点数阶码的底,与尾数的基数相同,通常 $r=2$。E 和 M 都是带符号的定点数,E 称为阶码(Exponent),M 称为尾数(Mantissa)。在大多数计算机中,尾数为纯小数,常用原码或补码表示;阶码为纯整数,常用移码或补码表示。

浮点数的一般格式如图 2-4 所示,浮点数的底是隐含的,在整个机器数中不出现。阶码的符号位为 e_s,阶码的大小反映了在数 N 中小数点的实际位置;尾数的符号位为 m_s,它也是整个浮点数的符号位,表示了该浮点数的正、负。

浮点数的表示范围主要由阶码的位数来决定,有效数字的精度主要由尾数的位数来决定,下面介绍这两个问题。

1. 浮点数的表示范围

设某浮点数的格式如图 2-4 所示,k 和 n 分别表示阶码和尾数的数值位位数(不包括符号位),尾数和阶码均用补码表示。

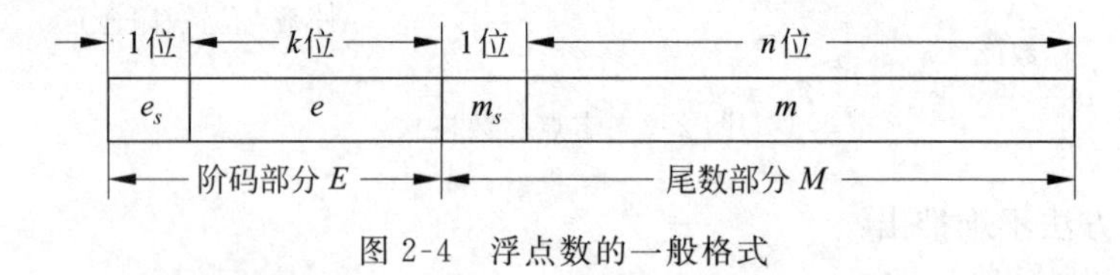

图 2-4 浮点数的一般格式

当 $e_s=0$,$m_s=0$,阶码和尾数的数值位各位全为 1(即阶码和尾数都为最大正数)时,该浮点数为最大正数:

$$X_{最大正数}=(1-2^{-n})\times 2^{2^k-1}$$

当 $e_s=1$,$m_s=0$,尾数的最低位 $m_n=1$,其余各位为 0(即阶码为绝对值最大的负数,尾数为最小正数)时,该浮点数为最小正数:

$$X_{最小正数}=2^{-n}\times 2^{-2^k}$$

当 $e_s=0$,阶码的数值位为全 1;且 $m_s=1$,尾数的数值位为全 0(即阶码为最大正数,尾

数为绝对值最大的负数)时,该浮点数为绝对值最大负数:

$$X_{绝对值最大负数} = -1 \times 2^{2^k-1}$$

2. 规格化浮点数

为了提高运算的精度,需要充分地利用尾数的有效数位,通常采取浮点数规格化形式,即规定尾数的最高数位必须是一个有效值。

一个浮点数的表示形式并不是唯一的。例如,二进制数 0.0001101 可以表示为 0.001101×2^{-01}、0.01101×2^{-10}、0.1101×2^{-11}……而其中只有 0.1101×2^{-11} 是规格化数,这就如同十进制实数中的科学标识法一样。

规格化浮点数的尾数 M 的绝对值应在下列范围内:

$$\frac{1}{r} \leqslant |M| < 1$$

如果 $r=2$,则有 $\frac{1}{2} \leqslant |M| < 1$。在尾数用原码表示时,规格化浮点数的尾数的最高数位总等于 1。在尾数用补码表示时,规格化浮点数应满足尾数最高数位与符号位不同($m_s \oplus m_1 = 1$),即当 $\frac{1}{2} \leqslant M < 1$ 时,应有 $0.1 \times \times \cdots \times$ 形式;当 $-1 \leqslant M < -\frac{1}{2}$ 时,应有 $1.0 \times \times \cdots \times$ 形式。

注意:当 $M = -\frac{1}{2}$ 时,对于原码来说这是一个规格化数,而对于补码来说这不是一个规格化数;当 $M=-1$ 时,对于原码来说这将无法表示,而对于补码来说这是一个规格化数。

当 $e_s=1$,$m_s=0$,尾数的最高位 $m_1=1$,其余各位为 0 时,该浮点数为规格化的最小正数:

$$X_{规格化的最小正数} = 2^{-1} \times 2^{-2^k}$$

规格化的最小正数大于非规格化的最小正数。

非规格化浮点数需要进行规格化操作才能变成规格化浮点数。所谓规格化操作,就是通过相应地调整一个非规格化浮点数的尾数和阶码的大小,使非零的浮点数在尾数的最高数位上保证是一个有效值,具体的操作方法留待第 4 章介绍。

表 2-2 列出了浮点数的一些典型值,设阶码和尾数均用补码表示,阶码共 $k+1$ 位(含一位阶符),尾数共 $n+1$ 位(含一位尾符)。

表 2-2 浮点数的典型值

浮点数	浮点数代码		真值
	阶码	尾数	
最大正数	01…1	0.11…11	$(1-2^{-n}) \times 2^{2^k-1}$
绝对值最大负数	01…1	1.00…00	$-1 \times 2^{2^k-1}$
最小正数	10…0	0.00…01	$2^{-n} \times 2^{-2^k}$
规格化的最小正数	10…0	0.10…00	$2^{-1} \times 2^{-2^k}$
绝对值最小负数	10…0	1.11…11	$-2^{-n} \times 2^{-2^k}$
规格化的绝对值最小负数	10…0	1.01…11	$-(2^{-1}+2^{-n}) \times 2^{-2^k}$

当运算结果大于最大正数时称为正上溢,小于绝对值最大负数时称为负上溢,正上溢和负上溢统一称为上溢,数据一旦产生上溢,计算机必须中止运算操作,进行溢出处理。当运算结果在0至规格化最小正数之间称为正下溢,在0至规格化的绝对值最小负数之间称为负下溢,正下溢和负下溢统一称为下溢,数据一旦出现下溢,计算机一般不做任何处理,仅仅置成机器零即可。

只要浮点数的尾数为0,不论阶码为何值,一般也当作机器零处理。为了保证浮点数0表示形式的唯一性,规定了机器零的标准格式,即:尾数为0,阶码为最小值(绝对值最大的负数)。

2.2.3 浮点数阶码的移码表示法

浮点数的阶码是带符号的定点整数,理论上说它可以用前面提到的任何一种机器数的表示方法来表示,但在多数通用计算机中,它还采用另一种编码方法——移码表示法。

移码就是在真值 X 基础上加一个常数,这个常数被称为偏置值,相当于 X 在数轴上向正方向偏移了若干单位,这就是"移码"一词的由来,移码也可称为增码或偏码。即:

$$[X]_{移}=偏置值+X$$

图2-5是移码和真值的映射图,此时偏置值等于 2^n。

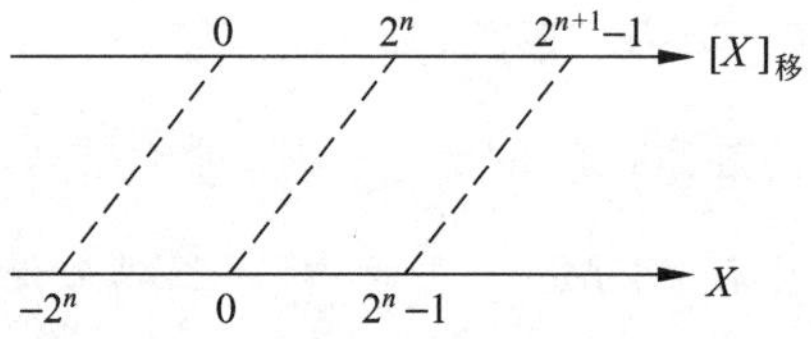

0　2^n　$2^{n+1}-1$　$[X]_{移}$

-2^n　0　2^n-1　X

图2-5　移码和真值的映射

对于字长为8位的定点整数,如果偏置值为 2^7,则有:

例2-11　$X=1101101$

$[X]_{移}=2^7+1101101=10000000+1101101$
$=\mathbf{1}1101101$

而此时 $[X]_{补}=\mathbf{0}1101101$。

例2-12　$X=-1101101$

$[X]_{移}=2^7+(-1101101)=10000000-1101101=\mathbf{0}0010011$

而此时　$[X]_{补}=\mathbf{1}0010011$。

表2-3给出了偏置值为 2^7 的移码与补码和真值之间的关系。

表2-3　偏置值为 2^7 的移码、补码和真值之间的关系

真值 X(十进制)	真值 X(二进制)	$[X]_{补}$	$[X]_{移}$
−128	−10000000	10000000	00000000
−127	−1111111	10000001	00000001
⋮	⋮	⋮	⋮
−1	−0000001	11111111	01111111
0	0000000	00000000	10000000
1	0000001	00000001	10000001
⋮	⋮	⋮	⋮
127	1111111	01111111	11111111

从表2-3中可以看出这种移码具有以下特点:

① 在移码中,最高位为0表示负数,最高位为1表示正数,这与原码、补码以及反码的符号位取值正好相反。

② 移码全为0时，它所对应的真值最小；全为1时，它所对应的真值最大。因此，移码的大小直观地反映了真值的大小，这将有助于两个浮点数进行阶码的大小比较。

③ 真值0在移码中的表示形式也是唯一的，即$[+0]_{移}=[-0]_{移}=10000000$。

④ 移码把真值映射到一个正数域，所以可将移码视为无符号数，直接按无符号数规则比较大小。

⑤ 同一数值的移码和补码除最高位相反外，其他各位相同。

浮点数的阶码常采用移码表示的最主要的原因有两个：

① 便于比较浮点数的大小。阶码大的，其对应的真值就大；阶码小的，则对应的真值就小。

② 简化机器中的判零电路。当阶码全为0，尾数也全为0时，表示机器零。

2.2.4 浮点数尾数的基数

1. 尾数基数大小的选择

已知，浮点数$N=M\times r^E$。其中，r是阶码的底，又称为尾数的基数，在前面的讨论中，r都等于2，而实际上r可以等于4,8,16……

浮点数尾数基数的选择对浮点数的特性起着主要作用，它既影响浮点运算的精度，也影响数值的表示范围。采用较大的r值，在阶码位数相同的情况下，可以扩大浮点数的表示范围。假定某浮点数字长为32位，阶码部分(阶符和阶码数值位)共8位，尾数部分(尾符与尾数数值位)共24位，均用补码表示。

若$r=2$，则规格化浮点数的表示范围为$-1\times 2^{127}\leqslant X\leqslant(1-2^{-23})\times 2^{127}$，最小正数为$2^{-1}\times 2^{-128}$。

若$r=16$，则规格化浮点数的表示范围为$-1\times 16^{127}\leqslant X\leqslant(1-2^{-23})\times 16^{127}$，最小正数为$16^{-1}\times 16^{-128}$。

事实上，在以r进制为尾数基数的浮点数中，当尾数的位数为二进制n位时，就相当于r进制的尾数有n'个数位，其中$n'=n/\lceil \log_2 r \rceil$。

前面已经提到，规格化也是和基数r有关系的，规格化浮点数的尾数$|M|$应在$\left(\frac{1}{r},1\right)$范围内。若现在尾数$M=0.0001\times\cdots\times$，对于基数$r=2$的浮点数来说，这是一个非规格化数，需要进行规格化操作；而对于$r=16$的浮点数来说，这已是一个规格化数了，无须再进行规格化操作。规格化操作是以r为尺度进行移位的，尾数每左移(或右移)$\lceil \log_2 r \rceil$位，阶码将减(或加)1。

不同计算机的r值可能不同。例如，PDP-11和IBM 370的短浮点数具有同样的格式，但前者$r=2$，后者$r=16$。所以，IBM 370的短浮点数比PDP-11的短浮点数的表示范围要大，但相对误差也较大。

2. 尾数基数r对浮点数特性的影响

改变尾数基数r，会使浮点数的特性有下列影响：

① 可表示数的范围。随着r的增大，可表示数的范围增大。

② 可表示数的个数。随着 r 的增大,可表示数的个数增加。

③ 数在数轴上的分布。r 愈大,数在数轴上的分布密度愈稀。

④ 可表示数的精度。随着 r 的增大,可表示数的精度单调下降。

⑤ 运算中的精度损失。r 愈大,尾数右移的机会愈小,可降低运算中因尾数右移所造成的精度损失。

⑥ 运算速度。r 增大,将使运算中移位的次数减少,运算速度可以提高。

以上6条中,第①、②、⑤、⑥条都是优点;但第③、④条则是缺点。为了扬长避短,在巨型、大型和中型计算机上,浮点数尾数基数 r 宜取大些,而在微型和小型计算机上,r 值宜取小些。

2.2.5 IEEE 754 标准浮点数

在目前常用的80x86系列微型计算机中,通常设有支持浮点运算的部件。在这些机器中的浮点数采用IEEE 754标准,它与前面介绍的浮点数格式有一些差别。

按IEEE 754标准,常用的浮点数的格式如图2-6所示。

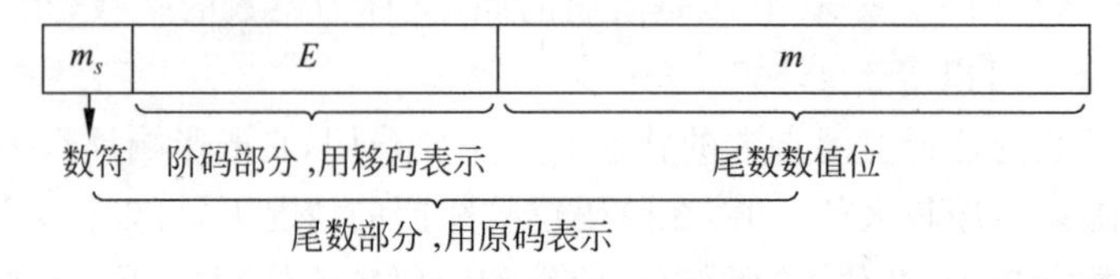

图2-6 按IEEE 754标准,常用的浮点数格式

IEEE 754标准中有3种形式的浮点数,它们的具体格式如表2-4所示。

表2-4 IEEE 754标准中的3种浮点数

类　型	数　符	阶　码	尾数数值	总位数	偏　置　值	
					十六进制	十进制
短浮点数	1	8	23	32	7FH	127
长浮点数	1	11	52	64	3FFH	1023
临时浮点数	1	15	64	80	3FFFH	16383

短浮点数又称为单精度浮点数,长浮点数又称为双精度浮点数,它们都采用隐含尾数最高数位的方法,这样无形中又增加了一位尾数。临时浮点数又称为扩展精度浮点数,它没有隐含位。

下面以32位的短浮点数为例,讨论浮点代码与其真值之间的关系。最高位为数符位;其后是8位阶码,以2为底,用移码表示,阶码的偏置值为127;其余23位是尾数数值位。对于规格化的二进制浮点数,数值的最高位总是1,为了能使尾数多表示一位有效值,可将这个1隐含,因此尾数数值实际上是24位(1位隐含位+23位小数位)。

注意:隐含的1是一位整数(即位权为 2^0)。在浮点格式中表示出来的23位尾数是纯小数,用原码表示。例如,$(12)_{10}=(1100)_2$,将它规格化后结果为 1.1×2^3,其中整数部分的"1"将不存储在23位尾数内。

阶码是以移码形式存储的。对于短浮点数,偏置值为127(7FH);长浮点数,偏置值为

1023(3FFH)。存储浮点数阶码部分之前,偏置值要先加到阶码真值上。上述例子中,阶码真值为3,故在短浮点数中,移码表示的阶码为127+3=130(82H);而在长浮点数中,移码表示的阶码为1023+3=1026(402H)。

例2-13 将$(100.25)_{10}$转换成短浮点数格式。

① 把十进制数转换成二进制数。

$$(100.25)_{10}=(1100100.01)_2$$

② 规格化二进制数。

$$1100100.01=1.10010001\times 2^6$$

③ 计算出阶码的移码(偏置值+阶码真值)。

$$1111111+110=10000101$$

④ 以短浮点数格式存储该数。

因为,

符号位=0

阶码=10000101

尾数=10010001000000000000000

所以,短浮点数代码为:

0;10000101;10010001000000000000000

表示为十六进制的代码:42C88000H。

例2-14 把短浮点数C1C90000H转换成十进制数。

① 将十六进制代码写成二进制形式,并分离出符号位、阶码和尾数。

因为,

C1C90000H=11000001110010010000000000000000

所以,

符号位=1

阶码=10000011

尾数=10010010000000000000000

② 计算出阶码真值(移码减去偏置值)。

$$10000011-1111111=100$$

③ 以规格化二进制数形式写出此数。

$$1.1001001\times 2^4$$

④ 写成非规格化二进制数形式。

$$11001.001$$

⑤ 转换成十进制数,并加上符号位。

$$(11001.001)_2=(25.125)_{10}$$

所以,

该浮点数=−25.125

通常,将IEEE 754短浮点数规格化的数值v表示为:

$$v=(-1)^S\times(1.f)\times 2^{E-127}$$

其中,S代表符号位,$S=0$表示正数,$S=1$表示负数;E为用移码表示的阶码;f是尾数的小数部分。

为了表示∞和一些特殊的数值,E 的最小值 0 和最大值 255 将留作他用。因此,最小正常的 $E=1$,最大正常的 $E=254$,所以短浮点数的阶码真值的取值范围为 $-126\sim127$。当 E 和 m 均为全 0 时,表示机器零;当 E 为全 1,m 为全 0 时,表示 $\pm\infty$。

2.2.6 定点、浮点表示法与定点、浮点计算机

1. 定点、浮点表示法的区别

(1) 数值的表示范围

假设定点数和浮点数的字长相同,浮点表示法所能表示的数值范围将远远大于定点表示法。

浮点数阶码部分的位数占得越多,可表示的数值范围就越大,但是相应尾数部分的位数将减少,这将使精度下降。因此,阶码和尾数部分各占多少位,必须全面权衡,合理分配。

注意:

- 不管定点数还是浮点数,每个数值都对应于数轴上的一个点。所谓数的表示范围,实际上指的只是数的上、下限,它们之间是一些不连续的点,而不是一段连续的区间。
- 对于定点整数而言,各个点在数轴上的分布是均匀的;而对于浮点数而言,各个点在数轴上的分布是不均匀的,越靠近数轴的原点,两个相邻数之间的距离就越近。

(2) 精度

所谓精度是指一个数所含有效数值位的位数。一般来说,机器字长越长,它所表示的数的有效位数就越多,精度就越高。对于字长相同的定点数与浮点数来说,浮点数虽然扩大了数的表示范围,但这正是以降低精度为代价的,也就是数轴上各点的排列更稀疏了。

(3) 数的运算

浮点数包括阶码和尾数两部分,运算时不仅要做尾数的运算,还要做阶码的运算,而且运算结果要求规格化。因此,浮点运算要比定点运算复杂,关于具体运算的讨论将在第 4 章中进行。

(4) 溢出处理

在定点运算时,当运算结果超出数的表示范围时,就发生溢出;而在浮点运算时,运算结果超出尾数的表示范围却并不一定溢出,只有当阶码也超出所能表示的范围时,才发生溢出。

2. 定点机与浮点机

由于浮点数的运算比较复杂,所以并不是所有的计算机都具有浮点运算功能,通常可以将计算机分为以下几种。

(1) 定点机

只能处理定点数的计算机称为定点计算机,低档微机和某些专用机大多是定点机。在定点机中机器指令访问的所有操作数都是定点数,如需进行浮点运算则通过执行软件子程序来实现。

(2) 定点机+浮点运算部件

浮点运算部件是专门用于对计算机内的浮点数进行运算的部件,系统配置了浮点运算

部件，将使浮点运算速度大大提高。许多微、小型计算机都配有这一部件。

(3) 浮点机

具有浮点运算指令和基本的浮点运算器。通用的大、中型计算机多为浮点机。

2.3 非数值数据的表示

非数值数据，又称为字符数据，通常是指字符、字符串、图形符号和汉字等各种数据，它们不用来表示数值的大小，一般情况下不对它们进行算术运算。

2.3.1 字符和字符串的表示

1. ASCII 字符编码

由于计算机内部只能识别和处理二进制代码，所以字符必须按照一定的规则用一组二进制编码来表示。字符编码方式有很多种，现在用得最广泛的是美国国家信息交换标准字符码(American Standard Code for Information Interchange，ASCII)。

常见的 ASCII 码用 7 位二进制表示一个字符，ASCII 码包括 10 个十进制数字(0～9)、52 个英文大写和小写字母(A～Z 和 a～z)、34 个专用符号和 32 个控制符号，共计 128 个字符。在 128 个字符中有 96 个是可打印字符。

在计算机中，通常用一个字节来存放一个字符。对于 ASCII 码来说，一个字节右边的 7 位表示不同的字符代码，而最左边一位可以作为奇偶校验位，用来检查错误，也可以用于西文字符和汉字的区分标识。

ASCII 字符编码表如表 2-5 所示。由表中可见，数字和英文字母都是按顺序排列的，只要知道其中一个的二进制代码，不用查表就可以推导出其他数字或字母的二进制代码。另外，如果将 ASCII 码中 0～9 十个数字的二进制代码去掉最高 3 位 011，正好与它们的二进制值相同，这不但使十进制数字进入计算机后易于压缩成 4 位代码，而且也便于进一步的信息处理。

表 2-5 ASCII 字符编码表

$b_3b_2b_1b_0$ \ $b_6b_5b_4$	000	001	010	011	100	101	110	111
0000	NUL	DLE	SP	0	@	P	`	p
0001	SOH	DC1	!	1	A	Q	a	q
0010	STX	DC2	"	2	B	R	b	r
0011	ETX	DC3	#	3	C	S	c	s
0100	EOT	DC4	$	4	D	T	d	t
0101	ENQ	NAK	%	5	E	U	e	u
0110	ACK	SYN	&	6	F	V	f	v
0111	BEL	ETB	'	7	G	W	g	w
1000	BS	CAN	(	8	H	X	h	x
1001	HT	EM	)	9	I	Y	i	y
1010	LF	SUB	*	:	J	Z	j	z

续表

$b_6b_5b_4$ / $b_3b_2b_1b_0$	000	001	010	011	100	101	110	111
1011	VT	ESC	+	;	K	[	k	{
1100	FF	FS	,	<	L	\	l	|
1101	CR	GS	-	=	M	]	m	}
1110	RO	RS	.	>	N	↑	n	~
1111	SI	US	/	?	O	_	o	DEL

除标准ASCII字符编码外,许多公司还使用8位二进制编码来表示更大的字符集,例如IBM公司就用8位扩展二进制编码的十进制交换码(EBCDIC码)来表示IBM计算机所用到的字符集。

2. 字符串的存放

字符串是指一串连续的字符。通常,它们在存储器中占用一片连续的空间,每个字节存放一个字符代码,字符串的所有元素(字符)在物理上是邻接的,这种字符串的存储方法称为向量法。例如,字符串 IF X>0 THEN READ (C),在字长为32位的存储器中的存放格式如图2-7(a)所示。图中每一个主存单元可存放4个字符,整个字符串需5个主存单元。在每个字节中实际存放的是相应字符的ASCII码,如图2-7(b)所示。

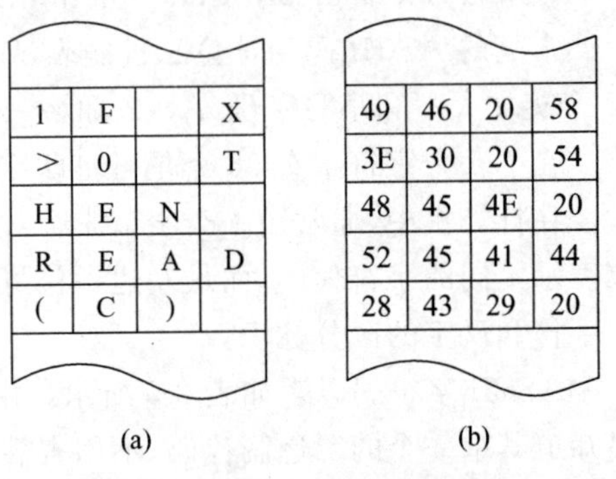

图2-7 字符串的向量存放方案

字符串的向量存放法是最简单、最节省存储空间的方法。但是,当字符串需要进行删除和插入操作时,在删除或插入字符后面的子字符串需要全部重新分配存储空间,将花费较多的时间。为了克服向量存放法的缺点,另一种字符串的存储方法——串表法应运而生了。在这种存储方法中,字符串的每个字符代码后有一个链接字,用以指出下一个字符的存储单元地址。串表法不要求串中的各个字符在物理上相邻,原则上讲,串中各字符可以安排在存储器的任意位置上。在对字符串进行删除和插入操作时,只需修改相应字符代码后面的链接字即可,所以非常方便。但是,由于链接字占据了存储单元的大部分空间,使得主存的有效利用率下降。例如,一个主存单元有32位,仅存放一个字符代码,而链接字占用了24位,这时,存放字符串信息的主存有效利用率只占25%,这是串表法的最大缺点。

2.3.2 汉字的表示

汉字处理技术是计算机推广应用工作中必须要解决的问题。汉字的字数繁多,字形复杂,读音多变,常用的汉字就有7000个左右。要在计算机中表示汉字,最方便的方法是为汉字安排一个编码,而且要使这些编码与西文字符和其他字符有明显的区别。

1. 汉字国标码

汉字国标码也称为汉字交换码，主要用于汉字信息处理系统之间或者通信系统之间交换信息使用。1981年国家标准总局公布了GB 2312—80，即《信息交换用汉字编码字符集基本集》，简称GB码。该标准共收集常用汉字6763个，其中一级汉字3755个，按拼音排序。二级汉字3008个，按部首排序。另外还有各种图形符号682个，共计7445个。

GB 2312—80规定每个汉字、图形符号都用两个字节表示，每个字节只使用低7位编码，因此最多能表示出128×128=16 384个汉字。

2. 汉字区位码

区位码将汉字编码GB 2312—80中的6763个汉字分为94个区，每个区中包含94个汉字(位)，区和位组成一个二维数组，每个汉字在数组中对应一个唯一的区位码。汉字的区位码定长4位，前两位表示区号，后两位表示位号，区号和位号用十进制数表示，区号从01到94，位号也从01到94。例如，“中”字在54区的48位上，其区位码为“54－48”，“国”字在25区的90位上，其区位码为“25－90”。

区位码表的布局是这样安排的，第1～15区包含西文字母、数字和图形符号，以及用户自行定义的专用符号(统称非汉字图形字符)；第16～55区为一级汉字；第56～87区为二级汉字；87区以上为空白区，可供造新字用。

注意：汉字区位码并不等于汉字国标码，它们两者之间的关系可用以下公式表示：

国标码=区位码(十六进制)+2020H

即首先将十进制表示的区位码转换成十六进制表示，然后再加上2020H。

例2-15 已知汉字“春”的区位码为“20—26”，计算它的国标码。

	第一字节	第二字节	
区位码：	20	26	十进制
	↓	↓	
	14H	1AH	十六进制
	+ 20H	+ 20H	
国标码：	34H	3AH	

使用区位码输入汉字时，每输入4位数字可得到一个汉字，没有重码，但由于要查阅区位码表，所以较麻烦。

3. 汉字机内码

汉字可以通过不同的输入码输入，但在计算机内部其内码是唯一的。因为汉字处理系统要保证中西文的兼容，当系统中同时存在ASCII码和汉字国标码时，将会产生二义性。例如，有两个字节的内容为30H和21H，它既可表示汉字“啊”的国标码，又可表示西文“0”和“!”的ASCII码。为此，汉字机内码应对国标码加以适当处理和变换。

汉字机内码也是两字节长的代码，它是在相应国标码的每个字节最高位上加1所得，即

汉字机内码=汉字国标码+8080H

例如，上述“啊”字的国标码是3021H，其机内码则是B0A1H。

4. 汉字字形码

汉字字形码是指确定一个汉字字形点阵的代码,又称汉字字模码或汉字输出码。在一个汉字点阵中,凡笔画所到之处,记为1,否则记为0。

根据对汉字质量的不同要求,可有16×16、24×24、32×32或48×48的点阵结构。汉字点阵分类如表2-6所示,显然点阵越大,输出汉字的质量越高,每个汉字所占用的字节数也越高。

表2-6 汉字点阵分类

字　形	点阵(行×列)	字节数	特　征
简易型	16×16	32	显示字体骨架
普及型	24×24	72	有笔锋,可分字体
提高型	32×32	128	笔锋清晰,字体齐全
精密型	48×48	288	能表示复杂字形

汉字字形码在汉字输出时经常使用,所以要把各个汉字的字形信息固定存储起来,存放各个汉字字形信息的实体称为汉字库。汉字库的信息量很大,一个16×16点阵的基本汉字库至少需要256KB,而24×24点阵的汉字库至少需576KB。

5. 汉字编码的发展

GB 2312是在中国大陆及海外使用简体中文的国家和地区(如新加坡等)强制使用的唯一中文编码,但它只有6000多个汉字,已不能满足各方面应用的需要。国家标准总局在1990年颁布了繁体字的编码标准GB 12345—90《信息交换用汉字编码字符集 第一辅助集》,目的在于规范必须使用繁体字的各种场合,该标准共收录6866个汉字(比GB 2312多103个字),纯繁体的字大概有2200个,每个汉字都采用双字节编码。1995年年底推出的GBK编码是中文编码扩展国家标准,该编码标准兼容GB 2312,共收录汉字21 003个、符号883个,并提供1894个造字码位,简、繁体字融于一库,GBK也采用双字节编码。

随着国际间交流与合作的扩大,信息处理应用对字符集提出了多文种、大字量、多用途的要求。1993年国际标准化组织发布了ISO/ 10646—1《信息技术通用多八位编码字符集 第一部分体系结构与基本多文种平面》。我国根据此标准制定了GB 13000.1—93,该标准采用了全新的多文种编码体系,收录了中、日、韩(CJK统一汉字)20 902个,是编码体系未来的发展方向。由于其新的编码体系与现有多数操作系统和外部设备不兼容,所以它的实现仍需要一个过程。

考虑到GB 13000的完全实现有待时日,以及GB 2312编码体系的延续性和现有资源及系统的有效利用与过渡。2000年年底,我国国家标准总局颁布了GB 18030大字符集标准,这个标准全面兼容GB 2312,在字汇上兼容GB 13000。目前,GB 18030有两个版本:GB 18030—2000和GB 18030—2005。GB 18030—2000规定了常用非汉字符号和27 533个汉字(包括部首、部件等)的编码。GB 18030—2005是以汉字为主并包含多种我国少数民族文字(如藏、蒙古、傣、彝、朝鲜、维吾尔文等)的超大型中文编码字符集,其中收录汉字70 244个(在GB 18030—2000的基础上增加了42 711个)。GB 18030采用单字节、双字节、4字节混合编码,编码空间超过150万个。

从ASCII、GB 2312、GBK到GB 18030,这些编码方法是向上兼容的,即同一个字符在这些方案中总是有相同的编码,后面的标准支持更多的字符。为了保证中西文兼容,确定中文编码的方法是:高字节的最高位为1,不用管低字节最高位是什么。

2.3.3 统一代码

统一代码(Unicode)又称万国码、单一码,它是由多语言软件制造商组成的统一码联盟制定的可以容纳世界上所有文字和符号的字符编码方案。Unicode随着通用字符集的标准而发展,至今仍在不断增加和修改,Unicode 1.0于1991年10月发布,截至目前为止已发布了24个版本,每个新版本都会加入更多新的字符,目前最新的版本为2018年6月发布的Unicode 11.0。

Unicode可分为编码方式和实现方式两个层次。

1. 编码方式

Unicode的编码方式与国际标准ISO/IEC 10646的通用字符集(Universal Character Set,UCS)概念相对应,两者的码表兼容,并共同调整任何未来的扩展。

Unicode的基本方法是用一个16位的二进制数(2字节)来表示Unicode中的每个符号,这意味着允许表示65 536个不同的字符或符号。这种符号集被称为基本多语言平面(BMP),基本多语言平面的字符编码为U+hhhh,其中每个h代表一个十六进制数字,与UCS-2编码完全相同。

UCS-4是一个更大的尚未填充完全的31位字符集,加上恒为0的首位,共需占据32位,即4字节。理论上最多能表示2^{31}个字符,完全可以涵盖一切语言所用的符号。目前,Unicode计划使用了17个平面(1个基本语言平面和16个辅助平面),一共有17×65 536=1 114 112个码位。

图2-8给出了在微机中用的扩展ASCII码、Unicode UCS-2和UCS-4方法表示一个字符之间的差异。例如,字符A用UCS-2表示为"U+0041",而其对应的UCS-4的后两个字节与UCS-2一致,前两个字节则所有位均为0。

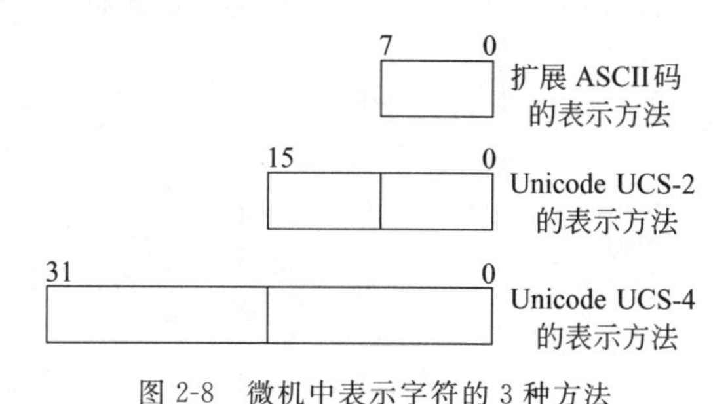

图2-8 微机中表示字符的3种方法

2. 实现方式

Unicode的实现方式不同于编码方式。一个字符的Unicode编码是确定的,但是在实际传输过程中,由于不同系统平台的设计不一定一致,以及出于节省空间的考虑,Unicode

编码的实现方式会有所不同。Unicode 的实现方式称为 Unicode 转换格式(Unicode Translation Format, UTF),目前存在的 UTF 格式有 UTF-7、UTF-7.5、UTF-8、UTF-16 和 UTF-32。

例如,UTF-8 编码是一种变长编码,用 1～6 个字节编码 Unicode 字符。它将基本 7 位 ASCII 字符仍用 7 位编码表示,占用 1 个字节(首位补 0)。而遇到与其他 Unicode 字符混合的情况,将按一定算法转换,UCS-2 转换成 UTF-8 很可能需要 3 个字节,UCS-4 转换成 UTF-8 很可能需要 6 个字节。这样以 7 位 ASCII 字符为主的西文文档大大节省了编码长度。

UTF-16 比起 UTF-8,好处在于大部分字符都以固定长度的字节(2 字节)存储,但 UTF-16 却无法兼容 ASCII 编码。

2.4 十进制数和数串的表示

十进制是人们最常用的数据表示方法,一些通用性较强的计算机上设有十进制数据的表示,可以直接对十进制数进行运算和处理。

2.4.1 十进制数的编码

二进制是计算机最适合的数据表示方法,把十进制数的各位数字变成一组对应的二进制代码,用 4 位二进制数来表示 1 位十进制数,称为二进制编码的十进制数(Binary Code Decimal),即 BCD 码。4 位二进制数可以组合出 16 种代码,能表示 16 种不同的状态,只需要使用其中的 10 种状态,就可以表示十进制数的 0～9 十个数码,而其他的 6 种状态为冗余状态。由于可以取任意的 10 种代码来表示 10 个数码,所以就可能产生多种 BCD 编码。BCD 编码既具有二进制数的形式,又保持了十进制数的特点,可以作为人机联系的一种中间表示,也可以用它直接进行运算。表 2-7 列出了几种常见的 BCD 码。

表 2-7 常见的 BCD 编码

十进制数	8421 码	2421 码	余 3 码	Gray 码
0	0000	0000	0011	0000
1	0001	0001	0100	0001
2	0010	0010	0101	0011
3	0011	0011	0110	0010
4	0100	0100	0111	0110
5	0101	1011	1000	1110
6	0110	1100	1001	1010
7	0111	1101	1010	1011
8	1000	1110	1011	1001
9	1001	1111	1100	1000

1. 8421 码

8421 码又称为自然(Nature)BCD 码,简称 NBCD 码,4 位二进制代码的位权从高到低

分别为8、4、2、1,这种编码的主要特点如下:

① 它是一种有权码,设其各位的值为 $b_3b_2b_1b_0$,则它所表示的十进制数 $D=8b_3+4b_2+2b_1+1b_0$。

② 简单直观,每个代码与它所代表的十进制数之间符合二进制数和十进制数相互转换的规则。

③ 不允许出现1010~1111,这6个代码在8421码中是非法码。

注意:尽管在8421码中0~9十个数码的表示形式与用二进制表示的形式一样,但这是两个完全不同的概念,不能混淆。例如,一个两位的十进制数39,它可以表示为$(0011\ 1001)_{8421}$与100111B,这两者是完全不同的。

2. 2421码

2421码其编码各位的位权从高到低分别为2、4、2、1,它的主要特点如下:

① 它也是一种有权码,所表示的十进制数 $D=2b_3+4b_2+2b_1+1b_0$。

② 它又是一种对9的自补码,即某数的2421码,只要自身按位取反,就能得到该数对9补数的2421码。例如,3的2421码是0011,3对9的补数是6,而6的2421码是1100,即将3的2421码自身按位取反可得到6的2421码。在十进制运算中,采用自补码,可以使运算器线路简化。

③ 不允许出现0101~1010,这6个代码在2421码中是非法码。

对于有权码来说,当规定各位的权不同时,可以有多种不同的编码方案,例如还有4221码、4421码、5421码和84-2-1码等多种编码方案。

3. 余3码

余3码是一种无权码,从表2-7中可以看出,余3码是在8421码的基础上加0011形成的,因每个数都余3,故称余3码,其主要特点如下:

① 它是一种无权码,在这种编码中各位的"1"不表示一个固定的十进制数值,因而不直观,且容易搞错。

② 它也是一种对9的自补码。

③ 不允许出现0000~0010和1101~1111,这6个代码在余3码中是非法码。

4. 格雷码(Gray码)

十进制Gray码的方案有很多种,表2-7中列出的只是其中的一种。Gray码可以避免在计数时发生中间错误,所以也被称为可靠性编码。其主要特点如下:

① 它也是一种无权码。

② 从一种代码变到相邻的下一种代码时,只有一个二进制位的状态在发生变化。

③ 具有循环特性,即首尾两个数的Gray码也只有一个二进制位不同,因此Gray码又称为循环码。

④ 十进制Gray码也有6个代码为非法码,视具体方案而定。

2.4.2 十进制数串

十进制数在计算机中是以数串的形式存储和处理的。十进制数串的长度是可变的,不受定点数和浮点数统一格式的约束。十进制数在计算机内有两种表示形式：非压缩的十进制数和压缩的十进制数。

1. 非压缩的十进制数串

非压缩的十进制数串实际上就是前述的字符串，即一个字节存放一个十进制数或符号的ASCII码。在主存中，这样的十进制数串占用连续的多个字节。为了指明一个数串，需要给出该数串在主存中的起始地址和串长。

非压缩的十进制数串又根据符号所处的位置，分成前分隔式数字串和后嵌入式数字串两种格式。在前分隔式数字串中，符号位占用单独一个字节，放在数值位之前，正号对应的ASCII码为2BH，负号对应的ASCII码为2DH。在后嵌入式数字串中，符号位不单独占用一个字节，而是嵌入到最低一位数字里。若数串为正，则最低一位数字0～9的ASCII码不变(30H～39H)；若数串为负，把负号变为40H，并将其与最低数值位相加，此时数字0～9的ASCII码变为70H～79H。

非压缩的十进制数串主要应用于非数值处理，而对十进制数的算术运算是很不方便的。因为每一字节中只有低4位表示数值，而高4位在算术运算时不具有数值的意义。

2. 压缩的十进制数串

压缩的十进制数串，一个字节可存放两位BCD码表示的十进制数，既节省了存储空间，又便于直接进行十进制算术运算，是广泛采用的表示方式。

在主存中，一个压缩的十进制数串占用连续的多个字节，每位数字仅占半个字节，其值常用8421码表示。符号位也占半个字节，并存放在最低数值位之后，通常用CH表示正号，DH表示负号。在这种表示中，规定数字的个数加符号位之和必须为偶数；当和为奇数时，应在最高数值位之前补0H(即第一个字节的高半字节为0000)。

例2-16　+123表示为：

0001	0010	0011	1100

−2648表示为：

0000	0010	0110	0100	1000	1101

要指明一个压缩的十进制数串，也必须给出它在主存中的首地址和串长。

2.5 不同类型的数据表示举例

前面已经讨论了许多种不同类型的数据表示，这里将以实际广泛应用的C语言中的数据类型和现代微型计算机中的数据表示作为实例进行介绍。

2.5.1 C语言中的数据表示

C语言的基本数据类型有整型数据、实型数据、字符型数据等，下面仅讨论整数类型和实数类型的表示。

1. 整数类型

C语言中支持多种整数类型，二进制整数分为无符号整数和带符号整数。

(1) 无符号整数

无符号整数对应 unsigned short、unsigned int、unsigned long 等类型。以 PC 为例，unsigned short(无符号短整型)和 unsigned int(无符号基本整型)字长为 16 位，数的范围是 0～65 535；unsigned long(无符号长整型)字长为 32 位，数的范围是 0～4 294 967 295。

(2) 带符号整数

带符号整数对应 short、int、long 等类型。以 PC 为例，short(短整型)和 int(基本整型)字长为 16 位，数的范围为－32 768～32 767；long(长整型)字长为 32 位，数的范围为－2 147 483 648～2 147 483 647。

2. 实数(浮点数)类型

C语言中有 float 和 double 两种不同浮点数类型，分别对应 IEEE 754 单精度浮点数格式(32 位)和双精度浮点数格式(64 位)，前者数的范围是$-3.4\times10^{38}\sim3.4\times10^{38}$，后者数的范围是$-1.79\times10^{308}\sim1.79\times10^{308}$，相应的十进制有效数字分别为 6 位和 16 位。

浮点数均为带符号浮点数，没有无符号浮点数。

3. 不同数据类型之间的转换

数据类型的转换有以下 3 种基本形式：

① 同一类型但长度不同的数据间的转换。

② 定点方式与浮点方式间的转换。

③ 整型数中的带符号格式与无符号格式间的转换。

双目运算符两侧的操作数的类型必须一致，所得计算结果的类型与操作数的类型一致。如果一个运算符两边的操作数类型不同，则系统将自动按照转换规律先对操作数进行类型转换再进行运算，通常数据之间转换遵循的原则是“类型提升”，即较低类型转换为较高类型。例如，float 型和 double 型数据参加运算，虽然它们同为实型，但两者的精度不同，需要先将 float 型转换成 double 型再进行运算，结果为 double 型。再如，一表达式中包含 int、long 和 double 类型的变量和数据，则表达式最后的运算结果是 double 型，3 种类型数据转换规律为 int→long→double。所有这些转换都是由系统自动进行的，这种转换通常称为隐式转换。

类型提升(升格)时，其值保持不变。例如，在将 16 位数与 32 位数相加之前，必须将 16 位数转换成 32 位数形式，这被称为“符号扩展”，即用符号位来填充所有附加位。

当较高类型的数据转换成较低类型的数据时，称为降格，降格时就可能失去一部分信息。

除了隐式转换外，还有一种转换称为显式转换，这是一种强制转换类型机制。显式转换实际上是一种单目运算，其一般形式为：

(数据类型名)表达式

显式转换把后面的表达式运算结果的类型强制转换为要求的类型，而不管类型的高低。

要转换的表达式用括号括起来,例如,(int)$(x+y)$与(int)$x+y$是不同的,后者相当于(int)$(x)+y$,也就是说,只将x转换成整型,然后与y相加。

2.5.2 现代微型计算机系统中的数据表示

现代的微型计算机系统大多采用Intel系列的微处理器,近年来,Intel的微处理器有了极大的发展,从80386到80486、Pentium、Pentium MMX、Pentium Pro、Pentium Ⅱ、Pentium Ⅲ直至Pentium 4,形成了IA(Intel Architecture)-32结构。而最新的Itanium处理器是目前Intel公司推出的最高端处理器,是第一款真正64位产品(IA-64)。下面以IA-32结构为例,介绍现代微机系统的数据表示。

IA-32结构的基本数据类型是字节、字、双字(DWORD)、四字(QWORD)和双四字(DQWORD),如图2-9所示。

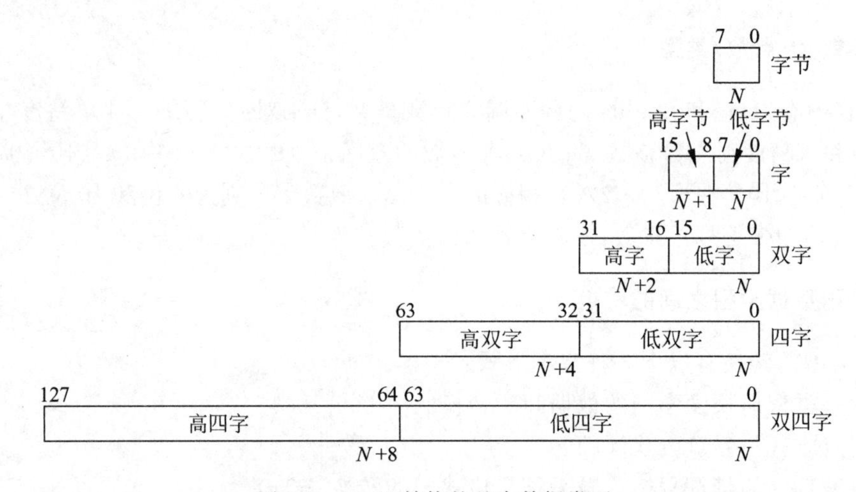

图2-9 IA-32结构的基本数据类型

注意:在IA-32结构的所有机器中,一个字都等于16位(两个字节)。双字是4字节(32位),四字是8字节(64位),双四字是16字节(128位)。

四字是在微处理器80486中引入IA-32结构的,双四字是在具有SSE扩展的微处理器Pentium Ⅲ中引入的。

1. 无符号整数

无符号整数是包含字节、字、双字和四字的无符号的二进制数。无符号整数的范围,对于字节,是0~255;对于字,是0~65 535;对于双字,是$0\sim2^{32}-1$;对于四字,是$0\sim2^{64}-1$。

2. 带符号整数

带符号整数是包含字节、字、双字和四字的带符号的二进制定点整数。所有带符号整数的数据类型都以补码形式表示,符号位是最高位(MSB)。正数的符号位为“0”,负数的符号位为“1”。带符号整数的范围,对于字节,是$-128\sim+127$;对于字,是$-32\ 768\sim+32\ 767$;对于双字,是$-2^{31}\sim+2^{31}-1$;对于四字,是$-2^{63}\sim+2^{63}-1$。

3. 浮点数

IA-32 结构定义和操作 3 种浮点数据类型：单精度浮点数(短浮点数)、双精度浮点数(长浮点数)和扩展精度浮点数(临时浮点数)。

这些数据类型的格式与 IEEE 754 标准所规定的格式直接对应，在此不再重复。

4. 指针数据

指针是主存单元的地址，IA-32 结构定义了两种类型的指针：近(Near)指针(32 位)和远(Far)指针(48 位)，如图 2-10 所示。近指针是段内的 32 位偏移量(也称为有效地址)，段内寻址时用。远指针是一个 48 位的逻辑地址，包含 16 位段选择符和 32 位的偏移量，用于跨段访问。

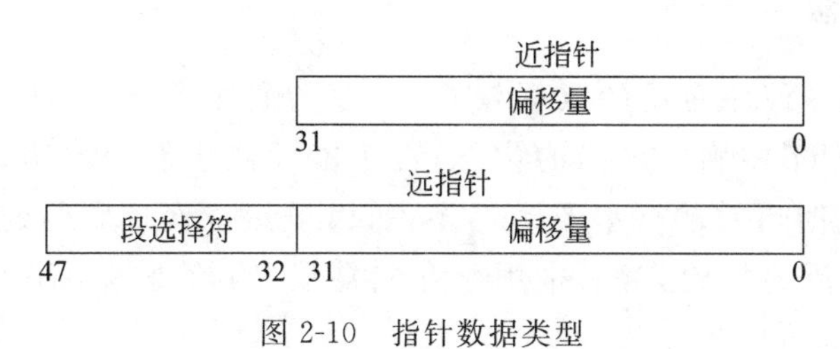

图 2-10　指针数据类型

5. 串数据

串是位、字节、字或双字的连续序列。串数据包括位串和字节串。位串是指连续的位，它能从任一字节的任一位置开始，位串长度可达 $2^{32}-1$ 位。字节串包含连续的字节、字或双字，长度为 0～$2^{32}-1$ 字节(4GB)。

6. BCD 数

IA-32 结构中所指的 BCD 码实际上是指 8421 码。BCD 数又分成未拼装的 BCD(UBCD)数和拼装的 BCD 数两种。UBCD 数的一个字节仅包含一位十进制数，在 3～0 位上；而经过拼装的 BCD 数，一个字节包含两位十进制数，其低位在 3～0 位上，高位在 7～4 位上。

2.6　数据校验码

数据在存取和传送的过程中可能会发生错误，产生错误的原因可能有很多种，例如，设备的临界工作状态、外界高频干扰、收发设备中的间歇性故障以及电源偶然的瞬变现象等。为了减少和避免错误，除了需要提高硬件本身的可靠性外，还要在数据编码上找出路。

数据校验码是指那些能够发现错误或者能够自动纠正错误的数据编码，又称为“检错纠错编码”。任何一种编码都由许多码字构成，任意两个码字之间最少变化的二进制位数称为数据校验码的码距。例如，用 4 位二进制表示 16 种状态，则有 16 个不同的码字，此时码距为1,即两个码字之间最少仅有一个二进制位不同(如0000～0001)。这种编码没有检错能力,因为当某一个合法码字中有一位或几位出错,就变成另一个合法码字了。

具有检、纠错能力的数据校验码的实现原理是：在编码中,除去合法的码字外,再加进一些非法的码字,当某个合法码字出现错误时就变成非法码字。合理地安排非法码字的数量和编码规则,就能达到纠错的目的。例如,若用4位二进制表示8个状态,其中只有8个码字是合法码字,而另8个码字为非法码字,此时码距为2。对于码距≥2的数据校验码,开始具有检错的能力。码距越大,检、纠错能力就越强,而且检错能力总是大于或等于纠错能力。

2.6.1 奇偶校验码

1. 奇偶校验概念

奇偶校验码是一种最简单的数据校验码,它的码距等于2,可以检测出一位错误(或奇数位错误),但不能确定出错的位置,也不能检测出偶数位错误。事实上一位出错的概率比多位同时出错的概率要高得多,所以虽然奇偶校验码的检错能力很低,但还是一种应用最广泛的校验方法,常用于存储器读、写检查或ASCII字符传送过程中的检查。

奇偶校验实现方法是：由若干位有效信息(如一个字节),再加上一个二进制位(校验位)组成校验码,如图2-11所示。校验位的取值(0或1)将使整个校验码中1的个数为奇数或偶数,所以有如下两种可供选择的校验规律：

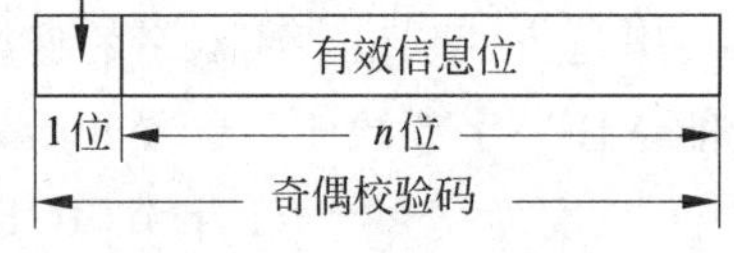

图2-11　奇偶校验码

① 奇校验——整个校验码(有效信息位和校验位)中1的个数为奇数。

② 偶校验——整个校验码中1的个数为偶数。

2. 简单奇偶校验

简单奇偶校验仅实现横向的奇偶校验,表2-8给出了几个字节的奇偶校验码的编码结果。

表2-8　奇偶校验码实例

有效信息(8位)	奇校验码(9位)	偶校验码(9位)
00000000	**1**00000000	**0**00000000
01010100	**0**01010100	**1**01010100
01111111	**0**01111111	**1**01111111
11111111	**1**11111111	**0**11111111

在表2-8所示的奇校验码或偶校验码中,最高一位为校验位,其余8位为信息位。在实际应用中,多采用奇校验,因为奇校验中不存在全0代码,在某些场合下更便于判别。

奇偶校验码的编码和校验是由专门的电路实现的，常见的有并行奇偶统计电路，如图 2-12 所示。这是一个由若干个异或门组成的塔形结构，同时给出了“偶形成”“奇形成”“偶校验出错”和“奇校验出错”等信号。

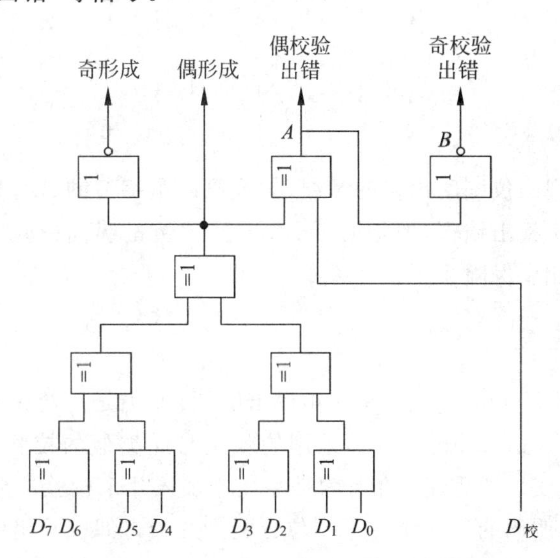

图 2-12　奇偶校验位的形成及校验电路

$$偶形成=D_7 \oplus D_6 \oplus D_5 \oplus D_4 \oplus D_3 \oplus D_2 \oplus D_1 \oplus D_0$$

$$奇形成=\overline{D_7 \oplus D_6 \oplus D_5 \oplus D_4 \oplus D_3 \oplus D_2 \oplus D_1 \oplus D_0}$$

$$偶校验出错=D_{校} \oplus D_7 \oplus D_6 \oplus D_5 \oplus D_4 \oplus D_3 \oplus D_2 \oplus D_1 \oplus D_0$$

$$奇校验出错=\overline{D_{校} \oplus D_7 \oplus D_6 \oplus D_5 \oplus D_4 \oplus D_3 \oplus D_2 \oplus D_1 \oplus D_0}$$

下面以奇校验为例，说明对主存信息进行奇偶检验的全过程。

(1) 校验位形成

当要把一个字节的代码 $D_7 \sim D_0$ 写入主存时，就同时将它们送往奇偶校验逻辑电路，该电路产生的“奇形成”信号就是校验位。它将与 8 位代码一起作为奇校验码写入主存。

若 $D_7 \sim D_0$ 中有偶数个 1，则“奇形成”=1；若 $D_7 \sim D_0$ 中有奇数个 1，则“奇形成”=0。

(2) 校验检测

读出时，将读出的 9 位代码(8 位信息位和 1 位校验位)同时送入奇偶校验电路检测。若读出代码无错，则“奇校验出错”=0；若读出代码中的某一位上出现错误，则“奇校验出错”=1，从而指示这个 9 位代码中一定有某一位出现了错误，但具体的错误位置是不能确定的。

3. 交叉奇偶校验

计算机在进行大量字节(数据块)传送时，不仅每一个字节有一个奇偶校验位做横向校验，而且全部字节的同一位也设置一个奇偶校验位做纵向校验，这种横向、纵向同时校验的方法称为交叉校验。

例如，4 个字节组成一个信息块，纵、横向均约定为偶校验，各校验位取值如下：

	A_7	A_6	A_5	A_4	A_3	A_2	A_1	A_0		横向校验位
第一字节	1	1	0	0	1	0	1	1	→	1
第二字节	0	1	0	1	1	1	0	0	→	0
第三字节	1	0	0	1	1	0	1	0	→	0
第四字节	1	0	0	1	0	1	0	1	→	0
	↓	↓	↓	↓	↓	↓	↓	↓		
纵向校验位	1	0	0	1	1	0	0	0		

交叉校验可以发现两位同时出错的情况,假设第二个字节的 A_6、A_4 两位均出错,第二个字节的横向校验位无法检出错误,但是第 A_6、A_4 位所在列的纵向校验位会显示出错,这与前述的简单奇偶校验相比要保险多了。

2.6.2 汉明校验码

汉明码是 Richard Hamming 于 1950 年提出的,目前仍是广泛采用的一种有效的校验码,主存的 ECC(Error Correcting Code)采用的就是与此类似的校验码。汉明码实际上是一种多重奇偶校验,其实现原理是:在有效信息位中加入几个校验位形成汉明码,使码距比较均匀地拉大,并把汉明码的每一个二进制位分配到几个奇偶校验组中。当某一位出错后,就会引起有关的几个校验位的值发生变化,这不但可以发现错误,还能指出错误的位置,为自动纠错提供了依据。

下面仅介绍能检测和自动校正一位错并能发现两位错的汉明码的编码原理。此时,校验位的位数 K 和信息位的位数 N 应满足:$2^{K-1} \geqslant N+K+1$。按该不等式,信息位 N 值和校验位 K 值的对应关系如表 2-9 所示。

表 2-9 信息位 N 值与校验位 K 值的对应关系

N 值	最小 K 值	N 值	最小 K 值
1～4	4	26～56	7
5～10	5	57～119	8
11～25	6		

若汉明码的最高位号为 m,最低位号为 1,即有 $H_m H_{m-1} \cdots H_2 H_1$,则此汉明码的编码规则通常为:

① 校验位和信息位之和为 m,每个校验位 P_i 在汉明码中被分到位号 2^{i-1} 的位置上,其余各位为信息位。

② 汉明码每一位 H_i 由多个校验位校验,其关系是被校验的每一位位号等于校验它的各校验位的位号之和,即汉明码的位号实质上是参与校验的各校验位权值之和。这样安排的目的,是希望校验的结果能正确地反映出错位的位号。

③ 在增大码距时,应使所有编码的码距尽量均匀地增大,以保证对所有代码的检测能力平衡的提高。

下面按以上原则介绍对一个字节信息进行汉明码编码和校验的过程。

(1) 编码

一个字节由 8 位二进制位组成,此时 $N=8$,从表 2-9 中查出 $K=5$,故汉明码的总位数为 13 位，可表示为：

$$H_{13}H_{12}\cdots H_2H_1$$

5 个校验位 $P_5 \sim P_1$ 对应的汉明码位号应分别为 H_{13}、H_8、H_4、H_2、H_1，除 P_5 外，其余 4 位都满足 P_i 的位号等于 2^{i-1} 的关系，而 P_5 只能放在 H_{13} 上，因为它已经是汉明码的最高位了。因此，有如下排列关系：

$$P_5 \quad D_8 \quad D_7 \quad D_6 \quad D_5 \quad P_4 \quad D_4 \quad D_3 \quad D_2 \quad P_3 \quad D_1 \quad P_2 \quad P_1$$

校验位 $P_i(i=1\sim4)$ 的偶校验的结果为：

$$P_1 = D_1 \oplus D_2 \oplus D_4 \oplus D_5 \oplus D_7$$

$$P_2 = D_1 \oplus D_3 \oplus D_4 \oplus D_6 \oplus D_7$$

$$P_3 = D_2 \oplus D_3 \oplus D_4 \oplus D_8$$

$$P_4 = D_5 \oplus D_6 \oplus D_7 \oplus D_8$$

在上述 4 个公式中，不同信息位出现在 P_i 项中的次数是不一样的，其中 D_4 和 D_7 出现了 3 次，而 D_1、D_2、D_3、D_5、D_6、D_8 仅出现了两次，此时不同代码的汉明码的码距不等，为此再补充一位 P_5 校验位，使得：

$$P_5 = D_1 \oplus D_2 \oplus D_3 \oplus D_5 \oplus D_6 \oplus D_8$$

在这种安排下，每一位信息位都均匀地出现在 3 个 P_i 值的形成关系中。当任一信息位发生变化时，必将引起 3 个 P_i 值跟着变化，即合法汉明码的码距都为 4。

(2) 校验

将接收到的汉明码按如下关系进行偶校验：

$$S_1 = P_1 \oplus D_1 \oplus D_2 \oplus D_4 \oplus D_5 \oplus D_7$$

$$S_2 = P_2 \oplus D_1 \oplus D_3 \oplus D_4 \oplus D_6 \oplus D_7$$

$$S_3 = P_3 \oplus D_2 \oplus D_3 \oplus D_4 \oplus D_8$$

$$S_4 = P_4 \oplus D_5 \oplus D_6 \oplus D_7 \oplus D_8$$

$$S_5 = P_5 \oplus D_1 \oplus D_2 \oplus D_3 \oplus D_5 \oplus D_6 \oplus D_8$$

校验得到的结果值 $S_5 \sim S_1$(指误字)能反映 13 位汉明码的出错情况：

① 当 $S_5 \sim S_1$ 为 00000 时，表明无错。

② 当 $S_5 \sim S_1$ 中仅有一位不为 0 时，表明是某一校验位出错或 3 位汉明码(包括信息位和校验位)同时出错。由于后一种出错的可能性很小，故认为是前一种错，出错位是该 S_i 对应的 P_i 位。

③ 当 $S_5 \sim S_1$ 中有两位不为 0 时，表明是两位汉明码同时出错，此时只能发现错误，而无法确定出错的位置。

④ 当 $S_5 \sim S_1$ 中有 3 位不为 0 时，表明是 1 位信息位出错或 3 位校验位同时出错，由于后一种错误的可能性很小，故认为是前一种错。出错位的位号由 $S_4 \sim S_1$ 这 4 位代码值指明，此时不仅能检查出一位错，而且能准确的定位，因此可以纠正这个错误(将该位变反)。

⑤ 当 $S_5 \sim S_1$ 中有 4 位或 5 位不为 0 时，表明出错情况严重，系统工作可能出现故障，应检查系统硬件的正确性。

②和④两种出错的情况列于表 2-10 中。若表中仅有一个 S_i 不为 0，则表示 P_i 出错，因为是校验位出错，故此时并不需要校正它们。当 5 个 S_i 位有 3 个为 1 时，则表示是某一信息位 D_i 出错。出错信息位的汉明码位号由 $S_4 \sim S_1$ 这 4 位的译码值指出(分别为 12、11、10、9、

7、6、5、3)。例如,当 $S_5 \sim S_1 = 00111$ 时,$S_4 \sim S_1$ 的译码值为 7,即对应 H_7(也就是 D_4)位出错。

表 2-10　汉明码出错情况

汉明码	P_5	D_8	D_7	D_6	D_5	P_4	D_4	D_3	D_2	P_3	D_1	P_2	P_1
位号 / S位	H_{13}	H_{12}	H_{11}	H_{10}	H_9	H_8	H_7	H_6	H_5	H_4	H_3	H_2	H_1
S_5	1	1	0	1	1	0	0	1	1	0	1	0	0
S_4	0	1	1	1	1	1	0	0	0	0	0	0	0
S_3	0	1	0	0	0	0	1	1	1	1	0	0	0
S_2	0	0	1	1	0	0	1	1	0	0	1	1	0
S_1	0	0	1	0	1	0	1	0	1	0	1	0	1

例 2-17　设有一个 8 位信息为 10101100,试求汉明编码的生成和校验过程。

(1) 编码生成

校验位长度为 5 位,按偶校验有:

$$P_1 = 0 \oplus 0 \oplus 1 \oplus 0 \oplus 0 = 1$$
$$P_2 = 0 \oplus 1 \oplus 1 \oplus 1 \oplus 0 = 1$$
$$P_3 = 0 \oplus 1 \oplus 1 \oplus 1 = 1$$
$$P_4 = 0 \oplus 1 \oplus 0 \oplus 1 = 0$$
$$P_5 = 0 \oplus 0 \oplus 1 \oplus 0 \oplus 1 \oplus 1 = 1$$

故可得到用二进制表示的汉明码为:

$$\underline{1}\ 1\ 0\ 1\ 0\ \underline{0}\ 1\ 1\ 0\ \underline{1}\ 0\ \underline{1}\ \underline{1}$$

下画线表示校验位在汉明码中的位置。

(2) 校验

上述汉明码经传送后若 $H_{11}(D_7)$ 位发生了错误,原码字就变为:

$$1\ 1\ \underset{\text{出错}}{\underline{1}}\ 1\ 0\ 0\ 1\ 1\ 0\ 1\ 0\ 1\ 1$$

检错的过程很简单,只要将接收到的码字重新进行偶校验即可:

$$S_1 = 1 \oplus 0 \oplus 0 \oplus 1 \oplus 0 \oplus 1 = 1$$
$$S_2 = 1 \oplus 0 \oplus 1 \oplus 1 \oplus 1 \oplus 1 = 1$$
$$S_3 = 1 \oplus 0 \oplus 1 \oplus 1 \oplus 1 = 0$$
$$S_4 = 0 \oplus 0 \oplus 1 \oplus 1 \oplus 1 = 1$$
$$S_5 = 1 \oplus 0 \oplus 0 \oplus 1 \oplus 0 \oplus 1 \oplus 1 = 0$$

故指误字为 01011,其中低 4 位有效,相应的十进制数是 11,指出 H_{11} 出错。现在 H_{11} 错成了 1,纠错就是将 H_{11} 位取反让它恢复为 0,即:

错误码:$1\ 1\ \underline{1}\ 1\ 0\ 0\ 1\ 1\ 0\ 1\ 0\ 1\ 1$

↓

纠正后:$1\ 1\ \underline{0}\ 1\ 0\ 0\ 1\ 1\ 0\ 1\ 0\ 1\ 1$

2.6.3 循环冗余校验码

除了奇偶校验码和汉明码外，在计算机网络、同步通信以及磁表面存储器中广泛使用循环冗余校验码(Cyclic Redundancy Check，CRC)。

循环冗余校验码是通过除法运算来建立有效信息位和校验位之间的约定关系的。假设，待编码的有效信息以多项式 $M(X)$ 表示，将它左移若干位后，用另一个约定的多项式 $G(X)$ 去除，所产生的余数 $R(X)$ 就是检验位。有效信息和检验位相拼接就构成了 CRC 码。当整个 CRC 码被接收后，仍用约定的多项式 $G(X)$ 去除，若余数为 0 表明该代码是正确的；若余数不为 0 则表明某一位出错，再进一步由余数值确定出错的位置，以便进行纠正。

1. 循环冗余校验码的编码方法

循环冗余校验码是由两部分组成的，如图 2-13 所示。左边为信息位，右边为校验位。若信息位为 N 位，校验位为 K 位，则该校验码被称为 $(N+K,N)$ 码。

信息位	校验位
N位	K位

图 2-13　循环冗余校验码的格式

循环冗余校验码编码规律如下：

① 把待编码的 N 位有效信息表示为多项式 $M(X)$。

② 把 $M(X)$ 左移 K 位，得到 $M(X)\times X^K$，这样空出了 K 位，以便拼装 K 位余数(即校验位)。

③ 选取一个 $K+1$ 位的产生多项式 $G(X)$，对 $M(X)\times X^K$ 做模 2 除。

$$\frac{M(X)\times X^K}{G(X)}=Q(X)+\frac{R(X)}{G(X)}$$

④ 把左移 K 位以后的有效信息与余数 $R(X)$ 做模 2 加减，拼接为 CRC 码，此时的 CRC 码共有 $N+K$ 位。

$$M(X)\times X^K+R(X)=Q(X)\times G(X)$$

注意：CRC 校验技术中使用的模 2 运算是一种二进制运算，模 2 运算与四则运算不同之处在于它不用考虑进位和借位。

例 2-18　选择产生多项式为 1011，把 4 位有效信息 1100 编成 CRC 码。

$$M(X)=X^3+X^2=1100$$

$$M(X)\times X^3=X^6+X^5=1100000$$

$$G(X)=X^3+X+1=1011$$

$$\frac{M(X)\times X^3}{G(X)}=\frac{1100000}{1011}=1110+\frac{010}{1011}$$

$$M(X)\times X^3+R(X)=1100000+010=1100010$$

这种 CRC 码称为(7,4)码。

2. 循环冗余校验码的校验与纠错

把接收到的 CRC 码用约定的生成多项式 $G(X)$ 去除，如果正确，则余数为 0；如果某一位出错，则余数不为 0。不同的位数出错其余数不同，余数和出错位序号之间有唯一的对应关系。表 2-11 列出了(7,4)码的出错模式。

表 2-11 (7,4)码的出错模式($G(X)=1011$)

(7,4)码	A_1	A_2	A_3	A_4	A_5	A_6	A_7	余数	出错位
正确码	1	1	0	0	0	1	0	000	无
错误码	1	1	0	0	0	1	1	001	7
	1	1	0	0	0	0	0	010	6
	1	1	0	0	1	1	0	100	5
	1	1	0	1	0	1	0	011	4
	1	1	1	0	0	1	0	110	3
	1	0	0	0	0	1	0	111	2
	0	1	0	0	0	1	0	101	1

如果某一位出错,则余数不为0,对此余数补0后,当作被除数再继续除下去,余数将按表2-11的顺序循环。例如,第七位(A_7)出错,余数为001,把其补0后再除以$G(X)$,第二次余数为010,以后依次分别为100、011、110、111、101,然后又回到001,反复循环,这就是“循环码”词的来源。根据循环码的特征,一边对余数补0继续做模2除法,同时让被检测的校验码循环左移。当余数为101时,原来出错的A_7位已移到A_1的位置,通过异或门将其求反纠正,在下一次循环左移时送回A_7。所以,移满一个循环(7次),就得到一个纠正的码字。

3. 生成多项式的选择

生成多项式被用来生成CRC码,并不是任何一个$K+1$位多项式都可以作生成多项式用的,它应满足下列要求:

① 任何一位发生错误都应使余数不为0。

② 不同位发生错误应当使余数不同。

③ 对余数做模2除法,应使余数循环。

常用的生成多项式有多个,读者可从有关资料上查到可选生成多项式。在计算机和通信系统中广泛使用下述两个生成多项式,它们是:

$$G(X)=X^{16}+X^{15}+X^2+1$$

$$G(X)=X^{16}+X^{12}+X^6+1$$

习　题

2-1　设机器数的字长为8位(含1位符号位),分别写出下列各二进制数的原码、补码和反码。

0, －0, 0.1000, －0.1000, 0.1111, －0.1111, 1101, －1101

2-2　写出下列各数的原码、补码和反码。

$\frac{7}{16}$, $\frac{4}{16}$, $\frac{1}{16}$, ± 0, $-\frac{1}{16}$, $-\frac{4}{16}$, $-\frac{7}{16}$

2-3　已知下列数的原码表示,分别写出它们的补码表示。

$$[X]_{原}=0.10100,\quad [X]_{原}=1.10111$$

2-4　已知下列数的补码表示,分别写出它们的真值。

$$[X]_{补}=0.10100,\quad [X]_{补}=1.10111$$

2-5　设一个二进制小数$X\geqslant 0$,表示成$X=0.A_1A_2A_3A_4A_5A_6$,其中$A_1\sim A_6$取1或0。

(1) 若要 $X>\frac{1}{2}$，则 $A_1 \sim A_6$ 要满足什么条件？

(2) 若要 $X\geqslant\frac{1}{8}$，则 $A_1 \sim A_6$ 要满足什么条件？

(3) 若要 $\frac{1}{4}\geqslant X>\frac{1}{16}$，则 $A_1 \sim A_6$ 要满足什么条件？

2-6 设 $[X]_{原}=1.A_1A_2A_3A_4A_5A_6$。

(1) 若要 $X>-\frac{1}{2}$，则 $A_1 \sim A_6$ 要满足什么条件？

(2) 若要 $-\frac{1}{8}\geqslant X\geqslant-\frac{1}{4}$，则 $A_1 \sim A_6$ 要满足什么条件？

2-7 若将习题 2-6 中 $[X]_{原}$ 改为 $[X]_{补}$，那么结果如何？

2-8 一个 n 位字长的二进制定点整数，其中 1 位为符号位，分别写出在补码和反码两种情况下：

(1) 模数。 (2) 最大的正数。

(3) 最负的数。 (4) 符号位的权。

(5) −1 的表示形式。 (6) 0 的表示形式。

2-9 某计算机字长为 16 位，简述下列几种情况下所能表示数值的范围。

(1) 无符号整数。 (2) 用原码表示定点小数。

(3) 用补码表示定点小数。 (4) 用原码表示定点整数。

(5) 用补码表示定点整数。

2-10 某计算机字长为 32 位，试分别写出无符号整数和带符号整数(补码)的表示范围(用十进制数表示)。

2-11 假设机器数字长 8 位，若机器数为 81H，当它分别代表原码、补码、反码和移码时，等价的十进制整数分别是多少？

2-12 设计补码表示法的目的是什么？列表写出 +0、+25、+127、−127 及 −128 的 8 位二进制原码、反码、补码和移码表示，并将补码用十六进制表示出来。

2-13 十进制数 12345 用 32 位补码整数和 32 位浮点数(IEEE 754 标准)表示的结果各是什么(用十六进制表示)？

2-14 某浮点数字长为 12 位，其中，阶符为 1 位，阶码数值为 3 位；数符为 1 位，尾数数值为 7 位。阶码以 2 为底，阶码和尾数均用补码表示。它所能表示的最大正数是多少？最小规格化正数是多少？绝对值最大的负数是多少？

2-15 某浮点数字长为 16 位，其中，阶码部分为 6 位(含 1 位阶符)，移码表示，以 2 为底；尾数部分为 10 位(含 1 位数符，位于尾数最高位)，补码表示，规格化。分别写出下列情况的二进制代码与十进制真值。

(1) 非零最小正数。 (2) 最大正数。

(3) 绝对值最小负数。 (4) 绝对值最大负数。

2-16 一浮点数，其阶码部分为 p 位，尾数部分为 q 位，各包含 1 位符号位，均用补码表示；尾数基数 $r=2$，该浮点数格式所能表示数的上限、下限及非零的最小正数是多少？写出表达式。

2-17 若上题尾数基数 $r=16$，按上述要求写出表达式。

2-18 某浮点数字长为 32 位，格式如下。其中，阶码部分为 8 位，以 2 为底，移码表示；尾数部分一共 24 位(含 1 位数符)，补码表示。现有一浮点代码为 $(8C5A3E00)_{16}$，试写出它所表示的十进制真值。

0 ~ 7	8	9 ~ 31
阶码	数符	尾数

2-19 试将 $(-0.1101)_2$ 用 IEEE 短浮点数格式表示出来。

2-20 将下列十进制数转换为 IEEE 短浮点数：

(1) 28.75 (2) 624 (3) −0.625

(4) +0.0 (5) −1000.5

2-21 将下列 IEEE 短浮点数转换为十进制数：

(1) 11000000 11110000 00000000 00000000

(2) 00111111 00010000 00000000 00000000

(3) 01000011 10011001 00000000 00000000

(4) 01000000 00000000 00000000 00000000

(5) 01000001 00100000 00000000 00000000

(6) 00000000 00000000 00000000 00000000

2-22 对下列 ASCII 码进行译码。

1001001， 0100001， 1100001， 1110111， 1000101， 1010000， 1010111， 0100100

2-23 以下列形式表示$(5382)_{10}$。

(1) 8421 码。 (2) 余 3 码。 (3) 2421 码。 (4) 二进制数。

2-24 填写下列代码的奇偶校验位，现设为奇校验。

1 0 1 0 0 0 0 1

0 0 0 1 1 0 0 1

0 1 0 0 1 1 1 0

2-25 已知下面数据块约定：横向校验、纵向校验均为奇校验，指出至少有多少位出错。

	A_7	A_6	A_5	A_4	A_3	A_2	A_1	A_0		校验位
	1	0	0	1	1	0	1	1	→	0
	0	0	1	1	0	1	0	1	→	1
	1	1	0	1	0	0	0	0	→	0
	1	1	1	0	0	0	0	0	→	0
	0	1	0	0	1	1	1	1	→	0
	↓	↓	↓	↓	↓	↓	↓	↓		
校验位	1	0	1	0	1	1	1	1		

2-26 求有效信息位为 01101110 的汉明校验码。

2-27 设计算机准备传送的信息是 1010110010001111，生成多项式是 X^5+X^2+1，计算校验位，写出 CRC 码。

第 3 章 指令系统

指令和指令系统是计算机中最基本的概念。指令是指示计算机执行某些操作的命令，一台计算机的所有指令的集合构成该机的指令系统，也称指令集。指令系统是计算机的主要属性，位于硬件和软件的交界面上。本章将讨论一般计算机的指令系统所涉及的基本问题。

3.1 指令格式

一台计算机指令格式的选择和确定涉及多方面的因素，如指令长度、地址码结构以及操作码结构等，是一个很复杂的问题，它与计算机系统结构、数据表示方法、指令功能设计等都密切相关。

3.1.1 机器指令的基本格式

一条指令就是机器语言的一个语句，它是一组有意义的二进制代码，指令的基本格式如下：

操作码字段	地址码字段

其中，操作码指明了指令的操作性质及功能，地址码则给出了操作数的地址。

指令的长度是指一条指令中所包含的二进制代码的位数，它取决于操作码字段的长度、操作数地址的个数及长度。指令长度与机器字长没有固定的关系，它可以等于机器字长，也可以大于或小于机器字长。在字长较短的小型、微型计算机中，大多数指令的长度可能大于机器的字长；而在字长较长的大型、中型计算机中，大多数指令的长度则往往小于或等于机器的字长。通常，把指令长度等于机器字长的指令称为单字长指令；指令长度等于半个机器字长的指令称为半字长指令；指令长度等于两个机器字长的指令称为双字长指令。

在一个指令系统中，若所有指令的长度都是相等的，就称该指令系统为定长指令字结构。定长结构指令系统控制简单，但不够灵活。若各种指令的长度随指令功能而异，就称该指令系统为变长指令字结构。现代计算机广泛采用变长指令字结构，指令的长度能短则短，需长则长，如 80x86 的指令长度从一个字节到十几个字节不等。变长结构指令系统灵活，能充分利用指令长度，但指令的控制较为复杂。

3.1.2 地址码结构

计算机执行一条指令所需要的全部信息都必须包含在指令中。对于一般的双操作数运算类指令来说,除去操作码(Operation Code)之外,指令还应包含以下信息:

① 第一操作数地址,用 A_1 表示。

② 第二操作数地址,用 A_2 表示。

③ 操作结果存放地址,用 A_3 表示。

④ 下一条将要执行指令的地址,用 A_4 表示。

这些信息可以在指令中明显地给出,称为显地址;也可以依照某种事先的约定,用隐含的方式给出,称为隐地址。下面从地址结构的角度来介绍几种指令格式。

1. 四地址指令

前述的4个地址信息都在地址字段中明显地给出,其指令的格式为:

OP	A_1	A_2	A_3	A_4

指令的含义:

$$(A_1)OP(A_2) \rightarrow A_3$$

A_4 = 下一条将要执行指令的地址

其中,OP 表示具体的操作,A_i 表示地址,(A_i) 表示存放于该地址中的内容。

这种格式的主要优点是直观,下一条指令的地址明显。但是,最严重的缺点是指令的长度太长,如果每个地址为16位,整个地址码字段就要长达64位,所以这种格式是不切实际的。

2. 三地址指令

正常情况下,大多数指令按顺序依次被从主存中取出来执行,只有在遇到转移指令时,程序的执行顺序才会改变。因此,可以用一个程序计数器(Program Counter,PC)来存放指令地址。通常每执行一条指令,PC 就自动加1(设每条指令只占一个主存单元),直接得到将要执行的下一条指令的地址。这样,指令中就不必再明显地给出下一条指令的地址了。三地址指令格式为:

OP	A_1	A_2	A_3

指令的含义:

$$(A_1)OP(A_2) \rightarrow A_3$$

$$(PC)+1 \rightarrow PC(\text{隐含})$$

执行一条三地址的双操作数运算指令,至少需要访问4次主存。第一次取指令本身,第二次取第一操作数,第三次取第二操作数,第四次保存运算结果。

这种格式省去了一个地址,但指令长度仍比较长,所以只在字长较长的大型、中型计算机中使用,小型、微型计算机中很少使用。

3. 二地址指令

三地址指令执行完后，主存中的两个操作数均不会被破坏。然而，通常并不一定需要完整的保留两个操作数。例如，可让第一操作数地址同时兼作存放结果的地址(目的地址)，这样即得到了二地址指令，其格式为：

OP	A_1	A_2

指令的含义：

$$(A_1)OP(A_2)\rightarrow A_1$$

$$(PC)+1\rightarrow PC(\text{隐含})$$

其中，A_1为目的操作数地址，A_2为源操作数地址。

注意：指令执行之后，目的操作数地址中原存的内容已被破坏了。

执行一条二地址的双操作数运算指令，同样至少需要访问4次主存。

4. 一地址指令

一地址指令顾名思义只有一个显地址，它的指令格式为：

OP	A_1

一地址指令只有一个地址，那么另一个操作数来自何方呢？指令中虽未明显给出，但按事先约定，这个隐含的操作数就放在一个专门的寄存器中。因为这个寄存器在连续运算时，保存着多条指令连续操作的累计结果，故称为累加寄存器(Accumulator，Acc)。

指令的含义：

$$(Acc)OP(A_1)\rightarrow Acc$$

$$(PC)+1\rightarrow PC(\text{隐含})$$

执行一条一地址的双操作数运算指令，只需要访问两次主存。第一次取指令本身，第二次取第二操作数。第一操作数和运算结果都放在累加寄存器中，所以读取和存入都不需要访问主存。

5. 零地址指令

零地址指令格式中只有操作码字段，没有地址码字段，其格式为：

OP

零地址的算术逻辑类指令是用在堆栈计算机中的，堆栈计算机没有一般计算机中必备的通用寄存器，因此堆栈就成为提供操作数和保存运算结果的唯一场所。通常，参加算术逻辑运算的两个操作数隐含地从堆栈顶部弹出，送到运算器中进行运算，运算的结果再隐含地压入堆栈。有关堆栈的概念将在稍后介绍。

指令中地址个数的选取要考虑诸多的因素。从缩短程序长度、用户使用方便、增加操作并行度等方面来看，选用三地址指令格式较好；从缩短指令长度，减少访存次数、简化硬件设计等方面来看,一地址指令格式较好。对于同一个问题,用三地址指令编写的程序最短,但指令长度(程序存储量)最长;而用二、一、零地址指令来编写程序,程序的长度一个比一个长,但指令的长度一个比一个短。表3-1给出了不同地址数指令的特点及适用场合。

表3-1 不同地址数指令的特点及适用场合

地址数量	程序长度	程序存储量	执行速度	适用场合
三地址	短	最大	一般	以向量、矩阵运算为主
二地址	一般	很大	很低	一般不宜采用
一地址	较长	较大	较快	连续运算,硬件结构简单
零地址	最长	最小	最低	嵌套、递归问题

前面介绍的操作数地址都是指主存单元的地址,实际上许多操作数可能是存放在通用寄存器里的。计算机在CPU中设置了相当数量的通用寄存器,用它们来暂存运算数据或中间结果,这样可以大大减少访存次数,提高计算机的处理速度。实际使用的二地址指令多为二地址R(通用寄存器)型,一般通用寄存器数量有8~32个,其地址(或称寄存器编号)有3~5位就可以了。由于二地址R型指令的地址码字段很短,且操作数就在寄存器中,所以这类指令的程序存储量最小,程序执行速度最快,在小型、微型计算机中被大量使用。

3.1.3 指令的操作码

指令系统中的每一条指令都有一个唯一确定的操作码,指令不同,其操作码的编码也不同。通常,希望用尽可能短的操作码字段来表达全部的指令。指令操作码的编码可以分为规整型和非规整型两类编码。

1. 规整型编码(定长编码)

这是一种最简单的编码方法,操作码字段的位数和位置是固定的。为了能表示整个指令系统中的全部指令,指令的操作码字段应当具有足够的位数。

假定指令系统共有 m 条指令,指令中操作码字段的位数为 N 位,则有如下关系式:

$$m \leqslant 2^N$$

所以,

$$N \geqslant \log_2 m$$

定长编码对于简化硬件设计、减少指令译码的时间是非常有利的,在字长较长的大型、中型计算机及超级小型计算机上广泛采用。例如,IBM 370机(字长32位)中采用的就是这种方式。IBM 370机的指令可分为3种不同的长度形式:半字长指令(16位)、单字长指令(32位)和一个半字长指令(48位),共有5种格式,如图3-1所示。

从图3-1可以看出,在IBM 370机中不论指令的长度为多少位,其操作码字段一律都是8位。8位操作码允许容纳256条指令。而实际上在IBM 370机中仅有183条指令,存在着极大的信息冗余,这种信息冗余的编码也称为非法操作码。

2. 非规整型编码(变长编码)

变长编码的操作码字段的位数不固定,且分散地放在指令字的不同位置上。这种方式能

	8	4	4			
RR型	OP	R_1	R_2			
	8	4	4	4	12	
RX型	OP	R_1	X_2	B_2	D_2	
	8	4	4	4	12	
RS型	OP	R_1	R_2	B_2	D_2	
	8	8		4	12	
SI型	OP	I_2		B_1	D_1	

	8	8	4	12	4	12
SS型	OP	L_1	B_1	D_1	B_2	D_2

图 3-1　IBM 370 机的指令格式

够有效地压缩指令中操作码字段的平均长度，在字长较短的小型、微型计算机上广泛采用。例如，PDP-11 机(字长 16 位)中采用的就是这种方式。PDP-11 机的指令分为单字长、二字长、三字长 3 种，操作码字段占 4～16 位不等，可遍及整个指令长度，其指令格式如图 3-2 所示。

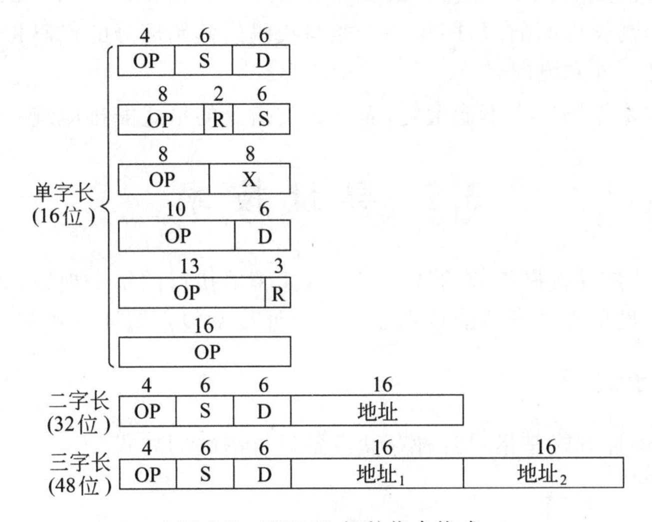

图 3-2　PDP-11 机的指令格式

显然，操作码字段的位数和位置不固定将增加指令译码和分析的难度，使得控制器的设计复杂化。

最常用的非规整型编码方式是扩展操作码法。因为如果指令长度一定，则地址码与操作码字段的长度是相互制约的。为了解决这一矛盾，让操作数地址个数多的指令(三地址指令)的操作码字段短些，操作数地址个数少的指令(一或零地址指令)的操作码字段长些，这样既能充分地利用指令的各个字段，又能在不增加指令长度的情况下扩展操作码的位数，使它能表示更多的指令。例如，设某计算机的指令长度为 16 位，操作码字段为 4 位，有 3 个 4 位的地址码字段，其格式为：

15　　12	11　　8	7　　4	3　　0
OP	A_1	A_2	A_3

如果按照定长编码的方法，4 位操作码最多只能表示 16 条不同的三地址指令。假设指

令系统中不仅有三地址指令，还有二地址指令、一地址指令和零地址指令，利用扩展操作码法可以使在指令长度不变的情况下，指令的总数远远大于16条。例如，指令系统中要求有15条三地址指令、15条二地址指令、15条一地址指令和16条零地址指令，共61条指令。显然，只有4位操作码是不够的，解决的方法就是向地址码字段扩展操作码的位数。扩展的方法如下：

① 4位操作码的编码0000～1110定义了15条三地址指令，留下1111作为扩展窗口，与下一个4位(A_1)组成一个8位的操作码字段。

② 8位操作码的编码11110000～11111110定义了15条二地址指令，留下11111111作为扩展窗口，与下一个4位(A_2)组成一个12位的操作码字段。

③ 12位操作码的编码111111110000～111111111110定义了15条一地址指令，扩展窗口为111111111111，与A_3组成16位的操作码字段。

④ 最后，16条零地址指令由16位操作码的编码1111111111110000～1111111111111111给出。

根据指令系统的要求，扩展操作码的组合方案可以有很多种，但有以下两点要注意：

- 不允许短码是长码的前缀，即短码不能与长码的开始部分的代码相同，否则将无法保证解码的唯一性和实时性。
- 各条指令的操作码一定不能重复，而且各类指令的格式安排应统一规整。

3.2 寻址技术

所谓寻址，指的是寻找操作数的地址或下一条将要执行的指令地址，寻址技术是计算机设计中硬件对软件最早提供支持的技术之一。寻址技术包括编址方式和寻址方式。

3.2.1 编址方式

在计算机中，编址方式是指对各种存储设备进行编码的方式。

1. 编址

通常，指令中的地址码字段将指出操作数的来源和去向，而操作数则存放在相应的存储设备中。在计算机中需要编址的设备主要有CPU中的通用寄存器、主存储器和输入输出设备3种。

要对寄存器、主存储器和输入输出设备进行访问，首先必须对它们进行编址。就像一个大楼有许多房间，首先必须给每一个房间编上一个唯一的号码，人们才能据此找到需要的房间一样。

如果存储设备是CPU中的通用寄存器，那么在指令字中应给出寄存器编号；如果是主存的一个存储单元，那么在指令字中应给出该主存单元的地址；如果是输入输出设备(接口)中的一个寄存器，那么指令字中应给出设备编号或设备端口地址或设备映像地址(与主存地址统一编址时)。

2. 编址单位

目前常用的编址单位有字编址、字节编址和位编址。

(1) 字编址

字编址是实现起来最容易的一种编址方式,这是因为每个编址单位与访问单位相一致,即每个编址单位所包含的信息量(二进制位数)与访问一次寄存器、主存所获得的信息量相同。早期的大多数机器都采用这种编址方式。

在采用字编址的机器中,每执行一条指令,程序计数器加1;每从主存中读出一个数据,地址计数器加1。这种控制方式实现起来简单,地址信息没有任何浪费。但它的主要缺点是不支持非数值应用,而目前在计算机的实际应用领域中,非数值应用已超过数值应用。

(2) 字节编址

目前使用最普遍的编址方式是字节编址,这是为了适应非数值应用的需要。字节编址方式使编址单位与信息的基本单位(一个字节)相一致,这是它的最大优点。然而,如果主存的访问单位也是一个字节的话,那么主存的带宽就太窄了,所以编址单位和主存的访问单位是不相同的。通常主存的访问单位是编址单位的若干倍。

在采用字节编址的机器中,如果指令长度是32位,那么每执行完一条指令,程序计数器要加4。如果数据字长是32位,当连续访问存储器时,每读写完一个数据字,地址寄存器要加4。由此可见,字节编址方式存在着地址信息的浪费。

(3) 位编址

有部分计算机系统采用位编址方式,如STAR-100巨型计算机等。这种编址方式的地址信息浪费更大。

3. 指令中地址码的位数

指令格式中每个地址码的位数是与主存容量和最小寻址单位(即编址单位)有关联的。主存容量越大,所需的地址码位数就越长。对于相同容量来说,如果以字节为最小寻址单位,那么地址码的位数就需要长些,但是可以方便地对每一个字符进行处理;如果以字为最小寻址单位(假定字长为16位或更长),那么地址码的位数可以减少,但对字符操作比较困难。例如,设某计算机主存容量为2^{20}个字节,机器字长32位,若最小寻址单位为字节(按字节编址),其地址码应为20位;若最小寻址单位为字(按字编址),其地址码只需18位。从减少指令长度的角度看,最小寻址单位越大越好;而从对字符或位的操作是否方便的角度看,最小寻址单位越小越好。

3.2.2 指令寻址和数据寻址

寻址可以分为指令寻址和数据寻址。寻找下一条将要执行的指令地址称为指令寻址,寻找操作数的地址称为数据寻址。指令寻址比较简单,它又可以细分为顺序寻址和跳跃寻址。而数据寻址方式种类较多,其最终目的都是寻找所需要的操作数。

顺序寻址可通过程序计数器加1,自动形成下一条指令的地址;跳跃寻址则需要通过程序转移类指令实现。

跳跃寻址的转移地址形成方式有3种:直接(绝对)、相对和间接寻址,它与下面介绍的数据寻址方式中的直接、相对和间接寻址是相同的,只不过寻找到的不是操作数的有效地址而是转移的有效地址。

3.2.3 基本的数据寻址方式

数据寻址方式是根据指令中给出的地址码字段寻找真实操作数地址的方式。一般情况下,由于指令长度的限制,指令中的地址码不会很长,而主存的容量却可能越来越大。以IBM PC/XT机为例,主存容量可达1MB,而指令中的地址码字段最长仅16位,仅能直接访问主存的一小部分,而无法访问整个主存空间。就是在字长很长的大型机中,即使指令中能够拿出足够的位数来作为访问整个主存空间的地址,为了灵活方便地编制程序,也需要对地址进行必要的变换。指令中地址码字段给出的地址称为形式地址(用字母A表示),这个地址有可能不能直接用来访问主存。形式地址经过某种运算而得到的能够直接访问主存的地址称为有效地址(用字母EA表示)。从形式地址生成有效地址的各种方式称为寻址方式,即:

$$\text{指令中的形式地址} \xrightarrow{\text{寻址方式}} \text{有效地址}$$

每种计算机的指令系统都有自己的一套数据寻址方式,不同计算机的寻址方式的名称和含义并不统一,下面介绍大多数计算机常用的几种基本寻址方式。

1. 立即寻址

立即寻址是一种特殊的寻址方式,指令中在操作码字段后面的部分不是通常意义上的操作数地址,而是操作数本身。也就是说,数据就包含在指令中,只要取出指令,也就取出了可以立即使用的操作数,这样的数称为立即数,其指令格式为:

OP	立即数

这种方式的特点是:在取指令时,操作码和操作数被同时取出,不必再次访问主存,从而提高了指令的执行速度。但是,因为操作数是指令的一部分,不能被修改,而且立即数的大小受到指令长度的限制,所以这种寻址方式灵活性最差,通常用于给某一寄存器或主存单元赋初值或提供一个常数。

2. 寄存器寻址

寄存器寻址指令的地址码部分给出某一个通用寄存器的编号 R_i,这个指定的寄存器中存放着操作数。寄存器寻址过程如图3-3所示,图中的IR表示指令寄存器,它的内容是从主存中取出的指令。操作数S与寄存器 R_i 的关系为:

$$S=(R_i)$$

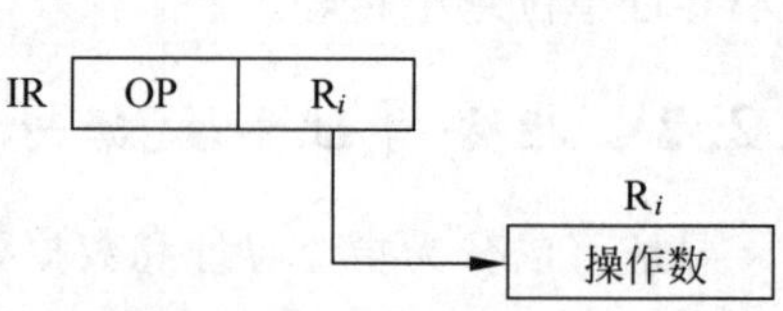

图3-3 寄存器寻址过程

这种寻址方式具有两个明显的优点:

① 从寄存器中存取数据比从主存中存取快得多。

② 由于寄存器的数量较少,其地址码字段比主存单元地址字段短得多。

这种方式可以缩短指令长度,提高指令的执行速度,几乎所有的计算机都使用了寄存器寻址方式。

3. 直接寻址

指令中地址码字段给出的地址 A 就是操作数的有效地址,即形式地址等于有效地址:EA=A。由于这样给出的操作数地址是不能修改的,与程序本身所在的位置无关,所以又称为绝对寻址方式。图 3-4 所示为直接寻址的示意图。操作数 S 与地址码 A 的关系为:

$$S=(A)$$

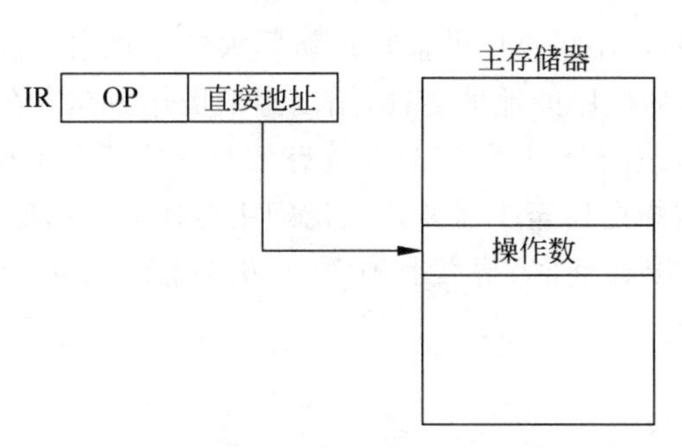

图 3-4 直接寻址过程

这种寻址方式不需做任何寻址运算,简单直观,也便于硬件实现,但地址空间受到指令中地址码字段位数的限制。

4. 间接寻址

间接寻址意味着指令中给出的地址 A 不是操作数的地址,而是存放操作数地址的主存单元的地址,简称操作数地址的地址。通常在指令格式中划出一位作为直接或间接寻址的标志位,间接寻址时标志位@=1。

间接寻址中又有一级间接寻址和多级间接寻址之分。在一级间接寻址中,首先按指令的地址码字段先从主存中取出操作数的有效地址,即 EA=(A),然后再按此有效地址从主存中读出操作数,如图 3-5(a)所示。操作数 S 与地址码 A 的关系为:

$$S=((A))$$

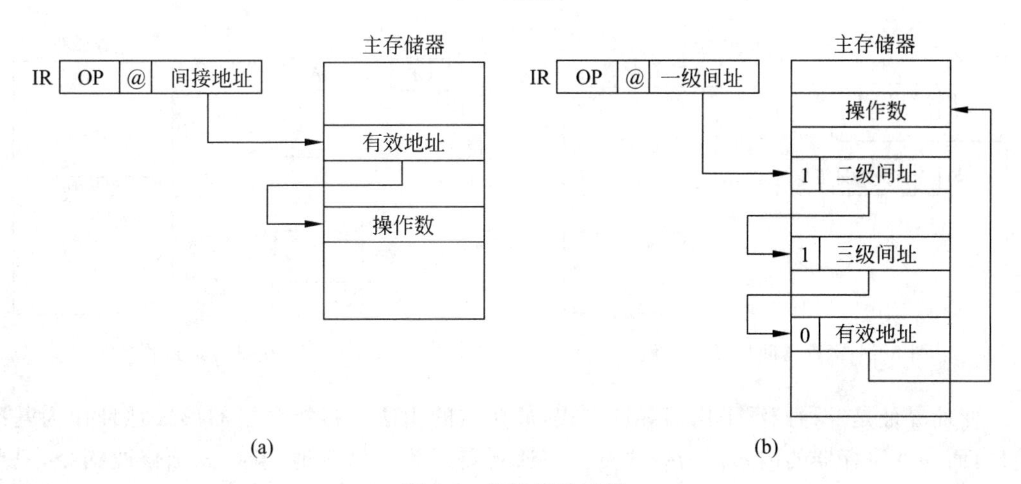

图 3-5 间接寻址过程

多级间接寻址为取得操作数需要多次访问主存,即使在找到操作数有效地址后,还需再访问一次主存才可得到真正的操作数,如图3-5(b)所示。对于多级间接寻址来说,在寻址过程中所访问到的每个主存单元的内容中都应设有一个间址标志位。通常将这个标志放在主存单元的最高位。当该位为1时,表示这一主存单元中仍然是间接地址,需要继续间接寻址;当该位为0时,表示已经找到了有效地址,根据这个地址可以读出真正的操作数。

间接寻址要比直接寻址灵活得多,它的主要优点如下:

① 扩大了寻址范围,可用指令中的短地址访问大的主存空间。

② 可将主存单元作为程序的地址指针,用以指示操作数在主存中的位置。当操作数的地址需要改变时,不必修改指令,只须修改存放有效地址的那个主存单元的内容即可。

但是,间接寻址在取指之后至少需要两次访问主存才能取出操作数,降低了取操作数的速度。尤其是在多级间接寻址时,寻找操作数要花费相当多的时间,甚至可能发生间址循环。

5. 寄存器间接寻址

为了克服间接寻址中访存次数多的缺点,可采用寄存器间接寻址,即指令中的地址码给出某一通用寄存器的编号,在被指定的寄存器中存放操作数的有效地址,而操作数则存放在主存单元中,其寻址过程如图3-6所示。操作数S与寄存器号R_i的关系为:

$$S=((R_i))$$

这种寻址方式的指令较短,并且在取指后只须一次访存便可得到操作数,因此指令执行速度较间接寻址方式快,是一种使用广泛的寻址方式。

6. 变址寻址

变址寻址就是把变址寄存器R_x的内容与指令中给出的形式地址A相加,形成操作数有效地址,即$EA=(R_x)+A$。R_x的内容称为变址值,其寻址过程如图3-7所示。操作数S与地址码和变址寄存器的关系为:

$$S=((R_x)+A)$$

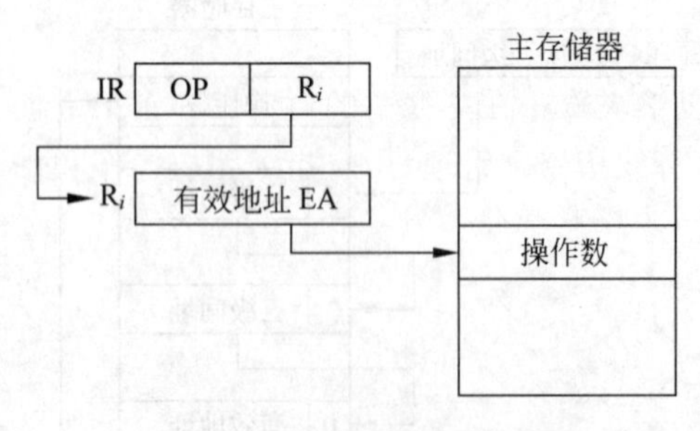

图3-6　寄存器间接寻址过程

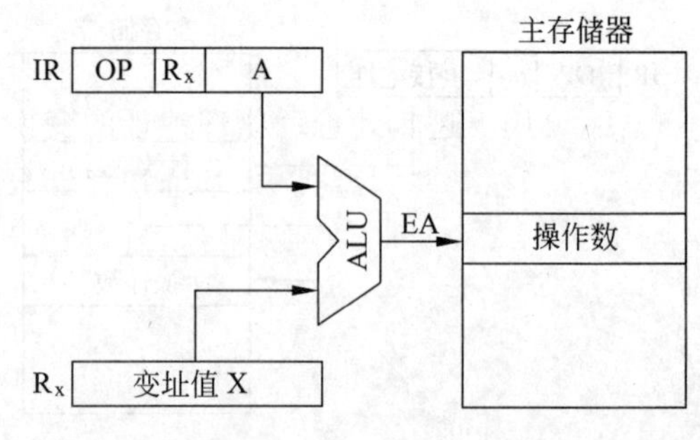

图3-7　变址寻址过程

变址寻址是一种广泛采用的寻址方式,最典型的用法是将指令中的形式地址作为基准地址,而变址寄存器的内容作为修改量。在遇到需要频繁修改地址时,无须修改指令,只要修改变址值就可以了,这对于数组运算、字符串操作等成批数据处理是很有用的。例如,要把一组连续存放在主存单元中的数据(首地址是 A)依次传送到另一存储区(首地址为 B)中,则只须在指令中指明两个存储区的首地址 A 和 B(形式地址),用同一变址寄存器提供修改量 K,即可实现(A+K)→B+K。变址寄存器的内容在每次传送之后自动地修改。

在具有变址寻址的指令中,除去操作码和形式地址外,还应具有变址寻址标志,当有多个变址寄存器时,还必须指明具体寻找哪一个变址寄存器。

7. 基址寻址

基址寻址是将基址寄存器 R_b 的内容与指令中给出的位移量 D 相加,形成操作数有效地址,即 $EA=(R_b)+D$。基址寄存器的内容称为基址值。指令的地址码字段是一个位移量,位移量可正、可负,如图 3-8 所示。操作数 S 与基址寄存器和地址码的关系为:

$$S=((R_b)+D)$$

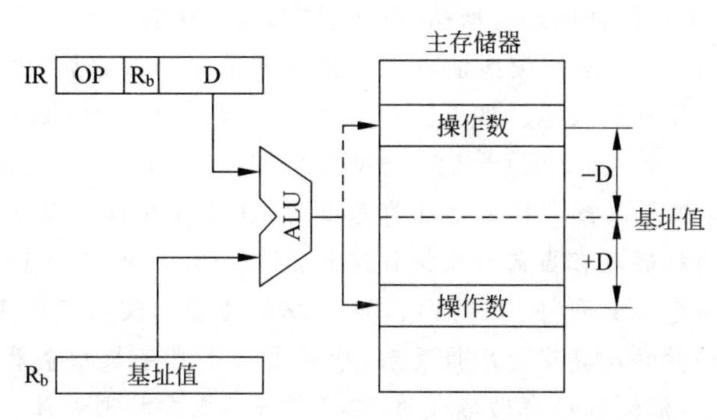

图 3-8 基址寻址过程

基址寻址原是大型计算机采用的一种技术,用来将用户的逻辑地址(用户编程时使用的地址)转化成主存的物理地址(程序在主存中的实际地址)。

基址寻址和变址寻址在形成有效地址时所用的算法是相同的,而且在一些计算机中,这两种寻址方式都是由同样的硬件来实现的。但是,它们两者实际上是有区别的。一般来说,变址寻址中变址寄存器提供修改量(可变的),而指令中提供基准值(固定的);基址寻址中基址寄存器提供基准值(固定的),而指令中提供位移量(可变的)。这两种寻址方式应用的场合也不同,变址寻址是面向用户的,用于访问字符串、向量和数组等成批数据;而基址寻址面向系统,主要用于逻辑地址和物理地址的变换,用以解决程序在主存中的再定位和扩大寻址空间等问题。在某些大型机中,基址寄存器只能由特权指令来管理,用户指令无权操作和修改。在某些小、微型计算机中,基址寻址和变址寻址实际上是合二为一的。

8. 相对寻址

相对寻址是基址寻址的一种变通,由程序计数器(PC)提供基准地址,指令中的地址码字段作为位移量 D,两者相加后得到操作数的有效地址,即 EA=(PC)+D。位移量指出的是操作数和现行指令之间的相对位置,如图 3-9 所示。

这种寻址方式有如下两个特点:

① 操作数的地址不是固定的,它随着 PC 值的变化而变化,并且与指令地址之间总是相差一个固定值。当指令地址变换时,由于其位移量不变,使得操作数与指令在可用的存储区

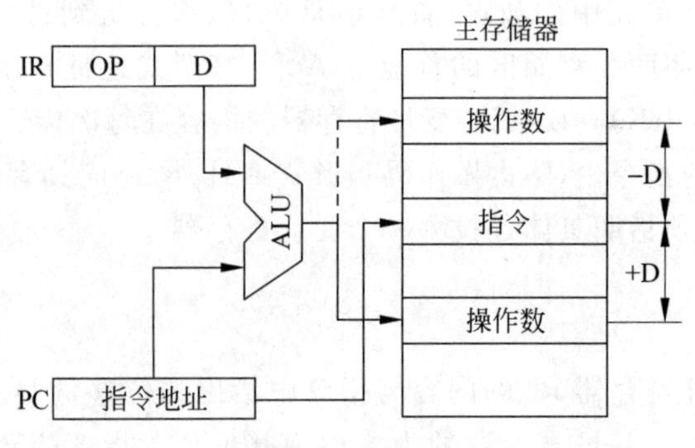

图 3-9 相对寻址过程

内一起移动,所以仍能保证程序的正确执行。采用PC相对寻址方式编写的程序可在主存中任意浮动,它放在主存的任何地方所执行的效果都是一样的。

② 对于指令地址而言,操作数地址可能在指令地址之前或之后,因此指令中给出的位移量可负、可正,通常用补码表示。如果位移量为n位,则相对寻址的寻址范围为:

$$(PC)-2^{(n-1)} \sim (PC)+2^{(n-1)}-1$$

注意:有些计算机是以当前指令地址为基准的,有些计算机是以下一条指令地址为基准的。这是因为有的机器是在当前指令执行完时,才将PC的内容加1(或加增量);而有的机器是在取出当前指令后立即将PC的内容加1(或加增量),使之变成下一条指令的地址。后一种方法将使位移量的计算变得比较复杂,特别是对于变字长指令更加麻烦。不过在实际应用时,位移量是由汇编程序自动形成的,程序员并不需要特别关注。

9. 页面寻址

页面寻址相当于将整个主存空间分成若干个大小相同的区,每个区称为一页,每页有若干个主存单元。例如,1个64KB的存储器被划分为256个页面,每个页面中有256个字节,如图3-10(a)所示。每页都有自己的编号,称为页面地址;页面内的每个主存单元也有自己的编号,称为页内地址。这样,存储器的有效地址就被分为两部分:前部为页面地址(在此例中占8位),后部为页内地址(也占8位)。页内地址由指令的地址码部分自动直接提供,它与页面地址通过简单的拼装连接就可得到有效地址,无须进行计算,因此寻址迅速。根据页面地址的来源不同,页面寻址又可以分成以下3种不同的方式。

① 基页寻址。基页地址又称零页寻址。由于页面地址全等于0,所以有效地址EA=0//A(//在这里表示简单拼接),操作数S在零页面中,如图3-10(b)所示。基页寻址实际上就是直接寻址。

② 当前页寻址。页面地址就等于程序计数器(PC)的高位部分的内容,所以有效地址EA=$(PC)_H$//A,操作数S与指令本身处于同一页面中,如图3-10(c)所示。

③ 页寄存器寻址。页面地址取自页寄存器,与形式地址相拼接形成有效地址,如图3-10(d)所示。

前两种方式因不需要页寄存器,所以用得较多些。有些计算机在指令格式中设置了一个页面标志位(Z/C)。Z/C=0,表示0页寻址;Z/C=1,表示当前页寻址。

怎样才能知道一条指令所采用的是什么寻址方式呢?为了能区分出各种不同的寻址方

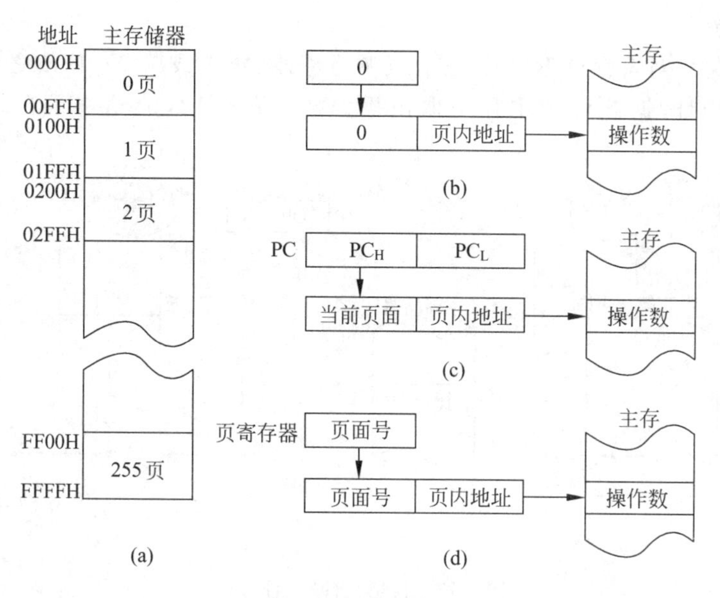

图 3-10　页面寻址

式，必须在指令中给出标识。标识的方式通常有两种：显式和隐式。显式的方法就是在指令中设置专门的寻址方式字段，用二进制编码来表明寻址方式类型，如图 3-11(a)所示；隐式的方式是由指令的操作码字段说明指令格式并隐含约定寻址方式，如图 3-11(b)所示。

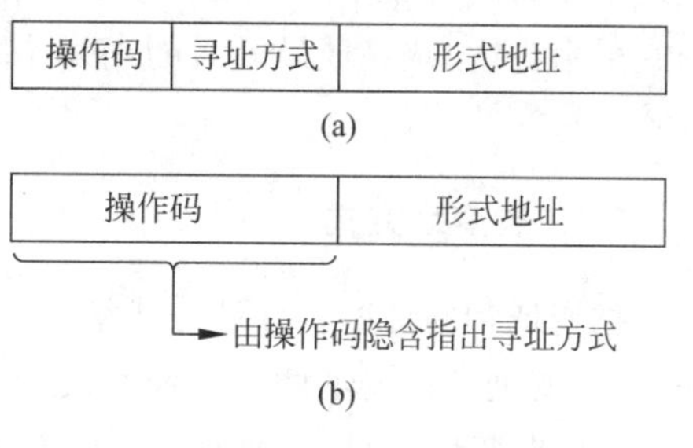

图 3-11　指令中寻址方式的表示

注意：一条指令若有两个或两个以上的地址码时，各地址码可采用不同的寻址方式。例如，源地址采用一种寻址方式，而目的地址采用另一种寻址方式。

3.2.4　变型或组合寻址方式

前面介绍了 9 种常用的基本寻址方式，其他的寻址方式则是这 9 种寻址方式的变型或组合。

1. 自增型寄存器间址和自减型寄存器间址

这两种寻址方式实际上都是寄存器间接寻址方式的变型，通用寄存器在这里作为自动变址寄存器。

(1) 自增寻址

在自增寻址时，寄存器 R_i 的内容是有效地址，按照这个有效地址从主存中取数以后，寄存器的内容自动增量修改。在字节编址的计算机中，若指向下一个字节，寄存器的内容加 1；若指向下一个字(假设字长 16 位)，寄存器的内容加 2，如图 3-12(a)所示。

寻址操作的含义为：$EA=(R_i)$，$R_i \leftarrow (R_i)+d$。其中，EA 为有效地址，d 为修改量，通常记作$(R_i)+$，加号在括号之后，形象地表示先操作后修改。

(2) 自减寻址

自减寻址是先对寄存器 R_i 的内容自动减量修改(减 1 或减 2),修改之后的内容才是操作数的有效地址,据此可到主存中取出操作数。图 3-12(b)给出了自减寻址过程示意图。

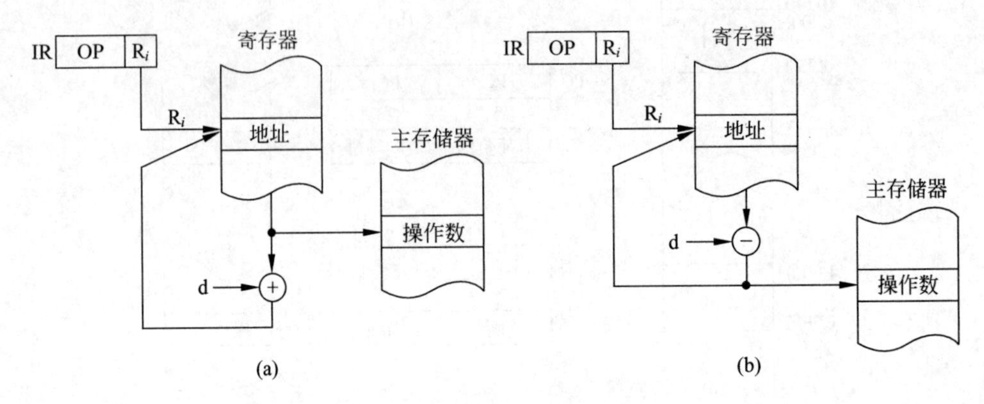

图 3-12　自增/自减寻址方式

寻址操作的含义为:$R_i \leftarrow (R_i)-d$,$EA=(R_i)$,通常记作 $-(R_i)$,减号在括号之前,形象地表示先修改后操作。自减寻址和自增寻址一起,可以使任何一个寄存器作为堆栈指针。

采用自增/减寻址最灵活的当属 MC68000 机,它具有字节、字、双字的自动增/减寻址方式。

2. 扩展变址方式

把变址和间址两种寻址方式结合起来就成为扩展变址方式,按寻址方式操作的先后顺序,有前变址和后变址两种寻址方式。

(1) 先变址后间址(前变址寻址方式)

先进行变址运算,其运算结果作为间接地址,间接地址指出的单元的内容才是有效地址。所以,有效地址 $EA=((R_x)+A)$,操作数 $S=(((R_x)+A))$。其寻址过程如图 3-13(a)所示。

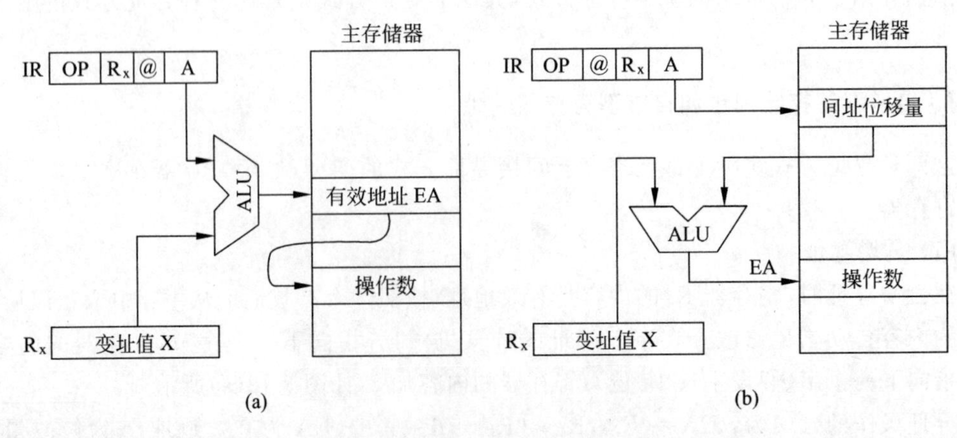

图 3-13　前/后变址寻址方式

(2) 先间址后变址(后变址寻址方式)

将指令中的地址码先进行一次间接寻址,然后再与变址值进行运算,从而得到一个有效地址。所以,有效地址 $EA=(R_x)+(A)$,操作数 $S=((R_x)+(A))$。其寻址过程如图 3-13(b)所示。

3. 基址变址寻址

基址变址寻址是最灵活的一种寻址方式,此时有效地址是由基址寄存器中的值、变址寄存器中的值和位移量三者相加求得的。在这 3 项中,除位移量在指令一旦确定后就不能再修改以外,基址和变址寄存器中的内容都可以改变。

$$EA=(R_b)+(R_x)+D$$

其中,R_b 为基址寄存器,R_x 为变址寄存器,D 为位移量。

IBM 370 机中就有这种寻址方式。实际上,R_b 和 R_x 并不单独存在,通常借用 16 个通用寄存器中的 15 个(0 寄存器除外)来作为 R_b 或 R_x。上式 3 项中的任何一项都可以缺省。

基址变址寻址方式在 Intel 80x86 中是最基本的寻址方式,其他多种方式可由它派生出来。基址寄存器(BX 或 BP)、变址寄存器(SI 或 DI)及位移量都可以缺省,位移量允许是 8 位或 16 位的带符号数。

$$EA=\begin{Bmatrix}(BX)\\(BP)\end{Bmatrix}+\begin{Bmatrix}(SI)\\(DI)\end{Bmatrix}+\text{位移量}$$

3.3 堆栈与堆栈操作

堆栈是一种按特定顺序进行存取的存储区,这种特定顺序可归结为“后进先出(LIFO)”或“先进后出(FILO)”。在一般计算机中,堆栈主要用来暂存中断断点、子程序调用时的返回地址、状态标志及现场信息等,也可用于子程序调用时参数的传递。

3.3.1 堆栈结构

堆栈区通常是主存储器中指定的一个区域,也可以专门设置一个小而快的存储器作为堆栈区。在堆栈容量很小的情况下,还可以用一组寄存器来构成堆栈。

1. 寄存器堆栈

有些计算机中用一组专门的寄存器构成寄存器堆栈,又称为硬堆栈。这种堆栈的栈顶是固定的,寄存器组中各寄存器是相互连接的,它们之间具有对应位自动推移的功能,即可将一个寄存器的内容推移到相邻的另一个寄存器中,如图 3-14 所示。在执行压入操作(进栈)时,一个压入信号将使所有寄存器的内容依次向下推移一个位置,即寄存器 i 的内容被传送到 $i+1$,同时一个 n 位的数据被压入栈顶(寄存器 0)。在执行弹出操作(出栈)时,一个弹出信号将把所有寄存器的内容依次向上推移一个位置,即寄存器 i 的内容被传送到寄存器 $i-1$,栈顶(寄存器 0)的内容被弹出。

从图 3-14 可看出,上述堆栈中最多只能压入 k 个数据,否则将丢失信息。这种堆栈的工作过程很像子弹夹的弹仓,由于栈顶位置固定,故不必设置堆栈的栈顶指针。

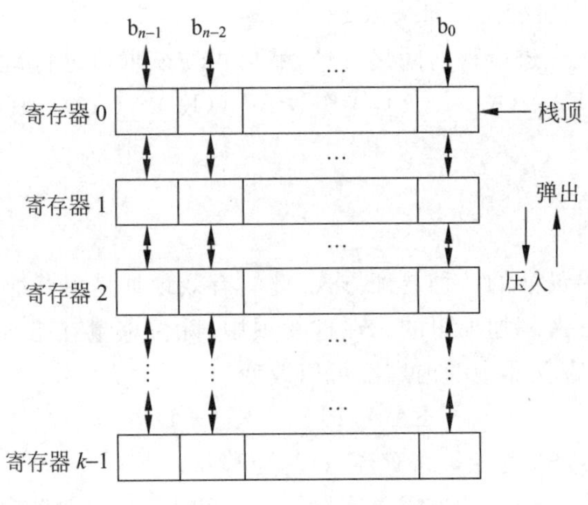

图 3-14　寄存器堆栈结构

2. 存储器堆栈

寄存器堆栈的成本比较高,不适于作大容量的堆栈,而从主存中划出一段区域来作为堆栈是最合算且最常用的方法。这种堆栈又称为软堆栈,堆栈的大小可变,栈底固定,栈顶浮动,故需要一个专门的硬件寄存器作为堆栈栈顶指针,简称栈指针(SP)。栈指针所指定的存储单元就是堆栈的栈顶。存储器堆栈又可分为两种:自底向上生成堆栈和自顶向下生成堆栈。假设栈指针始终指向栈顶的满单元,且压入和弹出的数据为一个字节。

(1) 自底向上生成(向低地址方向生成)堆栈

这种堆栈的栈底地址大于栈顶地址,如图 3-15 所示。因此,进栈时,堆栈指针 SP 的内容需要先自动减 1,然后再将数据压入堆栈;出栈时,需要先将堆栈中的数据弹出,然后 SP 的内容再自动加 1。进、出栈的过程可描述如下。

低地址
堆栈区
高地址

图 3-15　存储器堆栈结构

进栈:

```
(SP)－1→SP        ;修改栈指针
(A)→(SP)          ;将 A 中的内容压入栈顶单元
```

出栈:

```
((SP))→A          ;将栈顶单元内容弹出送入 A 中
(SP)＋1→SP        ;修改栈指针
```

其中,A 为寄存器或主存单元地址;(SP)表示堆栈指针的内容,即栈顶单元地址;((SP))表示栈顶单元的内容。

(2) 自顶向下生成(向高地址方向生成)堆栈

这种堆栈与自底向上堆栈正好相反,它的栈底地址小于栈顶地址。进栈时,先令(SP)＋1→SP,然后再压入数据;出栈时,先将数据弹出,然后(SP)－1→SP。

软堆栈的容量可以很大,而且可以在整个主存中浮动,但是速度比较慢,每访问一次堆栈实际就是访问一次主存。在一些大型的计算机系统中,希望堆栈的容量大、速度快,故将前述两种堆栈组合起来构成软、硬结合的堆栈。在这样的堆栈中，一般压入、弹出操作在小容量的硬堆栈中进行，这样可保证访问速度快。当硬堆栈已满之后，每向硬堆栈压入一个数据，总是将其栈底寄存器中的数据压入软堆栈中，使堆栈总容量有效扩大；同样，数据出栈时，不断将软堆栈中栈顶的内容上移至硬堆栈的栈底寄存器中。显然它集中了硬堆栈速度快、软堆栈容量大的优点，只是在控制上稍复杂些，但这是完全可以实现的。

3.3.2 堆栈操作

堆栈操作既不是在堆栈中移动它所存储的内容，也不是把已存储在栈中的内容从栈中抹掉，而是通过调整堆栈指针而给出新的栈顶位置，以便对位于栈顶位置的数据进行操作。

在一般计算机中，堆栈主要用来暂存中断断点、子程序调用时的返回地址、状态标志及现场信息等，也可用于子程序调用时参数的传递，所以用于访问堆栈的指令只有进栈（压入）和出栈（弹出）两种。

在堆栈计算机（如 HP-3000 和 B5000 机等）中，算术逻辑类指令中没有地址码字段，故称为零地址指令。参加运算的两个操作数隐含地从堆栈顶部弹出，送到运算器中进行运算，运算的结果再隐含地压入堆栈。如果将算术表达式改写为逆波兰表达式，用零地址指令进行运算是十分方便的。例如，有算术表达式 $a\times b+c\div d$，运算结果送给 X，这个算术表达式可以用逆波兰法表示为 $ab\times cd\div +$。现在用零地址指令和一地址指令对该算式编程，并利用堆栈完成运算。假设堆栈采用自底向上生成方式，用大写字母 A 表示数据 a 的地址，其他依次类推，其程序段为：

```
PUSH A        ;数据 a 压入堆栈
PUSH B        ;数据 b 压入堆栈
MUL           ;完成 a×b
PUSH C        ;数据 c 压入堆栈
PUSH D        ;数据 d 压入堆栈
DIV           ;完成 c÷d
ADD           ;完成 a×b+c÷d
POP X         ;结果存入 X 单元
```

注意：执行一条零地址的双操作数运算指令，如果是软堆栈，则需要访问 4 次主存；如果是硬堆栈，则只需要访问一次主存。

3.4 指令类型

一台计算机的指令系统可以有上百条指令，这些指令按其功能可以分成几种类型，下面分别介绍。

3.4.1 数据传送类指令

数据传送类指令是最基本的指令类型，主要用于实现寄存器与寄存器之间、寄存器与主存单元之间以及两个主存单元之间的数据传送。数据传送类指令又可以细分为下列几种。

1. 一般传送指令

一般传送指令具有数据复制的性质,即数据从源地址传送到目的地址,而源地址中的内容保持不变。一般传送类指令常用助记符 MOV 表示,根据数据传送的源和目的的不同,又可分为以下几种传递方式:

① 主存单元之间的传送。

② 从主存单元传送到寄存器。在有些计算机中,该指令用助记符 LOAD(取数指令)表示。

③ 从寄存器传送到主存单元。在有些计算机里,该指令用助记符 STORE(存数指令)表示。

④ 寄存器之间的传送。

2. 堆栈操作指令

堆栈指令实际上是一种特殊的数据传送指令,分为进栈(PUSH)和出栈(POP)两种,在程序中它们往往是成对出现的。

如果堆栈是主存的一个特定区域,那么对堆栈的操作也就是对存储器的操作。

3. 数据交换指令

前述的传送都是单方向的。然而,数据传送也可以是双方向的,即将源操作数与目的操作数(一个字节或一个字)相互交换位置。

3.4.2 运算类指令

1. 算术运算类指令

算术运算指令主要用于定点和浮点运算。这类运算包括定点加、减、乘、除指令,浮点加、减、乘、除指令以及加1、减1、比较等,有些机器还有十进制算术运算指令。

绝大多数算术运算指令都会影响到状态标志位,通常的标志位有进位、溢出、全零、正负和奇偶等。

为了实现高精度的加减运算(双倍字长或多字长),低位字(字节)加法运算所产生的进位(或减法运算所产生的借位)都存放在进位标志中;在高位字(字节)加减运算时,应考虑低位字(字节)的进位(或借位),因此,指令系统中除去普通的加、减指令外,一般都设置了带进位加指令和带借位减指令。

2. 逻辑运算类指令

一般计算机都具有与、或、非和异或等逻辑运算指令。这类指令在没有设置专门的位操作指令的计算机中常用于对数据字(字节)中某些位(一位或多位)进行操作,常见的应用如下。

(1) 按位测(位检查)

利用"与"指令可以屏蔽掉数据字(字节)中的某些位。通常让被检查数作为目的操作数，屏蔽字作为源操作数，要检测某些位，可使屏蔽字的相应位为“1”，其余位为“0”，然后执行“与”指令，则可取出所要检查的位来。

(2) 按位清(位清除)

利用“与”指令还可以使目的操作数的某些位置“0”。只要源操作数的相应位为“0”，其余位为“1”，然后执行“与”指令即可。

(3) 按位置(位设置)

利用“或”指令可以使目的操作数的某些位置“1”。只要源操作数的相应位为“1”，其余位为“0”，然后执行“或”指令即可。

(4) 按位修改

利用“异或”指令可以修改目的操作数的某些位，只要源操作数的相应位为“1”，其余位为“0”，“异或”之后就达到了修改这些位的目的(因为 $A\oplus 1=\overline{A}$，$A\oplus 0=A$)。

(5) 判符合

若两数相符合，其“异或”之后的结果必定为全“0”。

3. 移位类指令

移位指令分为算术移位、逻辑移位和循环移位 3 类，它们又可分为左移和右移两种。

(1) 算术移位

算术移位的对象是带符号数，在移位过程中必须保持操作数的符号不变。当左移一位时，如不产生溢出，则数值乘以 2；而右移一位时，如不考虑因移出舍去的末位尾数，则数值除以 2，如图 3-16(a)所示。

(2) 逻辑移位

逻辑移位的对象是无符号数，因此移位时不必考虑符号问题，如图 3-16(b)所示。从图中可以看出，逻辑左移指令和算术左移指令移位操作过程完全相同，这是因为正确的算术左移(不产生溢出时)与逻辑左移结果相同。

(3) 循环移位

循环移位按是否与进位位一起循环又分为两种：小循环(不带进位循环)，如图 3-16(c)所示；大循环(带进位循环)，如图 3-16(d)所示。

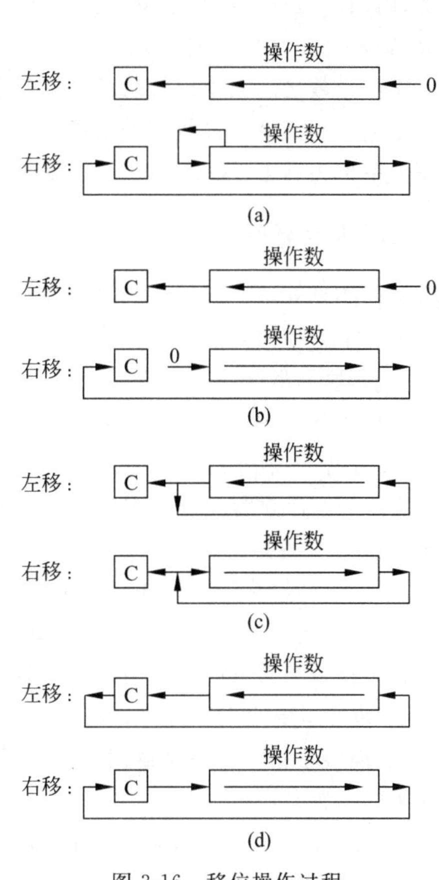

图 3-16 移位操作过程

3.4.3 程序控制类指令

程序控制类指令用于控制程序的执行顺序，并使程序具有测试、分析与判断的能力。因此，它们是指令系统中一组非常重要的指令，主要包括转移指令、子程序调用和返回指令等。

1. 转移指令

在程序执行过程中,通常采用转移指令来改变程序的执行顺序。转移指令又分无条件转移和条件转移两种:

① 无条件转移又称必转,它在执行时将改变程序的常规执行顺序,不受任何条件的约束,直接把程序转向该指令指出的新的位置并执行,其助记符一般为JMP。

② 条件转移必须受到条件的约束,若满足指令所规定条件,则程序转移;否则,程序仍顺序执行。条件转移指令主要用于程序的分支,当程序执行到某处时,要在两个分支中选择一支,这就需要根据某些测试条件做出判断。

无论是条件转移还是无条件转移都需要给出转移地址。若采用相对寻址方式,则转移地址为当前指令地址(即PC的值)和指令中给出的位移量之和,即(PC)+位移量→PC;若采用绝对寻址方式,则转移地址由指令的地址码字段直接给出,即A→PC。

条件转移指令采用相对寻址方式,通常位移量只有一个字节,这样转移范围只能在离当前PC的－128～＋127个字节之内,在32位的80x86中,允许采用多字节表示位移量,此时转移范围可以超出原来的－128～＋127。

转移的条件以某些标志位或这些标志位的逻辑运算作为依据,根据单个标志位的条件转移指令的转移条件是上次运算结果的某些标志,如进位标志、结果为零标志、结果溢出标志等,而用于无符号数和带符号数的条件转移指令的转移条件则是上述标志位逻辑运算的结果。

无符号数之间大小比较后的条件转移指令和带符号数之间的大小比较后的条件转移指令有很大不同。带符号数间的次序关系称为大于(G)、等于(E)和小于(L);无符号数间的次序关系称为高于(A)、等于(E)和低于(B)。

2. 子程序调用指令

子程序是一组可以公用的指令序列,只要知道子程序的入口地址就能调用它。通常把一些需要重复使用并能独立完成某种特定功能的程序单独编成子程序,在需要时由主程序调用它们,这样做既简化了程序设计,又节省了存储空间。

主程序和子程序是相对的概念,调用其他程序的程序是主程序,而被其他程序调用的程序是子程序。子程序允许嵌套,即程序A调用程序B,程序B又调用程序C,程序C再调用程序D……这个过程又称为多重转子。其中,程序B对于程序A来说是子程序,而程序B对于程序C来说是主程序。另外,子程序还允许自己调用自己,即子程序递归。

从主程序转向子程序的指令称为子程序调用指令,简称转子指令,其助记符一般为CALL。转子指令安排在主程序中需要调用子程序的地方,转子指令是一地址指令。

转子指令和转移指令都可以改变程序的执行顺序,但事实上两者存在着很大的差别:

① 转移指令使程序转移到新的地址后继续执行指令,不存在返回的问题,所以没有返回地址;而转子指令要考虑返回问题,所以必须以某种方式保存返回地址,以便返回时能找到原来的位置。

② 转移指令用于实现同一程序内的转移;而转子指令转去执行一段子程序,实现的是不同程序之间的转移。

返回地址是转子指令的下一条指令的地址，保存返回地址的方法有多种：

① 用子程序的第一个字单元存放返回地址。转子指令把返回地址存放在子程序的第一个字单元中，子程序从第二个字单元开始执行。返回时将第一个字单元地址作为间接地址，采用间址方式返回主程序。这种方法可以实现多重转子，但不能实现递归循环，如Cyber70 机采用的就是这种方法。

② 用寄存器存放返回地址。转子指令先把返回地址放到某一个寄存器中，再由子程序将寄存器中的内容转移到另一个安全的地方，如主存的某个区域。这是一种较为安全的方法，可以实现子程序的递归循环。IBM 370 机采用的就是这种方法，这种方法相对增加了子程序的复杂程度。

③ 用堆栈保存返回地址。不管是多重转子还是子程序递归，最后存放的返回地址总是最先被使用的，堆栈的后进先出存取原则正好支持实现多重转子和递归循环，而且也不增加子程序的复杂程度。这是应用最为广泛的方法。例如，PDP-11、VAX-11、Intel 80x86 机等均采用这种方法。

3. 返回指令

从子程序转向主程序的指令称为返回指令，其助记符一般为 RET，子程序的最后一条指令一定是返回指令。返回地址存放的位置决定了返回指令的格式，通常返回地址保存在堆栈中，所以返回指令常是零地址指令。

转子和返回指令也可以是带条件的，条件转子和条件返回与前述条件转移的条件是相同的。

3.4.4 输入输出类指令

输入输出(I/O)类指令用来实现主机与外部设备之间的信息交换，包括输入输出数据、主机向外设发控制命令或外设向主机报告工作状态等。从广义的角度看，I/O 指令可以归入数据传送类。各种不同计算机的 I/O 指令差别很大，通常有两种编址方式：独立编址方式和统一编址方式。

1. 独立编址的 I/O 指令

独立编址方式使用专门的输入输出指令(IN/OUT)。以主机为基准，信息由外设传送给主机称为输入，反之称为输出。指令中应给出外部设备编号(端口地址)。这些端口地址与主存地址无关，是另一个独立的地址空间。80x86 的 I/O 指令采用的就是独立编址方式。

2. 统一编址的 I/O 指令

所谓统一编址，就是把外设寄存器和主存单元统一编址。在这种方式下，不需要专门的 I/O 指令，就用一般的数据传送类指令来实现 I/O 操作。一个外部设备通常至少有两个寄存器：数据寄存器以及命令与状态寄存器。每个外设寄存器都可以由分配给它们的唯一的主存地址来识别，主机可以像访问主存一样去访问外部设备的寄存器。PDP-11 机采用的就是统一编址方式，它把最高 4KB 主存地址作为外设寄存器的地址。

这两种编址方式各有优缺点，它们的比较如表 3-2 所示。

表 3-2 两种编址方式比较

优缺点	独立编址方式	统一编址方式
优点	I/O 指令和访存指令容易区分,外设地址线少,译码简单,主存空间不会减少	总线结构简单,全部访存类指令都可用于控制外设,可直接对外设寄存器进行各种运算
缺点	控制线增加了 I/O Read 和 I/O Write 信号	占用主存一部分地址,缩小了可用的主存空间

3.4.5 80x86 指令系统举例

从 80386 开始的微处理器属于 IA-32 结构,下面以部分常用指令为例介绍 80x86 的指令系统。

1. MOV 指令

这是一种形式最简单、使用最频繁的指令,它可以实现寄存器与寄存器之间、寄存器与主存单元之间的数据传送,也可以将立即数传送到寄存器。

MOV 指令的传送通常以字节、字、双字为单位,应当保持数据宽度一致,否则需要使用汇编语言的指示符。

注意:MOV 指令的源操作数和目的操作数中,必须有一个在寄存器中,不允许用于两个主存单元之间的数据传送,并且不能向代码寄存器(CS)和堆栈寄存器(SS)传送数据。

2. PUSH/POP 指令

进栈指令(PUSH)可以分别将寄存器、主存、段寄存器、状态标志寄存器和全部寄存器(80386 以上)的内容或立即数压入到堆栈中。出栈指令(POP)则弹出保存的数据,但不能从堆栈中弹出数据至立即数,也不能将数据弹出至代码段寄存器。

堆栈位置由堆栈寄存器(SS)和堆栈指针(SP)规定。在 80x86 中,堆栈操作都是字(16 位)操作,同时还限定压入数据的来源和弹出数据的去向不能是主存单元。

3. 加、减和比较指令

加法/减法指令(ADD/SUB)所需的操作数可以在寄存器、主存中,也可以是立即数。加 1 或减 1 指令(INC/DEC)的操作数在寄存器中。

比较指令(CMP)是减法指令的一个特殊变化,仍是进行两数相减的运算,但结果不回送,即不保留"差"。比较指令的功能在于不破坏原来的两个操作数,而仅设置相应的标志位。

为了实现高精度的加减运算(双倍字长或多字长),除去普通的加、减指令外还设置了带进位加指令(ADC)和带借位减指令(SBB)。

4. 乘法、除法指令

乘法允许进行字节、字或双字运算,它们可以是带符号的(IMUL)或无符号的(MUL)整数。被乘数分别存放在 AL、AX 或 EAX 中,乘数可在其他数据寄存器中,乘积是双倍宽的数据,字节乘法的积存放在 AX 中,字乘法的积存放在 DX(高 16 位数据)和 AX(低 16 位数据)中,双字乘法的积存放在EDX(高32位数据)和EAX(低32位数据)中。

除法也可以进行字节、字或双字运算。它们也可以是带符号的(IDIV)或无符号的(DIV)整数。被除数总是双倍宽的数据。对于8位的除数,被乘数存放在AX中;对于16位的除数,被除数存放在DX和AX中,对于32位的除数,被除数存放在EDX和EAX中。

5. BCD运算和ASCII运算

十进制运算调整指令(DAA)置于ADD或ADC指令之后,将加法运算的结果调整为BCD数的结果。由于DAA指令只作用于AL寄存器,因此这种运算每次只能做8位加法。

十进制运算调整指令(DAS)置于SUB或SBB指令之后,将减法运算的结果调整为BCD数的结果。

ASCII算术运算指令作用于ASCII码数字。AAA、AAM、AAS分别在加法、乘法、减法之后进行调整,AAD在除法之前进行调整。

6. 基本逻辑指令

基本逻辑指令包括与(AND)、或(OR)、异或(XOR)、非(NOT)和测试(TEST)指令,它们允许进行字节、字或双字运算。

这些指令主要用于清零和屏蔽寄存器某些位的内容,其操作会影响到某些标志位。例如,"XOR AX,AX"指令可以对AX清零,还可以清除进位位和影响到SF、ZF、PF标志位。

TEST指令实现AND的操作,但不改变目的操作数,仅仅影响标志寄存器的标志位。

7. 位测试指令

80386以上的微处理器增加了位测试指令BT、BTC、BTR和BTS。测试以后,将测试结果装入进位标志位,后3条指令还会改变被测试位。

8. 移位与循环指令

移位指令分为算术移位指令SAL(左移)、SAR(右移)和逻辑移位指令SHL(左移)、SHR(右移)。左移将操作数的最高位移入进位标志位,最低位补0;右移将操作数的最低位移入进位标志位,对逻辑右移,最高位补0,对算术右移,最高位(即带符号数的符号位)保持原值。

对于80386以上的微处理器,还有双精度移位指令SHLD(左移)和SHRD(右移),这两条指令有3个操作数,可以作用于两个16位或32位寄存器,或者作用于一个16位或32位主存单元与一个寄存器。

循环指令按是否与进位标志位一起循环又可细分为小循环(不带进位循环)和大循环(带进位循环)两种,同时具有左循环和右循环两种情况。故共有小循环左移(ROL)、小循环右移(ROR)、大循环左移(RCL)、大循环右移(RCR)4种指令。

9. 转移控制指令

转移控制指令包括无条件转移指令、条件转移指令和程序循环指令。这些转移指令允许在执行程序过程中跳过一段程序,转到主存的任何部分去执行另一条指令。

无条件转移指令(JMP)不受任何条件的约束,跳转到由该指令指定的存储单元地址去执行另一条指令。

条件转移需要测试的标志位有进位标志位(CF)、零标志位(ZF)、符号标志位(SF)、溢出标志位(OF)和奇偶标志位(PF)等。这些标志位的组合,可以产生十几种条件转移指令。若条件满足,则转到指令指定的地址处;若条件不满足,则顺序执行程序的下一条指令。

程序循环指令有LOOP指令和LOOPE/LOOPNE指令。LOOP指令将CX/ECX减1并执行JNZ指令。如果CX/ECX不等于零,则转移到指定的地址去执行另外的指令。如果CX/ECX为零,则顺序执行下一条指令。LOOPE/LOOPNE是条件程序循环指令,以LOOPE指令(等于则循环)为例,如果CX/ECX不等于零且等于条件成立,则执行转移;如果不等于条件成立或CX/ECX减1后为零,则跳出循环。

10. 子程序调用和返回指令

子程序通过调用子程序指令(CALL)调用,通过返回指令(RET)返回。

在执行CALL指令时,返回地址(CS和IP寄存器的内容)被自动地压入堆栈保存。在执行RET指令时,自动地从堆栈中弹出返回地址送给CS和IP寄存器。

11. 输入输出指令

80x86微处理器中的I/O指令必须使用AL(8位)、AX(16位)或EAX(32位)进行传送,如表3-3所示。在I/O指令中可以直接给出I/O端口地址(Port),也可以由DX寄存器间接给出I/O端口地址。前者称为直接端口寻址,直接端口寻址最多只能寻址256个端口;后者称为间接端口寻址,间接端口寻址最多可以寻址65 536个端口。

表3-3 80x86微处理器的I/O指令

助记符	操作数	完成的操作
IN	Acc,Port	把指定端口中的内容输入到AL、AX或EAX中
IN	Acc,DX	把DX寄存器所指定的端口中的内容输入到AL、AX或EAX中
OUT	Port,Acc	将AL、AX或EAX的内容输出到指定端口中
OUT	DX,Acc	将AL、AX或EAX的内容输出到由DX寄存器所指定的端口中

3.5 指令系统的发展

不同类型的计算机有各具特色的指令系统,由于计算机的性能、机器结构和使用环境不同,指令系统的差异也是很大的。

3.5.1 x86架构的扩展指令集

目前,主流微机使用的指令系统都基于x86架构,为了提升处理器各方面的性能,Intel和AMD公司又各自开发了一些新的扩展指令集。扩展指令集中包含了处理器对多媒体、三维处理等方面的支持,能够提高处理器对这些方面处理的能力。

1. MMX 指令集

MMX(Multi Media eXtension,多媒体扩展)指令集是 Intel 公司为 Pentium 系列处理器所开发的一项多媒体指令增强技术。MMX 指令集中包括了 57 条多媒体指令,通过这些指令可以一次性处理多个数据,对视频、音频和图形数据处理特别有效。

2. SSE 指令集

SSE(Streaming SIMD Extension,流式 SIMD 扩展)也称为单指令多数据流(Single Instruction Multiple Data,SIMD)。SSE 指令集共有 70 条指令,其中包含提高三维图形运算效率的 50 条 SIMD 浮点运算指令、12 条 MMX 整数运算增强指令、8 条优化内存中的连续数据块传输指令。

3. 3DNow 指令集

3DNow 指令集最初由 AMD 公司推出,拥有 21 条扩展指令。3DNow 在整体上与 SSE 非常相似,但它与 SSE 的侧重点又有所不同,3DNow 指令集主要针对三维建模、坐标变换和效果渲染等三维数据的处理,在相应的软件配合下,可以大幅度提高处理器的三维处理性能。增强型 3DNow 共有 45 条指令,比 3DNow 又增加了 24 条指令。

4. SSE2 指令集

SSE2 包含了 144 条指令,分为 SSE 部分和 MMX 部分。SSE 部分主要负责处理浮点数,而 MMX 部分则专门计算整数。在指令处理速度保持不变的情况下,通过 SSE2 优化后的程序和软件运行速度也能够提高两倍。由于 SSE2 指令集与 MMX 指令集相兼容,因此被 MMX 优化过的程序很容易被 SSE2 再进行更深层次的优化,达到更好的运行效果。

5. SSE3 指令集

SSE3 是目前规模最小的指令集,它只有 13 条指令,被分为数据传输、数据处理、特殊处理、优化和超线程性能增强 5 个部分。其中,超线程性能增强是一种全新的指令集,它可以提升处理器的超线程的处理能力,大大简化超线程的数据处理过程,使处理器能够更加快速地进行并行数据处理。

6. SSSE3 指令集

SSSE3 是 Intel 公司针对 SSE3 指令集的一次额外扩充,有 32 条指令,进一步增强在多媒体、图形图像和 Internet 等方面的处理能力。

7. SSE4 指令集

SSE4 包含 47 条指令,主要针对向量绘图运算、三维游戏加速、视频编码加速及协同处理的加速。

8. SSE5 指令集

SSE5 是 AMD 为了打破 Intel 公司在处理器指令集的垄断地位而提出的,SSE5 加入了 100 余条新指令,其中最引人注目的就是三操作数指令及熔合乘法累积。三操作数指令增加了操作数的数量,使一条 x86 指令能处理 2 或 3 笔数据,从而把多个简单的指令整合到更高效的一个单独指令中,提高执行效率。熔合乘法累积技术可结合乘法与其他算法,保证只用一条指令就能完成迭代运算,从而简化代码,提高效率。

9. AVX 指令集

AVX(Advanced Vector eXtensions)是 Intel 公司的 SSE 延伸,支持三操作数指令。

10. FMA 指令集

FMA(Fused Multiply Accumulate)是 Intel 公司的 AVX 扩充指令集,支持熔合乘法累积。

3.5.2 从复杂指令系统到精简指令系统

指令系统的发展有两种截然不同的方向,一种是增强原有指令的功能,设置更为复杂的新指令实现软件功能的硬化;另一种是减少指令种类和简化指令功能,提高指令的执行速度。前者称为复杂指令系统,后者称为精简指令系统。

长期以来,计算机性能的提高往往是通过增加硬件的复杂性获得的,随着 VLSI 技术的迅速发展,硬件成本不断下降,软件成本不断上升,促使人们在指令系统中增加更多的指令和更复杂的指令,以适应不同应用领域的需要。这种基于复杂指令系统设计的计算机称为复杂指令系统计算机(Complex Instruction Set Computer,CISC)。CISC 的指令系统多达几百条指令,例如,Intel 80x86(IA-32)就是典型的 CISC,其中 Pentium 4 的指令条数已达到 500 多条(包括扩展的指令集)。

如此庞大的指令系统使得计算机的研制周期变得很长,同时也增加了设计失误的可能性,而且由于复杂指令需进行复杂的操作,有时还可能降低系统的执行速度。通过对传统的 CISC 指令系统进行测试表明,各种指令的使用频度相差很悬殊。最常使用的是一些比较简单的指令,这类指令仅占指令总数的 20%,但在各种程序中出现的频度却占 80%,其余大多数指令是功能复杂的指令,这类指令占指令总数的 80%,但其使用频度仅占 20%。因此,人们把这种情况称为“20%~80%律”。从这一事实出发,人们开始了对指令系统合理性的研究,于是基于精简指令系统的精简指令系统计算机(Reduced Instruction Set Computer,RISC)随之诞生。

RISC 的中心思想是要求指令系统简化,尽量使用寄存器-寄存器操作指令,除去访存指令(LOAD 和 STORE)外其他指令的操作均在单周期内完成,指令格式力求一致,寻址方式尽可能减少,并提高编译的效率,最终达到加快机器处理速度的目的。

3.5.3 VLIW 和 EPIC

1. VLIW 和 EPIC 概念

VLIW 是英文“Very Long Instruction Word”的缩写,中文含义是“超长指令字”,即一

种非常长的指令组合，它把许多条指令连在一起，增加了运算的速度。在这种指令系统中，编译器把许多简单、独立的指令组合到一条指令字中。当这些指令字从主存中取出放到处理器中时，它们被容易地分解成几条简单的指令，这些简单的指令被分派到一些独立的执行单元去执行。

EPIC是英文“Explicit Parallel Instruction Code”的缩写，中文含义是“显式并行指令代码”。EPIC是从VLIW中衍生出来的，通过将多条指令放入一个指令字，有效地提高了CPU各个计算功能部件的利用效率，提高了程序的性能。

VLIW和EPIC处理器的指令集与传统处理器的指令集有极大的区别。

2. Intel IA-64 结构

虽然80x86指令集功勋卓著，但日显疲态也是人所共知的事实。随着时间的推移，IA-32结构的局限性越来越明显了。作为一种CISC架构，变长指令结构、有无数种不同的指令格式，使它难于在执行中进行快速译码；同时，为了能够使用RISC架构上非常普遍的流水线和分支预测等技术，Intel公司被迫增加了很多复杂的设计。因此，Intel公司决定抛弃IA-32结构，转向全新的指令系统，20世纪末，由Intel公司和HP公司联合推出了彻底突破IA-32结构的IA-64结构，最大限度地开发了指令级并行操作。

Intel公司反对将IA-64结构划归到RISC或CISC的类别中，因为他们认为这是EPIC架构，是一种基于超长指令字的设计，它合并了RISC和VLIW技术方面的优势。最早采用这种技术的处理器是Itanium，后来又有了Itanium 2。

Itanium有128个64位的整数寄存器、128个82位的浮点寄存器、64个1位的判定寄存器和8个64位的分支寄存器。Itanium在硬件上与IA-32指令集兼容，通过翻译软件与HP公司的PA-RISC指令集兼容。

3. 128位指令束

IA-64结构将3条指令拼接成128位的“指令束”，以加快处理速度。每个指令束里包含了3个41位的指令和1个5位的模板，如图3-17所示。这个5位的模板包含了不同指令间的并行信息，编译器将使用模板告诉CPU，哪些指令可以并行执行。模板也包含了指令束的结束位，用以告诉CPU这个指令束是否结束，是否需准备捆绑下两个或更多的指令束。

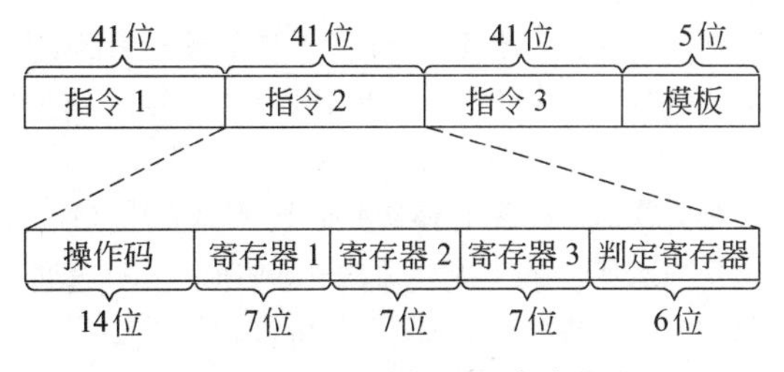

图3-17 IA-64结构的指令束格式

指令束中的每条指令的长度是固定的，均为41位，由指令操作码字段、判定寄存器字段和3个寄存器字段（其中2个为源寄存器，1个为目的寄存器）组成，指令只对寄存器操作。

一个指令束中的3条指令之间一定是没有依赖关系的,由编译程序将3条指令拼接成指令束。假设编译程序发现了16条没有相互依赖关系的指令,便可以把它们拼接成6个不同的指令束,前5束里每束3条指令,剩下的一条指令放在第6束里,然后在模板里做上相应的标记。

指令束的128位被CPU一次装载并检测,依靠指令的模板,3条指令能被不同的执行单元同时执行。任意数目的指令束能安排在指令组里,一个指令组是一个彼此可以并行执行并且不发生冲突的指令流。

习　　题

3-1　指令长度和机器字长有什么关系?半字长指令、单字长指令、双字长指令分别表示什么意思?

3-2　零地址指令的操作数来自哪里?一地址指令中,另一个操作数的地址通常可采用什么寻址方式获得?各举一例说明。

3-3　某计算机为定长指令字结构,指令长度为16位,每个操作数的地址码长为6位,指令分为无操作数、单操作数和双操作数3类。若双操作数指令已有K种,无操作数指令已有L种,问单操作数指令最多可能有多少种?上述3类指令各自允许的最大指令条数是多少?

3-4　设某计算机为定长指令字结构,指令长度为12位,每个地址码占3位,试提出一种分配方案,使该指令系统包含:4条三地址指令,8条二地址指令,180条单地址指令。

3-5　指令格式同上题,能否构成:三地址指令4条,单地址指令255条,零地址指令64条?为什么?

3-6　指令中地址码的位数与直接访问的主存容量和最小寻址单位有什么关系?

3-7　试比较间接寻址和寄存器间址。

3-8　试比较基址寻址和变址寻址。

3-9　某计算机字长为16位,主存容量为64K字,采用单字长单地址指令,共有50条指令。假设有直接寻址、间接寻址、变址寻址和相对寻址4种寻址方式,试设计其指令格式。

3-10　某计算机字长为16位,主存容量为64K字,指令格式为单字长单地址,共有64条指令。试说明:

(1) 若只采用直接寻址方式,那么指令能访问多少主存单元?

(2) 为扩充指令的寻址范围,可采用直接/间接寻址方式,若只增加一位直接/间接标志,那么指令可寻址范围为多少?指令直接寻址的范围为多少?

(3) 采用页面寻址方式,若只增加一位Z/C(零页/现行页)标志,那么指令寻址范围为多少?指令直接寻址范围为多少?

(4) 将(2)、(3)两种方式结合,指令的寻址范围为多少?指令直接寻址范围为多少?

3-11　设某计算机字长为32位,CPU有32个32位的通用寄存器,设计一个能容纳64种操作的单字长指令系统。

(1) 如果是存储器间接寻址方式的寄存器-存储器型指令,那么直接寻址的最大主存空间是多少?

(2) 如果采用通用寄存器作为基址寄存器,那么直接寻址的最大主存空间又是多少?

3-12　已知某小型机字长为16位,其双操作数指令的格式如下:

0　　　5	6　7	8　　　15
OP	R	A

其中,OP为操作码,R为通用寄存器地址,试说明下列各种情况下能访问的最大主存区域有多少机器字。

(1) A 为立即数。

(2) A 为直接主存单元地址。

(3) A 为间接地址(非多重间址)。

(4) A 为变址寻址的形式地址,假定变址寄存器为 R_1(字长为 16 位)。

3-13 计算下列 4 条指令的有效地址(指令长度为 16 位)。

(1) 000000Q (2) 100000Q (3) 170710Q (4) 012305Q

假设:上述 4 条指令均用八进制书写,指令的最左边是一位间址指示位@(@=0,直接寻址;@=1,间接寻址),且具有多重间访功能;指令的最右边两位为形式地址;主存容量为 2^{15} 个单元,表 3-4 为有关主存单元的内容(八进制)。

表 3-4 习题 3-13 的主存单元内容

地　　址	内　　容	地　　址	内　　容
00000	100002	00005	100001
00001	046710	00006	063215
00002	054304	00007	077710
00003	100000	00010	100005
00004	102543		

3-14 假定某计算机的指令格式如下:

11	10　9	8	7	6	5　　　　0
@	OP	I_1	I_2	Z/C	A

其中,

bit11=1:间接寻址。

bit8=1:变址寄存器 I_1 寻址。

bit7=1:变址寄存器 I_2 寻址。

bit6(零页/现行页寻址):Z/C=0,表示 0 页面;Z/C=1,表示现行页面,即指令所在页面。

若主存容量为 2^{12} 个存储单元,分为 2^6 个页面,每个页面有 2^6 个字。

设有关寄存器的内容为:

(PC)=0340Q　　(I_1)=1111Q　　(I_2)=0256Q

试计算下列指令的有效地址。

(1) 1046Q (2) 2433Q (3) 3215Q (4) 1111Q

3-15 假定指令格式如下:

15　12	11	10	9	8	7　　　　0
OP	I_1	I_2	Z/C	D/I	A

其中,D/I 为直接/间接寻址标志,D/I=0 表示直接寻址,D/I=1 表示间接寻址。其余标志位同习题 3-14 的说明。

若主存容量为 2^{16} 个存储单元,分为 2^8 个页面,每个页面有 2^8 个字。

设有关寄存器的内容为:

(I_1)=002543Q　　(I_2)=063215Q　　(PC)=004350Q

试计算下列指令的有效地址。

(1) 152301Q (2) 074013Q (3) 161123Q (4) 140011Q

3-16　设某计算机有变址寻址、间接寻址和相对寻址等寻址方式,当前指令的地址码部分为001AH,正在执行的指令所在地址为1F05H,变址寄存器中的内容为23A0H。

(1) 当执行取数指令时,如为变址寻址方式,则取出的数是多少?

(2) 如为间接寻址,则取出的数是多少?

(3) 当执行转移指令时,转移地址是多少?

已知主存部分地址及相应内容见表3-5。

表3-5　习题3-16的主存部分地址及相应内容

地址	内容	地址	内容
001AH	23A0H	23A0H	2600H
1F05H	241AH	23BAH	1748H
1F1FH	2500H		

3-17　请举例说明,哪几种寻址方式除去取指令以外不访问存储器?哪几种寻址方式除去取指令以外只需访问一次存储器?完成什么样的指令(包括取指令在内)共需访问4次存储器?

3-18　设相对寻址的转移指令占两个字节,第一个字节是操作码,第二个字节是相对位移量,用补码表示。假设当前转移指令第一字节所在的地址为2000H,且CPU每取一个字节便自动地完成(PC)+1→PC的操作。试问:当执行JMP *+8和JMP *−9指令(*为相对寻址特征)时,转移指令第二字节的内容各为多少?转移的目的地址各是什么?

3-19　在某堆栈计算机中,用一地址指令PUSH、POP及零地址指令ADD、MPY写出计算下式

$$Z=(A\times(B+C+D)\times E+F\times F)\times(B+C+D)$$

的程序。

3-20　如果在上题中增加一条DUP指令,该指令的功能是将栈顶内容复制一次。问:上述程序如何简化?

3-21　什么叫主程序和子程序?调用子程序时还可采用哪几种方法保存返回地址?画图说明调用子程序的过程。

3-22　在某些计算机中,调用子程序的方法是这样实现的:转子指令将返回地址存入子程序的第一个字单元,然后从第二个字单元开始执行子程序,回答下列问题:

(1) 为这种方法设计一条从子程序转到主程序的返回指令。

(2) 在这种情况下,如何在主、子程序间进行参数的传递?

(3) 上述方法是否可用于子程序的嵌套?

(4) 上述方法是否可用于子程序的递归(即某个子程序自己调用自己)?

(5) 如果改用堆栈方法,是否可实现(4)所提出的问题?

第4章 数值的机器运算

运算器是计算机进行算术运算和逻辑运算的主要部件，运算器的逻辑结构取决于机器的指令系统、数据表示方法和运算方法等。本章主要讨论数值数据在计算机中实现算术运算和逻辑运算的方法，以及运算部件的基本结构和工作原理。

4.1 基本算术运算的实现

计算机中最基本的算术运算是加法运算，加、减、乘、除运算最终都可以归结为加法运算。所以，在此讨论最基本的运算部件——加法器，以及并行加法器的进位问题。

4.1.1 加法器

加法器是由全加器再配以其他必要的逻辑电路组成的。

1. 全加器

全加器(FA)是最基本的加法单元，它有 3 个输入量：操作数 A_i和 B_i，低位传来的进位 C_{i-1}。两个输出量：本位和 S_i，向高位的进位 C_i。全加器的逻辑框图如图 4-1 所示，其真值表如表 4-1 所示。

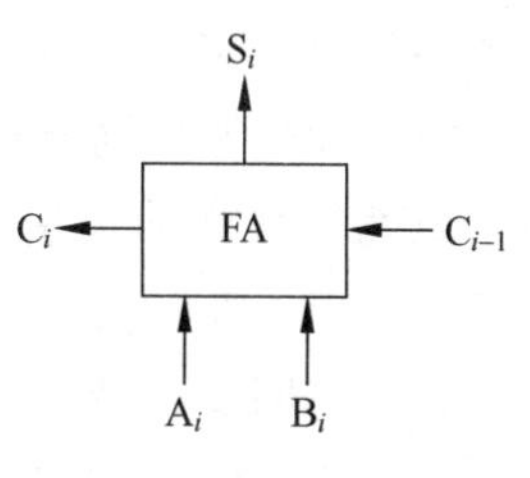

图 4-1　全加器

表 4-1　全加器真值表

A_i	B_i	C_{i-1}	S_i	C_i
0	0	0	0	0
0	0	1	1	0
0	1	0	1	0
0	1	1	0	1
1	0	0	1	0
1	0	1	0	1
1	1	0	0	1
1	1	1	1	1

根据真值表，可得到全加器的逻辑表达式：

$$S_i = A_i \oplus B_i \oplus C_{i-1}$$
$$C_i = A_iB_i + (A_i \oplus B_i)C_{i-1}$$

2. 串行加法器与并行加法器

加法器有串行和并行之分。在串行加法器中,只有一个全加器,数据逐位串行送入加法器进行运算;并行加法器则由多个全加器组成,其位数的多少取决于机器的字长,数据的各位同时运算。

串行加法器如图4-2所示。图中FA是全加器,A、B是两个具有右移功能的寄存器,C为进位触发器。由移位寄存器从低位到高位逐位串行提供操作数相加。如果操作数长n位,加法就要分n次进行,每次产生一位和,且串行地送回A寄存器。进位触发器用来寄存进位信号,以便参与下一次的运算。

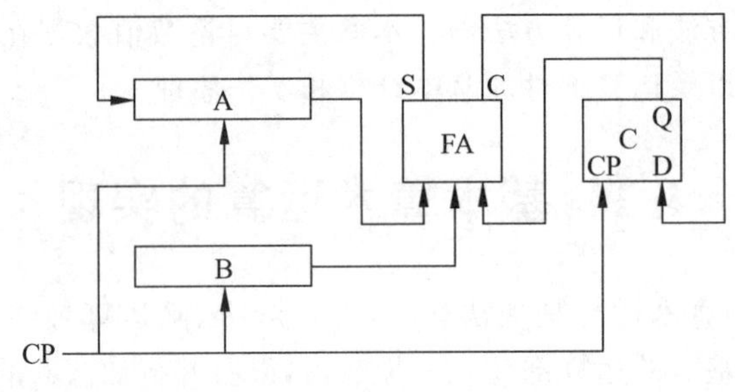

图4-2 串行加法器

串行加法器具有器件少、成本低的优点,但运算速度太慢,所以除了某些低速的专用运算器外很少采用。

并行加法器可同时对数据的各位相加,但存在着一个加法的最长运算时间问题。这是因为虽然操作数的各位是同时提供的,但低位运算所产生的进位会影响高位的运算结果。例如,11…11和00…01相加,最低位产生的进位将逐位影响至最高位,因此,并行加法器的最长运算时间主要是由进位信号的传递时间决定的,而每个全加器本身的求和延迟只是次要因素。很明显,提高并行加法器速度的关键是尽量加快进位产生和传递的速度。

4.1.2 进位的产生和传递

并行加法器中的每一个全加器都有一个从低位送来的进位输入和一个传送给高位的进位输出。通常将传递进位信号的逻辑线路连接起来构成的进位网络称为进位链。每一位的进位表达式为:

$$C_i = A_iB_i + (A_i \oplus B_i)C_{i-1}$$

其中,“A_iB_i”取决于本位参加运算的两个数,而与低位进位无关,因此称A_iB_i为进位产生函数(本次进位产生),用G_i表示,其含义是:若本位的两个输入均为1,必然要向高位产生进位。“$(A_i \oplus B_i)C_{i-1}$”不但与本位的两个数有关,还依赖于低位送来的进位,因此称$A_i \oplus B_i$为进位传递函数(低位进位传递),用P_i表示,其含义是:当两个输入中有一个为1,低位传来的进位C_{i-1}将向更高位传送,所以进位表达式又可以写成:

$$C_i = G_i + P_iC_{i-1}$$

把 n 个全加器串接起来，就可进行两个 n 位数的相加。这种加法器称为串行进位的并行加法器，如图 4-3 所示。串行进位又称行波进位，每一级进位直接依赖于前一级的进位，即进位信号是逐级形成的。

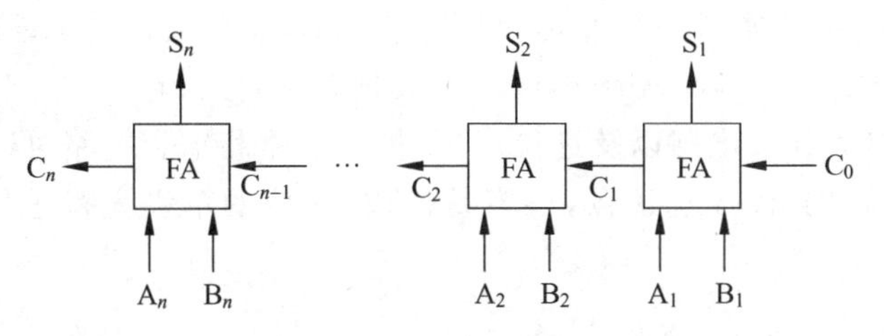

图 4-3　串行进位的并行加法器

其中：

$$C_1 = G_1 + P_1C_0$$
$$C_2 = G_2 + P_2C_1$$
$$\vdots$$
$$C_n = G_n + P_nC_{n-1}$$

串行进位的并行加法器的总延迟时间与字长成正比，字长越长，则总延迟时间越长。假设将一级“与门”“或门”的延迟时间定为 ty，从上述公式中可看出，每一级全加器的进位延迟时间为 2ty。在字长为 n 位的情况下，若不考虑 G_i、P_i 的形成时间，从 $C_0 \to C_n$ 的最长延迟时间为 $2n$ty（设 C_0 为加法器最低位的进位输入，C_n 为加法器最高位的进位输出）。

4.1.3　并行加法器的快速进位

显然，串行进位方式的进位延迟时间太长了，要提高加法运算的速度，就要尽可能地减少进位延迟时间，也就是要改进进位方式。

1. 并行进位方式

并行进位又称先行进位、同时进位，其特点是各级进位信号同时形成。

$$C_1 = G_1 + P_1C_0$$
$$C_2 = G_2 + P_2C_1 = G_2 + P_2G_1 + P_2P_1C_0$$
$$C_3 = G_3 + P_3C_2 = G_3 + P_3G_2 + P_3P_2G_1 + P_3P_2P_1C_0$$
$$C_4 = G_4 + P_4C_3 = G_4 + P_4G_3 + P_4P_3G_2 + P_4P_3P_2G_1 + P_4P_3P_2P_1C_0$$
$$\vdots$$

上述各式中所有的进位输出仅由 G_i、P_i 及最低进位输入 C_0 决定，而不依赖于其低位的进位输入 C_{i-1}，因此各级进位输出可以同时产生。这种进位方式是快速的，若不考虑 G_i、P_i 的形成时间，从 $C_0 \to C_n$ 的最长延迟时间仅为 2ty，而与字长无关。但是，随着加法器位数的增加，C_i 的逻辑表达式会变得越来越长，输入变量会越来越多，这会使电路结构变得很复杂，所以，完全采用并行进位是不现实的。

2. 分组并行进位方式

实际上，通常采用分组并行进位方式。这种进位方式是把 n 位字长分为若干小组，在组内各位之间实行并行快速进位，在组间既可以采用串行进位方式，也可以采用并行快速进位方式,因此有两种情况。

(1) 单级先行进位方式(组内并行、组间串行)

以16位加法器为例,可分为4组,每组4位。第一小组组内的进位逻辑函数C_1、C_2、C_3、C_4的表达式与前述相同,$C_1 \sim C_4$信号是同时产生的,实现上述进位逻辑函数的电路称为4位先行进位电路(Carry Look Ahead,CLA),其延迟时间是2ty。

利用这种4位的CLA电路以及进位产生/传递电路和求和电路可以构成4位的CLA加法器。用4个这样的CLA加法器,很容易构成16位的单级先行进位加法器,如图4-4所示。

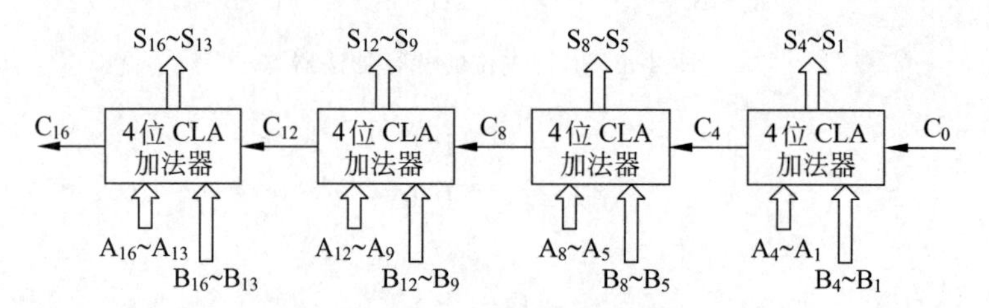

图4-4 16位单级先行进位加法器

若不考虑G_i、P_i的形成时间,从$C_0 \rightarrow C_n$的最长延迟时间为$2m$ty,其中m为分组的组数。16位单级先行进位加法器,从$C_1 \sim C_{16}$的最长延迟时间为$4 \times 2\text{ty} = 8\text{ty}$,图4-5是这种加法器的进位时间图。

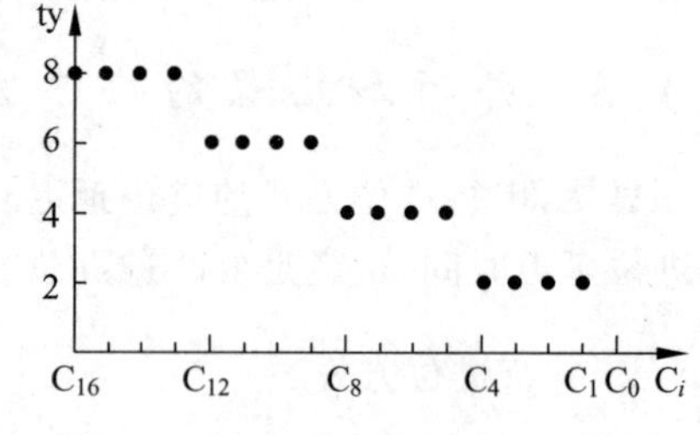

图4-5 16位单级先行进位时间图

(2) 多级先行进位方式(组内并行、组间并行)

在单级先行进位电路中,进位的延迟时间是和组数成正比的,组数越多,则进位延迟时间越长,因此当加法器的字长较长($n \geqslant 16$)时,为了加快进位传递时间,就有必要采用多级先行进位方式。

下面仍以字长为16位的加法器作为例子,分析两级先行进位加法器的设计方法。第一小组的进位输出C_4可以写为:

$$C_4 = G_4 + P_4 G_3 + P_4 P_3 G_2 + P_4 P_3 P_2 G_1 + P_4 P_3 P_2 P_1 C_0 = G_1^* + P_1^* C_0$$

其中,$G_1^* = G_4 + P_4 G_3 + P_4 P_3 G_2 + P_4 P_3 P_2 G_1$,$P_1^* = P_4 P_3 P_2 P_1$。

G_i^*称为组进位产生函数,P_i^*称为组进位传递函数,这两个辅助函数只与P_i、G_i有关。依此类推,可以得到:

$$C_8 = G_2^* + P_2^* C_4 = G_2^* + P_2^* G_1^* + P_2^* P_1^* C_0$$

$$C_{12} = G_3^* + P_3^* G_2^* + P_3^* P_2^* G_1^* + P_3^* P_2^* P_1^* C_0$$

$$C_{16} = G_4^* + P_4^* G_3^* + P_4^* P_3^* G_2^* + P_4^* P_3^* P_2^* G_1^* + P_4^* P_3^* P_2^* P_1^* C_0$$

为了要产生组进位函数,需要对原来的CLA电路进行修改:

第一小组内产生G_1^*、P_1^*、C_3、C_2、C_1,不产生C_4;

第二小组内产生G_2^*、P_2^*、C_7、C_6、C_5,不产生C_8;

第三小组内产生G_3^*、P_3^*、C_{11}、C_{10}、C_9,不产生C_{12};

第四小组内产生G_4^*、P_4^*、C_{15}、C_{14}、C_{13},不产生C_{16}。

这种电路称为成组先行进位电路(Block Carry Look Ahead,BCLA),其延迟时间是2ty。利用这种4位的BCLA电路以及进位产生与传递电路和求和电路可以构成4位的BCLA加法器。16位的两级先行进位加法器可由4个BCLA加法器和1个CLA电路组成,如图4-6所示。

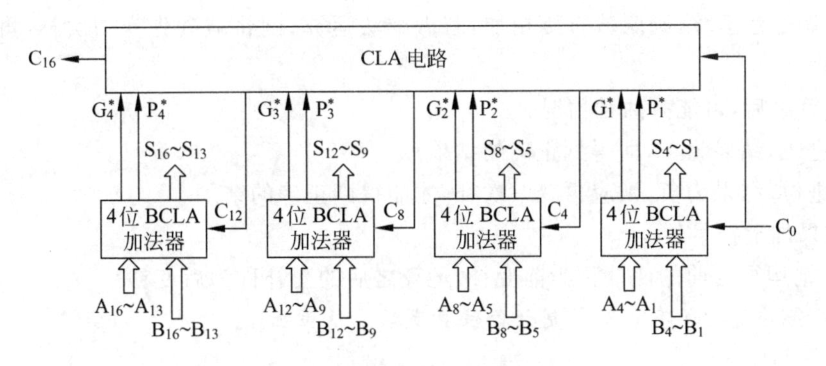

图4-6　16位两级先行进位加法器

由图4-6可见,若不考虑G_i、P_i的形成时间,C_0经过2ty产生第一小组的C_1、C_2、C_3及所有组进位产生函数G_i^*和组进位传递函数P_i^*;再经过2ty,由CLA电路产生C_4、C_8、C_{12}、C_{16};再经过2ty后,才能产生第二、三、四小组内的$C_5 \sim C_7$、$C_9 \sim C_{11}$、$C_{13} \sim C_{15}$。它的进位时间图如图4-7所示,此时加法器的最长进位延迟时间是6ty。

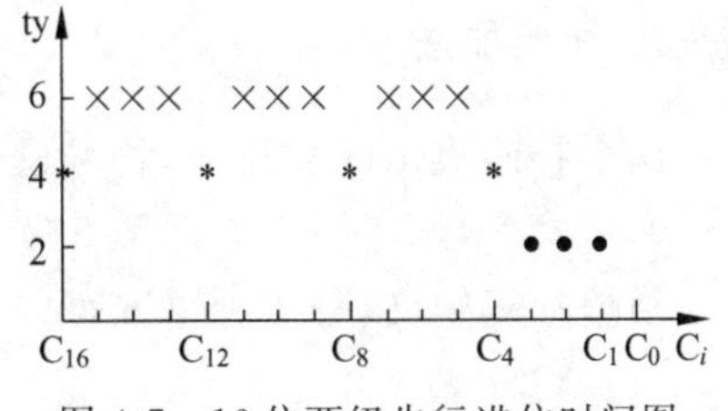

图4-7　16位两级先行进位时间图

用同样的方法可以扩展到多于两级的先行进位加法器,如用三级先行进位结构设计64位加法器。这种加法器的字长对加法时间影响甚小,但造价较高。

注意:从图4-4和图4-6中可以看出,4位CLA加法器和4位BCLA加法器的区别仅在于其中的进位逻辑电路上,前者产生进位输出信号$C_4 \sim C_1$,后者产生进位输出信号$C_3 \sim C_1$及组进位产生和传递信号G_1^*、P_1^*。

4.2　定点加减运算

定点数的加减运算包括原码、补码和反码3种带符号数的加减运算,其中补码加减运算实现起来最方便。

4.2.1　原码加减运算

对两个数进行加减运算时,计算机的实际操作是加还是减,不仅取决于指令的操作码,还取决于两个操作数的符号。例如,加法运算时可能要做减法操作(两数异号);而减法运算时又可能做加法操作(两数异号)。当原码加减运算时,符号位并不参加运算,只有两数的绝对值参加运算。首先要判断参加运算的两个操作数的符号,再根据要求决定进行相加还是相减操作,最后还要根据两个操作数绝对值的大小决定结果的符号,整个运算过程比较复杂。

在大多数计算机中,通常只设置加法器而不设置减法器,减法运算将转换为加法运算来实现。原码运算时,用$|X|+[|Y|]_{变补}$来代替$|X|-|Y|$。

原码加减运算规则如下:

① 参加运算的操作数取其绝对值。

② 若做加法运算,则两数直接相加;若做减法运算,则将减数先变一次补,再进行加法操作。

③ 运算之后,可能有两种情况:

- 有进位,结果为正,即得到正确的结果。
- 无进位,结果为负,则应再变一次补,才能得到正确的结果。

④ 结果加上符号位。

通常,把运算之前的变补称为前变补,运算之后的变补称为后变补。

注意:变补是指所有的二进制数各位变反后最低位加1。

4.2.2 补码加减运算

补码加减运算要比原码加减运算简单得多。

1. 补码加法

两个补码表示的数相加,符号位参加运算,且两数和的补码等于两数补码之和,即:

$$[X+Y]_{补}=[X]_{补}+[Y]_{补}$$

根据补码定义,分4种情况可以证明该式的正确性。

(1) $X>0,Y>0$

因为$X>0,Y>0$,则$(X+Y)>0$。

由补码定义: $[X]_{补}=X,\quad [Y]_{补}=Y$

所以 $[X]_{补}+[Y]_{补}=X+Y=[X+Y]_{补}$

(2) $X<0,Y<0$

因为$X<0,Y<0$,则$(X+Y)<0$。

由补码定义: $[X]_{补}=M+X,\quad [Y]_{补}=M+Y \pmod M$

所以 $[X]_{补}+[Y]_{补}=M+X+M+Y=M+(M+X+Y)=M+[X+Y]_{补}$

$=[X+Y]_{补} \pmod M$

(3) $X>0,Y<0$

由补码定义: $[X]_{补}=X,\quad [Y]_{补}=M+Y \pmod M$

$[X]_{补}+[Y]_{补}=X+M+Y=M+X+Y$

有以下两种情况:

① 当$(X+Y)\geqslant 0$时,M被丢掉,因此:

$$[X]_{补}+[Y]_{补}=M+X+Y=[X+Y]_{补} \pmod M$$

② 当$(X+Y)<0$时,由补码定义有:

$$[X]_{补}+[Y]_{补}=M+X+Y=[X+Y]_{补} \pmod M$$

(4) $X<0,Y>0$

情况与(3)类似,只要将X、Y位置对调即可证明。

2. 补码减法

也可以借用加法器来实现减法运算，根据补码加法公式可以推出：

$$[X-Y]_补=[X+(-Y)]_补=[X]_补+[-Y]_补$$

从补码减法公式可以看出，只要求得$[-Y]_补$，就可以变减法为加法。下面以定点整数为例证明由$[Y]_补$求$[-Y]_补$的方法，此法很容易推广到定点小数。

设$[Y]_补=Y_s, Y_1Y_2\cdots Y_n$，为便于观察将符号位$Y_s$与数值位之间用逗号分开。现有下列两种情况。

(1) $0\leqslant Y<2^n$

已知： $$[Y]_补=[Y]_原=0, Y_1Y_2\cdots Y_n$$

故 $$[-Y]_原=1, Y_1Y_2\cdots Y_n$$

Y为正数，$-Y$则为负数，根据原码求补码的方法，可以得到：

$$[-Y]_补=1, \overline{Y_1}\ \overline{Y_2}\cdots\overline{Y_n}+1$$

(2) $-2^n<Y<0$

已知： $$[Y]_补=1, Y_1Y_2\cdots Y_n$$

根据补码求原码的方法， $$[Y]_原=1, \overline{Y_1}\ \overline{Y_2}\cdots\overline{Y_n}+1$$

由于Y是负数，则$-Y$为正数，有：

$$[-Y]_补=[-Y]_原=0, \overline{Y_1}\ \overline{Y_2}\cdots\overline{Y_n}+1$$

综合以上两种情况，不管Y的真值为正或为负，已知$[Y]_补$求$[-Y]_补$的方法是：将$[Y]_补$连同符号位一起求反，末尾加1（在定点小数中这个“1”实际上是2^{-n}）。将$[-Y]_补$称为$[Y]_补$的机器负数，由$[Y]_补$求$[-Y]_补$的过程称为对$[Y]_补$变补（求补），表示为：

$$[-Y]_补=[[Y]_补]_{变补}$$

注意：应将“某数的补码表示”与“变补”这两个概念区分开来。一个负数由原码表示转换成补码表示时，符号位是不变的，仅对数值位各位变反，末位加“1”。而变补则不论这个数的真值是正是负，一律连同符号位一起变反（所有的二进制位一起变反），末位加“1”。$[Y]_补$表示的真值如果是正数，则变补后$[-Y]_补$所表示的真值变为负数，反之亦然。

例 4-1 设$Y=-0.0110$。则有：

$$[Y]_原=1.0110,\quad [Y]_补=1.1010,\quad [-Y]_补=0.0110$$

例 4-2 设$Y=0.0110$。则有：

$$[Y]_原=0.0110,\quad [Y]_补=0.0110,\quad [-Y]_补=1.1010$$

3. 补码加减运算规则

补码加减运算规则如下：

① 参加运算的两个操作数均用补码表示。

② 符号位作为数的一部分参加运算。

③ 若做加法运算，则两数直接相加；若做减法运算，则将被减数与减数的机器负数相加。

④ 运算结果仍用补码表示。

例 4-3 设$A=0.1011, B=-0.1110$，求$A+B$。

其中：　$[A]_补=0.1011$，　$[B]_补=1.0010$

$$
\begin{array}{rl}
 & 0.1011 \quad [A]_补 \\
+ & 1.0010 \quad [B]_补 \\
\hline
 & 1.1101 \quad [A+B]_补
\end{array}
$$

故　$[A+B]_补=1.1101$

$A+B=-0.0011$

例 4-4　设 $A=0.1011, B=-0.0010$，求 $A-B$。

其中：　$[A]_补=0.1011$，　$[B]_补=1.1110$，　$[-B]_补=0.0010$

$$
\begin{array}{rl}
 & 0.1011 \quad [A]_补 \\
+ & 0.0010 \quad [-B]_补 \\
\hline
 & 0.1101 \quad [A-B]_补
\end{array}
$$

故　$[A-B]_补=0.1101$

$A-B=0.1101$

4. 符号扩展

在计算机算术运算中，有时必须将采用给定位数表示的数转换成具有更多位数的某种表示形式。例如，某个程序需要将一个8位数与另外一个32位数相加。要想得到正确的结果，在将8位数与32位数相加之前，必须将8位数转换成32位数形式，这个过程称为"符号扩展"。

对于正数的符号扩展非常简单，原有形式的符号位移动到新形式的符号位上，新表示形式的所有附加位都用"0"进行填充。

对于负数的符号扩展方法则根据机器数的不同而不同。原码表示负数的符号扩展方法与正数相同，只不过此时符号位为"1"而已。补码表示负数的扩展方法是：原有形式的符号位移动到新形式的符号位上，新表示形式的所有附加位都用"1"进行填充。

综上所述，实际上补码的符号扩展非常简单，所有附加位均用符号位填充，即正数用"0"填充，负数用"1"填充。

4.2.3　补码的溢出判断与检测方法

1. 溢出的产生

在补码加减运算中，有时会遇到这样的情况：两个正数相加，而结果的符号位却为1(结果为负)；两个负数相加，而结果的符号位却为0(结果为正)，现以字长为5位的定点整数的加法运算举例如下。

例 4-5　设 $X=1011B=11D, Y=111B=7D$。则有：

$[X]_补=0,1011$，　$[Y]_补=0,0111$

$$
\begin{array}{rl}
 & 0,1\,0\,1\,1 \quad [X]_补 \\
+ & 0,0\,1\,1\,1 \quad [Y]_补 \\
\hline
 & 1,0\,0\,1\,0 \quad [X+Y]_补
\end{array}
$$

故 $[X+Y]_补=1,0010$

$X+Y=-1110B=-14D$

两正数相加结果为$-14D$,显然是错误的。

例 4-6 设 $X=-1011B=-11D, Y=-111B=-7D$。则有:

$[X]_补=1,0101$, $[Y]_补=1,1001$

$$\begin{array}{rl} 1,0\,1\,0\,1 & [X]_补 \\ +\ 1,1\,0\,0\,1 & [Y]_补 \\ \hline 0,1\,1\,1\,0 & [X+Y]_补 \end{array}$$

故 $[X+Y]_补=0,1110$

$X+Y=1110B=14D$

两负数相加结果为14D,显然也是错误的。

为什么会发生这种错误呢?原因在于两数相加之和的数值已超过了机器允许的表示范围。字长为$n+1$位的定点整数(其中一位为符号位),采用补码表示,当运算结果大于2^n-1或小于-2^n时,就产生溢出。

设参加运算的两数为X和Y,做加法运算。

- 若X和Y异号,实际上是做两数相减,所以不会溢出。
- 若X和Y同号,运算结果为正且大于所能表示的最大正数或运算结果为负且小于所能表示的最小负数(绝对值最大的负数)时,产生溢出。将两正数相加产生的溢出称为正溢;反之,两负数相加产生的溢出称为负溢。

2. 溢出检测方法

假设,被操作数为: $[X]_补=X_s, X_1X_2\cdots X_n$

操作数为: $[Y]_补=Y_s, Y_1Y_2\cdots Y_n$

其和(差)为: $[S]_补=S_s, S_1S_2\cdots S_n$

(1) 采用一个符号位

从前述两个例子还可以看出,采用一个符号位检测溢出时,当$X_s=Y_s=0, S_s=1$时,产生正溢;当$X_s=Y_s=1, S_s=0$时,产生负溢。

溢出判断条件为:

$$溢出=\overline{X}_s\overline{Y}_sS_s+X_sY_s\overline{S}_s$$

(2) 采用进位位

两数运算时,产生的进位为:

$$C_s, C_1C_2\cdots C_n$$

其中,C_s为符号位产生的进位,C_1为最高数值位产生的进位。

从前述两个例子还可以看出,两正数相加,当最高有效位产生进位($C_1=1$)而符号位不产生进位($C_s=0$)时,发生正溢;两负数相加,当最高有效位不产生进位($C_1=0$)而符号位产生进位($C_s=1$)时,发生负溢。故溢出条件为:

$$溢出=\overline{C}_sC_1+C_s\overline{C}_1=C_s\oplus C_1$$

(3) 采用变形补码(双符号位补码)

一个符号位只能表示正、负两种情况,当产生溢出时,符号位的含义就会发生混乱。如果将符号位扩充为两位(S_{s1} 和 S_{s2}),其所能表示的信息量将随之扩大,既能检测出是否溢出,又能指出结果的符号。在双符号位的情况下,把左边的符号位 S_{s1} 称为真符,因为它代表了该数真正的符号,两个符号位都作为数的一部分参加运算。这种编码又称为变形补码。

双符号位的含义如下:

$S_{s1}S_{s2}=00$　　结果为正数,无溢出

$S_{s1}S_{s2}=01$　　结果正溢

$S_{s1}S_{s2}=10$　　结果负溢

$S_{s1}S_{s2}=11$　　结果为负数,无溢出

当两位符号位的值不一致时,表明产生溢出,溢出条件为:

$$溢出=S_{s1}\oplus S_{s2}$$

如果前述的例子采用了双符号位,则有:

11+7=18(结果大于最大正数 15)

$$\begin{array}{r} 00,1011 \\ +\quad 00,0111 \\ \hline 01,0010 \end{array}\quad 正溢$$

−11+(−7)=−18(结果小于绝对值最大的负数−16)

$$\begin{array}{r} 11,0101 \\ +\quad 11,1001 \\ \hline 10,1110 \end{array}\quad 负溢$$

双符号位实质上是扩大了模,对于定点小数来说,模等于 4;对于字长为 $n+2$ 位的定点整数来说,模等于 2^{n+2}。

定点小数的变形补码定义为:

$$[X]_补=\begin{cases} X & 0\leqslant X<1 \\ 4+X & -1\leqslant X<0 \end{cases}\qquad (\text{mod } 4)$$

字长为 $n+2$ 位的定点整数的变形补码定义为:

$$[X]_补=\begin{cases} X & 0\leqslant X<2^n \\ 2^{n+2}+X & -2^n\leqslant X<0 \end{cases}\qquad (\text{mod } 2^{n+2})$$

为了尽可能减少代价,在采用双符号位方案时,操作数和结果在寄存器和主存中仍保持单符号位,仅在运算时再扩充为双符号位。

4.2.4　补码定点加减运算的实现

实现补码加减运算的逻辑电路如图 4-8 所示。

图 4-8 中 F 代表一个多位的并行加法器,其功能是:接收参加运算的两个数,进行加法运算,并在输出端给出本次运算结果。X 和 Y 是两个寄存器,用来存放参加运算的数据,寄存器 X 同时还用来保存运算结果。门 A、B、C 分别是字级的与门和与或门,门 A 用来控制把寄存器 X 各位的输出送到加法器 F 的左输入端,其控制信号为 X→F;门 C 用来控制把加法器 F 各位的运算结果送回寄存器 X,其控制信号为 F→X;门 B 则通过两个不同的控制信号 Y→F 和 $\overline{\text{Y}}$→F,分别实现把寄存器 Y 各位的内容(即各触发器的Q 端)送加法器 F,或实

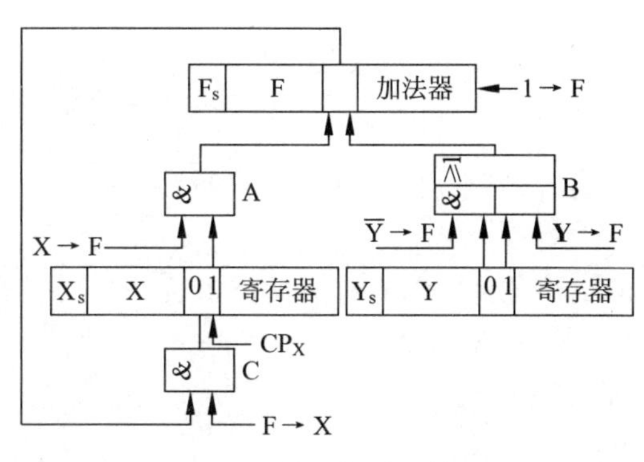

图 4-8　补码加减运算器

现把寄存器 Y 各位的内容取反后(即各触发器的 $\overline{Q}$ 端)送加法器 F。加法器 F 最低位还有一个进位控制信号 1→F。CP_X是寄存器 X 的打入脉冲。

若要实现补码加法,则需给出 X→F、Y→F 和 F→X 这 3 个控制信号,同时打开门 A、门 B 和门 C,把寄存器 X 和寄存器 Y 的内容送入加法器的两个输入端进行加法运算,并把结果送回,最后由打入脉冲 CP_X打入寄存器 X。

减法与加法的不同之处在于,加法使用 Y→F 控制信号,减法使用 $\overline{Y}$→F 和 1→F 控制信号,其余控制信号相同。

4.3　带符号数的移位和舍入操作

在计算机中,实现乘除运算的方案通常有以下 3 种:

① 软件实现。在低档微机中无乘除运算指令,只能用乘法和除法子程序来实现乘除运算。

② 在原有实现加减运算的运算器基础上增加一些逻辑线路,使乘除运算变换成加减和移位操作。在机器中设有乘除指令。

③ 设置专用的乘、除法器,机器中设有相应的乘除指令。

不管采用什么方案实现乘除法,基本原理是相同的。如果采用第②种方案,则必然会涉及移位操作。

4.3.1　带符号数的移位操作

在第 3 章中讨论过,算术移位时应保持数的符号位不变,而数值的大小则要发生变化。左移一位相当于该数乘以 2,而右移一位相当于该数除以 2。

1. 原码的移位规则

不论正数还是负数,在左移或右移时,符号位均不变,空出位一律以“0”补入。

负数的原码移位前后结果如下。

左移:移位前有　$1\ X_1\ X_2 \cdots\ X_{n-1}\ X_n$

　　　移位后有　$1\ X_2\ X_3 \cdots\ X_n\quad 0$

右移:移位前有　$1\ X_1\ X_2 \cdots\ X_{n-1}\ X_n$

　　　移位后有　$1\quad 0\ \ X_1 \cdots\ X_{n-2}\ X_{n-1}$

2. 补码的移位规则

(1) 正数

符号位不变,不论左移或右移,空出位一律以"0"补入。

(2) 负数

符号位不变,左移后的空出位补"0",右移后的空出位补"1"。

左移:移位前有 $1\ X_1\ X_2 \cdots X_{n-1}\ X_n$

移位后有 $1\ X_2\ X_3 \cdots X_n\quad 0$

右移:移位前有 $1\ X_1\ X_2 \cdots X_{n-1}\ X_n$

移位后有 $1\ 1\ X_1 \cdots X_{n-2}\ X_{n-1}$

3. 移位功能的实现

在计算机中,通常移位操作由移位寄存器来实现,但也有一些计算机不设置专门的移位寄存器,而在加法器的输出端加一个移位器。移位器是由与门和或门组成的逻辑电路(实际上是一个多路选择器),可以实现直传(不移位)、左斜一位送(左移一位)和右斜一位送(右移一位)的功能。移位器逻辑电路如图4-9所示,分别用2F→L、F→L和F/2→L这3个不同的控制信号选择左移、直传和右移操作。

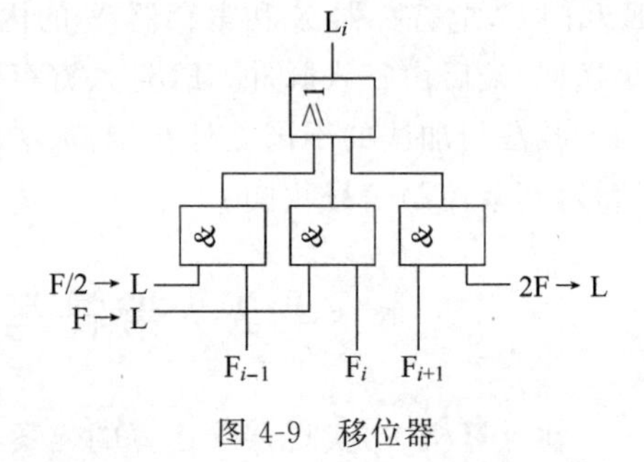

图4-9 移位器

假设 F_0 为加法器的最高位,F_n 为加法器的最低位。左移相当于乘以2,用2F→L信号控制,将 F_{i+1} 送到 L_i;右移相当于除以2,用F/2→L信号控制,将 F_{i-1} 送到 L_i;直传即不移位,用F→L信号控制,将 F_i 送到 L_i。

注意:移位器与移位寄存器不同,它本身只有移位功能,没有寄存功能,所以移位之后的结果一定要保存到有关寄存器中。

4.3.2 带符号数的舍入操作

在算术右移时,由于受到硬件的限制,运算结果有可能需要舍去一定的尾数,这会造成一些误差。为了缩小误差,就要进行舍入处理。假定经过运算后的数共有 $p+q$ 位,现仅允许保留前 p 位。舍入方法有许多种,常见的舍入方法有:

① 恒舍(切断)。这是一种最容易实现的舍入方法,无论多余部分 q 位为何代码,一律舍去,保留部分的 p 位不作任何改变。

② 冯·诺依曼舍入法。这种舍入法又称为恒置1法,即不论多余部分 q 位为何代码,都把保留部分 p 位的最低位置1。

③ 下舍上入法。下舍上入就是0舍1入,相当于十进制中的四舍五入。用将要舍去的 q 位的最高位作为判断标志,以决定保留部分是否加1。如果该位为0,则舍去整个 q 位(相当于恒舍);如果该位为1,则在保留的 p 位的最低位上加1。

④ 查表舍入法。查表舍入法又称ROM舍入法,因为它用ROM来存放舍入处理表,每

次经查表来读得相应的处理结果。查表法的原理框图如图 4-10 所示，图中的 ROM 容量为 256×7 位。通常，ROM 表的容量为2^K个单元，每个单元字长为 $K-1$ 位。舍入处理表的内容设置一般采用的方法是：当 K 位数据的高 $K-1$ 位为全 1 时，让那些单元按恒舍法填入 $K-1$ 位为全 1，其余单元都按下舍上入法来填其内容。例如，4 位数经 ROM 查表，舍入成 3 位结果，其 ROM 的地址和内容的对应关系如表 4-2 所示。

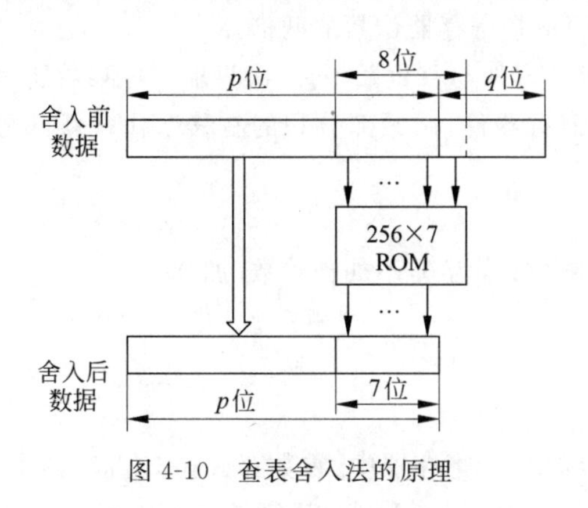

图 4-10 查表舍入法的原理

表 4-2 ROM 地址和内容的对应关系

地址	内容	地址	内容
0000	000	1000	100
0001	001	1001	101
0010	001	1010	101
0011	010	1011	110
0100	010	1100	110
0101	011	1101	111
0110	011	1110	111
0111	100	1111	111

4.4 定点乘法运算

在计算机中，乘法运算大多数由累加与移位来实现，也有些机器中具有由大规模集成电路制造的阵列乘法模块。

4.4.1 原码一位乘法

1. 原码一位乘法算法

原码一位乘法是从手算演变而来的，即用两个操作数的绝对值相乘，乘积的符号为两操作数符号的异或值(同号为正，异号为负)，即：

$$\text{乘积}\quad P=|X|\times|Y|$$

$$\text{符号}\quad P_s=X_s\oplus Y_s$$

式中，P_s为乘积的符号，X_s和 Y_s为被乘数和乘数的符号。

例 4-7 设 $X=0.1101$，$Y=-0.1011$，列出手算乘法算式为：

```
        0.1101     ---  被乘数
    ×   0.1011     ---  乘数
   ----------------
          1101     ---  部分积
         1101      ---  部分积
        0000       ---  部分积
   +   1101        ---  部分积
   ----------------
    0.10001111     ---  乘积
```

因为 $P_s = X_s \oplus Y_s = 0 \oplus 1 = 1$

所以 $X \times Y = -0.10001111$

在手算乘法中,对应于每一位乘数求得一项部分积,然后将所有部分积一起相加求得最后乘积。然而,在计算机中实现原码乘法时,不能直接照搬上述方法。这是因为:

① 在加法器内很难实现多个数据同时相加。

② 加法器的位数一般与寄存器位数相同,而不是寄存器位数的两倍。

所以,在计算机中,通常把 n 位乘转化为 n 次"累加与移位"。每一次只求一位乘数所对应的新部分积,并与原部分积作一次累加;为了节省器件,用原部分积的右移来代替新部分积的左移。原码一位乘法的规则为:

① 参加运算的操作数取其绝对值。

② 令乘数的最低位为判断位,若为1,加被乘数;若为0,不加被乘数(加0)。

③ 累加后的部分积以及乘数右移一位。

④ 重复 n 次②和③。

⑤ 符号位单独处理,同号为正,异号为负。

通常,乘法运算需要3个寄存器。被乘数存放在B寄存器中;乘数存放在C寄存器中;A寄存器用来存放部分积与最后乘积的高位部分,它的初值为0。运算结束后寄存器C中不再保留乘数,改为存放乘积的低位部分。

例 4-8 已知 $X=0.1101$,$Y=-0.1011$,求 $X \times Y$。

$$|X| = 00.1101 \rightarrow B, \quad |Y| = .1011 \rightarrow C, \quad 0 \rightarrow A$$

	A	C	说明
	00.0000	1011	
$+\|X\|$	00.1101		$C_4=1$, $+\|X\|$
	00.1101		
→	00.0110	1101	部分积右移一位
$+\|X\|$	00.1101		$C_4=1$, $+\|X\|$
	01.0011		
→	00.1001	1110	部分积右移一位
+0	00.0000		$C_4=0$, $+0$
	00.1001		
→	00.0100	1111	部分积右移一位
$+\|X\|$	00.1101		$C_4=1$, $+\|X\|$
	01.0001		
→	00.1000	1111	部分积右移一位

因为 $P_s = X_s \oplus Y_s = 0 \oplus 1 = 1$

所以 $X \times Y = -0.10001111$

原码一位乘法的流程图如图4-11所示,图中CR表示计数器,用来控制累加与移位的次数。

2. 原码一位乘法运算的实现

实现原码一位乘法运算器框图如图 4-12 所示。图中 A、B 是 $n+2$ 位的寄存器，C 是 n 位的寄存器，A 寄存器和 C 寄存器是级联在一起的，它们都具有右移一位的功能，在右移控制信号的作用下，A 寄存器最低一位的值将移入 C 寄存器的最高位。C 寄存器的最低位的值作为字级与门的控制信号，以控制加被乘数还是不加被乘数（即加 0）。C 寄存器中的乘数在逐次右移过程中将逐步丢失，取而代之的是乘积的低位部分。原码一位乘法运算器电路中除去 3 个寄存器外，还需要一个 $n+2$ 位的加法器、一个计数器、$n+2$ 个与门（控制是否加被乘数）和一个异或门（处理符号位）。

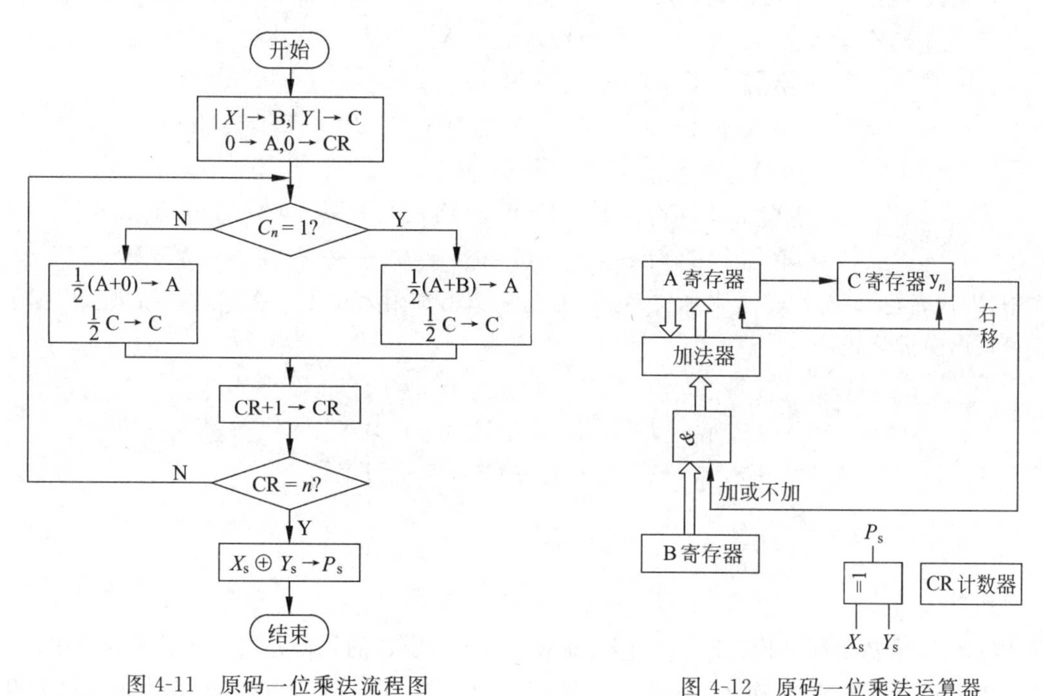

图 4-11　原码一位乘法流程图

图 4-12　原码一位乘法运算器

4.4.2　补码一位乘法

虽然原码乘法比补码乘法容易实现，但因为补码加减法简单，在以加减运算为主的通用机中操作数都用补码表示，所以这类计算机在做乘法时常使用补码乘法。

1. 校正法

补码乘法不能简单地套用原码乘法的算法，这是因为补码的符号位是参加运算的。所谓校正法，是将$[X]_{补}$和$[Y]_{补}$按原码规则运算，所得结果根据情况再加以校正，从而得到正确的$[X\times Y]_{补}$。

① 当乘数 $Y>0$ 时，不管被乘数 X 的正负都直接按原码乘法运算，只是移位时按补码规则进行。

② 当乘数 $Y<0$ 时，可以先把$[Y]_{补}$的符号位丢掉不管，仍按原码乘法运算，最后再加上$[-X]_{补}$进行校正。

将上述两种情况综合起来,就得到了补码乘法的统一表达式:

$$[X\times Y]_{补}=[X]_{补}\times(0.Y_1Y_2\cdots Y_n)+[-X]_{补}\times Y_s$$

2. 比较法——Booth 乘法

校正法在乘数为负数的情况下,需要进行校正,控制起来要复杂一些,希望有一个对于正数和负数都一致的算法,这就是比较法。比较法是英国的Booth夫妇提出来的,因此又称为Booth法。

假设被乘数$[X]_{补}=X_s.X_1X_2\cdots X_n$,乘数$[Y]_{补}=Y_s.Y_1Y_2\cdots Y_n$。

根据校正法的统一表达式,有:

$$\begin{aligned}[X\times Y]_{补}&=[X]_{补}\times(0.Y_1Y_2\cdots Y_n)+[-X]_{补}\times Y_s\\&=[X]_{补}\times(Y_12^{-1}+Y_22^{-2}+\cdots+Y_n2^{-n})+[-X]_{补}\times Y_s\\&=[X]_{补}\times\{-Y_s+(Y_1-Y_12^{-1})+(Y_22^{-1}-Y_22^{-2})+\cdots\\&\quad+(Y_n2^{-(n-1)}-Y_n2^{-n})+0\}\\&=[X]_{补}\times\{(Y_1-Y_s)+(Y_2-Y_1)2^{-1}+\cdots+(0-Y_n)2^{-n}\}\\&=[X]_{补}\times\{(Y_1-Y_s)+(Y_2-Y_1)2^{-1}+\cdots+(Y_{n+1}-Y_n)2^{-n}\}\end{aligned}$$

式中,Y_s代表符号位,Y_{n+1}是附加位,它的初值为0,增加附加位不会影响运算结果。根据上式可写出递推公式:

$$\begin{aligned}&[Z_0]_{补}=0\\&[Z_1]_{补}=2^{-1}\{[Z_0]_{补}+(Y_{n+1}-Y_n)[X]_{补}\}\\&[Z_2]_{补}=2^{-1}\{[Z_1]_{补}+(Y_n-Y_{n-1})[X]_{补}\}\\&\qquad\vdots\\&[Z_n]_{补}=2^{-1}\{[Z_{n-1}]_{补}+(Y_2-Y_1)[X]_{补}\}\end{aligned}$$

所以 $$[X\times Y]_{补}=[Z_n]_{补}+(Y_1-Y_s)[X]_{补}$$

式中,$[Z_0]_{补}$为初始部分积,$[Z_1]_{补}\sim[Z_n]_{补}$依次为各次求得的累加并右移之后的部分积。

由上式可以发现,每次运算取决于乘数相邻两位Y_i、Y_{i+1}的值,把它们称为乘法的判断位。这种运算是根据乘数相邻两位的比较结果$(Y_{i+1}-Y_i)$来确定运算操作,因此称为比较法。

Booth乘法规则如下:

① 参加运算的数用补码表示。

② 符号位参加运算。

③ 乘数最低位后面增加一位附加位Y_{n+1},其初值为0。

④ 由于每求一次部分积要右移一位,所以乘数的最低两位Y_n、Y_{n+1}的值决定了每次应执行的操作,如表4-3所示。

表4-3 Booth乘法运算操作

判断位 $Y_n\ Y_{n+1}$	操 作	判断位 $Y_n\ Y_{n+1}$	操 作
0 0	原部分积+0,右移一位	1 0	原部分积+$[-X]_{补}$,右移一位
0 1	原部分积+$[X]_{补}$,右移一位	1 1	原部分积+0,右移一位

⑤ 移位按补码右移规则进行。

⑥ 共需做 $n+1$ 次累加，n 次移位，第 $n+1$ 次不移位。

注意：由于符号位要参加运算，部分积累加时最高有效位产生的进位可能会侵占符号位，故被乘数和部分积应取双符号位，而乘数只需要一位符号位。运算时仍需要有 3 个寄存器，各自的作用与原码时相同，只不过存放的内容均为补码而已。

例 4-9 已知 $X=-0.1101$，$Y=0.1011$，求 $X\times Y$。

$[X]_{补}=11.0011\rightarrow B$，$[Y]_{补}=0.1011\rightarrow C$，$0\rightarrow A$

$[-X]_{补}=00.1101$

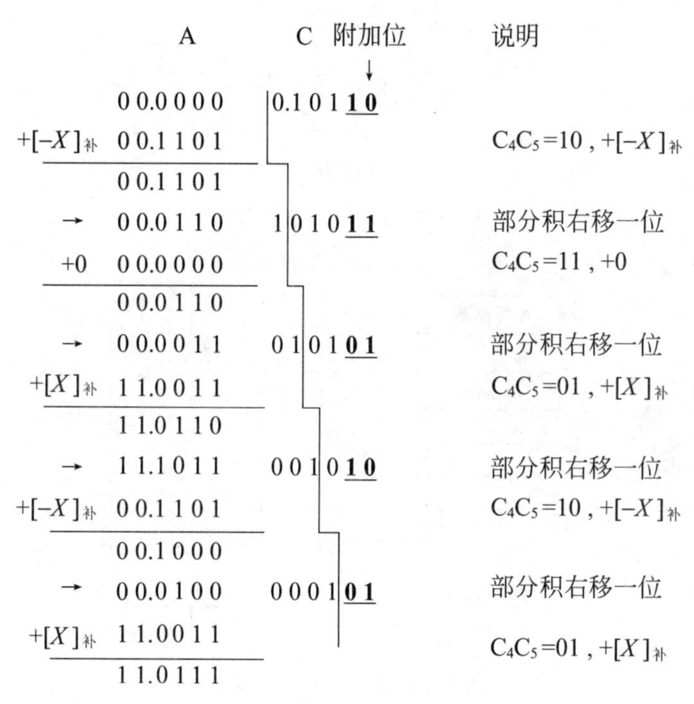

所以 $[X\times Y]_{补}=1.01110001$

$X\times Y=-0.10001111$

Booth 乘法的流程如图 4-13 所示。

3. Booth 乘法运算的实现

实现 Booth 乘法的运算器框图如图 4-14 所示。各器件的作用与原码一位乘法相同，A 和 B寄存器长 $n+2$ 位，C 寄存器也有 $n+2$ 位，还需一个 $n+2$ 位的加法器、$n+2$ 个与或门和一个计数器。由 C 寄存器的最低两位 C_nC_{n+1} 来控制是加/减被乘数还是加 0，当 $C_nC_{n+1}=01$ 时，加被乘数，即加 B 寄存器的内容；$C_nC_{n+1}=10$ 时，减被乘数，即加上 B 寄存器中内容的反，并在加法器的最低位加 1；$C_nC_{n+1}=00$ 或 11 时，不加也不减(加 0)。由于符号位参与运算，所以不需要专门处理符号位的异或门。

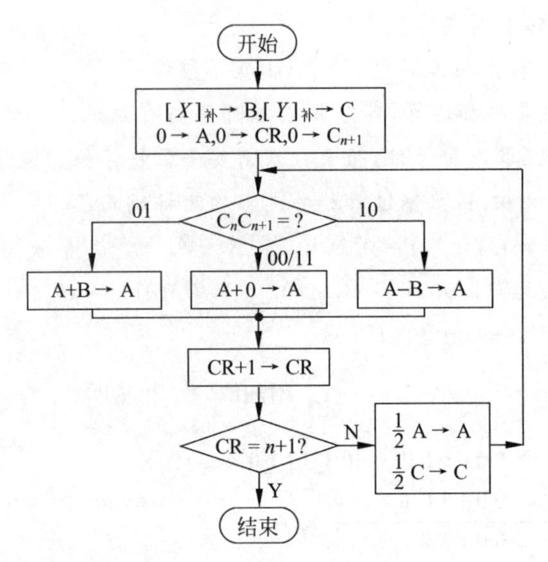

图4-13　Booth乘法流程图

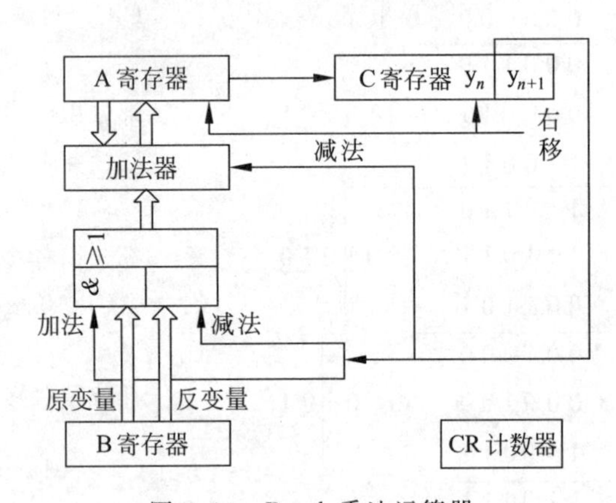

图4-14　Booth乘法运算器

4.4.3　补码两位乘法

为了提高乘法的执行速度，可以选用两位乘法的方案。所谓两位乘法，就是每次处理乘数中的两位，从而使乘法的速度提高了一倍。为了简单起见，这里只介绍补码两位乘法。

可以根据前面介绍的Booth乘法方便地推导出补码两位乘法，即把补码两位乘理解为将Booth乘法的两次合并为一次来做。

假定上次乘法的部分积表示为$[Z']_补$，本次的部分积表示为$[Z'']_补$，则有：

$$
\begin{aligned}
[Z']_补 &= 2^{-1}\{[Z]_补 + (Y_{i+1} - Y_i)\,[X]_补\} \\
[Z'']_补 &= 2^{-1}\{[Z']_补 + (Y_i - Y_{i-1})\,[X]_补\} \\
&= 2^{-1}\{2^{-1}\{[Z]_补 + (Y_{i+1} - Y_i)\,[X]_补\} + (Y_i - Y_{i-1})\,[X]_补\} \\
&= 2^{-2}\{[Z]_补 + (Y_{i+1} - Y_i)\,[X]_补 + 2(Y_i - Y_{i-1})[X]_补\} \\
&= 2^{-2}\{[Z]_补 + (Y_{i+1} + Y_i - 2Y_{i-1})\,[X]_补\}
\end{aligned}
$$

由上式可见，补码两位乘法可以通过 $Y_{i-1}\ Y_i\ Y_{i+1}$ 3 位作为判断位来确定运算操作。补码两位乘法规则中除④和⑥外，其余都与 Booth 乘法规则相同。

补码两位乘法根据乘数的最低 3 位 $Y_{n-1}Y_n\ Y_{n+1}$ 的值(做 $Y_{n+1}+Y_n-2Y_{n-1}$)决定每次应执行的操作，如表 4-4 所示。

表 4-4　补码两位乘法操作

判断位 $Y_{n-1}Y_n\ Y_{n+1}$	操　　作
0　0　0	原部分积+0，右移两位
0　0　1	原部分积+$[X]_补$，右移两位
0　1　0	原部分积+$[X]_补$，右移两位
0　1　1	原部分积+$2[X]_补$，右移两位
1　0　0	原部分积+$2[-X]_补$，右移两位
1　0　1	原部分积+$[-X]_补$，右移两位
1　1　0	原部分积+$[-X]_补$，右移两位
1　1　1	原部分积+0，右移两位

被乘数和部分积取 3 个符号位，当乘数的数值位 n 为偶数时，乘数取 2 个符号位，共需作 $\frac{n}{2}+1$ 次累加，$\frac{n}{2}$ 次移位(最后一次不移位)；当 n 为奇数时，乘数只需 1 个符号位，共需 $\frac{n+1}{2}$ 次累加和移位，但最后一次仅移一位。

例 4-10　已知 $X=0.0110011$，$Y=-0.0110010$，求 $X\times Y$。

$[X]_补=000.0110011\rightarrow$B，$[Y]_补=1.1001110\rightarrow$C，0→A。

$2[X]_补=000.1100110$，$[-X]_补=111.1001101$，$2[-X]_补=111.0011010$。

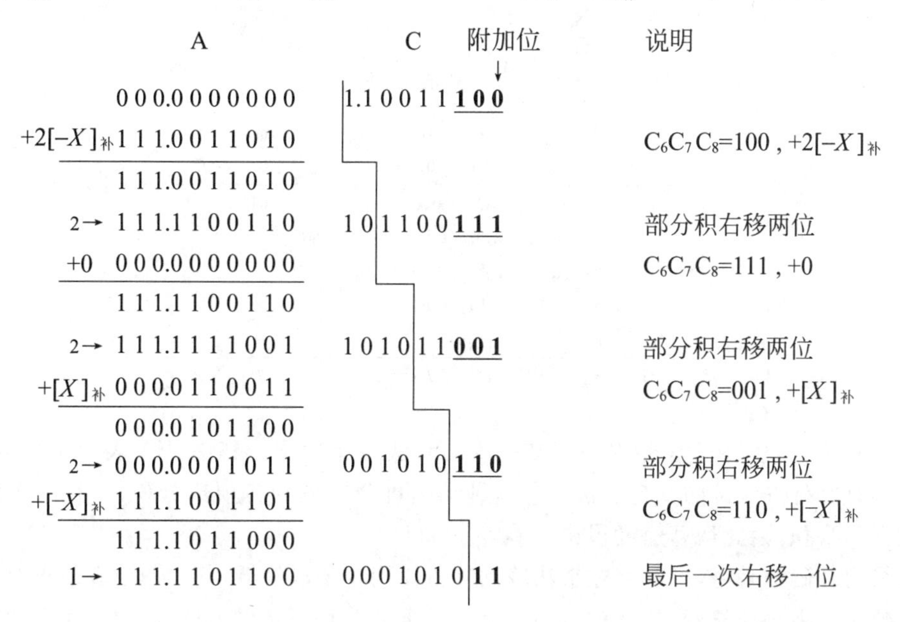

所以 $[X\times Y]_{补}=1.11011000001010$

$X\times Y=-0.00100111110110$

至此，介绍了原码、补码一位乘法和补码两位乘法，对于初学者来说，往往会在运算次数、符号位取多少位、符号位是否参加运算等问题上出错，为了帮助记忆，特将这3种乘法运算的上述问题统一列于表4-5中。

表4-5 乘法运算总结

乘法类型	符号位			累加次数	移位		
	参与运算	部分积	乘数		方向	次数	每次位数
原码一位乘法	否	2	0	n	右	n	1
补码一位乘法	是	2	1	$n+1$	右	n	1
补码两位乘法	是	3	2(n为偶数)	$\frac{n}{2}+1$	右	$\frac{n}{2}$	2
			1(n为奇数)	$\frac{n+1}{2}$	右	$\frac{n+1}{2}$	2(最后一次移一位)

注：n为乘数的数值部分的位数。

4.4.4 阵列乘法器

为了进一步提高乘法运算的速度，可采用高速乘法模块组成的阵列乘法器。设有两个无符号的二进制整数：

$$A=\sum_{i=0}^{m-1}\mathrm{a}_i\times 2^i,\quad B=\sum_{j=0}^{n-1}\mathrm{b}_j\times 2^j$$

所以
$$P=A\times B=\sum_{i=0}^{m-1}\sum_{j=0}^{n-1}(\mathrm{a}_i\times \mathrm{b}_j)\times 2^{(i+j)}=\sum_{k=0}^{m+n-1}P_k\times 2^k$$

例4-11 在上面公式中当$m=n=5$时，则有：

$$\begin{array}{cccccccccccc}
 & & & & & a_4 & a_3 & a_2 & a_1 & a_0 & =A \\
 & & & & \times & b_4 & b_3 & b_2 & b_1 & b_0 & =B \\
\hline
 & & & & & a_4b_0 & a_3b_0 & a_2b_0 & a_1b_0 & a_0b_0 & \\
 & & & & a_4b_1 & a_3b_1 & a_2b_1 & a_1b_1 & a_0b_1 & & \\
 & & & a_4b_2 & a_3b_2 & a_2b_2 & a_1b_2 & a_0b_2 & & & \\
 & & a_4b_3 & a_3b_3 & a_2b_3 & a_1b_3 & a_0b_3 & & & & \\
+ & a_4b_4 & a_3b_4 & a_2b_4 & a_1b_4 & a_0b_4 & & & & & \\
\hline
P_9 & P_8 & P_7 & P_6 & P_5 & P_4 & P_3 & P_2 & P_1 & P_0 & =P
\end{array}$$

图4-15所示为5×5位绝对值相乘的阵列乘法器原理图。其中，FA表示全加器，虚线框中是具有并行进位链的并行加法器。这种结构可同时得到各项部分积，并且一次将其相加就能得到乘积，因此运算速度很快。

若采用补码相乘时，可在上述乘法阵列外再使用3个求补器，其中两个算前求补器将两个操作数在相乘之前先变成正整数，而一个算后求补器是当结果为负(即两个操作数的符号不一致)时把运算结果变换成补码。

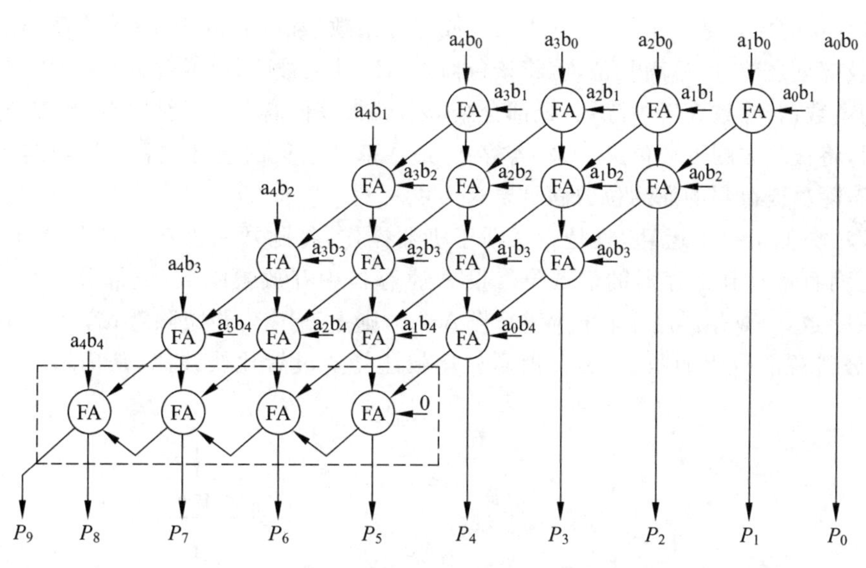

图 4-15　5×5 位绝对值相乘的阵列乘法器原理

4.5　定点除法运算

除法是乘法的逆运算，与乘法运算的处理思想相似，可以将 n 位除转化成若干次“减法-移位”，也有些计算机具有由大规模集成电路制造的阵列除法模块。

4.5.1　原码除法运算

1. 原码比较法和恢复余数法

(1) 比较法

先看手工除法的计算过程。

假设 $X=0.1011$，$Y=0.1101$，则有：

```
                0.1 1 0 1  ··· 商
0.1 1 0 1 / 0.1 0 1 1 0        ··· 被除数
            0.0 1 1 0 1
            ---------------
            0.0 1 0 0 1 0      ··· 部分余数
            0.0 0 1 1 0 1
            ---------------
            0.0 0 0 1 0 1 0 0  ··· 部分余数
            0.0 0 0 0 1 1 0 1
            ---------------
            0.0 0 0 0 0 1 1 1  ··· 余数
```

因为
$$Q_s=X_s\oplus Y_s=0\oplus 0=0$$

所以
$$X\div Y=0.1101+\frac{0.0111\times 2^{-4}}{0.1101}$$

手工计算的规则是：首先判断被除数(或部分余数)和除数的大小，若除数小于或等于被除数(或部分余数)的最高几位，就将该位商上"1"，并从被除数(或部分余数)中减去除数，得到新的余数；若除数大于被除数(或部分余数)，就将该位商上"0"，被除数(或部分余数)不变。然后，将被除数的下一位挪下来(若存在)或在部分余数的最低位补"0"，再与除数进行比较，直至除尽或得到的商的位数满足要求为止。

比较法类似于手工运算，只是为了便于机器操作，将除数右移改为部分余数左移，每一位的上商直接写到寄存器的最低位。设A寄存器中存放被除数(或部分余数)，B寄存器中存放除数，C寄存器用来存放商Q，若A≥B，则上商"1"，并减除数；若A<B，则上商"0"。比较过程的流程如图4-16(a)所示。比较法需要设置比较线路，从而增加了硬件的代价。

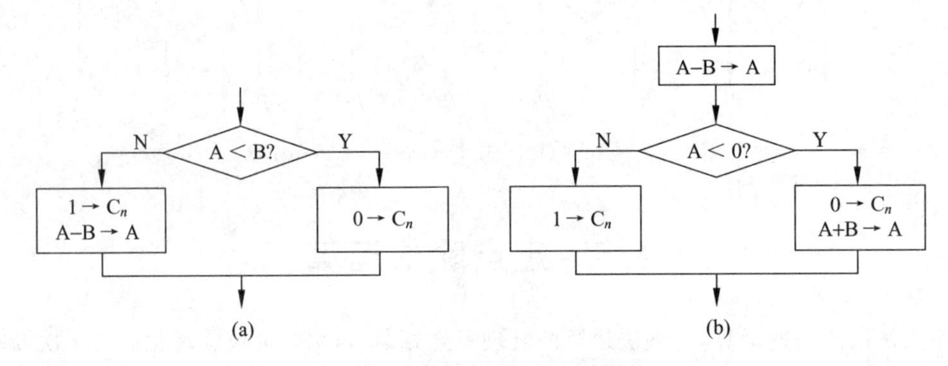

图4-16 比较和恢复余数过程流程图

(2) 恢复余数法

恢复余数法是直接做减法试探方法，不管被除数(或部分余数)减除数是否够减，都一律先做减法。若部分余数为正，表示够减，则该位商上"1"；若部分余数为负，表示不够减，则该位商上"0"，并要恢复余数。恢复余数过程的流程如图4-16(b)所示。

由于部分余数的正、负是根据不同的操作数组合随机出现的，恢复除数法会使得除法运算的实际操作次数不固定，从而导致控制电路比较复杂。而且在恢复余数时，要多做一次加法，从而降低了除法的执行速度。因此，原码恢复余数法在计算机中一般很少采用。

2. 原码不恢复余数法(原码加减交替法)

原码不恢复余数法是对恢复余数法的一种改进，它减少了浪费的加法时间，且运算的次数固定，故被广泛采用。

在恢复余数法中，若第 $i-1$ 次求商的部分余数为 r_{i-1}，则第 i 次求商操作为 $r_i=2r_{i-1}-Y$。

若够减，部分余数 $r_i=2r_{i-1}-Y>0$，商1。

若不够减，部分余数 $r_i=2r_{i-1}-Y<0$，商0，恢复余数后，$r_i'=r_i+Y=2r_{i-1}$，然后再左移一位，进行第 $i+1$ 次操作：

$$r_{i+1}=2r'_i-Y=2(r_i+Y)-Y=2r_i+2Y-Y=2r_i+Y$$

上式表明，当出现不够减的情况下并不需要恢复余数，可以直接做下一次操作，但操作是 $2r_i+Y$，其结果与恢复余数后左移一位再减 Y 是等效的。因此，原码不恢复余数除法的规则可由下面的通式表示：

$$r_{i+1}=2r_i+(1-2Q_i)\times Y$$

式中 Q_i 为第 i 次所得的商，若部分余数为正，则 $Q_i=1$，部分余数左移一位，下一次继续减除数；若部分余数为负，则 $Q_i=0$，部分余数左移一位，下一次加除数。由于加减运算交替地进行，故称为原码加减交替法。

除法运算需要 3 个寄存器。A 寄存器和 B 寄存器分别用来存放被除数和除数，C 寄存器用来存放商，它的初值为 0。运算过程中 A 寄存器的内容为部分余数，它将不断地变化，最后剩下的是扩大了若干倍的余数，只有将它乘上 2^{-n} 才是真正的余数。

例 4-12 已知 $X=-0.10101$，$Y=0.11110$，求 $X\div Y$。

$$\lvert X\rvert=00.10101\rightarrow\text{A},\quad \lvert Y\rvert=00.11110\rightarrow\text{B},\quad 0\rightarrow\text{C}$$

$$[\lvert Y\rvert]_{变补}=11.00010$$

	A	C	说明
	00.10101	0.00000	
$+[\lvert Y\rvert]_{变补}$	11.00010		$-\lvert Y\rvert$
	11.10111	0.0000**0**	部分余数为负，商0
←	11.01110		左移一位
$+\lvert Y\rvert$	00.11110		$+\lvert Y\rvert$
	00.01100	0.000**01**	部分余数为正，商1
←	00.11000		左移一位
$+[\lvert Y\rvert]_{变补}$	11.00010		$-\lvert Y\rvert$
	11.11010	0.00**010**	部分余数为负，商0
←	11.10100		左移一位
$+\lvert Y\rvert$	00.11110		$+\lvert Y\rvert$
	00.10010	0.0**0101**	部分余数为正，商1
←	01.00100		左移一位
$+[\lvert Y\rvert]_{变补}$	11.00010		$-\lvert Y\rvert$
	00.00110	0**.01011**	部分余数为正，商1
←	00.01100		左移一位
$+[\lvert Y\rvert]_{变补}$	11.00010		$-\lvert Y\rvert$
	11.01110	**0.10110**	部分余数为负，商0
$+\lvert Y\rvert$	00.11110		最后一次恢复余数，$+\lvert Y\rvert$
	00.01100		

原码除法和原码乘法一样，符号位是单独处理的。所以，

$$Q_s=X_s\oplus Y_s=1\oplus 0=1$$

$$\frac{X}{Y}=-\left(0.10110+\frac{0.01100\times 2^{-5}}{0.11110}\right)$$

原码加减交替除法运算的算法流程图如图 4-17 所示。

注意：在定点小数除法运算时，为了防止溢出，要求被除数的绝对值小于除数的绝对值，$\lvert X\rvert<\lvert Y\rvert$（$\lvert X\rvert=\lvert Y\rvert$ 除外），且除数不能为 0。因此，第一次减除数肯定是不够减的，如果采用先移位后减除数的方法，得到的结果也是相同的。另外，在原码加减交替法中，当最终余数为负数时，必须恢复一次余数，使之变为正余数，此时则不需要再左移了。

3. 原码加减交替除法的实现

实现原码加减交替法的运算器框图如图 4-18 所示，A、B 寄存器长 $n+2$ 位，C 寄存器长 $n+1$ 位，还需一个 $n+2$ 位的加法器、$n+2$ 个与或门、一个计数器和一个异或门。其中，A 寄存器和 C 寄存器是级联在一起的，它们都具有左移一位的功能，在左移控制信号的作用下，C 寄存器最高位的值将移入 A 寄存器的最低位。A 寄存器中的初值是被除数，但在运算过程中将变为部分余数。C 寄存器的最低位用来保存每次运算得到的商值，此商值同时也作为下一次操作是做加法还是做减法的控制信号。

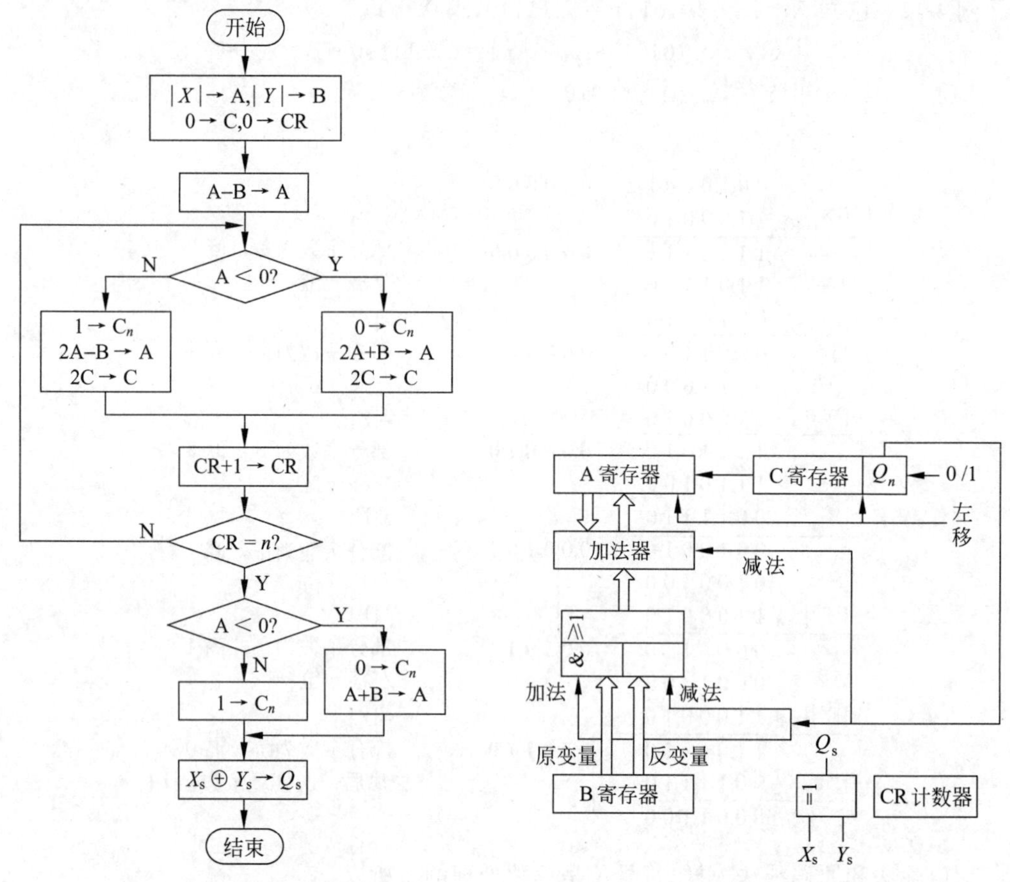

图 4-17　原码加减交替除法流程图

图 4-18　原码加减交替法运算器框图

4.5.2　补码除法运算

被除数和除数都用补码表示，符号位参加运算，商和余数也用补码表示，运算时应考虑以下问题。

1. 够减的判断

参加运算的两个数符号任意，当被除数(或部分余数)的绝对值大于或等于除数的绝对值时称为够减，反之称为不够减。为了判断是否够减，当两数同号时，实际应做减法；两数异号时，实际应做加法。

判断的方法和结果如下：当被除数(或部分余数)与除数同号时，如果得到的新部分余数与除数同号则表示够减，否则为不够减；当被除数(或部分余数)与除数异号时，如果得到的新部分余数与除数异号则表示够减，否则为不够减。

2. 上商规则

补码除法运算的商也是用补码表示的，上商的规则是：如果$[X]_补$和$[Y]_补$同号，则商为正数，够减时上商“1”，不够减时上商“0”；如果$[X]_补$和$[Y]_补$异号，则商为负数，够减时上商“0”，不够减时上商“1”。

将上商规则与够减的判断结合起来，可得到商的确定方法，如表4-6所示。

表4-6 商的确定方法

$[X]_补$与$[Y]_补$	商	$[r_i]_补$与$[Y]_补$	上商
同号	正	同号，表示够减	1
		异号，表示不够减	0
异号	负	异号，表示够减	0
		同号，表示不够减	1

从表4-6中可看出，补码的上商规则可归结为：若部分余数$[r_i]_补$和除数$[Y]_补$同号，则商上“1”；反之则商上“0”。

3. 商符的确定

商符是在求商的过程中自动形成的，按补码上商规则，第一次得出的商就是实际应得的商符。为了防止溢出，必须有$|X|<|Y|$，所以第一次肯定不够减。当被除数与除数同号时，部分余数与除数必然异号，商上“0”，恰好与商符一致；当被除数与除数异号，部分余数与除数必然同号，商上“1”，也恰好就是商的符号。

4. 求新部分余数

求新部分余数$[r_{i+1}]_补$的通式如下：

$$[r_{i+1}]_补=2[r_i]_补+(1-2Q_i)\times[Y]_补$$

式中，Q_i表示第i步的商。若商上“1”，则下一步操作为部分余数左移一位，减去除数；若商上“0”，则下一步操作为部分余数左移一位，加上除数。

补码加减交替法规则概括列于表4-7中。

表4-7 补码加减交替法规则

$[X]_补$与$[Y]_补$	第一次操作	$[r_i]_补$与$[Y]_补$	上商	下一次操作
同号	$[X]_补-[Y]_补$	① 同号(够减)	1	$[r_{i+1}]_补=2[r_i]_补-[Y]_补$
		② 异号(不够减)	0	$[r_{i+1}]_补=2[r_i]_补+[Y]_补$
异号	$[X]_补+[Y]_补$	① 同号(不够减)	1	$[r_{i+1}]_补=2[r_i]_补-[Y]_补$
		② 异号(够减)	0	$[r_{i+1}]_补=2[r_i]_补+[Y]_补$

5. 末位恒置1

假设商的数值位为n位,运算次数为$n+1$次,商的最末一位恒置为“1”,运算的最大误差为2^{-n}。此法操作简单,易于实现,在对商的精度没有特殊要求的情况下是一种简单实用的方法。

例4-13 已知$X=0.1000$,$Y=-0.1010$,求$X\div Y$。

$[X]_{补}=00.1000\rightarrow A$, $[Y]_{补}=11.0110\rightarrow B$, $0\rightarrow C$

$[-Y]_{补}=00.1010$

	A	C	说明
	00.1000	0.0000	
$+[Y]_{补}$	11.0110		$[X]_{补}$、$[Y]_{补}$异号,$+[Y]_{补}$
	11.1110	0.0001	$[r_i]_{补}$、$[Y]_{补}$同号,商1
←	11.1100		左移一位
$+[-Y]_{补}$	00.1010		$+[-Y]_{补}$
	00.0110	0.0010	$[r_i]_{补}$、$[Y]_{补}$异号,商0
←	00.1100		左移一位
$+[Y]_{补}$	11.0110		$+[Y]_{补}$
	00.0010	0.0100	$[r_i]_{补}$、$[Y]_{补}$异号,商0
←	00.0100		左移一位
$+[Y]_{补}$	11.0110		$+[Y]_{补}$
	11.1010	0.1001	$[r_i]_{补}$、$[Y]_{补}$同号,商1
←	11.0100		左移一位
$+[-Y]_{补}$	00.1010		$+[-Y]_{补}$
	11.1110	1.0011	末位恒置1

所以

$$\left[\frac{X}{Y}\right]_{补}=1.0011+\frac{1.1110\times 2^{-4}}{1.0110}$$

$$\frac{X}{Y}=-0.1101+\frac{-0.0010\times 2^{-4}}{-0.1010}=-0.1101+\frac{0.0010\times 2^{-4}}{0.1010}$$

补码加减交替除法的算法流程图如图4-19所示。

实现补码加减交替法的运算器框图与图4-18基本相似,只是加减和上商的条件不同,不需要异或门来处理符号位而已。

注意:无论在原码加减交替法还是补码加减交替法的左移过程中,都可能出现左移后双符号位不一致的情况,这是没有关系的,不会影响最后的运算结果,因为此时真符(最左边的一位符号位)并没有发生变化。

至此,介绍了原码、补码一位除法,为了帮助记忆,特将常用的原码、补码加减交替法的运算次数、符号位等问题统一列于表4-8中。

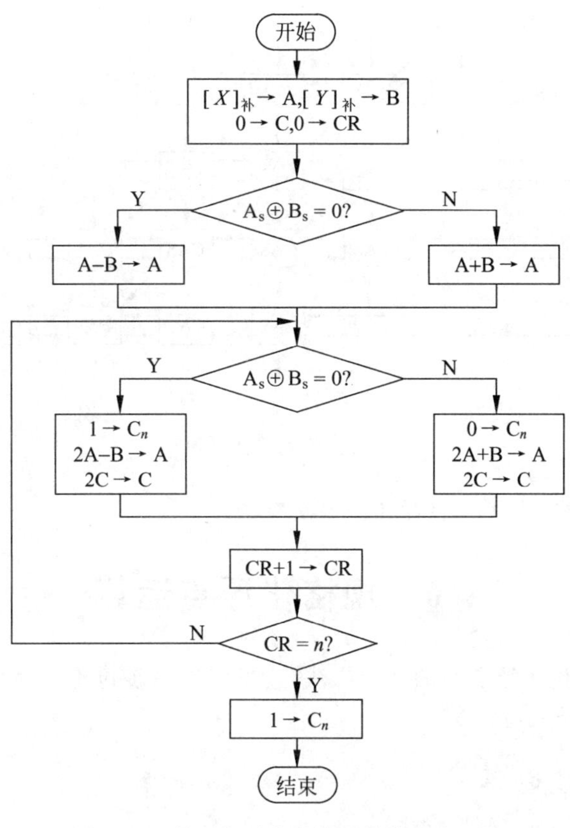

图 4-19　补码加减交替除法的算法流程图

表 4-8　除法运算总结

除法类型	符号位参与运算	加减次数	移位		备注
			方向	次数	
原码加减交替法	否	$n+1$ 或 $n+2$	左	n	若最终余数为负,需恢复余数
补码加减交替法	是	$n+1$	左	n	末位恒置 1

注：n 为除数的数值部分的位数。

4.5.3　阵列除法器

和阵列乘法器相似,阵列除法器也是一种并行运算部件,能够实现高速的除法运算。图 4-20 是一个实现加减交替除法的阵列除法器。设:被除数 $X=0.X_1X_2X_3X_4X_5X_6$,除数 $Y=0.Y_1Y_2Y_3$,商 $Q=0.Q_1Q_2Q_3$,余数 $r=0.00r_3r_4r_5r_6$。图中的每一个方框为一个可控加法和减法(CAS)单元,当其输入控制端等于 0 时,CAS 做加法运算;当输入控制端等于 1 时,CAS 做减法运算。

在除法阵列中,每一行所执行的操作究竟是加法还是减法,取决于前一行输出的符号与被除数的符号是否一致。当出现不够减时,部分余数相对于被除数来说要改变符号,这时应该产生商"0"。除数首先沿对角线右移,然后加到下一行的部分余数上。当部分余数不改变

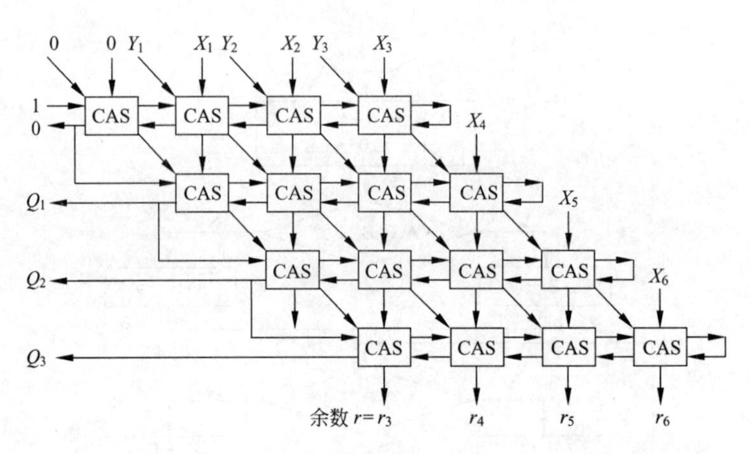

图 4-20　阵列除法器原理

它的符号时,即产生商“1”,下一行操作应该是减法。

4.6　规格化浮点运算

第 2 章中已经讨论了浮点数的表示方法,这里将进一步讨论规格化浮点数的四则运算问题,其中尾数的基数 $r=2$。

4.6.1　浮点加减运算

设两个非 0 的规格化浮点数分别为:

$$A=M_A\times 2^{E_A}$$
$$B=M_B\times 2^{E_B}$$

规格化浮点数 A、B 加减运算通式为:

$$A\pm B=(M_A,E_A)\pm(M_B,E_B)=\begin{cases}(M_A\pm M_B\times 2^{-(E_A-E_B)},E_A) & E_A>E_B\\(M_A\times 2^{-(E_B-E_A)}\pm M_B,E_B) & E_A<E_B\end{cases}$$

式中,$2^{-(E_A-E_B)}$ 和 $2^{-(E_B-E_A)}$ 称为移位因子。

1. 浮点数加减运算步骤

执行浮点数的加减运算,需要经过对阶、尾数加/减、尾数结果规格化、舍入、溢出判断等步骤。

(1) 对阶

两个浮点数相加或相减,首先要把小数点的位置对齐,而浮点数的小数点的实际位置取决于阶码的大小,因此,对齐两数的小数点就是使两数的阶码相等,这个过程称为对阶。

要对阶,首先应求出两数阶码 E_A 和 E_B 之差,即:

$$\Delta E=E_A-E_B$$

若 $\Delta E=0$,则表示两数阶码相等,即 $E_A=E_B$;若 $\Delta E>0$,则表示 $E_A>E_B$;若 $\Delta E<0$,则表示 $E_A<E_B$。

当 $E_A\neq E_B$ 时,要通过尾数的移位来改变 E_A 或 E_B,使 $E_A=E_B$ 相等。对阶的规则是:小

阶向大阶看齐。即阶码小的数的尾数右移,每右移一位,阶码加1,直到两数的阶码相等为止。例如:

若 $E_A=E_B$,则无须对阶。

若 $E_A>E_B$,则 M_B 右移。每右移一位,$E_B+1\to E_B$,直至 $E_A=E_B$ 为止。

若 $E_A<E_B$,则 M_A 右移。每右移一位,$E_A+1\to E_A$,直至 $E_A=E_B$ 为止。

尾数右移后,应对尾数进行舍入。

(2) 尾数加/减

对阶之后,就可以进行尾数加/减,即:

$$M_A \pm M_B \to M_C$$

其算法与前面介绍的定点加/减法相同。

(3) 尾数结果规格化

尾数加/减运算之后得到的数可能不是规格化数,为了增加有效数字的位数,提高运算精度,必须进行结果规格化操作。规格化的尾数 M 应该满足下列条件:

$$\frac{1}{2}\leqslant|M|<1$$

设尾数用双符号位补码表示,经过加/减运算之后,可能出现以下6种情况:

① 00.1 ××…×

② 11.0 ××…×

③ 00.0 ××…×

④ 11.1 ××…×

⑤ 01.×××…×

⑥ 10.×××…×

第①种和第②种情况,符合规格化数的定义,已是规格化数。

第③种和第④种情况不是规格化数,需要使尾数左移以实现规格化,这个过程称为左规。尾数每左移一位,阶码相应减1($E_C-1\to E_C$),直至成为规格化数为止。只要满足下列条件:

$$左规=\overline{C}_{s1}\overline{C}_{s2}\overline{C}_1+C_{s1}C_{s2}C_1$$

就进行左规,左规可以进行多次。式中,C_{s1}、C_{s2} 表示尾数 M_C 的两个符号位,C_1 为 M_C 的最高数值位。

第⑤种和第⑥种情况在定点加减运算中称为溢出,但在浮点加减运算中只表明此时尾数的绝对值大于1,而并非真正的溢出。这种情况应将尾数右移以实现规格化。这个过程称为右规。尾数每右移一位,阶码相应加1($E_C+1\to E_C$)。右规的条件如下:

$$右规=C_{s1}\oplus C_{s2}$$

右规最多只有一次。

(4) 舍入

由于受到硬件的限制,在对阶和右规处理之后有可能将尾数的低位丢失,这会引起一些误差。舍入方法有很多种,最简单的是恒舍法,即无条件的丢掉正常尾数最低位之后的全部数值。

(5) 溢出判断

与定点加减法一样,浮点加减运算最后一步也需进行溢出判断。在前面已经指出,当尾数之和(差)出现 10.×××…×或 01.×××…×时,并不表示溢出,只有将此数右规后,再根据阶码来判断浮点运算结果是否溢出。

浮点数的溢出情况由阶码的符号决定,若阶码也用双符号位补码表示,

当$[E_C]_{补}=01,\times\times\times\cdots\times$,表示上溢。此时,浮点数真正溢出,机器需停止运算,做溢出中断处理。

当$[E_C]_{补}=10,\times\times\times\cdots\times$,表示下溢。浮点数值趋于零,机器不做溢出处理,而是按机器零处理。

2. 浮点数加减运算举例

有两浮点数为

$$A=0.101110\times 2^{-01}$$
$$B=-(0.101011)\times 2^{-10}$$

尾数和阶码均为二进制表示,假设这两数的格式为:阶码 4 位,用移码(偏置值为 2^3)表示;尾数 8 位,用补码表示,包含一位符号位,即:

阶码　　尾数

$$[A]_{浮}=0111;0.1011100$$
$$[B]_{浮}=0110;1.0101010$$

(1) 对阶

求阶差:　$\Delta E = E_A-E_B=-1-(-2)=1$

$\Delta E=1$,表示 $E_A>E_B$。按对阶规则,将 M_B 右移一位,$E_B+1\rightarrow E_B$,得:

$$[B]'_{浮}=0111;1.1010101$$

(2) 尾数求和

$$\begin{array}{r} 00.1011100 \\ +\ 11.1010101 \\ \hline 00.0110001 \end{array}$$

(3) 尾数结果规格化

由于结果的尾数是非规格化的数,故应左规。尾数左移一位,阶码减 1。最后结果是:

$$[A+B]_{浮}=0110;0.1100010$$

即　$A+B=(0.110001)\times 2^{-10}$

(4) 舍入及溢出判断

运算结果不需要舍入处理,且阶码未发生溢出。

4.6.2 浮点乘除运算

设两个非 0 的规格化浮点数分别为:

$$A=M_A\times 2^{E_A}$$
$$B=M_B\times 2^{E_B}$$

规格化浮点数 A、B 乘除运算通式为：

$$(M_A, E_A) \times (M_B, E_B) = (M_A \times M_B, E_A + E_B)$$
$$(M_A, E_A) \div (M_B, E_B) = (M_A \div M_B, E_A - E_B)$$

1. 乘法步骤

两浮点数相乘，其乘积的阶码应为相乘两数的阶码之和，其乘积的尾数应为相乘两数的尾数之积。即：

$$A \times B = (M_A \times M_B) \times 2^{(E_A + E_B)}$$

(1) 阶码相加

如果阶码用补码表示，阶码相加之后无须校正；当阶码用偏置值为 2^n 的移码表示时，阶码相加后要减去一个偏置值 2^n。

因为 $[E_A]_{移} = 2^n + E_A$， $[E_B]_{移} = 2^n + E_B$， $[E_A + E_B]_{移} = 2^n + (E_A + E_B)$

而 $[E_A]_{移} + [E_B]_{移} = 2^n + E_A + 2^n + E_B = 2^n + (E_A + E_B) + 2^n$

所以 $[E_A + E_B]_{移} = [E_A]_{移} + [E_B]_{移} - 2^n$

显然，此时阶码和中多了一个偏置值 2^n，应将它减去。另外，阶码相加后有可能产生溢出，此时应另作处理。

(2) 尾数相乘

若 M_A、M_B 都不为 0，则可进行尾数乘法。尾数乘法的算法与前述定点数乘法算法相同。

(3) 尾数结果规格化

由于 A、B 均是规格化数，所以尾数相乘后的结果一定落在下列范围内：

$$\frac{1}{4} \leqslant |M_A \times M_B| < 1$$

当 $\frac{1}{2} \leqslant |M_A \times M_B| < 1$ 时，乘积已是规格化数，无须再进行规格化操作；当 $\frac{1}{4} \leqslant |M_A \times M_B| < \frac{1}{2}$ 时，则需要左规一次。左规时调整阶码后如果发生阶码下溢，则作机器零处理。

2. 除法步骤

两浮点数相除，其商的阶码应为相除两数的阶码之差，其商的尾数应为相除两数的尾数之商。即：

$$A \div B = (M_A \div M_B) \times 2^{(E_A - E_B)}$$

(1) 尾数调整

为了保证商的尾数是一个定点小数，首先需要检测 $|M_A| < |M_B|$。如果不小于，则 M_A 右移一位，$E_A + 1 \rightarrow E_A$，称为尾数调整。因为 A、B 都是规格化数，所以最多调整一次。

(2) 阶码相减

如果阶码用补码表示，阶码相减之后无须校正；当阶码用偏置值为 2^n 的移码表示时，阶码相减后要加上一个偏置值 2^n。阶码相减后，如有溢出，应另作处理。

(3) 尾数相除

若 M_A、M_B 都不为 0,则可进行尾数除法。尾数除法的算法与前述定点数除法算法相同。因为开始时已进行了尾数调整,所以运算结果一定落在规格化范围内,即:

$$\frac{1}{2}\leqslant|M_A\div M_B|<1$$

4.6.3 浮点运算器的实现

由于浮点运算分成阶码和尾数两部分,因此浮点运算器的实现比定点运算器复杂得多。分析上述的浮点四则运算可以发现,对于阶码只有加、减运算,对于尾数则有加、减、乘、除4种运算。可见浮点运算器主要由两个定点运算部件组成,一个是阶码运算部件,用来完成阶码加、减,以及控制对阶时小阶的尾数右移次数和规格化时对阶码的调整;另一个是尾数运算部件,用来完成尾数的四则运算以及判断尾数是否已规格化。此外,还需要有溢出判断电路等。

现代计算机可把浮点运算部件做成任选件,或称为协处理器。所谓协处理器,是因为它只能协助主处理器工作,不能单独工作。

4.7 十进制整数的加法运算

一些通用计算机中设有十进制数据表示,可以直接对十进制整数进行算术运算。下面介绍十进制整数的加法运算和十进制加法器。

4.7.1 一位十进制加法运算

在计算机中,十进制数是用BCD码表示的,BCD码由4位二进制数表示,按二进制加法规则进行加法。十进制数的进位是10,而4位二进制数的进位是16,为此需要进行必要的十进制校正,才能使该进位正确。因为不同的BCD码对应的十进制校正规律是不一样的,所以硬件实现也是不同的。

1. 8421码加法运算

8421码的加法规则如下:

① 两个十进制数的8421码相加时,按"逢二进一"的原则进行。

② 当和≤9,无须校正。

③ 当和>9,则+6校正。

④ 在做+6校正的同时,将产生向上一位的进位。

8421码的校正关系如表4-9所示。

表4-9 8421码的校正关系

十进制数	8421码 $C_4\ S_4\ S_3\ S_2\ S_1$	校正前的二进制数 $C_4'\ S_4'\ S_3'\ S_2'\ S_1'$	校正关系
0~9	0 0 0 0 0 ⋮ 0 1 0 0 1	0 0 0 0 0 ⋮ 0 1 0 0 1	不校正

续表

十进制数	8421码 C_4 S_4 S_3 S_2 S_1	校正前的二进制数 C_4' S_4' S_3' S_2' S_1'	校正关系
10	1 0 0 0 0	0 1 0 1 0	+6 校正
11	1 0 0 0 1	0 1 0 1 1	
12	1 0 0 1 0	0 1 1 0 0	
13	1 0 0 1 1	0 1 1 0 1	
14	1 0 1 0 0	0 1 1 1 0	
15	1 0 1 0 1	0 1 1 1 1	
16	1 0 1 1 0	1 0 0 0 0	
17	1 0 1 1 1	1 0 0 0 1	
18	1 1 0 0 0	1 0 0 1 0	
19	1 1 0 0 1	1 0 0 1 1	

根据校正关系，很容易得到：

$$\text{校正函数}=C_4'+S_4'S_3'+S_4'S_2'$$

向上一位的进位 C_4 = 校正函数。

2. 余3码加法运算

余3码的加法规则如下：

① 两个十进制数的余3码相加，按“逢二进一”的原则进行。

② 若其和没有进位，则减3(即+1101)校正。

③ 若其和有进位，则加3(即+0011)校正。

余3码的校正关系如表4-10所示。

根据校正关系，很容易得到校正函数：$C_4'=0$，-3 校正；$C_4'=1$，$+3$ 校正。向上一位的进位 $C_4=C_4'$。

表4-10 余3码的校正关系

十进制数	余3码 C_4 S_4 S_3 S_2 S_1	校正前的二进制数 C_4' S_4' S_3' S_2' S_1'	校正关系
0	0 0 0 1 1	0 0 1 1 0	−3 校正
1	0 0 1 0 0	0 0 1 1 1	
2	0 0 1 0 1	0 1 0 0 0	
3	0 0 1 1 0	0 1 0 0 1	
4	0 0 1 1 1	0 1 0 1 0	
5	0 1 0 0 0	0 1 0 1 1	
6	0 1 0 0 1	0 1 1 0 0	
7	0 1 0 1 0	0 1 1 0 1	
8	0 1 0 1 1	0 1 1 1 0	
9	0 1 1 0 0	0 1 1 1 1	

续表

十进制数	余3码 C_4 S_4 S_3 S_2 S_1	校正前的二进制数 C_4' S_4' S_3' S_2' S_1'	校正关系
10	1 0 0 1 1	1 0 0 0 0	+3校正
11	1 0 1 0 0	1 0 0 0 1	
12	1 0 1 0 1	1 0 0 1 0	
13	1 0 1 1 0	1 0 0 1 1	
14	1 0 1 1 1	1 0 1 0 0	
15	1 1 0 0 0	1 0 1 0 1	
16	1 1 0 0 1	1 0 1 1 0	
17	1 1 0 1 0	1 0 1 1 1	
18	1 1 0 1 1	1 1 0 0 0	
19	1 1 1 0 0	1 1 0 0 1	

4.7.2 十进制加法器

1. 一位8421码加法器

按照校正函数构成的8421码加法器如图4-21所示。图中上部4个全加器(FA)实现二进制求和运算,下部一个全加器和两个半加器(HA)则用来实现+6(+0110)的校正操作。

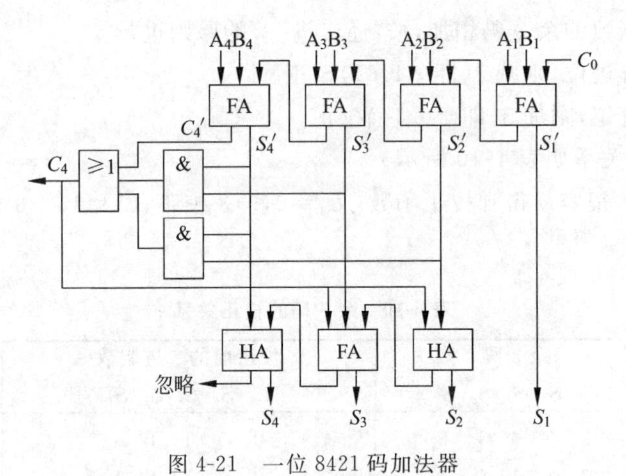

图4-21 一位8421码加法器

2. 一位余3码加法器

按照校正函数构成的余3码加法器如图4-22所示,图中上部4个全加器实现二进制求和运算。从表4-10可以看出校正前后最低位的值永远是相反的,所以用一个非门使S_1'求反,这个非门与下部3个全加器一起共同实现+3(+0011)或-3(+1101)的校正操作。

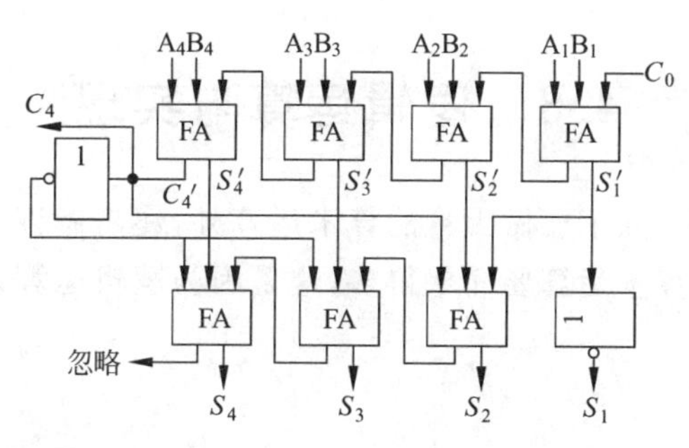

图 4-22　一位余 3 码加法器

4.7.3　多位十进制加法

前面介绍了一位十进制加法规则和加法器，对于多位十进制数来说，完全遵照一位十进制数的加法规则。

例 4-14　用 8421 码求 48＋36。

	0100	1000	--- 48
+	0011	0110	--- 36
	0111	1110	低位和大于 9
+	1←	0110	加 6 校正，并产生向上一位的进位
	1000	0100	--- 84

所以 48＋36＝84。

例 4-15　用余 3 码求 2631＋1591。

	0101	1001	0110	0100	--- 2631
+	0100	1000	1100	0100	--- 1591
	1010	0010	0010	1000	有进位 +3，无进位 −3
+	1101	0011	0011	1101	
	0111	0101	0101	0101	--- 4222

所以 2631＋1591＝4222。

在例 4-15 中，个位和千位在求和时不产生进位，做减 3 校正；十位和百位在求和时产生进位，做加 3 校正。

注意： 校正前的余 3 码向高位的进位均有效，校正后的各余 3 码向高位的进位均自动丢失。

对于多位十进制数加法可采用多个 BCD 码加法器，每个 BCD 码加法器就是前述的一个一位十进制加法器，可执行两个一位 BCD 数的加法。若 n 位 BCD 数相加，由从低位至高位采用行波式串行进位的 n 位十进制加法器完成，如图 4-23 所示。

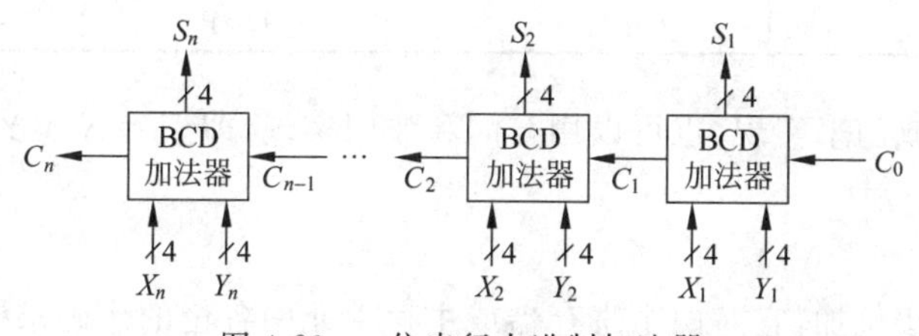

图 4-23　n 位串行十进制加法器

4.8 逻辑运算与实现

计算机在解题过程中,除了要做大量的算术运算外,还需做许多逻辑操作,例如与、或、非、异或等。逻辑运算比算术运算要简单得多,这是因为逻辑运算是按位进行的,位与位之间没有进位与借位的关系。

1. 逻辑非

逻辑非又称求反操作,它对某个寄存器或主存单元中各位代码按位取反。

假设: $X=X_0X_1\cdots X_n,\quad Z=Z_0Z_1\cdots Z_n$

则: $Z_i=\overline{X}_i\quad (i=0,1,\cdots,n)$

逻辑非可利用非门(反相器)实现。

2. 逻辑乘

逻辑乘就是将两个寄存器或主存单元中的每一相应位的代码进行按位与操作。

假设: $X=X_0X_1\cdots X_n,\quad Y=Y_0Y_1\cdots Y_n,\quad Z=Z_0Z_1\cdots Z_n$

则: $Z_i=X_i\wedge Y_i\quad (i=0,1,\cdots,n)$

一位二进制数的逻辑乘规则如表4-11所示。

表4-11 二进制逻辑乘规则

$X_i\wedge Y_i$	Z_i	$X_i\wedge Y_i$	Z_i
0 0	0	1 0	0
0 1	0	1 1	1

逻辑乘可以用与门来实现,也可以用或门和非门实现,即: $Z_i=X_i\wedge Y_i=\overline{\overline{X}_i\vee\overline{Y}_i}$。

3. 逻辑加

逻辑加就是将两个寄存器或主存单元中的每一相应位的代码进行按位或操作。

假设: $X=X_0X_1\cdots X_n,\quad Y=Y_0Y_1\cdots Y_n,\quad Z=Z_0Z_1\cdots Z_n$

则: $Z_i=X_i\vee Y_i\quad (i=0,1,\cdots,n)$

一位二进制数的逻辑加规则如表4-12所示。

表4-12 二进制逻辑加规则

$X_i\vee Y_i$	Z_i	$X_i\vee Y_i$	Z_i
0 0	0	1 0	1
0 1	1	1 1	1

逻辑加可以用或门来实现,也可以用与门和非门实现,即 $Z_i=X_i\vee Y_i=\overline{\overline{X}_i\wedge\overline{Y}_i}$。

4. 逻辑异或

逻辑异或又称按位加,它对两个寄存器或主存单元中各位的代码求模2和。

假设：　　$X=X_0X_1\cdots X_n$，　$Y=Y_0Y_1\cdots Y_n$，　$Z=Z_0Z_1\cdots Z_n$

则：　　$Z_i=X_i\oplus Y_i \quad (i=0,1,\cdots,n)$

一位二进制数的按位加的运算规则如表 4-13 所示。

表 4-13　二进制按位加规则

$X_i\oplus Y_i$	Z_i	$X_i\oplus Y_i$	Z_i
0　0	0	1　0	1
0　1	1	1　1	0

按位加采用异或门实现。

逻辑运算操作既可以由各种专门设置的电路来实现，也可以利用算术逻辑运算部件(ALU)来实现，但在进行逻辑运算时要封锁进位链。

4.9　运算器的基本组成与实例

运算器是在控制器的控制下实现其功能的。运算器不仅可以完成数据信息的算术逻辑运算，还可以作为数据信息的传送通路。

4.9.1　运算器结构

1. 运算器的基本组成

基本的运算器包含以下几个部分：实现基本算术、逻辑运算功能的 ALU，提供操作数与暂存结果的寄存器组，有关的判别逻辑和控制电路等。将这些功能模块连接成一个整体时，需要解决一个问题，就是如何向 ALU 提供操作数？一种方法是在 ALU 输入端加多路选择器，另一种方法是在 ALU 输入端加一级锁存器(暂存器)。

运算器内的各功能模块之间的连接也广泛采用总线结构，这个总线称为运算器的内部总线，ALU 和各寄存器都挂在上面。应当引起大家注意的是，这里所说的总线与第 1 章中提到的系统总线的含义不同，运算器的内部总线是 CPU 的内部数据通路，因此只有数据线。

(1) 带多路选择器的运算器

图 4-24 为带多路选择器的运算器，各寄存器可以独立、多路地将数据送至 ALU 的多路选择器，使 ALU 有选择地同时获得两路输入数据。运算器的内部总线是一组单向传送的数据线，它将运算结果送往各寄存器，由寄存器的同步打入脉冲 CP_i 将内部总线上的数据送入 R_i。如果同时发出几个打入脉冲，则可将总线上的同一数据同时送入几个相关的寄存器中。

(2) 带输入锁存器的运算器

图 4-25 为带输入锁存器的运算器，运算器的内部总线是一组双向传送的数据线。为了进行双操作数之间的运算操作，ALU 输入端前设置了一级锁存器，可暂存操作数。例如，要实现$(R_0)+(R_1)\rightarrow R_2$，可通过内部总线先将 R_0 中的数据送入锁存器 1，再通过内部总线将 R_1 中的数据送入锁存器 2，然后相加，并将结果经总线送入 R_2。

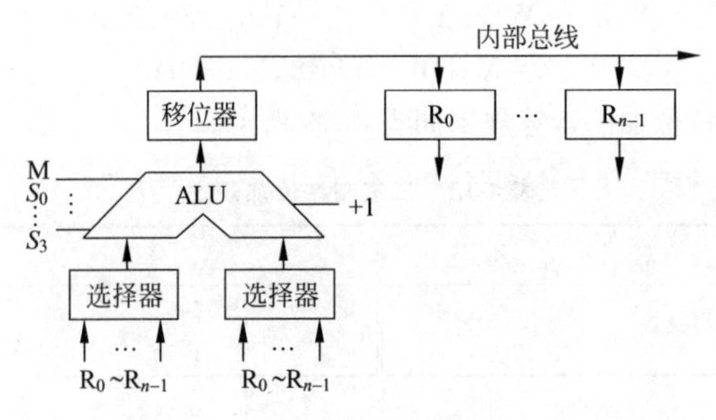

图 4-24　带多路选择器的运算器

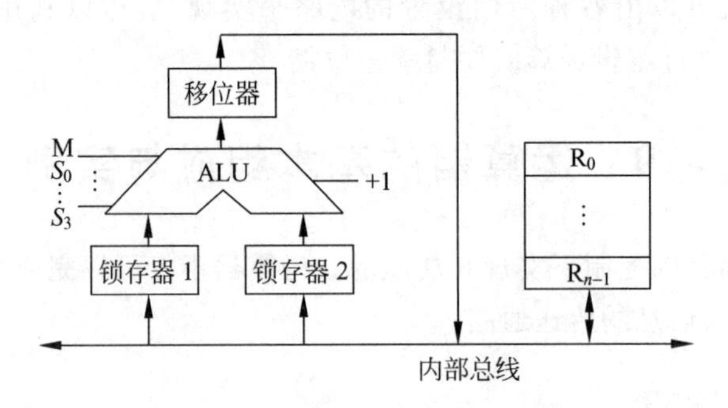

图 4-25　带输入锁存器的运算器

2. 运算器的内部总线结构

运算器的内部总线大体有以下 3 种结构形式。

(1) 单总线结构运算器

图 4-25 就是单总线结构运算器。这种结构的运算器实现一次双操作数的运算需要分成 3 步,它的主要缺点是操作速度慢。

(2) 双总线结构运算器

图 4-26(a)为双总线结构运算器。两个操作数可以分别通过总线 1 和总线 2 同时送到 ALU 去进行运算,并且立即可以得到运算的结果。但是,ALU 的输出不能直接送到总线上去,这是因为此时两条总线都被操作数所占据着,所以必须在 ALU 的输出端设置一个缓冲器,先将运算结果送入缓冲器,下一步再把结果送至目的寄存器。显然,它的执行速度比单总线要快,每次操作比单总线少一步。

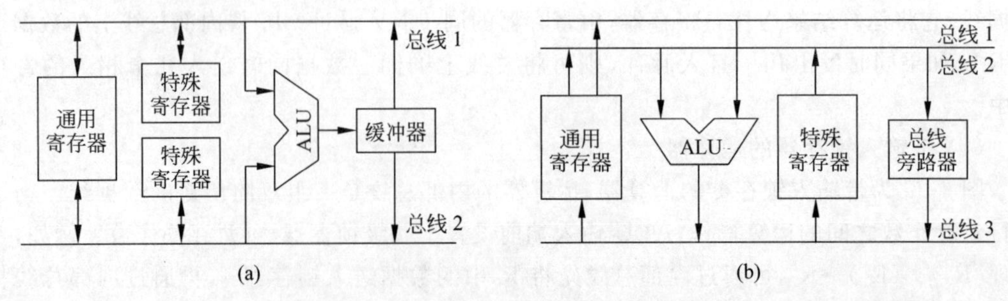

图 4-26　多总线结构运算器内的数据通路

(3) 三总线结构运算器

三总线结构运算器如图 4-26(b)所示。ALU 的两个输入端分别由两条总线供给，输出与第三条总线相连，这样算术和逻辑运算操作就可以在一步控制之内完成。如果某一个数不需要运算和修改，而需要直接由总线 2 传到总线 3，可通过总线旁路器把数据送出，而不必借助于 ALU。三总线结构的特点是操作速度快，但控制较前两种复杂。

4.9.2 ALU 举例

1. ALU 电路

ALU 即算术逻辑单元，它是既能完成算术运算又能完成逻辑运算的部件。由于无论是加、减、乘、除运算，最终都能归结为加法运算。因此，ALU 的核心首先应当是一个并行加法器，同时也能执行像“与”“或”“非”“异或”这样的逻辑运算。由于 ALU 能完成多种功能，所以 ALU 又称多功能函数发生器。

2. 4 位 ALU 芯片

过去大多数 ALU 是 4 位的，目前随着集成电路技术的发展，多位的 ALU 已相继问世。为了说明原理，仍以典型的 4 位 ALU 芯片(74181)为例介绍 ALU 的结构及应用。

74181 能执行 16 种算术运算和 16 种逻辑运算。工作于正逻辑或负逻辑的 74181 的框图分别如图 4-27(a)、(b)所示。以负逻辑为例，其中 $\overline{A}_3 \sim \overline{A}_0$ 和 $\overline{B}_3 \sim \overline{B}_0$ 是两个操作数，$\overline{F}_3 \sim \overline{F}_0$ 为输出结果；C_n 表示最低位的外来进位，C_{n+4} 是向高位的进位；$\overline{G}$ 为组进位产生函数输出，$\overline{P}$ 为组进位传递函数输出；M 表示工作方式(M=0 为算术操作，M=1 为逻辑操作)，$S_3 \sim S_0$ 为功能选择线。

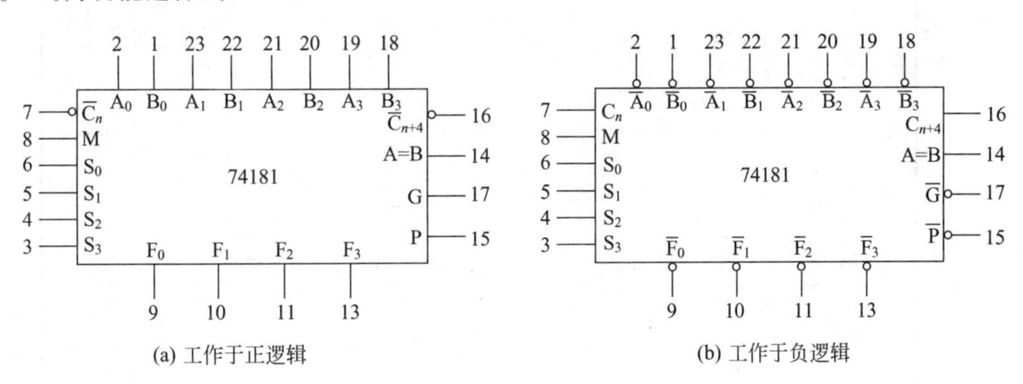

(a) 工作于正逻辑　　(b) 工作于负逻辑

图 4-27　74181 芯片

表 4-14 给出了 74181 的算术/逻辑运算功能。

在表 4-14 中，“+”表示逻辑或运算，“加”表示算术加运算。M 的值用来区别算术还是逻辑运算，$S_3 \sim S_0$ 的不同取值可实现不同的操作。例如，以负逻辑为例，当 M=1，$S_3 \sim S_0$=1001 时，做逻辑运算 $A \oplus B$；当 M=0，$S_3 \sim S_0$=1001 时，做算术运算，此时若 C_n=0，完成 A 加 B，若 C_n=1，完成 A 加 B 加 1。

表 4-14　74181 的算术/逻辑运算功能表

工作选择 $S_3S_2S_1S_0$	负逻辑			正逻辑		
	逻辑运算 (M=1)	算术运算(M=0) $C_n=0$(无进位)	算术运算(M=0) $C_n=1$(有进位)	逻辑运算 (M=1)	算术运算(M=0) $\overline{C}_n=1$(无进位)	算术运算(M=0) $\overline{C}_n=0$(有进位)
0000	$F=\overline{A}$	$F=A$ 减 1	$F=A$	$F=\overline{A}$	$F=A$	$F=A$ 加 1
0001	$F=\overline{AB}$	$F=AB$ 减 1	$F=AB$	$F=\overline{A+B}$	$F=A+B$	$F=(A+B)$加 1
0010	$F=\overline{A}+B$	$F=A\overline{B}$ 减 1	$F=A\overline{B}$	$F=\overline{A}B$	$F=A+\overline{B}$	$F=(A+\overline{B})$加 1
0011	$F=1$	$F=$减 1	$F=0$	$F=0$	$F=$减 1	$F=0$
0100	$F=\overline{A+B}$	$F=A$ 加$(A+\overline{B})$	$F=A$ 加$(A+\overline{B})$加 1	$F=\overline{AB}$	$F=A$ 加 $A\overline{B}$	$F=A$ 加 $A\overline{B}$ 加 1
0101	$F=\overline{B}$	$F=AB$ 加$(A+\overline{B})$	$F=AB$ 加$(A+\overline{B})$加 1	$F=\overline{B}$	$F=(A+B)$加 $A\overline{B}$	$F=(A+B)$加 $A\overline{B}$ 加 1
0110	$F=\overline{A\oplus B}$	$F=A$ 减 B 减 1	$F=A$ 减 B	$F=A\oplus B$	$F=A$ 减 B 减 1	$F=A$ 减 B
0111	$F=A+\overline{B}$	$F=A+\overline{B}$	$F=(A+\overline{B})$加 1	$F=A\overline{B}$	$F=A\overline{B}$ 减 1	$F=A\overline{B}$
1000	$F=\overline{A}B$	$F=A$ 加$(A+B)$	$F=A$ 加$(A+B)$加 1	$F=\overline{A}+B$	$F=A$ 加 AB	$F=A$ 加 AB 加 1
1001	$F=A\oplus B$	$F=A$ 加 B	$F=A$ 加 B 加 1	$F=\overline{A\oplus B}$	$F=A$ 加 B	$F=A$ 加 B 加 1
1010	$F=B$	$F=A\overline{B}$ 加$(A+B)$	$F=A\overline{B}$ 加$(A+B)$加 1	$F=B$	$F=(A+\overline{B})$加 AB	$F=(A+\overline{B})$加 AB 加 1
1011	$F=A+B$	$F=A+B$	$F=(A+B)$加 1	$F=AB$	$F=AB$ 减 1	$F=AB$
1100	$F=0$	$F=A$ 加 A*	$F=A$ 加 A 加 1	$F=1$	$F=A$ 加 A*	$F=A$ 加 A 加 1
1101	$F=A\overline{B}$	$F=AB$ 加 A	$F=AB$ 加 A 加 1	$F=A+\overline{B}$	$F=(A+B)$加 A	$F=(A+B)$加 A 加 1
1110	$F=AB$	$F=A\overline{B}$ 加 A	$F=A\overline{B}$ 加 A 加 1	$F=A+B$	$F=(A+\overline{B})$加 A	$F=(A+\overline{B})$加 A 加 1
1111	$F=A$	$F=A$	$F=A$ 加 1	$F=A$	$F=A$ 减 1	$F=A$

注：* 表示 A 加 $A=2A$，算术左移一位。

3. ALU 的应用

74181 的 4 位作为一个小组，小组间既可以采用串行进位，也可以采用并行进位。当采用串行进位时，只要把低一片的 C_{n+4} 与高一片的 C_n 相连即可。当采用组间并行进位时，需要增加一片 74182，这是一个先行进位部件。74182 芯片方框图如图 4-28 所示。74182 可以产生 3 个进位信号 C_{n+x}、C_{n+y}、C_{n+z}，并且还产生大组进位产生函数 $\overline{G}$ 和进位传递函数 $\overline{P}$。

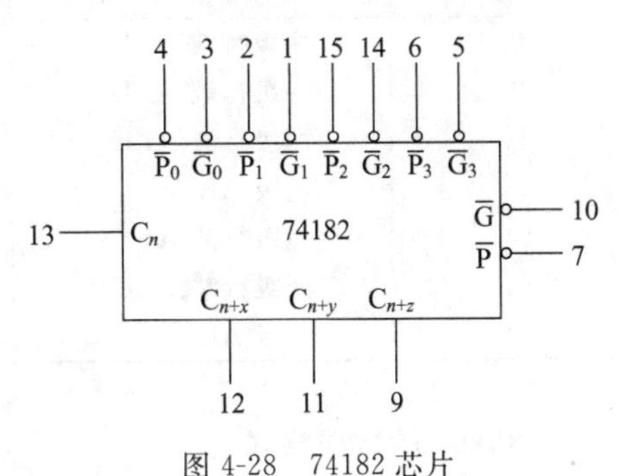

图 4-28　74182 芯片

图 4-29 是由 8 片 74181 和 2 片 74182 构成的 32 位两级行波 ALU。各片 74181 输出的组进位产生函数 $\overline{G}_i$ 和组进位传递函数 $\overline{P}_i$ 作为 74182 的输入，而 74182 输出的进位信号 C_{n+x}、C_{n+y}、C_{n+z} 作为 74181 的输入，74182 输出的大组进位产生函数 $\overline{G}$ 和大组进位传递函数 $\overline{P}$ 可作为更高一级 74182 的输入。

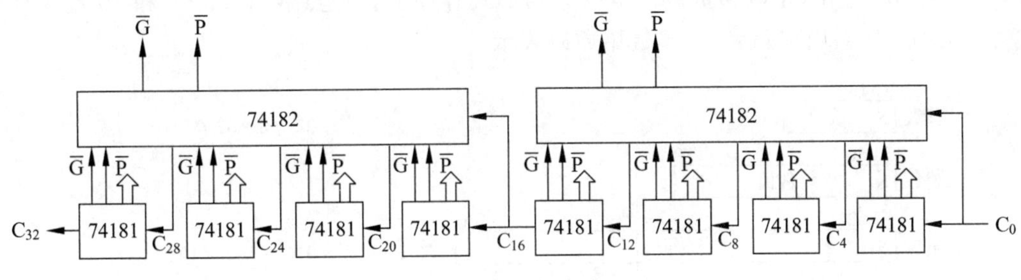

图 4-29　32 位两级行波 ALU

74181 的结构适合于组成各种位数的 ALU 部件。表 4-15 列出了具有不同位数和结构的 ALU 所需的芯片数目和加法时间。

4.9.3　浮点运算器举例

目前在微机系统中往往配置有专门的浮点运算部件，例如 PC 系列机中的 80x87 就是浮点协处理器。对于 486SX 以下的微机，80x87 是任选件；而对于 486DX 及其以上的微机，80x87 已被集成在 CPU 芯片中。

表 4-15　具有不同位数和结构的 ALU

位　　数	ALU 结构	总的加法时间(ns)	芯片片数	
			74181	74182
4	一级 ALU	21	1	0
8	一级行波 ALU	36	2	0
16	一级行波 ALU	60	4	0
16	两级 ALU	36	4	1
32	一级行波 ALU	110	8	0

续表

位数	ALU结构	总的加法时间(ns)	芯片片数	
			74181	74182
32	两级行波ALU	62	8	2
48	一级行波ALU	160	12	0
48	两级行波ALU	101	12	3
48	三级ALU	64	12	4
64	一级行波ALU	210	16	0
64	两级行波ALU	136	16	4
64	三级ALU	88	16	5

1. 80x87的数据格式

80x87可处理7种不同的数据类型,这些数据类型的格式如图4-30所示。对整数来说,最高位为符号位,用补码表示,有16、32和64位3种格式。压缩的十进制数串是用特殊形式表示的整数。十进制数的一位用4位二进制表示,80位的低72位表示18位十进制数,最高位为符号位,正数和负数都是以原码形式存储的。浮点数有32、64和80位3种格式,阶码的底为2,用移码表示,尾数用原码表示。

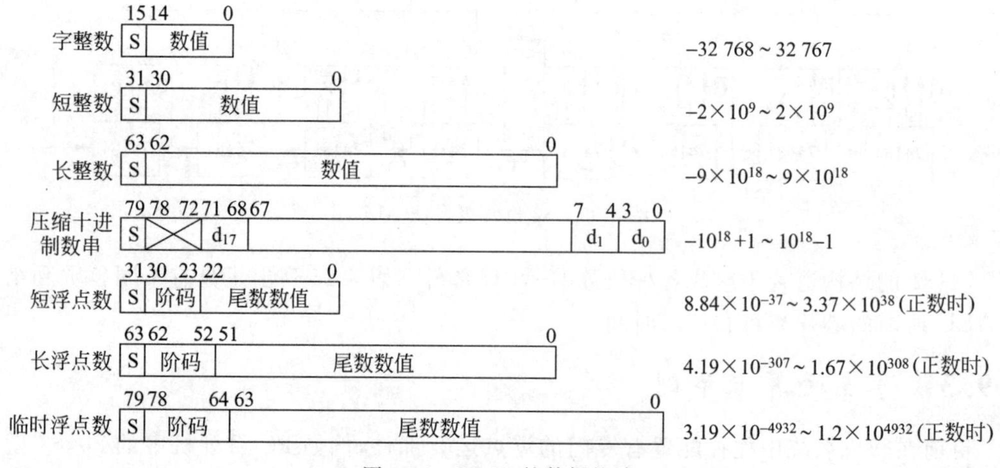

图4-30 80x87的数据格式

2. 80x87的内部结构

图4-31为80x87的内部结构。它是由总线控制逻辑部件、数据接口与控制部件、浮点运算部件3个主要功能模块组成的。

在80x87的浮点运算部件中,分别设置了阶码(指数)运算部件与尾数运算部件,并设有加速移位操作的移位器。它们通过指数总线和尾数总线与8个80位字长的寄存器组相连。

80x87从主存取数或向主存写数时,均用80位的临时浮点数与其他数据类型执行自动转换。在80x87中的全部数据都以80位临时浮点数的形式表示。

80x87与主微处理器协同工作,微处理器执行所有的常规指令,而80x87只执行专门的

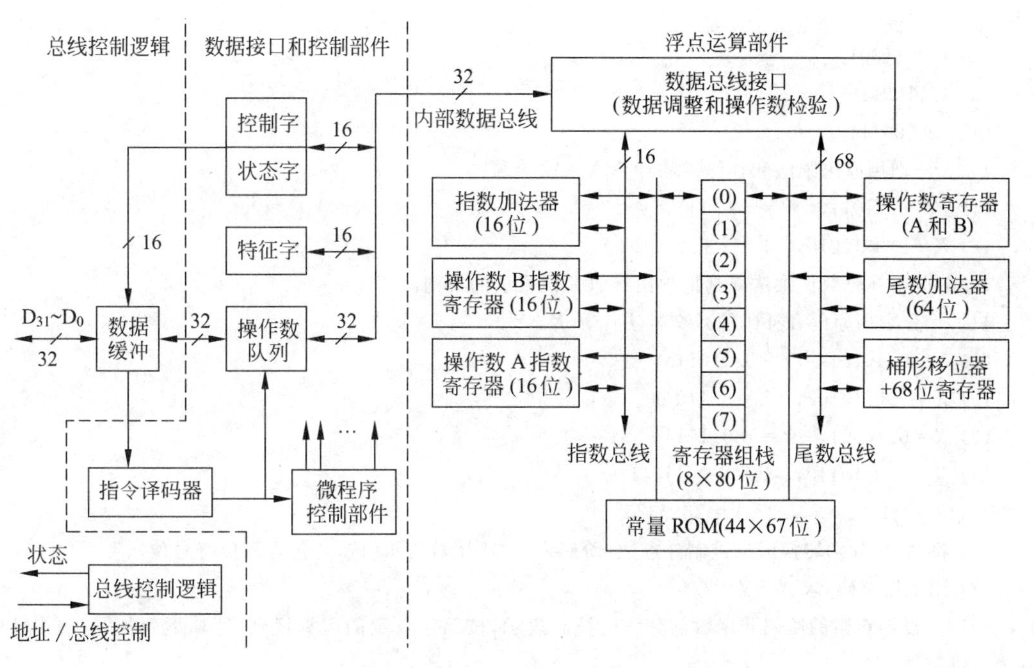

图 4-31　80x87 的内部结构

算术协处理器指令，该指令称为换码(ESC)指令。微处理器和协处理器可以同时或并行执行各自的指令。

习　题

4-1　证明：在全加器里进位传递函数 $P=A_i+B_i=A_i\oplus B_i$。

4-2　某加法器采用组内并行、组间并行的进位链，4 位一组，写出进位信号 C_6 的逻辑表达式。

4-3　设计一个 9 位先行进位加法器，每 3 位为一组，采用两级先行进位线路。

4-4　已知 X 和 Y，试用它们的变形补码计算出 $X+Y$，并指出结果是否溢出。

(1) $X=0.11011$，　$Y=0.11111$

(2) $X=0.11011$，　$Y=-0.10101$

(3) $X=-0.10110$，　$Y=-0.00001$

(4) $X=-0.11011$，　$Y=0.11110$

4-5　已知 X 和 Y，试用它们的变形补码计算出 $X-Y$，并指出结果是否溢出。

(1) $X=0.11011$，　$Y=-0.11111$

(2) $X=0.10111$，　$Y=0.11011$

(3) $X=0.11011$，　$Y=-0.10011$

(4) $X=-0.10110$，　$Y=-0.00001$

4-6　已知 $X=0.1011$，$Y=-0.0101$。

求 $\left[\frac{1}{2}X\right]_{补}$，$\left[\frac{1}{4}X\right]_{补}$，$[-X]_{补}$，$\left[\frac{1}{2}Y\right]_{补}$，$\left[\frac{1}{4}Y\right]_{补}$，$[-Y]_{补}$。

4-7　设下列数据长 8 位，包括一位符号位，采用补码表示，分别写出每个数据右移或左移两位之后的结果。

(1) 0.1100100

(2) 1.0011001

(3) 1.1100110

(4) 1.0000111

4-8 分别用原码乘法和补码乘法计算 $X \times Y$。

(1) $X=0.11011$, $Y=-0.11111$

(2) $X=-0.11010$, $Y=-0.01110$

4-9 根据补码两位乘法规则推导出补码3位乘法的规则。

4-10 分别用原码和补码加减交替法计算 $X \div Y$。

(1) $X=0.10101$, $Y=0.11011$

(2) $X=-0.10101$, $Y=0.11011$

(3) $X=0.10001$, $Y=-0.10110$

(4) $X=-0.10110$, $Y=-0.11011$

4-11 已知:$X=-7.25$,$Y=28.5625$

(1) 将 X、Y 分别转换成二进制浮点数(阶码占4位,尾数占10位,各包含一位符号位)。

(2) 用变形补码,求 $X-Y=?$

4-12 设浮点数的阶码和尾数部分均用补码表示,按照浮点数的运算规则,计算下列各题(题中数字均为二进制数):

(1) $X=2^{101} \times (-0.100010)$, $Y=2^{100} \times (-0.111110)$

(2) $X=2^{-101} \times 0.101100$, $Y=2^{-100} \times (-0.101000)$

(3) $X=2^{-011} \times 0.101100$, $Y=2^{-001} \times (-0.111100)$

求 $X+Y$,$X-Y$。

4-13 设浮点数的阶码和尾数部分均用补码表示,按照浮点数的运算规则,计算下列各题:

(1) $X=2^{3} \times \frac{13}{16}$, $Y=2^{4} \times \left(-\frac{9}{16}\right)$

求 $X \times Y$。

(2) $X=2^{3} \times \left(-\frac{13}{16}\right)$, $Y=2^{5} \times \left(\frac{15}{16}\right)$

求 $X \div Y$。

4-14 用流程图描述浮点除法运算的算法步骤。

4-15 设计一个一位5421码加法器。

4-16 某计算机利用二进制的加法器进行8421码的十进制运算,采用的方法是:

(1) 对某一操作数预加6后,与另一操作数一起进入二进制加法器。

(2) 有进位产生时,直接得到和的8421码。

(3) 没有进位时,反减6再得到和的8421码。

试求+6、-6的校正逻辑。

4-17 用74181和74182芯片构成一个64位的ALU,采用多级分组并行进位链(要求速度尽可能快)。

第 5 章 存储系统和结构

存储系统是由几个容量、速度和价格各不相同的存储器构成的系统。设计一个容量大、速度快、成本低的存储系统是计算机发展的一个重要课题。本章重点讨论主存储器的工作原理、组成方式以及运用半导体存储芯片组成主存储器的一般原则和方法，此外还将介绍高速缓冲存储器和虚拟存储器的基本原理。

5.1 存储系统的组成

存储系统和存储器是两个不同的概念。本节首先介绍各种不同用途的存储器，然后介绍它们是如何构成一个存储系统的。

5.1.1 存储器分类

随着计算机系统结构和存储技术的发展，存储器的种类日益繁多，根据不同的特征可对存储器进行分类。

1. 按存储器在计算机系统中的作用分类

(1) 高速缓冲存储器

高速缓冲存储器(Cache)位于主存和 CPU 之间，用来存放正在执行的程序段和数据，以便 CPU 能高速地使用它们。高速缓冲存储器的存取速度可以与 CPU 的速度相匹配，但存储容量较小，价格较高。目前的高档微机通常将它们或它们的一部分制作在 CPU 芯片中。

(2) 主存储器

主存用来存放计算机运行期间所需要的程序和数据，CPU 可直接随机地进行读/写访问。主存具有一定容量，存取速度较高。由于 CPU 要频繁地访问主存，所以主存的性能在很大程度上影响了整个计算机系统的性能。

(3) 辅助存储器

辅助存储器又称外存储器或后援存储器，它用来存放当前暂不参与运行的程序和数据以及一些需要永久性保存的信息。辅存设在主机外部，容量极大且成本很低，但存取速度较低，而且 CPU 不能直接访问它。辅存中的信息必须调入主存之后，CPU 才能使用。

2. 按存取方式分类

(1) 随机存取存储器(Random Access Memory,RAM)

所谓随机存取是指CPU可以对存储器中的内容随机地存取,CPU对任何一个存储单元的写入和读出时间是一样的,即存取时间相同,与其所处的物理位置无关。RAM读/写方便,使用灵活,主要用作主存,也可用作高速缓冲存储器。

(2) 只读存储器(Read Only Memory,ROM)

ROM可以看作RAM的一种特殊形式,其特点是:存储器的内容只能随机读出而不能写入。这类存储器常用来存放那些不能改变的信息。由于信息一旦写入存储器就固化了,即使断电,其写入的内容也不会丢失,所以ROM又称为固定存储器。ROM除了存放某些系统程序(如BIOS程序)外,还用来存放专用的子程序,或用作函数发生器、字符发生器及微程序控制器中的控制存储器。

(3) 顺序存取存储器(Sequential Access Memory,SAM)

SAM的存取方式与前两种存储器完全不同。SAM的内容只能按某种顺序存取,存取时间的长短与信息在存储体上的物理位置有关,所以SAM只能用平均存取时间作为衡量存取速度的指标。磁带机就是这样一类存储器。

(4) 直接存取存储器(Direct Access Memory,DAM)

DAM既不像RAM那样能随机地访问任一个存储单元,也不像SAM那样完全按顺序存取,而是介于两者之间。当要存取所需的信息时,第一步直接指向整个存储器中的某个小区域(如磁盘上的磁道);第二步在小区域内顺序检索或等待,直至找到目的地后再进行读/写操作。这种存储器的存取时间也是与信息所在的物理位置有关的,但比SAM的存取时间要短。磁盘机就属于这类存储器。

由于SAM和DAM的存取时间都与存储体的物理位置有关,所以又可以把它们统称为串行访问存储器。

3. 按存储介质分类

(1) 磁芯存储器

采用具有矩形磁滞回线的铁氧体磁性材料,利用两种不同的剩磁状态表示"1"或"0"。一颗磁芯存放一个二进制位,成千上万颗磁芯组成磁芯体。磁芯存储器的特点是信息可以长期存储,不会因断电而丢失;但磁芯存储器的读出是破坏性读出,即不论磁芯原存的内容为"0"还是"1",读出之后磁芯的内容一律变为"0",因此需要再重写一次,这就额外地增加了操作时间。从20世纪50年代开始,磁芯存储器曾一度成为主存的主要存储介质,但因磁芯存储器容量小、速度慢、体积大、可靠性低,从20世纪70年代开始,已经被半导体存储器逐渐取代。

(2) 半导体存储器

采用半导体器件制造的存储器,主要有MOS型存储器和双极型(TTL电路或ECL电路)存储器两类。MOS型存储器具有集成度高、功耗低、价格便宜、存取速度较慢等特点;双极型存储器具有存取速度快、集成度较低、功耗较大、成本较高等特点。半导体RAM存储的信息会因为断电而丢失。

(3) 磁表面存储器

在金属或塑料基体上，涂覆一层磁性材料，用磁层存储信息，常见的有磁盘、磁带等。由于它的容量大、价格低、存取速度慢，故多用作辅助存储器。

(4) 光存储器

采用激光技术控制访问的存储器，一般分为只读式、一次写入式、可改写式 3 种，它们的存储容量都很大，是目前使用非常广泛的辅助存储器。

4. 按信息的可保存性分类

断电后存储信息即消失的存储器称为易失性存储器，例如半导体 RAM。断电后信息仍然保存的存储器称为非易失性存储器，例如 ROM、磁芯存储器、磁表面存储器和光存储器。

如果某个存储单元所存储的信息被读出时，原存信息将被破坏，则称破坏性读出；如果读出时，被读单元原存信息不被破坏，则称非破坏性读出。具有破坏性读出性能的存储器，每当一次读出操作之后，必须紧接一个重写(再生)的操作，以便恢复被破坏的信息。

从原理上讲，只要具有两种明显稳定的物理状态的器件和介质都能用来存储二进制信息，但真正能用来做存储器的器件和介质还需要满足各类存储器技术指标的要求。

5.1.2 存储系统层次结构

为了解决存储容量、存取速度和价格之间的矛盾，通常把各种不同存储容量、不同存取速度的存储器按一定的体系结构组织起来，形成一个统一整体的存储系统。

多级存储层次如图 5-1 所示。从 CPU 的角度来看，n 种不同的存储器($M_1 \sim M_n$)在逻辑上是一个整体。其中，M_1 速度最快、容量最小、位价格最高；M_n 速度最慢、容量最大、位价格最低。整个存储系统具有接近于 M_1 的速度，相等或接近 M_n 的容量，接近于 M_n 的位价格。在多级存储层次中，最常用的数据在 M_1 中，次常用的在 M_2 中，最少使用的在 M_n 中。

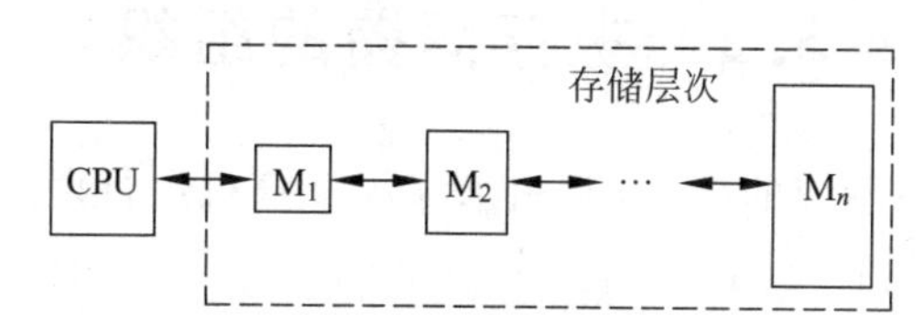

图 5-1 多级存储层次

对于由 M_1 和 M_2 构成的两级存储层次结构，假设 M_1、M_2 访问时间分别为 T_{A1}、T_{A2}。

命中率 H 定义为 CPU 产生的逻辑地址能在 M_1 中访问到的概率。在一个程序执行期间，设 N_1 为访问 M_1 的次数，N_2 为访问 M_2 的次数，则命中率 H 为：

$$H = \frac{N_1}{N_1 + N_2}$$

不命中率或失效率是指由 CPU 产生的逻辑地址在 M_1 中访问不到的概率。对于两级存储层次，失效率为 $1-H$。

两级存储层次的等效访问时间 T_A 根据 M_2 的启动时间有：

假设 M_1 访问和 M_2 访问是同时启动的，$T_A = H \times T_{A1} + (1-H) \times T_{A2}$。

假设 M_1 不命中时才启动 M_2，$T_A = H \times T_{A1} + (1-H) \times (T_{A1} + T_{A2}) = T_{A1} + (1-H) \times T_{A2}$。

存储层次的访问效率：

$$e=\frac{T_{A1}}{T_A}$$

由高速缓冲存储器、主存储器、辅助存储器构成的三级存储系统可以分为两个层次，其中高速缓存和主存间称为Cache-主存存储层次(Cache存储系统)，如图5-2(a)所示；主存和辅存间称为主存-辅存存储层次(虚拟存储系统)，如图5-2(b)所示。

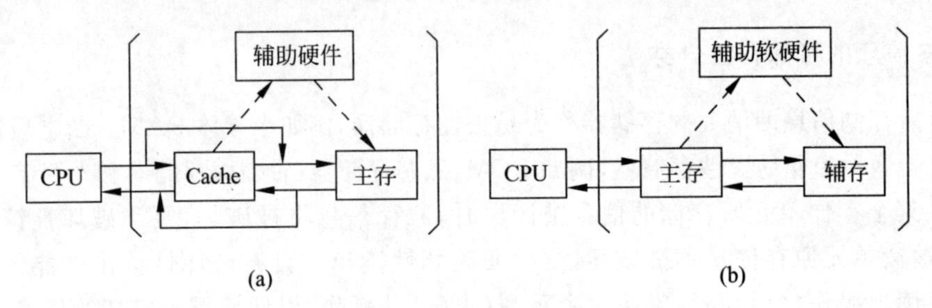

图5-2　两种存储层次

Cache存储系统是为解决主存速度不足而提出来的。在Cache和主存之间，增加辅助硬件，让它们构成一个整体。从CPU看，速度接近Cache的速度，容量是主存的容量，每位价格接近于主存的价格。由于Cache存储系统全部用硬件来调度，因此它对系统程序员和应用程序员都是透明的。

虚拟存储系统是为解决主存容量不足而提出来的。在主存和辅存之间，增加辅助的软硬件，让它们构成一个整体。从CPU看，速度接近主存的速度，容量是虚拟的地址空间，每位价格接近于辅存的价格。由于虚拟存储系统需要通过操作系统来调度，因此对系统程序员是不透明的，但对应用程序员是透明的。

5.2　主存储器的组织

主存储器是整个存储系统的核心，它用来存放计算机运行期间所需要的程序和数据，CPU可直接随机地对它进行访问。

5.2.1　主存储器的基本结构

主存通常由存储体、地址译码(address decoding)驱动电路、I/O和读写电路组成，其组成框图如图5-3所示。

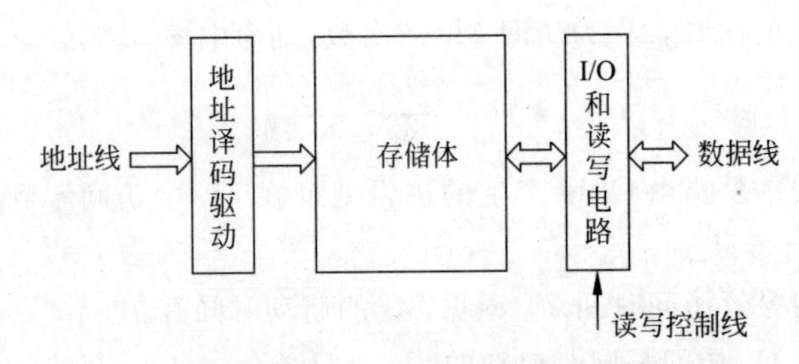

图5-3　主存的组成框图

存储体是主存储器的核心,程序和数据都存放在存储体中。

地址译码驱动电路实际上包含译码器和驱动器两部分。译码器将地址总线输入的地址码转换成与之对应的译码输出线上的有效电平,以表示选中了某一存储单元,然后由驱动器提供驱动电流去驱动相应的读写电路,完成对被选中存储单元的读写操作。

I/O 和读写电路包括读出放大器、写入电路和读写控制电路,用以完成被选中存储单元中各位的读出和写入操作。

主存的读写操作是在控制器的控制下进行的,只有接收到来自控制器的读写命令或写允许信号后,才能实现正确的读写操作。

5.2.2 主存储器的存储单元

位是二进制数的最基本单位,也是存储器存储信息的最小单位。一个二进制数由若干位组成,当这个二进制数作为一个整体存入或取出时,这个数称为存储字。存放存储字或存储字节的主存空间称为存储单元或主存单元,大量存储单元的集合构成一个存储体,为了区别存储体中的各个存储单元,必须将它们逐一编号。存储单元的编号称为地址,地址和存储单元之间有一对一的对应关系,就像一座大楼的每个房间都有房间号一样。

一个存储单元可能存放一个字,也可能存放一个字节,这是由计算机的结构确定的。对于字节编址的计算机,最小寻址单位是一个字节,相邻的存储单元地址指向相邻的存储字节;对于字编址的计算机,最小寻址单位是一个字,相邻的存储单元地址指向相邻的存储字。所以,存储单元是 CPU 对主存可访问操作的最小存储单位。

例如,IBM 370 机是字长为 32 位的计算机,主存按字节编址,每一个存储字包含 4 个单独编址的存储字节,其地址安排如图 5-4(a)所示。它被称为大端(big-endian)方案,即字地址等于最高有效字节地址,且字地址总是等于 4 的整数倍,正好用地址码的最末两位来区分同一个字的 4 个字节。PDP-11 机是字长为 16 位的计算机,主存也按字节编址,每一个存储字包含 2 个单独编址的存储字节,其地址安排如图 5-4(b)所示。它被称为小端(little-endian)方案,即字地址等于最低有效字节地址,且字地址总是等于 2 的整数倍,正好用地址码的最末一位来区分同一个字的 2 个字节。从图 5-4 可以看出,大端方案从最高有效字节向最低有效字节进行字节地址编号,小端方案从最低有效字节向最高有效字节进行字节地址编号。

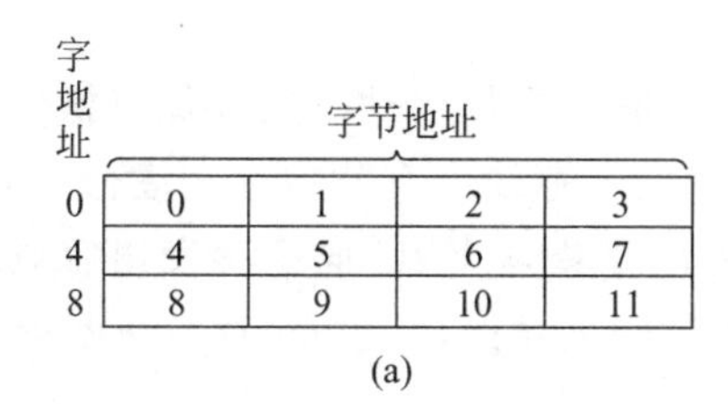

图 5-4 字节编址计算机的地址安排方案

采用大、小端方案对数据进行存放的主要区别在于存放的字节顺序,如果将一个 32 位的整数 0x12345678 存放到一个整型变量(int)中,这个整型变量采用大端或者小端方案在主存中的存放如表 5-1 所示(假设从地址 0x4000 开始存放)。

表5-1　32位整型变量存放方案

主存地址	大端方案	小端方案
0x4000	12(MSB)	78(LSB)
0x4001	34	56
0x4002	56	34
0x4003	78(LSB)	12(MSB)

从表5-1可以看出,大端方案将高字节(MSB)存放在低地址,小端方案将高字节存放在高地址。采用大端方案进行数据存放符合人类的正常思维,而采用小端方案进行数据存放利于计算机处理。到目前为止,采用大端或者小端进行数据存放,其孰优孰劣也没有定论。大端方案与小端方案的差别体现在一个处理器的寄存器、指令集、数据总线等各个层次中。

Intel 80x86采用小端方案,IBM 370、Motorola 680x0和大多数RISC机器则采用大端方案。有些微处理器,如Power PC,既支持大端方案又支持小端方案,在芯片加电启动时只要选择确定即可(默认为大端方案,可选择小端方案)。

在排序顺序不同的系统之间进行数据通信时,需要进行顺序转换。了解字节顺序的好处在于调试底层机器级程序时,能够清楚每个数据的字节顺序,以便将一个机器数正确转化为真值。

5.2.3 主存储器的主要技术指标

1. 存储容量

对于字节编址的计算机,以字节数来表示存储容量;对于字编址的计算机,以字数与其字长的乘积来表示存储容量。例如,某计算机的主存容量为64K×16,表示它有64K个存储单元,每个存储单元的字长为16位,若改用字节数表示,则可记为128K字节(即128KB)。

2. 存取速度

主存的存取速度通常由存取时间T_a、存取周期T_m和主存带宽B_m等参数来描述。

(1) 存取时间T_a

存取时间又称为访问时间或读写时间,它是指从启动一次存储器操作到完成该操作所经历的时间。例如,读出时间是指从CPU向主存发出有效地址和读命令开始,直到将被选单元的内容读出为止所用的时间;写入时间是指从CPU向主存发出有效地址和写命令开始,直到信息写入被选中单元为止所用的时间。显然,T_a越小,存取速度越快。

(2) 存取周期T_m

存取周期又称读写周期、访存周期,是指主存进行一次完整的读写操作所需的全部时间,即连续两次访问存储器操作之间所需要的最短时间。显然,一般情况下,$T_m > T_a$。这是因为对于任何一种存储器,在读写操作之后,总要有一段恢复内部状态的复原时间。对于破坏性读出的RAM,存取周期往往比存取时间要大得多,甚至可以达到$T_m = 2T_a$,这是因为存储器中的信息读出后需要马上进行重写(再生)。

(3) 主存带宽 B_m

与存取周期密切相关的指标是主存的带宽，它又称为数据传输率，表示每秒从主存进出信息的最大数量，单位为字每秒或字节每秒或位每秒。主存带宽与主存的等效工作频率及主存位宽有关系，若单位为字节每秒，则有：

$$B_m = \text{主存等效工作频率} \times \text{主存位宽} \div 8$$

目前，主存提供信息的速度还跟不上CPU处理指令和数据的速度，所以，主存的带宽是改善计算机系统瓶颈的一个关键因素。为了提高主存的带宽，可以采取的措施有：

- 缩短存取周期。
- 增加存储字长。
- 增加存储体。

3. 可靠性

可靠性是指在规定的时间内，存储器无故障读写的概率。通常，用平均故障间隔时间(Mean Time Between Failures，MTBF)来衡量可靠性。MTBF越长，说明存储器的可靠性越高。

4. 功耗

功耗是一个不可忽视的问题，它反映了存储器件耗电的多少，同时也反映了其发热的程度。通常希望功耗要小，这对存储器件的工作稳定性有好处。大多数半导体存储器的工作功耗与维持功耗是不同的，后者大大地小于前者。

5.2.4 数据在主存中的存放

目前，大多数存储器采用字节编址，数据在主存中有3种不同存放方法，如图5-5所示。设存储字长为64位(8个字节)，即一个存取周期最多能够从主存读或写64位数据。图5-5中最左边一列表示字地址(十六进制)，字地址的最末3个二进制位必定为000。假设读写的数据有4种不同长度，它们分别是字节(8位)、半字(16位)、单字(32位)和双字(64位)。

注意：此例中数据字长(32位)不等于存储字长(64位)。

图5-5(a)是一种不浪费存储器资源的存放方法，4种不同长度的数据一个紧接着上一个存放。这种数据存放方式的优点是不浪费宝贵的主存资源。但是存在问题，主要问题有两个：一是除了访问一个字节以外，当要访问一个双字、一个单字或一个半字时都有可能需要花费两个存取周期，因为从图5-5(a)中可以看出，一个双字、一个单字或一个半字都有可能跨越两个存储字存放，这使存储器的工作速度降低了一半；二是存储器的读写控制比较复杂。

为了克服上述两个缺点，出现了图5-5(b)所示的另一种数据存放方法。这种存放方法规定，无论要存放的是字节、半字、单字或双字，都必须从一个存储字的起始位置开始存放(在图5-5(b)中是从最左边放起)，而多余的部分浪费不用。这种数据存放方法的优点是：无论访问一个字节、一个半字、一个单字或一个双字都可以在一个存储周期内完成，读写数据的控制比较简单。但它的主要缺点是浪费了宝贵的存储器资源，如果双字、单字、半字、字节4种不同长度的数据出现的概率相同的话，那么主存的实际利用率只有约50%，即有一

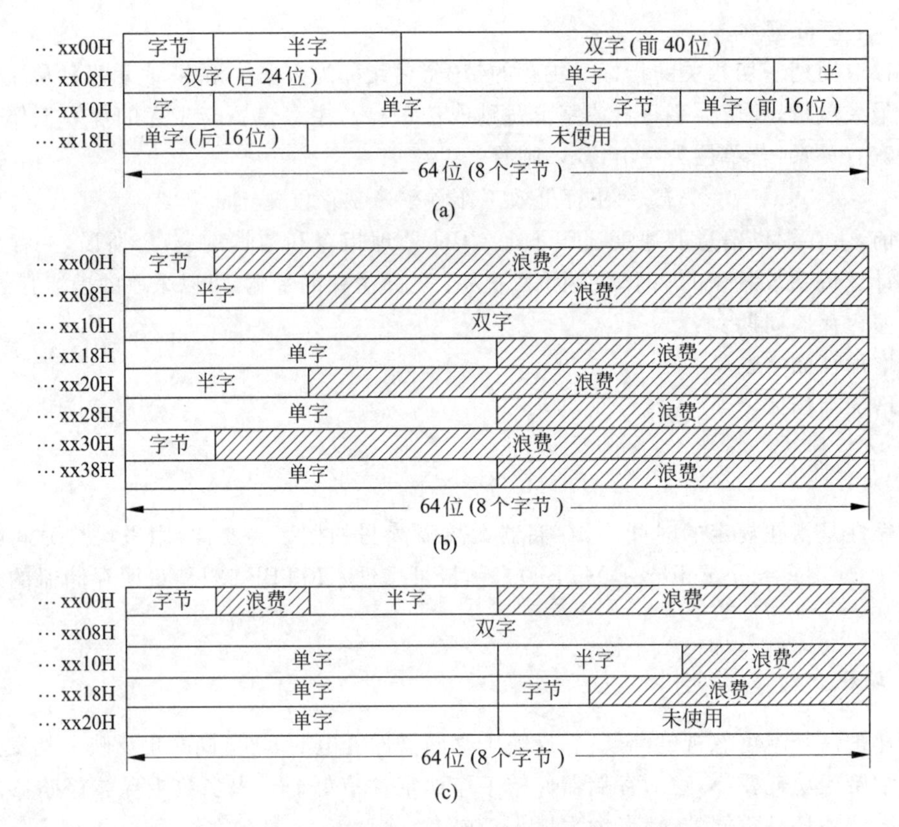

图 5-5　字节编址的主存储器的各种存放方法

半的存储空间被浪费。

综合前两种数据存放方法的优缺点,出现了如图 5-5(c)所示的折中方案。图 5-5(c)所示的存放方法规定,双字数据(8 个字节)的起始地址的最末 3 个二进制位必须为 000(8 的整倍数),单字数据(4 个字节)的起始地址的最末两位必须为 00(4 的整倍数),半字数据(2 个字节)的起始地址的最末一位必须为 0(偶数)。这种存储方式能够保证无论访问双字、单字、半字或字节,都能在一个存取周期内完成,尽管存储器资源仍然有浪费,但是比图 5-5(b)所示的存放方法要好得多。这种存放方法被称为边界对齐的数据存放方法。

5.3　半导体随机存储器和只读存储器

主存储器通常分为 RAM 和 ROM 两大部分。RAM 可读可写,ROM 只能读不能写。下面重点介绍 RAM 的工作原理与结构,以及 ROM 的基本类型。

5.3.1　RAM 记忆单元电路

通常把存放一个二进制位的物理器件称为记忆单元,它是存储器的最基本构件,地址码相同的多个记忆单元构成一个存储单元。记忆单元可以由各种材料制成,但最常见的由 MOS 电路组成。RAM 又可分为静态 RAM(Static RAM,SRAM)和动态 RAM(Dynamic RAM,DRAM)两种。

1. 6管SRAM记忆单元电路

6管SRAM记忆单元电路如图5-6所示。

SRAM记忆单元是用双稳态触发器来记忆信息的,从图5-6中可以看出,T_1～T_6管构成一个记忆单元的主体,能存放一位二进制信息。其中,T_1和T_2管构成存储信息的双稳态触发器;T_3和T_4管构成门控电路,控制读写操作;T_5和T_6是T_1和T_2管的负载管。电路中有一条字线,用来选择这个记忆单元,还有两条位线,用来传送读写信号。

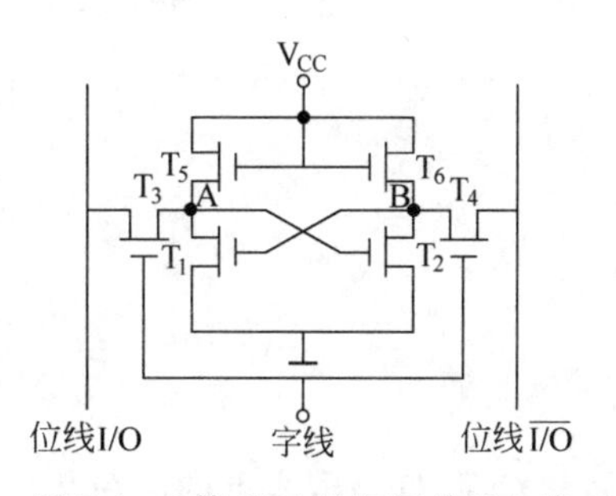

图5-6　6管SRAM记忆单元电路

假定:T_1管截止、T_2管导通(A=1、B=0)表示该记忆单元中存储的是“1”信息;T_1管导通、T_2管截止(A=0、B=1)表示该记忆单元中存储的是“0”信息。

当字线为低电平时,该记忆单元未被选中,T_3和T_4管截止,触发器与位线隔开,原存信息不会改变,称为保持状态。

当字线为高电平时,该记忆单元被选中,T_3和T_4管导通,可进行读写操作。位线I/O被称为读写“1”线,位线$\overline{I/O}$被称为读写“0”线。

读操作:因为T_3和T_4管导通,相当于A点和B点分别与位线I/O和$\overline{I/O}$相连。若记忆单元原存“1”,则I/O线输出高电平,$\overline{I/O}$线输出低电平,完成读“1”操作;若记忆单元原存“0”,则I/O线输出低电平,$\overline{I/O}$线输出高电平,完成读“0”操作。

写操作:如果要写入“1”,则在I/O线上输入高电平,$\overline{I/O}$线上输入低电平,它们将分别通过T_3和T_4管迫使T_1管截止、T_2管导通,该记忆单元内容成为“1”,完成写“1”操作;如果要写入“0”,则在I/O线上输入低电平,$\overline{I/O}$线输入高电平,经过同样的路径迫使T_1管导通、T_2管截止,该记忆单元内容成为“0”,完成写“0”操作。

在该记忆单元未被选中或读出时,电路处于双稳态触发器工作状态,由电源V_{CC}不断给T_1和T_2管供电,以保存信息。但是,只要电源被切断,原来的保存信息便会丢失,这就是半导体存储器的易失性。

SRAM的存取速度快,但集成度低,功耗也较大,所以一般用来组成高速缓冲存储器和小容量主存系统。

2. 4管DRAM记忆单元电路

如果将前述6管SRAM记忆单元电路中的两个负载管(T_5和T_6)去掉,便形成4管DRAM记忆单元电路,如图5-7所示。负载回路断开后,保持状态时没有外加电源供电,因而T_1和T_2管不再构成双稳态触发器,所以动态MOS记忆单元是靠MOS电路中的栅极电容C_1和C_2来存储信息的。

图5-7中虚线框外的两个MOS管是公用的预充管,不算在记忆单元电路中。

假定:C_2上有电荷(高电平)、C_1上无电荷(低电平)时,表示存储“1”信息;C_2上无电荷(低电平)、C_1上有电荷(高电平)时,表示存储“0”信息。由于MOS管栅极的输入电阻很大,所以栅极泄漏电流很小,即使没有负载管的供电,栅极电容上的电荷也能保存相当一段时

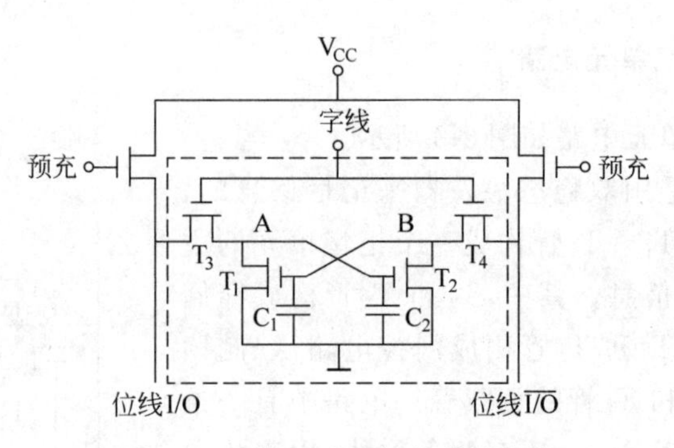

图 5-7　4 管 DRAM 记忆单元电路

间。然而,栅极电容上的电荷数目毕竟是有限的,虽然释放速度很慢,但经过一段时间后仍然会使记忆单元中存储的信息丢失,因此每隔一定的时间必须向栅极电容补充一次电荷,这个过程称为“刷新”。

平时记忆单元处于保持状态,字线为低电平,原存的信息被存储在 T_1 和 T_2 管的栅极分布电容 C_1 或 C_2 上,栅极的泄漏电流使存储的信息能保留几毫秒。

写入时,字线为高电平,打开选通门 T_3 和 T_4。如果写“1”,在 I/O 线上输入高电平,$\overline{I/O}$ 线上输入低电平,使 C_2 充电、C_1 放电;如果写“0”,在 I/O 线上输入低电平,$\overline{I/O}$线上输入高电平,使 C_1 充电、C_2 放电。

读出时,预充电信号先打开预充管,使位线 I/O 和$\overline{I/O}$均成为高电平。当选中记忆单元后,选通门被打开,若原存“1”,则 C_2 上有电荷,T_2 导通,使$\overline{I/O}$线上有负脉冲输出,读出“1”;若原存“0”,则 C_1 上有电荷,T_1 导通,使 I/O 线上有负脉冲输出,读出“0”。在读出过程中,电源还通过 I/O 或$\overline{I/O}$线分别向 C_2 或 C_1 补充电荷。

4 管 DRAM 记忆单元的刷新过程也是对栅极电容 C_1 或 C_2 补充电荷的过程,因此刷新过程也就是读出过程,只是这种读出的目的不是为了从 I/O 线或$\overline{I/O}$线上得到读出信息,而是为了对记忆单元进行刷新操作,常将其称作“假读”。

DRAM 集成度高,功耗小,但存取速度慢,一般用来组成大容量主存系统。

3. 单管 DRAM 记忆单元电路

进一步减少记忆单元中 MOS 管的数目可形成更简单的 3 管 DRAM 记忆单元或单管 DRAM 记忆单元。这里仅介绍单管 DRAM 记忆单元,其电路结构如图 5-8 所示。

从图 5-8 中可看出,单管动态记忆单元由一个 MOS 管 T_1 和一个存储电容 C 构成。

当字线为高电平时,该电路被选中。

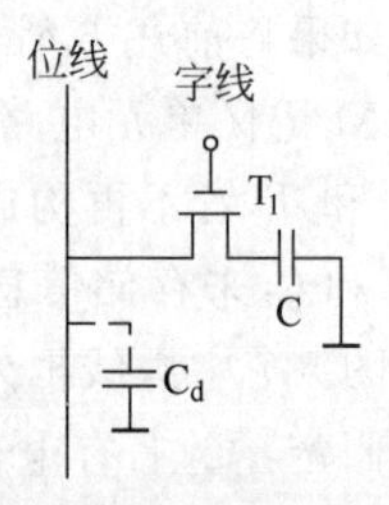

图 5-8　单管 DRAM 记忆单元电路

写入时,若写入“1”,位线为高电平,对电容 C 充电;若写入“0”,位线为低电平,C 上的电荷经位线泄放。

读出时,若原存“1”,C 上有电荷,经 T_1 管在位线上产生读电流,完成读“1”操作;若原存“0”,C 上无电荷,在位线上不产生读电流,完成读“0”操作。当读操作完毕,存储电容 C 上的电荷已被泄放完,故是破坏性读出,必须采取重写(再生)的措施。

存储电容 C 的容量不可能做得很大,一般比位线上的寄生电

容 C_d 还要小。在读出时，T_1 导通后，电荷将在 C 和 C_d 间分配，就会使读出信息减小，所以，用单管记忆单元组成的存储器中，读出放大器应有较高的灵敏度。因为信息是存储在一个很小电容 C 上，也只能保留几毫秒的时间，所以必须定时地进行刷新操作。

显然，单管 DRAM 记忆单元与 4 管 DRAM 记忆单元比较，具有功耗更小、集成度更高的优点。

5.3.2 动态 RAM 的刷新

1. 刷新间隔

前面已经说过，为了维持 DRAM 记忆单元的存储信息，每隔一定时间必须刷新。那么每隔多少时间进行一次刷新操作呢？这主要是根据栅极电容上电荷的泄放速度来决定的。一般选定的最大刷新间隔为 2ms 或 4ms 甚至更大，也就是说，应在规定的时间内，将全部存储体刷新一遍。

注意： 刷新和重写（再生）是两个完全不同的概念，切不可混淆。重写是随机的，某个存储单元只有在破坏性读出之后才需要重写。而刷新是定时的，即使许多记忆单元长期未被访问，若不及时补充电荷的话，信息也会丢失。重写一般是按存储单元进行的，而刷新通常是以存储体矩阵中的一行为单位进行的。

2. 刷新方式

常见的刷新方式有集中式、分散式和异步式 3 种。

(1) 集中刷新方式

在允许的最大刷新间隔（如 2ms）内，按照存储芯片容量的大小集中安排若干个刷新周期，刷新时停止读写操作。

刷新时间＝存储矩阵行数×刷新周期

这里刷新周期是指刷新一行所需要的时间，由于刷新过程就是“假读”的过程，所以刷新周期就等于存取周期。

例如，对具有 1024 个记忆单元（排列成 32×32 的存储矩阵）的存储芯片进行刷新，刷新是按行进行的，且每刷新一行占用一个存取周期，所以共需 32 个周期以完成全部记忆单元的刷新。假设存取周期为 500ns(0.5μs)，则在 2ms 内共可以安排 4000 个存取周期，从 0～3967 个周期内进行读写操作或保持，而从 3968～3999 最后 32 个周期集中安排刷新操作，如图 5-9 所示。

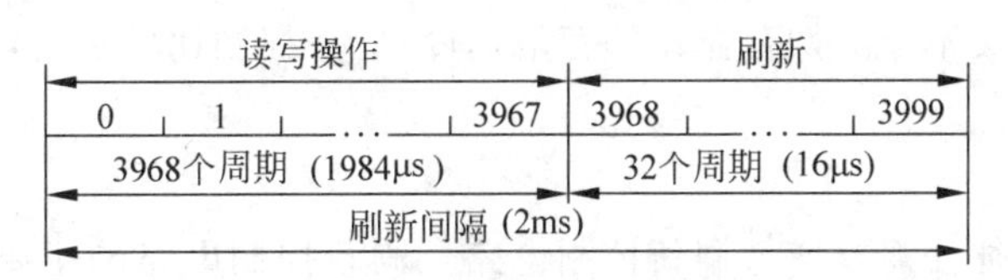

图 5-9 集中刷新方式示意图

集中刷新方式的优点是读写操作时不受刷新工作的影响，因此系统的存取速度比较高。主要缺点是在集中刷新期间必须停止读写，这一段时间称为“死区”，而且存储容量越大，死区就越长。

(2) 分散刷新方式

分散刷新是指把刷新操作分散到每个存取周期内进行,此时系统的存取周期被分为两部分,前一部分时间进行读写操作或保持,后一部分时间进行刷新操作。在一个系统存取周期内刷新存储矩阵中的一行。

这种刷新方式增加了系统的存取周期,若存储芯片的存取周期为0.5μs,则系统的存取周期应为1μs,即前一个0.5μs读写,后一个0.5μs刷新。仍以前述的32×32矩阵为例,整个存储芯片刷新一遍需要32μs,如图5-10所示。

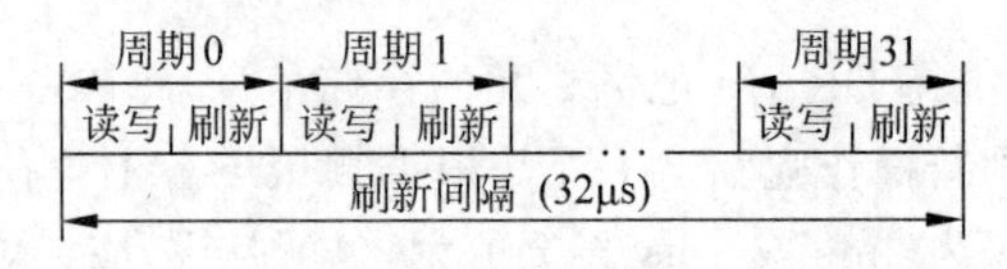

图5-10 分散刷新方式示意图

从图5-10中可以看出,这种刷新方式没有死区,但是,它也有很明显的缺点:一是加长了系统的存取周期,降低了整机的速度;二是刷新过于频繁(本例中每32μs就重复刷新一遍),尤其是当存储容量比较小的情况下,没有充分利用所允许的最大刷新间隔(2ms)。

(3) 异步刷新方式

异步刷新方式可以看成前述两种方式的结合,它充分利用了最大刷新间隔时间,把刷新操作平均分配到整个最大刷新间隔时间内进行,故有:

相邻两行的刷新间隔=最大刷新间隔时间÷行数

对于32×32矩阵,在2ms内需要将32行刷新一遍,所以相邻两行的刷新时间间隔=2ms÷32=62.5μs,即每隔62.5μs安排一个刷新周期。在刷新时封锁读写,如图5-11所示。

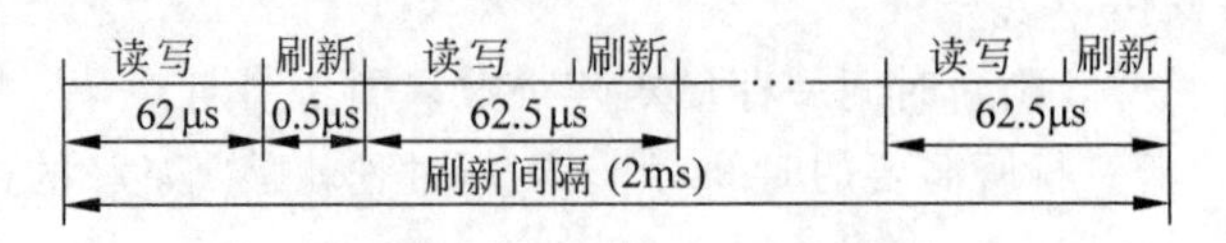

图5-11 异步刷新方式示意图

异步刷新方式虽然也有死区,但比集中刷新方式的死区小得多,仅为0.5μs。这样可以避免使CPU连续等待过长的时间,而且减少了刷新次数,是比较实用的一种刷新方式。

消除"死区"的方法,还可采用不定期的刷新方式。其基本做法是:把刷新操作安排在CPU不访问存储器的空闲时间里,如利用CPU取出指令后进行译码的这段时间。这种方式既不会出现死区,又不会降低存储器的存取速度;但是控制比较复杂,实现起来比较困难。

3. 刷新控制

为了控制刷新,往往需要增加刷新控制电路。刷新控制电路的主要任务是解决刷新和CPU访问存储器之间的矛盾。通常,当刷新请求和访存请求同时发生时,应优先进行刷新操作。也有些DRAM芯片本身具有自动刷新功能,即刷新控制电路在芯片内部。

DRAM的刷新要注意以下问题:

① 无论是由外部刷新控制电路产生刷新地址逐行循环地刷新,还是芯片内部的刷新地

址计数器自动地控制刷新，都不依赖于外部的访问，刷新对 CPU 是透明的。

② 刷新通常是一行一行地进行的，每一行中各记忆单元同时被刷新，故刷新操作时仅需要行地址，不需要列地址。

③ 刷新操作类似于读出操作，但又有所不同。因为刷新操作仅是给栅极电容补充电荷，不需要信息输出。另外，刷新时不需要加片选信号，即整个存储器中的所有芯片同时被刷新。

④ 因为所有芯片同时被刷新，所以在考虑刷新问题时，应当从单个芯片的存储容量着手，而不是从整个存储器的容量着手。

5.3.3 RAM 芯片分析

1. RAM 芯片

RAM 芯片通过地址线、数据线和控制线与外部连接。地址线是单向输入的，其数目与芯片容量有关。例如，容量为 1024×4[①] 时，地址线有 10 根；容量为 64K×1 时，地址线有 16 根。数据线是双向的，既可输入，也可输出，其数目与数据位数有关。例如，1024×4 的芯片，数据线有 4 根；64K×1 的芯片，数据线只有 1 根。控制线主要有读写控制线和片选线两种，读写控制线用来控制芯片是进行读操作还是写操作的，片选线用来决定该芯片是否被选中。各种 RAM 芯片的外引脚主要有：

- 地址线——A_i。
- 数据线——D_i。
- 片选线——$\overline{CE}$(或$\overline{CS}$)。
- 读写控制线——$\overline{WE}$或$\overline{OE}/\overline{WE}$。
- V_{CC}——+5V，工作电源。
- GND——地。

有些 SRAM 芯片有两根读写控制线：读允许线$\overline{OE}$和写允许线$\overline{WE}$。有些 SRAM 芯片只有 1 根读写控制线：$\overline{WE}$，当$\overline{WE}=0$时，写允许；$\overline{WE}=1$时，读允许。

由于 DRAM 芯片集成度高，容量大，为了减少芯片引脚数量，DRAM 芯片把地址线分成相等的两部分，分两次从相同的引脚送入。两次输入的地址分别称为行地址和列地址，行地址由行地址选通信号(Row Address Select，$\overline{RAS}$)送入存储芯片，列地址由列地址选通信号(Column Address Select，$\overline{CAS}$)送入存储芯片。由于采用了地址复用技术，因此，DRAM 芯片每增加一条地址线，实际上是增加了两位地址，也即增加了 4 倍的容量。

在 DRAM 芯片中，可以不设专门的片选线$\overline{CE}$，而用行选通信号$\overline{RAS}$、列选通$\overline{CAS}$兼作片选信号。

2. 地址译码方式

RAM 芯片中的地址译码电路能把地址线送来的地址信号翻译成对应存储单元的选择信号。地址译码方式有单译码和双译码两种。

---

① 通常用 $M\times N$ 来描述存储器或存储芯片的规格，其中 M 表示存储单元数，N 表示每个单元位数。

(1) 单译码方式

单译码方式又称字选法,所对应的存储器是字结构的。容量为 M 个字的存储器(M 个字,每字 b 位),排列成 M(行)$\times b$(列)的矩阵,矩阵的每一行对应一个字,有一条公用的选择线 w_i,称为字线。地址译码器集中在水平方向,K 位地址线可译码变成 2^K 条字线,$M=2^K$。字线选中某个字长为 b 位的存储单元,经过 b 根位线可读出或写入 b 位存储信息。在图 5-12 所示结构图中有 $2^5\times8=256$ 个记忆单元,排列成 32 个字,每个字长 8 位。图中有 5 条地址线,经过译码产生 32 条字线 $w_0\sim w_{31}$。某一字线被选中时,同一行中的各位 $b_0\sim b_7$ 就都被选中,由读写电路对各位实施读出或写入操作。

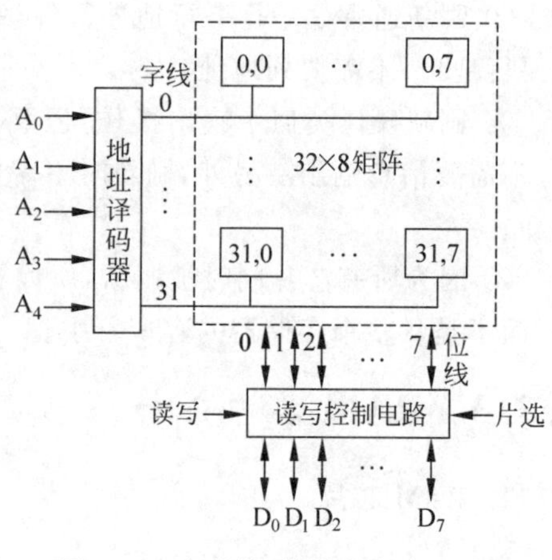

图 5-12 字结构、单译码方式 RAM

字结构的优点是结构简单,缺点是使用的外围电路多,成本昂贵。更严重的是,当字数大大超过位数时,存储体会形成纵向很长而横向很窄的不合理结构,所以这种方式只适用于容量不大的存储器。

(2) 双译码方式

双译码方式又称为重合法。通常是把 K 位地址线分成接近相等的两段,一段用于水平方向作 X 地址线,供 X 地址译码器译码;一段用于垂直方向作 Y 地址线,供 Y 地址译码器译码。X 和 Y 两个方向的选择线在存储体内部的每个记忆单元上交叉,以选择相应的记忆单元。

双译码方式对应的存储芯片结构可以是位结构的,也可以是字段结构的。对于位结构的存储芯片,容量为 $M\times1$,把 M 个记忆单元排列成存储矩阵(尽可能排列成方阵)。图 5-13 所示结构是 4096×1,排列成 64×64 的矩阵。地址码共 12 位,X 方向和 Y 方向各 6 位。若要组成一个 M 字$\times b$ 位的存储器,就需要把 b 片 $M\times1$ 的存储芯片并列连接起来,即在图 5-13 所示 Z 方向上重叠 b 个芯片。

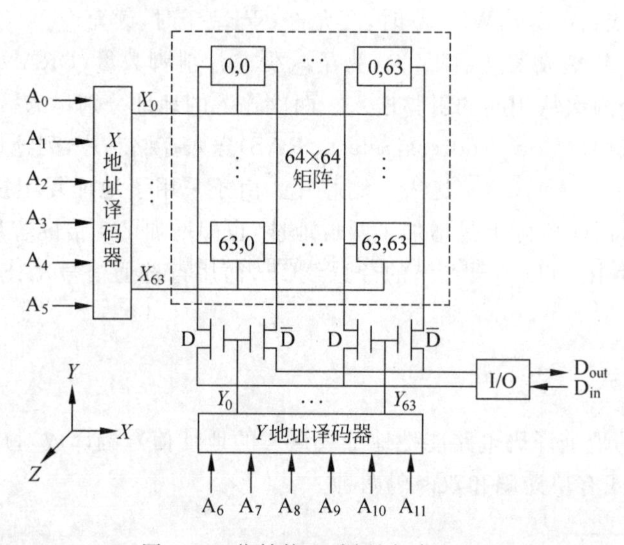

图 5-13 位结构、双译码方式 RAM

对于字段结构的存储芯片，在一根行选择线上安排的不是一个 b 位长的字，而是 s 个 b 位长的字。这将使行选择线减为 M/s 根，列选择线数为 s，而每一条列选线同时选择 b 位数据，从而使存储芯片的物理结构大大改进，接近或成为方阵。K 位地址线也要划分为两部分：$K_x=\log_2 M/s, K_y=\log_2 s$。1K×4 的芯片中共有 4096 个记忆单元，分成 64×64 的方阵，6 位地址线经 X 地址译码器形成 64 根行选择线，剩下的 4 位地址线经 Y 地址译码器形成 16 根列选择线，每条列选择线同时选择 4 位数据。

典型的 RAM 芯片中的记忆单元总数往往开方之后仍是一个常数，如 1K×1，1K×4，2K×8，4K×1，4K×4，8K×8，16K×1，64K×1 等，也就是使存储体成为一个方阵。

双译码方式与单译码方式相比，减少了选择线数目和驱动器数目。例如，存储容量 $N=2^{16}=64K$ 单元，两种译码方式的比较如表 5-2 所示。存储容量越大，这两种方式的差异越明显。

表 5-2　两种译码方式比较

译码方式	占用地址位		选择线数		驱动器数	
单译码	16		65 536		65 536	
双译码	8	8	256	256	256	256

3. RAM 的读写时序

（1）SRAM 读写时序

图 5-14(a)为典型的读周期时序，读周期表示对该芯片进行两次连续读操作的最小间隔时间。在此期间，地址输入信息不允许改变，片选信号 $\overline{CS}$ 在地址有效之后变为有效，使芯片被选中，最后在数据线上得到读出的信号。写允许信号 $\overline{WE}$ 在读周期中保持高电平。

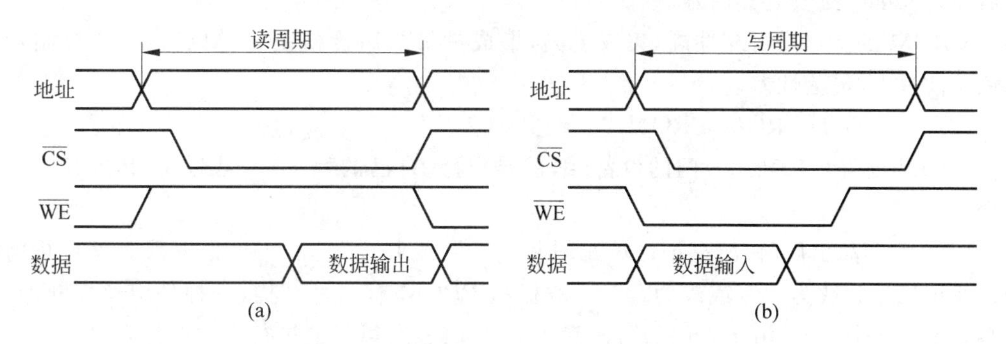

图 5-14　静态 RAM 的读写时序

图 5-14(b)为典型的写周期时序，它与读周期相似，但除了要有地址和片选信号外，还要加一个低电平有效的写入脉冲 $\overline{WE}$，并提供写入数据。

（2）DRAM 读写时序

DRAM 的读周期和写周期时序图分别如图 5-15(a)和图 5-15(b)所示。

在一个读周期中，行地址必须在 $\overline{RAS}$ 有效之前有效，列地址也必须在 $\overline{CAS}$ 有效之前有效，且在 $\overline{CAS}$ 到来之前，$\overline{WE}$ 必须为高电平，并保持到 $\overline{CAS}$ 脉冲结束之后。

在一个写周期中，当 $\overline{WE}$ 有效之后，输入的数据必须保持到 $\overline{CAS}$ 变为低电平之后。在

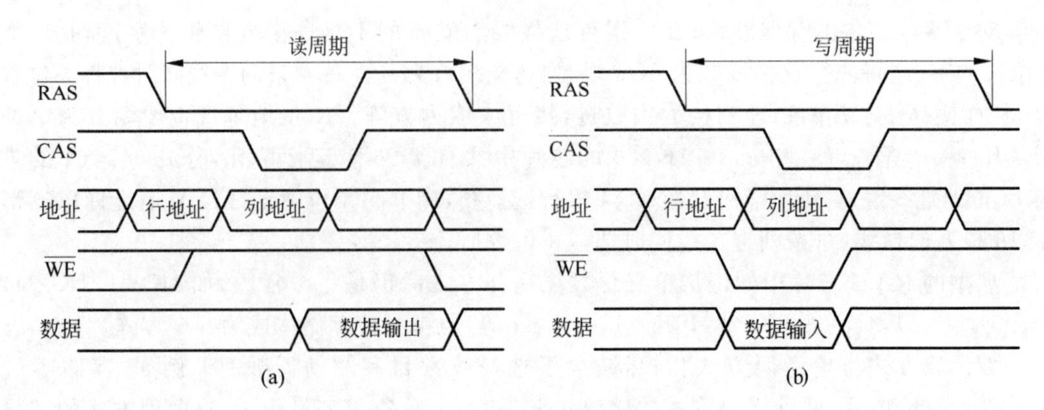

图 5-15　动态 RAM 的读写时序

$\overline{RAS}$、$\overline{CAS}$和$\overline{WE}$全部有效时,数据被写入存储器。

5.3.4　半导体只读存储器

ROM 的最大优点是具有非易失性,即使电源断电,ROM 中存储的信息也不会丢失。

1. ROM 的类型

ROM 工作时只能读出,不能写入,那么 ROM 中的内容是如何事先存入的呢?把向 ROM 写入数据的过程称为对 ROM 进行编程,根据编程方法的不同,ROM 通常可以分为以下几类。

(1) 掩膜式 ROM(MROM)

它的内容是由半导体制造厂按用户提出的要求在芯片的生产过程中直接写入的,写入之后任何人都无法改变其内容。

MROM 的优点是可靠性高,集成度高,形成批量之后价格便宜;缺点是用户对制造厂的依赖性过大,灵活性差。

(2) 一次可编程 ROM(PROM)

PROM 允许用户利用专门的设备(编程器)写入自己的程序,一旦写入,其内容将无法改变。

PROM 产品出厂时,所有记忆单元均制成"0"(或制成"1"),用户根据需要可自行将其中某些记忆单元改为"1"(或改为"0")。双极型 PROM 有两种结构,一种是熔丝烧断型,另一种是 PN 结击穿型,由于它们的写入都是不可逆的,所以只能进行一次性写入。

(3) 可擦除可编程 ROM(EPROM)

EPROM 不仅可以由用户利用编程器写入信息,而且可以对其内容进行多次改写。

EPROM 出厂时,存储内容为全"1",用户可以根据需要将其中某些记忆单元改为"0"。当需要更新存储内容时可以将原存储内容擦除(恢复全"1"),以便再写入新的内容。

EPROM 又可分为两种:紫外线擦除(UVEPROM)和电擦除(EEPROM)。

UVEPROM 需用紫外线灯制作的擦抹器照射存储器芯片上的透明窗口,使芯片中原存内容被擦除。由于是用紫外线灯进行擦除,所以只能对整个芯片擦除,而不能对芯片中个别需要改写的存储单元单独擦除。另外,为了防止存储的信息受日光中紫外线成分的作用而缓慢丢失，在UVEPROM芯片写入完成后，必须用不透明的黑纸将芯片上的透明窗口封住。

EEPROM是采用电气方法来进行擦除的，在联机条件下既可以用字擦除方式擦除，也可以用数据块擦除方式擦除。以字擦除方式操作时，能够只擦除被选中的那个存储单元的内容；在数据块擦除方式操作时，可擦除数据块内所有单元的内容。

EPROM虽然既可读，又可写，但它却不能取代RAM。原因如下：

① EPROM的编程次数(寿命)是有限的。

② 写入时间过长，即使对于EEPROM，擦除一个字节大约需要10ms，写入一个字节大约需要10μs，比SRAM或DRAM的时间长100～1000倍。

(4) 闪速存储器

闪速存储器(Flash Memory，简称闪存)是一种允许在操作中被多次擦除或重写的只读存储器，它的主要特点是既可在不加电的情况下长期保存信息，又能在线进行快速擦除与重写，兼备了EEPROM和RAM的优点。

闪速存储器有NOR型和NAND型两种。NOR Flash需要很长的时间进行擦写，允许随机存取存储器上的任何区域，读取数据的方式与从RAM读取数据很相近，这使得它非常适合取代老式的ROM芯片。NAND Flash具有较快的擦写时间，但必须以区块为单位进行读取。

目前，大多数微型计算机的主板采用闪速存储器来存储BIOS程序。由于BIOS的数据和程序非常重要，不允许修改，故早期主板BIOS芯片多采用PROM或EPROM。闪速存储器除了具有ROM的一般特性外，还有低电压改写的特点，便于用户自动升级BIOS。

2. ROM芯片

ROM中使用最多的是可擦除可编程ROM(EPROM)。各种EPROM芯片的外引脚主要有：

- 地址线：A_i。
- 数据线：D_i。
- 片选线：$\overline{CS}$(或$\overline{CE}$)。
- 编程线：$\overline{PGM}$。
- 电源线：V_{CC}——+5V，工作电源；V_{PP}——编程电源；GND——地。V_{PP}平时接+5V，编程写入时，需接高于V_{CC}若干倍的编程电压。

5.3.5 半导体存储器的封装

1. DIP存储芯片

过去，一般存储芯片都是双列直插封装(Dual In-line Package，DIP)的。这种内存芯片必须焊接在主板上才能使用，一旦某一块芯片坏了，必须焊下来才能更换。

DIP芯片的容量一般不可能很大，如64K×1或256K×1的芯片，表示每个芯片具有64K或256K个记忆单元，若要存储256KB的信息，则需要8个256K×1的芯片(非奇偶校验)或9个这样的芯片(奇偶校验)。

2. 内存条

目前,厂家广泛地使用单列直插存储模块(Single In-line Memory Module,SIMM)、双列直插存储模块(Dual In-line Memory Module,DIMM)以及 Rambus 直插存储模块(Rambus In-line Memory Module,RIMM),这些就是通常所说的内存条。内存条实际上是一条焊有多片存储芯片的印刷电路板,插在主板内存插槽中(不同的内存条必须安装在与其对应的专用插槽上),这样内存条就可以随意拆卸了。

SIMM 有 30 线和 72 线两种。30 线的 SIMM 诞生于 286 时代,数据线的宽度只有 8 位(部分另加有 1 位校验位),需要用 4 条 SIMM 组成一组来构成具有某种容量和 32 位数据宽度的主存储器。72 线的 SIMM,数据线的宽度有 32 位(非奇偶校验)或 36 位(奇偶校验),每一条就可以构成具有某种容量和 32 位数据宽度的主存储器。

DIMM 有多种类型:标准的 DIMM、DDR DIMM、DDR2 DIMM、DDR3 DIMM 和 DDR4 DIMM。标准的 DIMM 每面 84 线,双面共有 84 线×2=168 线,故而常称为 168 线内存条。而 DDR 每面92 线,双面共有 184 线。DDR2 和 DDR3 每面都是 120 线,双面共有 240 线,但缺口的位置有所不同。DDR4 的双面共有 284 线。所有 DIMM 的数据线宽度都是 64 位(非奇偶校验)或 72 位(奇偶校验),所以在现代 PC 中,只需一条 DIMM 就可构成具有某种容量和 64 位数据宽度的主存储器。

为了满足便携式计算机对内存尺寸的要求,SO-DIMM(Small Outline Dual In-line Memory Module)应运而生。SO-DIMM 中文含意为"小外形双列直插存储模块",它的外形尺寸大致是正常 DIMM 尺寸的一半。SO-DIMM 具有 72 线(支持 32 位数据传输)以及 144 线、200 线和 260 线(支持 64 位数据传输)等。

RIMM 也是双面的,目前只有一种 RIMM,它有 184 线。一个通道通常有 3 个 RIMM 插槽,所有 RIMM 插槽必须全部插满,如有空余则要用专用的 Rambus 终结器填满。

大多数主板不允许用户把不同容量的内存条混用,用户应在满足主存容量的同时,使内存条的数目尽可能少,这将为进一步扩充主存容量留下余地。

5.4 主存储器的连接与控制

由于存储芯片的容量是有限的,主存储器往往是要由一定数量的芯片构成的。而由若干芯片构成的主存还需要与 CPU 连接,才能在 CPU 的正确控制下完成读写操作。

5.4.1 主存容量的扩展

要组成一个主存,首先要考虑选片的问题,然后就是如何把芯片连接起来的问题。根据存储器所要求的容量和选定的存储芯片的容量,就可以计算出总的芯片数,即

$$总片数=\frac{总容量}{容量/片}$$

例如,存储器容量为 8K×8,若选用 1K×4 的存储芯片,则需要:

$$\frac{8K\times 8}{1K\times 4}=8\times 2\text{ 片}=16\text{ 片}$$

将多片组合起来常采用位扩展法、字扩展法、字和位同时扩展法。

1. 位扩展

位扩展是指只在位数方向扩展(加大字长),而芯片的字数和存储器的字数是一致的。位扩展的连接方式是将各存储芯片的地址线、片选线和读写线相应地并联起来,而将各芯片的数据线单独列出。

如用 64K×1 的 SRAM 芯片组成 64K×8 的存储器,所需芯片数为:

$$\frac{64K\times 8}{64K\times 1}=8\text{ 片}$$

在这种情况下,CPU 将提供 16 根地址线($2^{16}=65\,536$)、8 根数据线与存储器相连;而存储芯片仅有 16 根地址线、1 根数据线。具体的连接方法是:8 个芯片的地址线 $A_{15}\sim A_0$ 分别连在一起,各芯片的片选信号$\overline{CS}$以及读写控制信号$\overline{WE}$也都分别连到一起,只有数据线 $D_7\sim D_0$ 各自独立,每片代表一位,如图 5-16 所示。

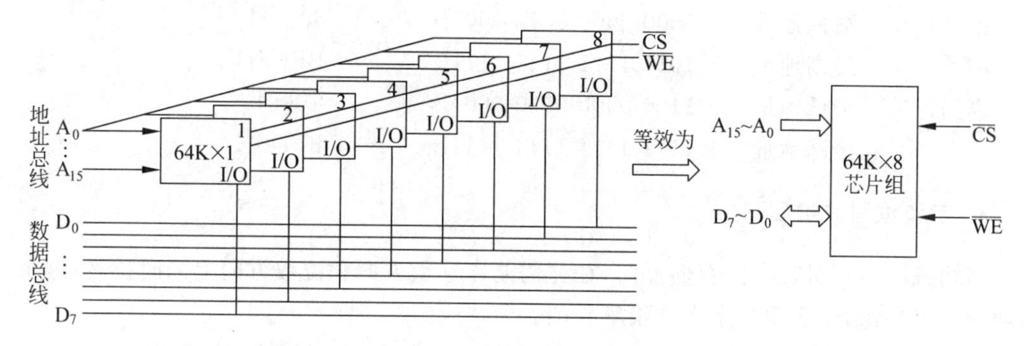

图 5-16　位扩展连接举例

当 CPU 访问该存储器时,其发出的地址和控制信号同时传给 8 个芯片,选中每个芯片的同一单元,相应单元的内容被同时读至数据总线的各位,或将数据总线上的内容分别同时写入相应单元。

2. 字扩展

字扩展是指仅在字数方向扩展,而位数不变。字扩展将芯片的地址线、数据线、读写线并联,由片选信号来区分各个芯片。

如用 16K×8 的 SRAM 组成 64K×8 的存储器,所需芯片数为:

$$\frac{64K\times 8}{16K\times 8}=4\text{ 片}$$

在这种情况下,CPU 将提供 16 根地址线、8 根数据线与存储器相连;而存储芯片仅有 14 根地址线、8 根数据线。4 个芯片的地址线 $A_{13}\sim A_0$、数据线 $D_7\sim D_0$ 及读写控制信号$\overline{WE}$都是同名信号并联在一起;CPU 的高位地址线 A_{15}、A_{14} 经过一个地址译码器产生 4 个片选信号$\overline{CS_i}$,分别选中 4 个芯片中的一个,如图 5-17 所示。

$A_{15}A_{14}=00$,选中第一片;$A_{15}A_{14}=01$,选中第二片……

在同一时间内 4 个芯片中只能有一个芯片被选中。4 个芯片的地址分配如下:

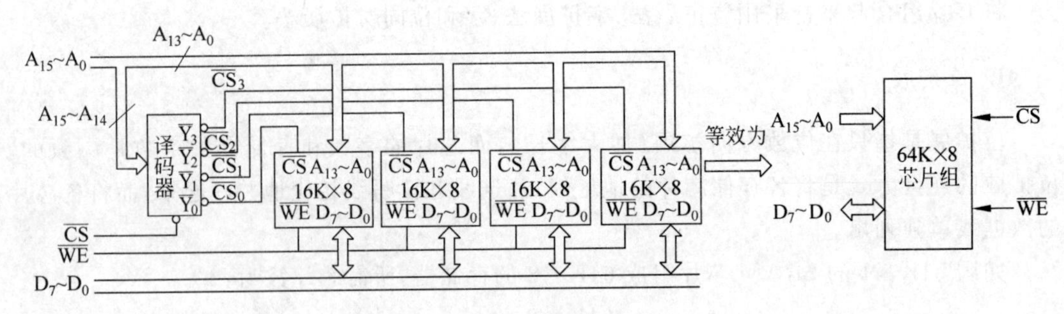

图 5-17　字扩展连接举例

第一片	最低地址	**00**00 0000 0000 0000B	0000H
	最高地址	**00**11 1111 1111 1111B	3FFFH
第二片	最低地址	**01**00 0000 0000 0000B	4000H
	最高地址	**01**11 1111 1111 1111B	7FFFH
第三片	最低地址	**10**00 0000 0000 0000B	8000H
	最高地址	**10**11 1111 1111 1111B	BFFFH
第四片	最低地址	**11**00 0000 0000 0000B	C000H
	最高地址	**11**11 1111 1111 1111B	FFFFH

3. 字和位同时扩展

当构成一个容量较大的存储器时，往往需要在字数方向和位数方向上同时扩展，这将是前两种扩展的组合，实现起来也是很容易的。

图 5-18 表示用 8 片 16K×4 的 SRAM 芯片组成 64K×8 存储器的连接图。

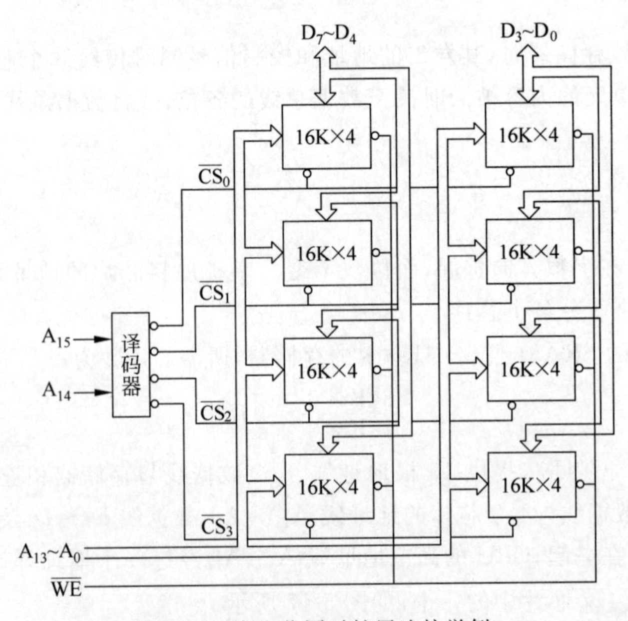

图 5-18　字和位同时扩展连接举例

不同的扩展方法可以得到不同容量的存储器。在选择存储芯片时,一般应尽可能使用集成度高的存储芯片来满足总的存储容量的要求,这样可减少成本,还可减轻系统负载,缩小存储器模块的尺寸。

5.4.2 存储芯片的地址分配和片选

CPU 与存储器连接时,特别是在扩展存储容量的场合下,主存的地址分配是一个重要的问题。确定地址分配后,又有一个存储芯片的片选信号的产生问题。

CPU 要实现对存储单元的访问,首先要选择存储芯片,即进行片选;然后再从选中的芯片中依地址码选择出相应的存储单元,以进行数据的存取,这称为字选。片内的字选是由 CPU 送出的 N 条低位地址线完成的,地址线直接接到所有存储芯片的地址输入端(N 由片内存储容量 2^N 决定)。而存储芯片的片选信号则大多是通过高位地址译码或直接连接产生的。

片选信号的产生可细分为线选法、全译码法和部分译码法。

1. 线选法

线选法就是用除片内寻址外的高位地址线直接(或经反相器)分别接至各个存储芯片的片选端,当某地址线信息为“0”时,就选中与之对应的存储芯片。

注意:这些片选地址线每次寻址时只能有一位有效,不允许同时有多位有效,这样才能保证每次只选中一个芯片(或组)。

假设 4 片 2K×8 用线选法构成 8K×8 存储器,各芯片的地址分配如表 5-3 所示。

表 5-3 线选法的地址分配

芯　片	$A_{14}\sim A_{11}$	$A_{10}\sim A_0$	地址范围(空间)
0#	1 1 1 0	00…0 ⋮ 11…1	7000～77FFH
1#	1 1 0 1	00…0 ⋮ 11…1	6800～6FFFH
2#	1 0 1 1	00…0 ⋮ 11…1	5800～5FFFH
3#	0 1 1 1	00…0 ⋮ 11…1	3800～3FFFH

线选法的优点是不需要地址译码器,线路简单,选择芯片无须外加逻辑电路,但仅适用于连接存储芯片较少的场合。同时,线选法不能充分利用系统的存储器空间,且把地址空间分成相互隔离的区域,给编程带来了一定的困难。

2. 全译码法

全译码法将除片内寻址外的全部高位地址线都作为地址译码器的输入,译码器的输出作为各芯片的片选信号，将它们分别接到存储芯片的片选端，以实现对存储芯片的选择。

全译码法的优点是每片(或组)芯片的地址范围是唯一确定的，而且是连续的，也便于扩展，不会产生地址重叠的存储区，但全译码法对译码电路要求较高。

例如，CPU的地址总线有20位，现用4片2K×8的存储芯片组成一个8K×8的存储器。全译码法要求除去片内寻址用到的11位地址线外，高9位地址 $A_{19}\sim A_{11}$ 都要参与译码。各芯片的地址分配如表5-4所示。

表5-4　全译码法的地址分配

芯　片	$A_{19}\sim A_{13}$	$A_{12}\,A_{11}$	$A_{10}\sim A_0$	地址范围(空间)
0#	0…0	0 0	00…0 ⋮ 11…1	00000～007FFH
1#	0…0	0 1	00…0 ⋮ 11…1	00800～00FFFH
2#	0…0	1 0	00…0 ⋮ 11…1	01000～017FFH
3#	0…0	1 1	00…0 ⋮ 11…1	01800～01FFFH

3. 部分译码法

所谓部分译码就是用除片内寻址外的高位地址的一部分来译码产生片选信号。如用4片2K×8的存储芯片组成8K×8存储器，需要4个片选信号，因此只需要用两位地址线来译码产生。

由于寻址8K×8存储器时未用到高位地址 $A_{19}\sim A_{13}$，所以无论 $A_{19}\sim A_{13}$ 取何值，只要 $A_{12}=A_{11}=0$，则选中第一片；只要 $A_{12}=0$，$A_{11}=1$，则选中第二片；……也就是说，8K RAM中的任一个存储单元，都对应有 $2^{(20-13)}=2^7$ 个地址，这种一个存储单元出现多个地址的现象称地址重叠。

从地址分布来看，这8KB存储器实际上占用了CPU全部的空间(1MB)。每片2K×8的存储芯片有 $\frac{1}{4}$M＝256K的地址重叠区，如图5-19所示。

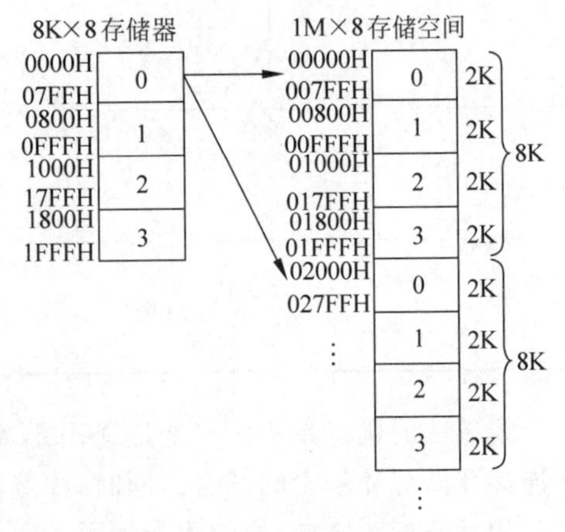

图5-19　地址重叠区示意图

令未用到的高位地址全为0，这样确定的存储器地址称为基本地址，本例中8K×8存储器的基本地址即00000H～01FFFH。部分译码法较全译码法简单，但存在地址重叠区。

5.4.3 主存储器和 CPU 的连接

在讨论了主存的结构之后，进一步了解主存和 CPU 之间的连接是十分必要的。

1. 主存和 CPU 之间的硬连接

主存与 CPU 的硬连接有 3 组连线：地址总线(AB)、数据总线(DB)和控制总线(CB)，如图 5-20 所示。此时，把主存看作一个黑盒子，存储器地址寄存器(MAR)和存储器数据寄存器(MDR)是主存和 CPU 之间的接口。MAR 可以接受来自程序计数器(PC)的指令地址或来自地址形成部件的操作数地址，以确定要访问的单元。MDR 是向主存写入数据或从主存读出数据的缓冲部件。MAR 和 MDR 从功能上看属于主存，但在小型计算机、微型计算机中常放在 CPU 内。

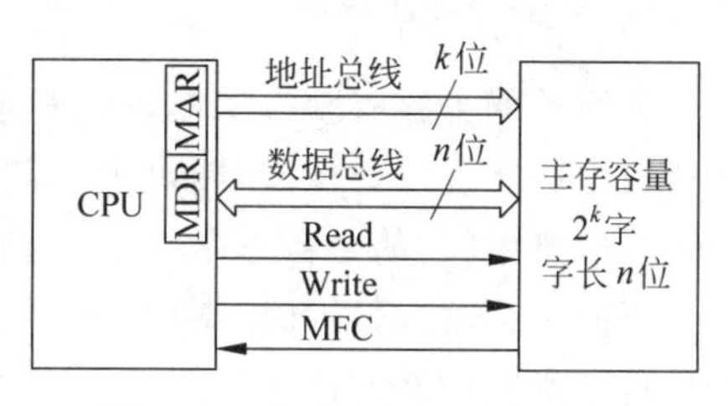

图 5-20 主存和 CPU 的硬连接

2. CPU 对主存的基本操作

前面所说的 CPU 与主存的硬连接是两个部件之间联系的物理基础。而两个部件之间还有软连接，即 CPU 向主存发出的读或写命令，这才是两个部件之间有效工作的关键。

CPU 对主存进行读写操作时，首先 CPU 在地址总线上给出地址信号，然后发出相应的读或写命令，并在数据总线上交换信息。读写的基本操作如下。

(1) 读

读操作是指从 CPU 送来的地址所指定的存储单元中取出信息，再送给 CPU，其操作过程是：

① 地址→MAR→AB　　CPU 将地址信号送至地址总线。
② Read　　CPU 发读命令。
③ Wait for MFC　　等待存储器工作完成信号。
④ M(MAR)→DB→MDR　　读出信息经数据总线送至 CPU。

(2) 写

写操作是指将要写入的信息存入 CPU 所指定的存储单元中，其操作过程是：

① 地址→MAR→AB　　CPU 将地址信号送至地址总线。
② 数据→MDR→DB　　CPU 将要写入的数据送至数据总线。
③ Write　　CPU 发写命令。
④ Wait for MFC　　等待存储器工作完成信号。

由于 CPU 和主存的速度存在着差距，所以两者之间的速度匹配是很关键的。通常有两种匹配方式：同步存储器读取和异步存储器读取。上面给出的读写基本操作是以异步存储器读取来考虑的，CPU 和主存之间没有统一的时钟，由主存工作完成信号(MFC)通知 CPU"主存工作已完成"。对于读操作，若 MFC=1，说明信息已经读出；对于写操作，若 MFC=1，说明数据已写入相应的存储单元。

对于同步存储器读取，CPU 和主存采用统一时钟，同步工作，因为主存速度较慢，所以

CPU与之配合必须放慢速度。在这种存储器中,不需要主存工作完成信号。

5.4.4 主存的校验

计算机在运行过程中,主存要与CPU频繁地交换数据。为了检测和校正在存储过程中的错误,主存中常设置有差错校验电路。

1. 主存的奇偶校验

最简单的主存检验方法是奇偶校验,有关奇偶校验的概念已经在第2章进行了讨论。在微机中通常采用奇校验,即每个存储单元中共存储9位信息(其中8位数据,1位奇偶校验位),信息中"1"的个数总是奇数。

当向主存写入数据时,奇偶校验电路首先会对一个字节的数据计算出奇偶校验位的值,然后再把所有的9位值一起送到主存中。

读出数据时,某一存储单元的9位数据被同时读出,当9位数据里"1"的个数为奇数时,表示读出的9位数据正确(当然不排除有2位同时出错的可能,但其概率极小);当"1"的个数为偶数时,表示读出数据出错,向CPU发出不可屏蔽中断,使系统停机并显示奇偶检验出错的信息。

2. 错误检验与校正(ECC)

虽然奇偶校验主存仍在使用,但它的继承者"错误校验与校正(Error Checking and Correcting,ECC)"已经广泛取代了它,ECC不仅能检测错误还能在不打扰计算机工作的情况下改正错误,这对于网络服务器这样不允许随便停机的关键任务是至关重要的。最常用的ECC就是第2章中提到的汉明码校验,可对已访问的数据字段进行单位错误的检测和修复,而对双位错误只能检测不能修复。

ECC主存用一组附加数据位来存储一个特殊码,被称为"校验和"。对于每个二进制字都有相应的ECC码。产生ECC码所需的位数取决于系统所用的二进制字长。例如,32位字要求有7位ECC码,此时ECC的开销大于奇偶校验的开销;64位字要求有8位ECC码,此时ECC和奇偶校验的开销是一样的。

ECC在存储器写操作时需要存储器控制器计算校验位,当从主存中读取数据时,将取到的实际数据和它的ECC码快速比较。如果匹配,则实际数据被传给CPU;如果不匹配,则ECC码的结构能够将出错的一位鉴别出来,然后改正错误,再将数据传给CPU。

注意:此时主存中的出错位并没有改变,如果又要读取这个数据,需要再一次校正错误。

大多数存储器的错误具有单位出错的特征,能够被ECC纠正过来,这种容错技术提高了系统的可靠性和可用性。基于ECC的系统是服务器、工作站和重要应用的最佳选择。

现代的PC中主存的容错能力被分为基本的三级:

① 无奇偶检验。

② 奇偶检验。

③ ECC。

无奇偶校验的主存根本就没有容错能力。它们之所以被使用,仅仅是因为其价格最低,且无奇偶校验主存的控制部件相对简单。

5.4.5 PC 系列微型计算机的存储器接口

8088、8086、80386 和 Pentium 微处理器的外部数据总线分别是 8 位、16 位、32 位和 64 位，下面介绍它们与主存的接口。

1. 8 位存储器接口

如果数据总线为 8 位(如微机系统中的 PC 总线)，而主存按字节编址，则匹配关系比较简单。对于 8 位的微处理器，典型的时序安排是占用 4 个 CPU 时钟周期，称为 $T_1 \sim T_4$，构成一个总线周期。对于微型计算机来说，存储器就接在总线上，故总线周期就等于存取周期，一个总线周期可读写 8 位。

8 位的微处理器 8088 提供$\overline{RD}$(读选通)、$\overline{WR}$(写选通)和 IO/$\overline{M}$(I/O 或存储器控制)等控制信号(最小模式)去控制存储器系统，或者提供 IO/$\overline{M}$与$\overline{RD}$一起产生的$\overline{MRDC}$(存储器读命令)、IO/$\overline{M}$与$\overline{WR}$一起产生的$\overline{MWTC}$(存储器写命令)等控制信号(最大模式)去控制存储器系统。

2. 16 位存储器接口

对于 16 位的微处理器 8086(或 80286)，在一个总线周期内最多可读写两个字节，即从偶地址开始的字(规则字)。同时，读写这个偶地址单元和随后的奇地址单元，用低 8 位数据总线传送偶地址单元的数据，用高 8 位数据总线传送奇地址单元的数据。如果读写的是非规则字，即是从奇地址开始的字，则需要安排两个存取周期才能实现。

为了实现这样的传送，需要将存储器分为两个存储体，如图 5-21 所示。一个存储体的地址均为偶数，称为偶地址(低字节)存储体，它与低 8 位数据总线相连；另一个存储体的地址均为奇数，称为奇地址(高字节)存储体，与高 8 位数据总线相连。

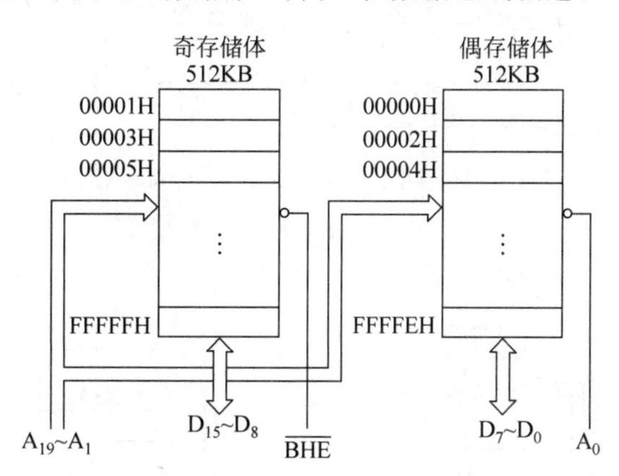

图 5-21　8086 的存储器组织

8086 微处理器的地址线 $A_{19} \sim A_1$ 同时送至两个存储体，$\overline{BHE}$(高位存储体)和最低位地址线 A_0 用来选择一个或两个存储体进行数据传送。$\overline{BHE}$和 A_0 的选择如表 5-5 所示。

表 5-5 $\overline{BHE}$和 A_0 的选择表

$\overline{BHE}$	A_0	特征
0	0	全字(规则字)传送
0	1	在数据总线高8位上进行字节传送
1	0	在数据总线低8位上进行字节传送
1	1	备用

8086 和主存之间可以传送一个字节(8位)数据,也可以传送一个字(16位)数据。任何两个连续的字节都可以作为一个字来访问,地址值较低的字节是低位有效字节,地址值较高的字节是高位有效字节。

图 5-22 给出了各种信息的传送方法:图 5-22(a)为偶地址字节传送,图 5-22(b)为奇地址字节传送;图 5-22(c)为偶地址字传送,图 5-22(d)和图 5-22(e)为奇地址字传送。从图中可以看出,对于规则字(边界对齐的偶地址字)进行读写,仅需一个存取周期;而对于非规则字(边界未对齐的奇地址字)进行读写,就需要两个存取周期,而且每次都应忽略掉不需要的半个字。

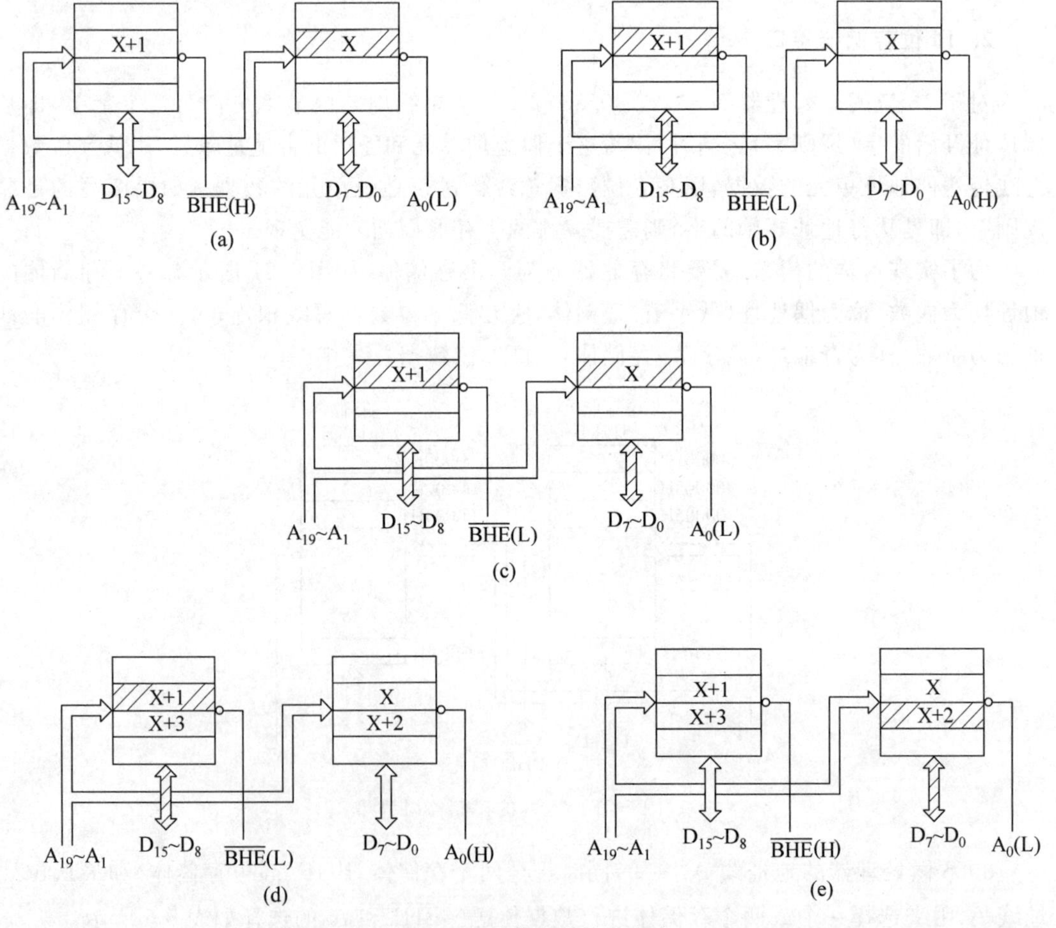

图 5-22 各种信息的传送方法

3. 32 位存储器接口

由于 80386/80486 微处理器要保持与 8086 等微处理器兼容，这就要求在进行存储器系统设计时必须满足单字节、双字节和四字节等不同访问。为了实现 8 位、16 位和 32 位数据的访问，80386/80486 微处理器设有 4 个引脚 $\overline{BE_3}\sim\overline{BE_0}$，以控制不同数据的访问。$\overline{BE_3}\sim\overline{BE_0}$ 由 CPU 根据指令的类型产生，其作用如表 5-6 所示。

表 5-6　$\overline{BE_3}\sim\overline{BE_0}$ 功能表

字节允许				要访问的数据位				自动重复
$\overline{BE_3}$	$\overline{BE_2}$	$\overline{BE_1}$	$\overline{BE_0}$	$D_{31}\sim D_{24}$	$D_{23}\sim D_{16}$	$D_{15}\sim D_8$	$D_7\sim D_0$	
1	1	1	0	—	—	—	$D_7\sim D_0$	N
1	1	0	1	—	—	$D_{15}\sim D_8$	—	N
1	0	1	1	—	$D_{23}\sim D_{16}$	—	$D_{23}\sim D_{16}$	Y
0	1	1	1	$D_{31}\sim D_{24}$	—	$D_{31}\sim D_{24}$	—	Y
1	1	0	0	—	—	$D_{15}\sim D_8$	$D_7\sim D_0$	N
1	0	0	1	—	$D_{23}\sim D_{16}$	$D_{15}\sim D_8$	—	N
0	0	1	1	$D_{31}\sim D_{24}$	$D_{23}\sim D_{16}$	$D_{31}\sim D_{24}$	$D_{23}\sim D_{16}$	Y
1	0	0	0	—	$D_{23}\sim D_{16}$	$D_{15}\sim D_8$	$D_7\sim D_0$	N
0	0	0	1	$D_{31}\sim D_{24}$	$D_{23}\sim D_{16}$	$D_{15}\sim D_8$	—	N
0	0	0	0	$D_{31}\sim D_{24}$	$D_{23}\sim D_{16}$	$D_{15}\sim D_8$	$D_7\sim D_0$	N

从表 5-6 中可以看出，在 8 位和 16 位数据传送中，当微处理器写入高字节或高 16 位数据时，该数据将在低字节或低 16 位数据线上重复输出。其目的是为了加快数据传送的速度，但是是否能够写入低字节或低 16 位单元，则由相应的 $\overline{BE_i}$ 决定。

32 位微处理器的存储器组织如图 5-23 所示。80386/80486 微处理器有 32 位地址线，但是直接输入 $A_{31}\sim A_2$，低两位 $A_1\sim A_0$ 由内部编码产生 $\overline{BE_3}\sim\overline{BE_0}$，以选择不同字节。主存由 4 个存储体组成，每个存储体的存储空间可达 1GB。如果要访问一个 32 位数，那么 4 个存储体都被选中；若要访问一个 16 位数，则有两个存储体（通常是 $\overline{BE_3}$ 和 $\overline{BE_2}$ 或者 $\overline{BE_1}$ 和 $\overline{BE_0}$）被选中；若访问的是 8 位数，只有一个存储体被选中。

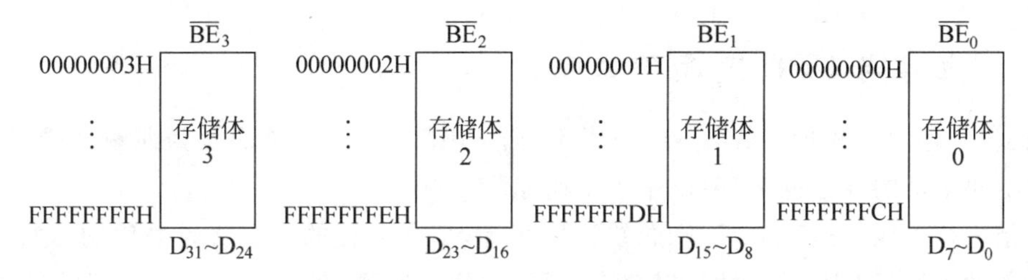

图 5-23　32 位微处理器的存储器组织

4. 64 位存储器接口

64 位存储器系统由 8 个存储体组成，每个存储体的存储空间为 512MB(Pentium)或

8GB(Pentium Pro),存储体选择通过选择信号$\overline{BE_7}$～$\overline{BE_0}$实现。如果要传送一个64位数,那么8个存储体都被选中;如果要传送一个32位数,那么4个存储体被选中;若要传送一个16位数,则有两个存储体被选中;若传送的是8位数,只有一个存储体被选中。

64位存储器组织与前述32位存储器组织相似,在此不再重复。图5-24给出了Pentium微处理器的地址总线与64、32、16和8位存储器的接口示意图。

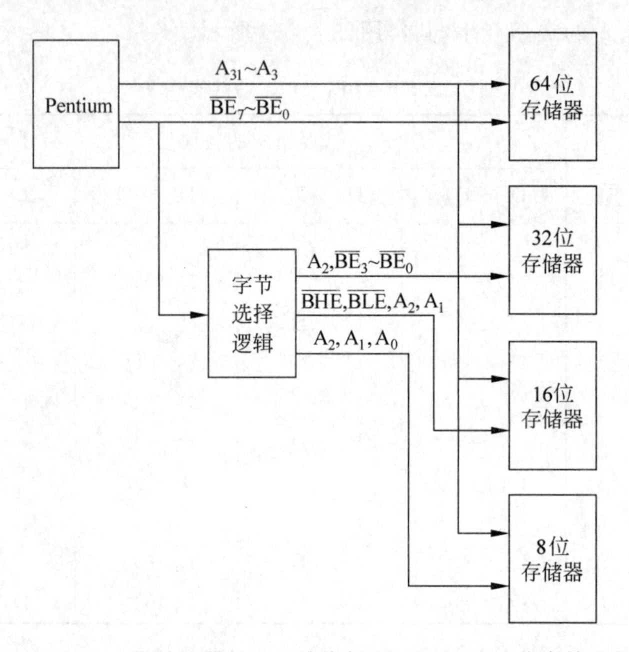

图5-24　Pentium微处理器的地址总线与64、32、16和8位存储器的接口

5.5　提高主存读写速度的技术

近几年来,主存技术一直在不断地发展,从最早使用的DRAM到后来的FPM DRAM、EDO DRAM、SDRAM、DDR SDRAM、DDR2 SDRAM、DDR3 SDRAM、DDR4 SDRAM和RDRAM,出现了各种主存控制与访问技术,它们的共同特点是使主存的读写速度有了很大的提高。

5.5.1　主存与CPU速度的匹配

过去,主存的速度通常以纳秒(ns)表示,而CPU速度总是被表示为兆赫兹(MHz),最近一些更快更新的主存也用MHz来表示速度。

如果主存总线的速度与CPU总线速度相等,那么主存的性能将是最优的。然而通常主存的速度落后于CPU的速度,以个人计算机(PC)为例,在1998年以前,DRAM的存取时间为60ns或更大,这相当于16.7MHz或更慢的速度,而当时CPU的速度已达到300MHz或更高的速度,两者之间存在着很大的差距,这就是为什么需要高速缓冲存储器(Cache)的原因。

当1GHz CPU要从133MHz主存读多个字节的数据时会出现大量的等待状态,所谓等待状态就是处理器在等待数据就绪之前必须执行的一个额外“什么都不做”的周期。由于主存周期为7.5ns,CPU周期为1ns,CPU需要执行6个等待周期,然后数据才会在第七个周期准备好。增加等待周期实际上是将CPU速度减慢至主存速度。为了减少所需的等待周期数,许多系统开始引入新型的存储芯片,这些存储芯片在存储器总线的性能已与CPU总线的性能相差无几。

5.5.2 FPM DRAM

传统的DRAM是通过分页技术进行访问的,在存取数据时,需要分别输入一个行地址和一个列地址,这会耗费时间。快速页模式随机存储器(Fast Page Mode DRAM,FPM DRAM)是传统DRAM的改进型产品,通过保持行地址不变而只改变列地址,可以对给定行的所有数据进行更快的访问。FPM DRAM的速度之所以能提高是基于这样一个事实——计算机中大量的数据是连续存放的。例如,若一个数据与前一个数据的行地址相同,主存控制器就不必再传一次行地址,只要再传一个列地址就可以了。这种触发行地址后连续输出列地址的方式能用较少的时钟周期读较多的数据,即存取同一“页”数据的速度与效率就大大提高了(行地址不变时,列地址可寻址的空间称为一“页”,一页通常为1024字节的整数倍)。

FPM DRAM还支持突发模式访问,所谓突发模式是指对一个给定的访问在建立行和列地址之后,可以访问后面3个相邻的地址,而不需要额外的延迟和等待状态。一个突发访问通常限制为4次正常访问。为了描述这个过程,经常以每次访问的周期数表示计时。一个标准DRAM的典型突发模式访问表示为x-y-y-y,x是第一次访问的时间(延迟加上周期数),y表示后面每个连续访问所需的周期数。标准的FPM DRAM可获得5-3-3-3的突发模式周期。

显然,FPMD RAM的这种工作方式需要存储芯片和主存控制器共同配合才能完成。在Pentium主板上,主存控制器被制作在主板的芯片组中。随着技术的成熟,FPM DRAM的访问时间也在不断缩短,从120ns缩短到60ns。

FPM DRAM内存条主要采用72线的SIMM封装,其存取速度一般为60~100ns。

5.5.3 EDO DRAM

扩展数据输出DRAM(Extended Data Output DRAM,EDO DRAM)是在FPM DRAM基础上加以改进的存储器控制技术。传统的DRAM和FPM DRAM在存取每一数据时,输入行地址和列地址后必须等待电路稳定,然后才能有效地读写数据,而下一个地址必须等待这次读写周期完成才能输出。而EDO输出数据在整个CAS周期都是有效的(包括预充电时间在内),EDO不必等待当前的读写周期完成即可启动下一个读写周期,即可以在输出一个数据的过程中准备下一个数据的输出。EDO DRAM采用一种特殊的主存读出控制逻辑,在读写一个存储单元时同时启动下一个(连续)存储单元的读写周期,从而节省了重选地址的时间,提高了读写速度。

EDO DRAM可获得5-2-2-2的突发模式周期,若进行4个主存传输,需要总共11个系统周期,而FPM DRAM的突发模式周期为5-3-3-3,总共需要14个周期。与FPM DRAM相比,EDO DRAM的性能改善了22%,而其制造成本与FPM DRAM相近。

FPM和EDO两者的芯片制作技术其实是相同的,不同的是EDO所增加的机制必须在芯片组的支持下将发送的数据信号的处理时间缩短,以加快系统的整体执行效率。EDO DRAM内存条主要采用72线的SIMM形式封装,也有少部分采用168线的DIMM封装,工作电压为5V,存取时间为50~70ns。

5.5.4 SDRAM

前面介绍的几种DRAM主存都属于"非同步存取的存储器",即它们的工作速度并没有和系统时钟同步,存取数据时,系统必须等待若干时钟周期才能接收和发送数据。例如,EDO DRAM必须等待2个时钟周期,FPM DRAM则必须等待3个时钟周期,这种等待制约了系统的数据传送速率。通常,FPM DRAM和EDO DRAM的速度不能超过66MHz。

同步动态随机存储器(Synchronous DRAM,SDRAM)是一种与主存总线运行同步的DRAM。SDRAM在同步脉冲的控制下工作,取消了主存等待时间,减少了数据传送的延迟时间,因而加快了系统速度。SDRAM仍然是一种DRAM,起始延迟仍然不变,但总的周期时间比FPM或EDO快得多。SDRAM突发模式可达到5-1-1-1,即进行4个主存传输,仅需8个周期,比EDO快将近20%。

SDRAM的基本原理是将CPU和RAM通过一个相同的时钟锁在一起,使得RAM和CPU能够共享一个时钟周期,以相同的速度同步工作。就是说,SDRAM在开始的时候要多花一些时间,但在以后,每1个时钟可以读写1个数据,做到了所有的输入输出信号与系统时钟同步。这已经接近主板上的同步Cache的3-1-1-1水准。一般来说,在系统时钟为66MHz时,SDRAM与EDO DRAM相比,显示不出其优点,但当系统时钟增加到100MHz以上,SDRAM的优点便很明显。

SDRAM采用新的双存储体结构,内含两个交错的存储矩阵,允许两个主存页面同时打开,当CPU从一个存储矩阵访问数据的同时,在主存控制器作用下另一个存储矩阵已准备好读写数据。通过两个存储矩阵的紧密配合,存取效率得到成倍提高。

SDRAM普遍采用168线的DIMM封装,速度通常以MHz来标定,为降低功耗,一般使用3.3V电压。SDRAM支持PC 66/100/133/150等不同的规范,表示其的工作频率分别为66MHz、100MHz、133MHz和150MHz,能与相应的CPU同步运行,可提高整机性能5%~10%。

5.5.5 DDR SDRAM

双数据传输率同步动态随机存储器(Double Data Rate SDRAM,DDR SDRAM)也可以说是SDRAM的升级版本,DDR SDRAM运用了更先进的同步电路,它与SDRAM的主要区别是:DDR SDRAM不仅能在时钟脉冲的上升沿读出数据而且还能在下降沿读出数据,不需要提高时钟频率就能加倍提高SDRAM的速度。

DDR SDRAM的频率可以用工作频率和等效传输频率两种方式表示,工作频率是内存颗粒实际的工作频率(又称核心频率),但是由于DDR可以在脉冲的上升沿和下降沿都传输数据,因此传输数据的等效传输频率是工作频率的两倍。由于外部数据总线的宽度为64位,所以数据传输率(带宽)等于等效传输频率×8。

DDR SDRAM基本上可完全沿用SDRAM现有的生产体系,其生产成本与SDRAM相差不大。DDR内存条的物理大小和标准的DIMM一样,区别仅在于内存条的线数。标准的SDRAM有168线(两个小缺口),而DDR SDRAM有184线(多出的16个线占用了空间,故只有1个小缺口)。DDR RDRAM可以工作在2.5V的低电压环境下。

DDR SDRAM的标准主要有DDR 200、DDR 266、DDR 333和DDR 400等,分别对应PC1600/PC2100/PC2700/PC3200几种规范,以DDR 266为例,它的工作频率为133MHz,等效传输频率为266MHz(133MHz×2),传输带宽为2.1GB/s(266×8)。

5.5.6 DDR2、DDR3、DDR4和DDR5 SDRAM

在DDR之后,内存的家族中又陆续出现了DDR2、DDR3、DDR4,DDR5的原型也已经面世。

1. DDR2 SDRAM

DDR2(Double Data Rate 2)SDRAM与上一代DDR SDRAM技术标准最大的不同在于,虽然同是采用了在时钟的上升沿和下降沿同时进行数据传输的基本方式,但DDR2 SDRAM却拥有两倍于上一代DDR SDRAM的预读取能力(即4位数据读预取)。换句话说,DDR2 SDRAM每个时钟能够以4倍于外部总线的速度读写数据,即在同样100MHz的工作频率下,DDR的实际频率为200MHz,而DDR2则可以达到400MHz。

目前,已有的DDR2分为DDR2 400、DDR2 533、DDR2 667、DDR2 800等,其核心频率分别为100MHz、133MHz、166MHz和200MHz,等效的数据传输频率分别为400MHz、533MHz、667MHz和800MHz,其对应的传输带宽分别为3.2GB/s、4.3GB/s、5.3GB/s和6.4GB/s,对应PC2 3200、PC2 4300、PC2 5300、PC2 6400几种规范。

DDR2内存条采用240线DIMM,工作电压1.8V,相对于DDR标准的2.5V下降了不少,从而降低了功耗和发热量。

2. DDR3 SDRAM

DDR3 SDRAM可以看作是DDR2的改进版,DDR2的预取设计位数是4位,即DRAM内核的频率只有接口频率的1/4,而DDR3的预取设计位数提升至8位,其DRAM内核的频率达到了接口频率的1/8。同样运行在200MHz核心工作频率下,DDR2的等效传输频率为800MHz,而DDR3的等效传输频率可以达到1600MHz。

依照JEDEC(电子设备工程联合委员会)的标准,DDR3在800~2133MHz下运行,这是DDR2频率的两倍。DDR3 SDRAM分为DDR3 800、DDR3 1066、DDR3 1333、DDR3 1600等,其核心频率仍分别为100MHz、133MHz、166MHz和200MHz,等效的数据传输频率分别为800MHz、1066MHz、1333MHz和1600MHz,其对应的传输带宽分别为6.4GB/s、8.6GB/s、10.6GB/s和12.8GB/s,对应PC3 6400、PC3 8600、PC3 10600、PC3 12800几种规范。

DDR3内存条仍采用240线DIMM,电压有标准版1.5V、节能版1.35V两种,相比DDR2来说可以节约大约16%的电能。目前,DDR3仍然被用作微机的内存条。

3. DDR4 SDRAM

2012年9月底,JEDEC正式公布了DDR4内存标准规范,由于数据预取的增加变得越来越困难,所以 DDR4 推出了 bank group 设计。每个 bank group 可独立读写数据,使得内部的数据吞吐率大大提升。DDR4 架构上采用了 8 位预取的 bank group 分组,包括使用 2 个或 4 个可选择的 bank group 分组,如果内存内部设计了 2 个独立的 bank group,相当于每次操作 16 位数据,变相的把内存预取值提高到 16 位,如果是 4 个独立的 bank group,相当于每次操作 32 位数据,变相的把内存预取值提高到 32 位。

DDR4 内存标准规定最低是 DDR4 1600,即从 1600MHz 开始运行,这将是 DDR3 频率的两倍。例如,DDR4 3200 的带宽为 25.6GB/s,比 DDR3 1866 高出了 70%。

DDR4 内存条的引脚数从 DDR3 的 240 线增加至 284 线,内存条的外观变化明显,金手指变成弯曲状,以保证与内存插槽点有足够的接触面,且中间的凸起部分与内存插槽产生足够的摩擦力以稳定内存。工作电压下降至 1.2V、1.1V,甚至有 1.05V 的超低压节能版。目前,DDR4 已成为主流微机的标准配置。

DDR SDRAM 内存的发展趋势如表 5-7 所示。

表 5-7 DDR SDRAM 内存的发展趋势

频率(MHz)	200	266	333	400	533	666	800	1066	1333	1600	1866	2133	2666	3200	4266
DDR	√	√	√	√											
DDR2				√	√	√	√	√							
DDR3							√	√	√	√	√	√			
DDR4										√	√	√	√	√	√

4. DDR5 SDRAM

目前,JEDEC 组织正在制订 DDR5 内存标准规范,DDR5 的原型也已经开始展示。4400MHz 对于 DDR5 来说可能只是起步,预计最终可以达到 6400MHz 左右,相比目前的 DDR4,频率提升了近一倍。DDR5 的变化不仅是频率的提高,因为允许加入内部 ECC 来制造 16Gb、32Gb 颗粒,单条容量也会大大提升。

根据业内人士预测,DDR5 内存预计将于 2020 年开始面向服务器和数据中心等企业用户供货,面向消费市场的 DDR5 内存则还需要等待支持 DDR5 内存的处理器和主板出现,才会正式商用,预计需要等到 2022 年。

5.5.7 Rambus DRAM

Rambus DRAM(RDRAM),是继 SDRAM 之后的新型高速动态随机存储器。由美国 Rambus 公司研发的 RDRAM 在内部结构上进行了重新设计,并采用了新的信号接口技术,其对外接口也不同于以前的 DRAM。该内存规范是 Intel 公司与 Rambus 公司共同定制的,旨在创造市面上最高速的内存产品。

使用 FPM/EDO 或 SDRAM 的传统主存系统称为宽通道系统,它们的主存通道和处理器的数据总线一样宽。RDRAM 却是一种窄通道系统,它一次只传输 16 位数据(加上两个可选的校验位),但速度却快得多。目前,RDRAM 的容量一般为 64Mb、72Mb、128Mb、144Mb,组织结构为 4M×16 位、4M×18 位、8M×16 位、8M×18 位(18 位的组织结构允许进行 ECC 检测)。

RDRAM 依靠其极高的工作频率,通过减少每个周期的数据量来简化操作。RDRAM 的时钟频率可达到 400MHz,由于采用双沿传输,使原有的 400MHz 变为 800MHz。Rambus 结构的带宽视 Rambus 通路的个数而定,若是单通路,800MHz 的 RDRAM 带宽为 800MHz×16b÷8=1.6GB/s,若是两个通路,则可提升为 3.2GB/s,若是 4 个通路的话,将达到 6.4GB/s。而 DDR 133 的带宽为 133MHz×64b÷8=1.06GB/s,DDR 266 则为 2.1GB/s。

由于是全新的设计,需要用 RIMM 插槽与芯片组配合。RDRAM 总线是一条经过总线上所有设备(RDRAM 芯片)和模块的连接线路,每个模块在相对的两端有输入和输出引脚,时钟信号需依次流过每个 RIMM 槽,然后再通过每个 RIMM 槽返回。因此,任何不含 RDRAM 芯片的 RIMM 插槽必须填入一个连接模块即 Rambus 终结器以保证路径是完整的。

Rambus 虽然具有高带宽的优势,但只有在采用 Pentium 4 后的高性能微机上这种优势才能得到适当的发挥。目前,RDRAM 主要有 300MHz、356MHz 和 400MHz 3 种速率的产品,更高速率(533MHz)的产品也已经开发成功。由于 RDRAM 的双沿传输等同于速率的加倍,所以常把上述 3 种速率的 RDRAM 称为 PC-600、PC-700(实际上是 PC-711)和 PC-800 主存。

此外,RDRAM 还有一个特点,就是它的行地址与列地址的寻址总线是各自分离的独立总线,这就意味着行与列的选址几乎在同一时间内进行,从而进一步提高了工作效率;也正因为拥有这一优势,使得 RDRAM 不仅可以弥补它在寻址时间上比传统的 SDRAM 慢的缺点,而且在实际工作中所表现出来的性能更好。

但是,Rambus 最终并没有得到市场的认可,究其原因,就是因为 Rambus 内存高昂的售价以及“巨大”的发热量,加上 Rambus DRAM 必须安装两条才能够使用,这就大大提高了这种内存的使用门槛。最终,Rambus DRAM 没有经受住市场的考验,被价格更低的 DDR SDRAM 踩在了脚下。

5.5.8 多通道内存技术

多通道内存技术是解决 CPU 总线带宽与内存带宽矛盾的低价、高性能方案,其实质上是一种多通道内存控制和管理技术,与内存自身无关。目前双通道内存技术和三通道内存技术已在微机上广泛使用,四通道内存技术也已经出现,只不过目前价格还非常昂贵,大多在服务器和工作站中运用。

1. 双通道内存技术

双通道内存技术,就是在北桥芯片组里制作两个内存控制器,这两个内存控制器是可以相互独立工作的。在这两个内存通道上,CPU 可以分别寻址、读取数据,从而可以使内存的带宽增加一倍,理论上数据存取速度也相应增加一倍。

双通道 DDR 有两个 64 位内存控制器,双 64 位内存体系所提供的带宽等同于一个 128 位内存体系所提供的带宽,但是二者所达到效果却是不同的。因为双通道体系的两个内存控制器是独立的、具备互补性的智能内存控制器,两个内存控制器都能够在彼此间零等待时间的情况下同时运行。例如,当控制器B准备进行下一次存取内存的时候,控制器A就在读写主内存,反之亦然。两个内存控制器的这种互补"天性",可以让有效等待时间缩减50%,从而使内存的带宽翻了一番。

由于双通道内存技术将内存位宽扩大到128位,如使用双通道DDR 400内存,其内存带宽为400MHz×128b÷8=6.4GB/s;如使用双通道DDR2 800内存,其内存带宽将达到800MHz×128b÷8=12.8GB/s。

打开双通道模式必须要主板的北桥芯片或处理器支持。早期,双通道技术对内存条的要求十分严苛,两条规格(容量、时钟频率、延迟、颗粒、品牌、周期)必须相同。现在由于采用了不对称双通道(即采用了两个统一定址空间的存储器控制器),所以可以支持使用两条不同规格的内存条。

并非有支持双通道的主板上安装两条内存条就能运行工作,还需要正确的安装。只有当两组通道上都同时安装了内存条时,才能使内存工作在双通道模式下,否则只能工作在单通道模式。由于各家主板不同,因此必须要按照主板说明书以正确方式安装。

2. 三通道内存技术

随着Intel Core i7平台发布,三通道内存技术应运而生。Core i7处理器抛弃了前端总线而采用QPI总线,同时将内存控制从北桥中成功转移到CPU中,内存与处理器之间采用点对点连接设计,内存里的数据可由内存总线直接传送给处理器,使得内存读取延迟大幅减少。

三通道内存技术实际上是双通道内存技术的后续技术发展,三通道将内存总线位宽扩大到了64b×3=192b,同时采用DDR3 1333内存,因此其内存总线带宽达到了1333MHz×192b÷8=32GB/s,内存带宽得到巨大的提升。三通道内存的理论性能也能比同频率双通道内存提升50%以上。

对于支持三通道内存的主板,无论是4根内存插槽还是6根内存插槽的产品,要想实现三通道模式,只要将同色的三根内存插槽插上内存条即可,系统便会自动识别并进入三通道模式。但是,如果插上非3条或者非6条的内存,系统会自动进入单通道模式。

5.6 多体交叉存储技术

目前,主存的存取速度已成为计算机系统的瓶颈,除去通过寻找高速元件来提高访问速度外,也可以采用多个存储器并行工作,并且用交叉访问技术来提高存储器的访问速度。

5.6.1 并行访问存储器

常规的主存是单体单字存储器,只包含一个存储体。在高速的计算机中,普遍采用并行主存系统,即在一个存取周期内可以并行读出多个字,依靠整体信息吞吐率的提高,以解决CPU与主存之间的速度匹配问题。

多个并行工作的存储器共有一套地址寄存器和译码电路,按同一地址并行地访问各自的对应单元。例如,CPU送出地址A,则n个存储器中的所有A单元同时被选中。假设每个存储器的字长为w位,则同时访问$n \times w$位。也可以将这n个存储器看作一个大存储器,

一次访问 n 个字，故称为单体多字并行存储系统，如图 5-25 所示。

并行访问存储器按地址在一个存取周期内可读出 $n \times w$ 位的指令或数据，使主存带宽提高 n 倍。显然，采用这种方法的前提是：指令和数据在主存中必须是连续存放的，一旦遇到转移指令，或者操作数不能连续存放，这种方法的效果就不明显了。并行访问存储器的主要缺点是访问主存的冲突大。

5.6.2 交叉访问存储器

交叉访问存储器中有多个容量相同的存储模块（存储体），而且各存储模块具有各自独立的地址寄存器、读写电路和数据寄存器，这就是多体系统。各个存储体能并行工作，又能交叉工作。

多体交叉访问存储器如图 5-26 所示。存储器地址寄存器的低位部分经过译码选择不同的存储体，而高位部分则指向存储体内的存储字。现以由 4 个分体组成的多体交叉存储器为例，说明常用的编址方式。4 个分体 M_0、M_1、M_2、M_3 的编址序列如表 5-8 所示，称之为模 4 交叉编址序列。

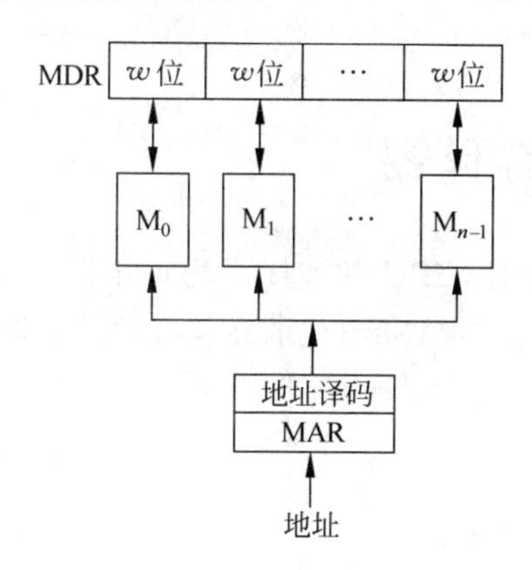

图 5-25 单体多字并行存储系统

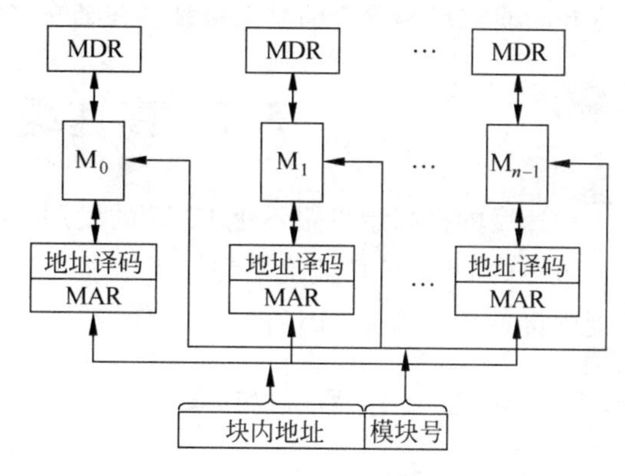

图 5-26 多体交叉访问存储器

表 5-8 模 4 交叉编址序列

模 块 号	地址编址序列	对应二进制地址的最低两位
M_0	$0,4,8,12,\cdots,4i+0,\cdots$	00
M_1	$1,5,9,13,\cdots,4i+1,\cdots$	01
M_2	$2,6,10,14,\cdots,4i+2,\cdots$	10
M_3	$3,7,11,15,\cdots,4i+3,\cdots$	11

在这种交叉存储器中，连续的地址分布在相邻的存储体中，而同一存储体内的地址都是不连续的。这种编址方式又称为横向编址。

多体交叉访问存储器采用分时启动的方法，可以在不改变每个模块存取周期的前提下，提高整个主存的速度。例如，有 4 个模块，在第一个存储周期的开始时刻启动模块 M_0，在 $\frac{T_m}{4}$、$\frac{T_m}{2}$、$\frac{3T_m}{4}$ 时刻分别启动模块 M_1、M_2、M_3，图 5-27 示意了模 4 交叉存取的时间关系。在 4 个分体完全并行的理想情况下，整个主存的有效周期缩小到原来模块存取周期的 $\frac{1}{4}$，数据传送的平均速度提高到原来的4倍。

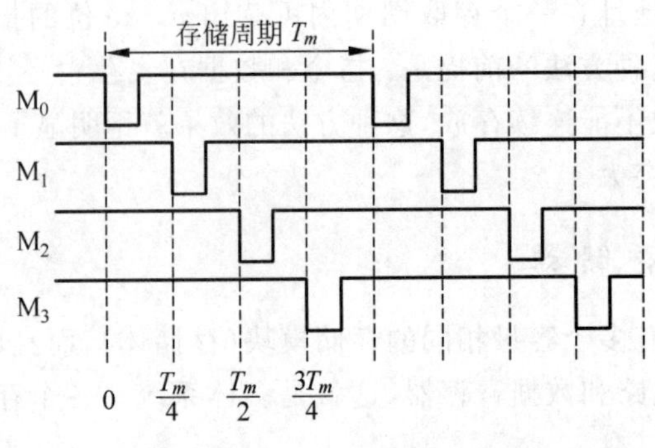

图5-27　模4交叉存取分时工作

但是在实际应用中,当出现数据相关和程序转移时,将破坏并行性,不可能达到上述理想值。

注意:交叉访问存储器要求存储体的个数是2的整数幂,即必须是2、4、8、16…个,而且任一分体出现故障都将影响整个地址空间的所有区域。

5.7　高速缓冲存储器

主存速度的提高始终跟不上CPU的发展。据统计,CPU的速度平均每年提高60%,而组成主存的DRAM的速度平均每年只改进7%。由SRAM组成的高速缓冲存储器的运行速度则接近甚至等于CPU的速度。

5.7.1　高速缓存工作原理

1. 程序的局部性原理

程序的局部性有两个方面的含义:时间局部性和空间局部性。时间局部性是指如果一个存储单元被访问,则可能该单元会很快被再次访问。这是因为程序存在着循环。空间局部性是指如果一个存储单元被访问,则该单元邻近的单元也可能很快被访问。这是因为程序中大部分指令是顺序存储、顺序执行的,数据一般也是以向量、数组、树、表等形式簇聚地存储在一起的。

高速缓冲技术就是利用程序的局部性原理,把程序中正在使用的部分存放在一个高速的容量较小的Cache中,使CPU的访存操作大多数针对Cache进行,从而使程序的执行速度大大提高。

2. Cache的基本结构

图5-28给出了Cache的基本结构。Cache和主存都被分成若干个大小相等的块,每块由若干字节组成。由于Cache的容量远小于主存的容量,所以Cache中的块数要远少于主存中的块数,它保存的信息只是主存中最急需执行的若干块的副本。用主存地址的块号字段访问Cache标记,并将取出的标记和主存地址的标记字段相比较,若相

等，说明访问 Cache 有效，称 Cache 命中；若不相等，说明访问 Cache 无效，称 Cache 不命中或失效。

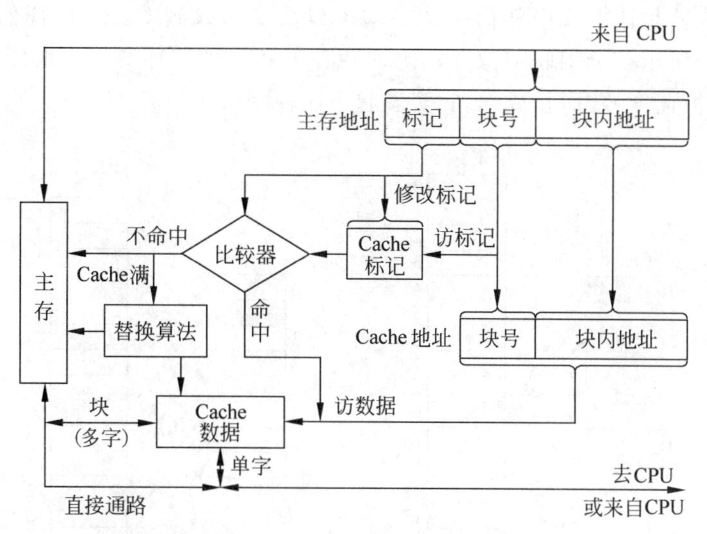

图 5-28　Cache 的基本结构

5.7.2　Cache 的读写操作

1. Cache 的读操作

当 CPU 发出读请求时，如果 Cache 命中，就直接对 Cache 进行读操作，与主存无关；如果 Cache 不命中，则仍需访问主存，并把该块信息一次从主存调入 Cache 内。若此时 Cache 已满，则必须根据某种替换算法，用这个块替换掉 Cache 中原来的某块信息。

2. Cache 的写操作

由于 Cache 中保存的只是主存的部分副本，这些副本与主存中的内容能否保持一致，是 Cache 能否可靠工作的一个关键问题。当 CPU 发出写请求时，如果 Cache 命中，有可能会遇到 Cache 与主存中的内容不一致的问题。例如，由于 CPU 写 Cache，把 Cache 某单元中的内容从 X 修改成了 X′，而主存对应单元中的内容仍然是 X，没有改变。所以如果 Cache 命中，需要进行一定的写处理，处理的方法有：写直达法和写回法，详见 5.7.5 节。

如果写 Cache 不命中，就直接把信息写入主存，并有两种处理方法：

① 不按写分配法，即只把所要写的信息写入主存。

② 按写分配法，即在把所要写的信息写入主存后还把这个块从主存中读入 Cache。

5.7.3　地址映像

在 Cache 中，地址映像是指把主存地址空间映像到 Cache 地址空间，也就是把存放在主存中的程序按照某种规则装入 Cache 中。地址映像的方法有 3 种：全相联映像、直接映像和组相联映像。

1. 全相联映像

全相联映像就是让主存中任何一个块均可以映像装入到Cache中任何一个块的位置上,如图5-29(a)所示。全相联映像方式比较灵活,Cache的块冲突概率最低、空间利用率最高,但是地址变换速度慢,而且成本高,实现起来比较困难。

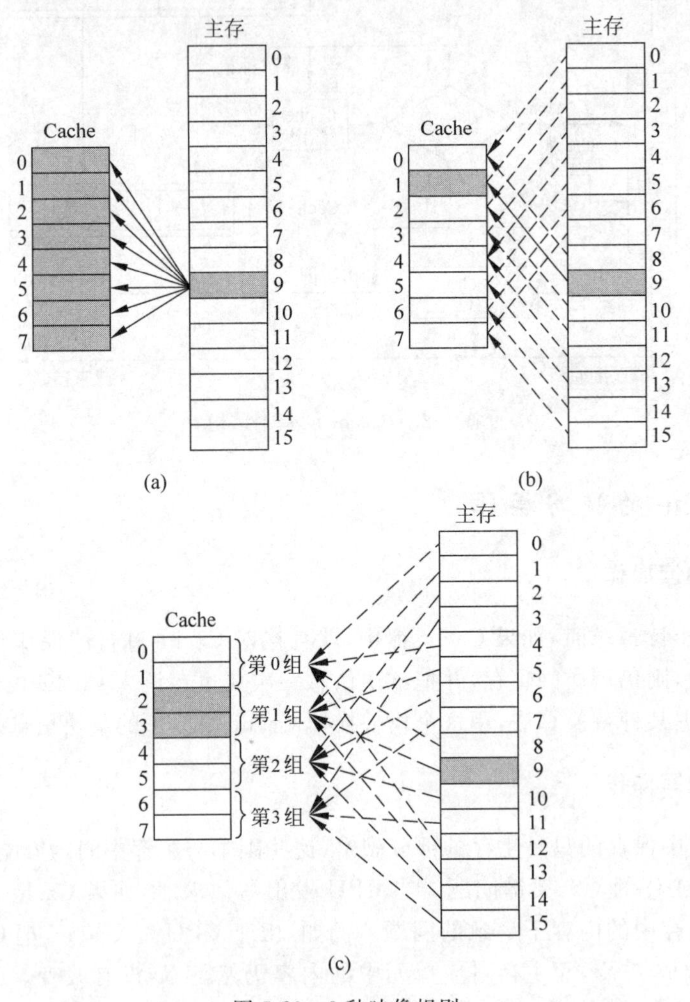

图5-29　3种映像规则

2. 直接映像

直接映像是指主存中的每一个块只能被放置到Cache中唯一的一个指定位置,若这个位置已有内容,则产生块冲突,原来的块将无条件地被替换出去。直接映像方式是最简单的地址映像方式,成本低,易实现,地址变换速度快,而且不涉及其他两种映像方式中的替换算法问题。但是,这种方式不够灵活,Cache的块冲突概率最高,空间利用率最低。

直接映像规则如图5-29(b)所示。例如,主存的第0块、第8块,只能映像到Cache的第0块;而主存的第1块、第9块,只能映像到Cache的第1块;等等。直接映像的关系可定义为：

$$K = I \bmod 2^c$$

式中，K 为 Cache 的块号；I 为主存的块号；2^c 为 Cache 块数。

3. 组相联映像

组相联映像将 Cache 空间分成大小相同的组，让主存中的一块直接映像装入 Cache 中对应组的任何一块位置上，即组间采取直接映像，而组内采取全相联映像。

当组相联映像中组内的块容量为 1 时，就转化为直接映像；当组内的块容量为 Cache 的容量时，就转化为全相联映像。因此，组相联映像实际上是全相联映像和直接映像的折中方案，其优点和缺点介于全相联和直接映像方式的优缺点之间。

组相联映像规则如图 5-29(c)所示。Cache 分为 4 组，每组 2 块。主存的第 9 块将可以映像到 Cache 第 1 组的位置上。组相联映像的关系可以定义为：

$$J = I \bmod Q$$

式中，J 为 Cache 的组号；I 为主存的块号；Q 为 Cache 的组数。

5.7.4 替换算法

在采用全相联映像和组相联映像方式从主存向 Cache 传送一个新块，而 Cache 中的空间已被占满时，就需要把原来存储的一块替换掉。常用的替换算法有下述 3 种。

1. 随机算法

最简单的替换算法是随机方法。随机法完全不管 Cache 块过去、现在及将来的使用情况，简单地根据一个随机数，选择一块替换掉。

2. 先进先出(FIFO)算法

FIFO 算法的思想是：按调入 Cache 的先后决定淘汰的顺序，即在需要更新时，将最先进入 Cache 的块作为被替换的块。这种方法要求为每块做一记录，记下它们进入 Cache 的先后次序。这种方法容易实现，而且系统开销小。其缺点是可能会把一些需要经常使用的程序块(如循环程序)也作为最早进入 Cache 的块替换掉。

3. 近期最少使用(LRU)算法

LRU 算法是把 CPU 近期最少使用的块作为被替换的块。这种替换方法需要随时记录 Cache 中各块的使用情况，以便确定哪个块是近期最少使用的块。LRU 算法相对合理，但实现起来比较复杂，系统开销较大。通常需要对每一块设置一个称为“年龄计数器”的硬件或软件计数器，用于记录其被使用的情况。

5.7.5 更新策略

为了解决 Cache 与主存中内容不一致问题，首先要选择合适的 Cache 更新策略。Cache 有两种更新策略：写直达法和写回法。

写直达法是指 CPU 在执行写操作时，必须把数据同时写入 Cache 和主存。当某一块需要替换时,也不必把这一块写回到主存中,新调入的块可以立即把这一块覆盖。这种方法实现简单,而且能随时保持主存数据的正确性,但可能增加多次不必要的主存写入,会降低存取速度。

写回法是指CPU在执行写操作时,被写数据只写入Cache,不写入主存。仅当需要替换时,才把已经修改过的Cache块写回到主存。在采用这种更新策略的Cache块表中,一般有一个标志位(称为“脏”位),当一块中的任何一个单元被修改时,标志位被置“1”。在需要替换掉这一块时,如果标志位为“1”(表示该块数据已经“脏”了),则必须先把这一块写回到主存中之后,才能再调入新的块;如果标志位为“0”(表示该块数据还是干净的),则这一块不必写回主存,只要用新调入的块覆盖掉这一块即可。这种方法操作速度快,但因主存中的字块未及时修改而有可能出错。

5.7.6 微机中Cache技术的实现

Cache刚出现时,典型系统中只有一个Cache,而近年来的微机系统中普遍采用了多个Cache。多个Cache的含义有两方面:一是增加Cache的级数;二是将统一的Cache变成分开的Cache。下面以PC机为例介绍Cache技术的实现。

1. 单一缓存和多级缓存

所谓单一缓存,顾名思义是在CPU和主存之间只设一个Cache。80386以前的CPU只有外部的Cache。

随着集成电路技术的发展,Cache被直接与CPU制作在同一个芯片内,称为一级Cache(L1 Cache),又称片内Cache。L1 Cache总是以CPU的核心速度运行,是所有系统中最快的高速缓存。CPU直接访问L1 Cache,不必占用外部总线,而且L1 Cache与CPU之间的数据通路很短,所以大大提高了存取速度,但L1 Cache容量较小,一般仅为几十KB。而此时安装在主板上的Cache则称为L2 Cache(二级缓存),L2 Cache以主板速度运行,可以有较大的容量,从256KB到2MB不等。从Pentium Pro和PentiumⅡ微处理器开始,将L2 Cache和CPU封装在一起,最初速度为CPU核心速度的一半、五分之二或三分之一。后来,大多数CPU芯片内都同时集成了L1和L2 Cache,并都能以全核心速度运行,被称为片内两级Cache设计。之后,为读取L2 Cache后未命中的数据又设计了L3 Cache,在拥有三级缓存的CPU中,只有约5%的数据需要从内存中调用,这进一步提高了CPU的效率,一开始L3 Cache是外置的,到2012年以后都是内置的,即将L3 Cache也封装在处理器盒内。目前,主流CPU的L2 Cache一般为512KB到6MB不等,L3 Cache一般为3MB到24MB不等。

多级Cache的技术难度和制造成本是相对递减的,所以其容量也是相对递增的。CPU访存时首先查找L1 Cache,如果L1 Cache不命中,则访问L2 Cache……直到所有级别的Cache都不命中时,才访问主存。假设,在拥有两级Cache的CPU中,读取L1 Cache的命中率为80%,读取L2的命中率也在80%(从L2读到有用的数据占总数据的16%),剩下的数据就不得不从主存中调用了,但这只占总数据的4%。

2. 统一缓存和分开缓存

统一缓存是指指令和数据都存放在同一个 Cache 中。而分开缓存是指指令和数据分别存放在两个 Cache 中,一个称为指令 Cache,另一个称为数据 Cache。

80486 及其以前的微处理器都只有统一缓存,由于 Pentium 开始采用流水线控制技术,所以必须将指令和数据的 Cache 分开,以满足指令预取和指令执行并行的需要,否则将可能出现取指和执行过程对统一缓存的争用。目前,绝大多数 CPU 中的 L1 Cache 都将指令 Cache 和数据 Cache 分开,成为典型的哈佛结构。一般情况下,L1 数据 Cache 和 L1 指令 Cache 的容量相同,二者分别用来存放数据和指令,并对执行这些数据的指令进行即时解码。例如,AMD 的 Athlon XP 就具有 64KB 的 L1 数据 Cache 和 64KB 的 L1 指令 Cache,其 L1 Cache 就以 64KB+64KB 来表示。但 Pentium 4 的 L1 Cache 有点特殊,它使用新增加的一种一级追踪缓存(Execution Trace Cache,ETC)来替代指令 Cache,容量为 12KμOps(表示能存储 12K 条微指令,有关微指令的概念将在第 6 章中详细讨论),而其数据 Cache 只有 8KB,故其一级缓存就以 8KB+12KμOps 表示。

一级追踪缓存与一级指令缓存的运行机制是不相同的,一级追踪缓存能将微指令储存在一级追踪缓存之内,所以有效地增加了高工作频率下对指令的解码能力。

注意: *在这里 12KμOps 绝对不等于 12KB,二者单位不同,运行机制不同,简单相加得出 L1 Cache 容量的看法是完全错误的。*

除去 L1 Cache 以外,L2 Cache 和 L3 Cache 都只存储数据。

5.8 虚拟存储器

虚拟存储器由主存储器和联机工作的辅助存储器(通常为磁盘存储器)共同组成,这两个存储器在硬件和系统软件的共同管理下工作,对于应用程序员,可以把它们看作一个单一的存储器。

5.8.1 虚拟存储器的基本概念

虚拟存储器将主存或辅存的地址空间统一编址,形成一个庞大的存储空间。在这个大空间里,用户可以自由编程,完全不必考虑程序在主存是否装得下以及这些程序将来在主存中的实际存放位置。

用户编程的地址称为虚地址或逻辑地址,实际的主存单元地址称为实地址或物理地址。显然,虚地址要比实地址大得多。

在实际的物理存储层次上,所编程序和数据在操作系统管理下,先送入磁盘,然后操作系统将当前运行所需要的部分调入主存,供 CPU 使用,其余暂不运行部分留在磁盘中。

程序运行时,CPU 以虚地址来访问主存,由辅助硬件找出虚地址和实地址之间的对应关系,并判断这个虚地址指示的存储单元内容是否已装入主存。如果已在主存中,则通过地址变换,CPU 可直接访问主存的实际单元;如果不在主存中,则把包含这个字的一页或一个程序段调入主存后再由 CPU 访问。如果主存已满,则由替换算法从主存中将暂不运行的一页或一段调回辅存,再从辅存调入新的一页或一段到主存。从原理的角度看,虚拟存储器和Cache-主存有不少相同之处。事实上,前面提到的各种方法是先应用于虚拟存储器中,后来才发展到Cache-主存层次中的。

5.8.2 页式虚拟存储器

以页为基本单位的虚拟存储器称为页式虚拟存储器。各类计算机页面大小不等,一般为512B到几KB。主存空间和虚存空间都划分成若干个大小相等的页。主存即实存的页称为实页,虚存的页称为虚页。

程序虚地址分为两个字段:高位字段为虚页号,低位字段为页内地址。虚地址到实地址之间的变换是由页表来实现的。页表是一张存放在主存中的虚页号和实页号的对照表,记录着程序的虚页调入主存时被安排在主存中的位置。若计算机采用多道程序工作方式,则可为每个用户作业建立一个页表,硬件中设置一个页表基址寄存器,存放当前所运行程序的页表的起始地址。

页表中的每一行记录了与某个虚页对应的若干信息,包括虚页号、装入位和实页号等。页表基址寄存器和虚页号拼接成页表索引地址。根据这个索引地址可读到一个页表信息字,然后检测页表信息字中装入位的状态。若装入位为"1",则表示该页面已在主存中,将对应的实页号与虚地址中的页内地址相拼接就得到了完整的实地址;若装入位为"0",则表示该页面不在主存中,于是要启动I/O系统,把该页从辅存中调入主存后再供CPU使用。图5-30给出了页式虚拟存储器的虚-实地址的变换过程。

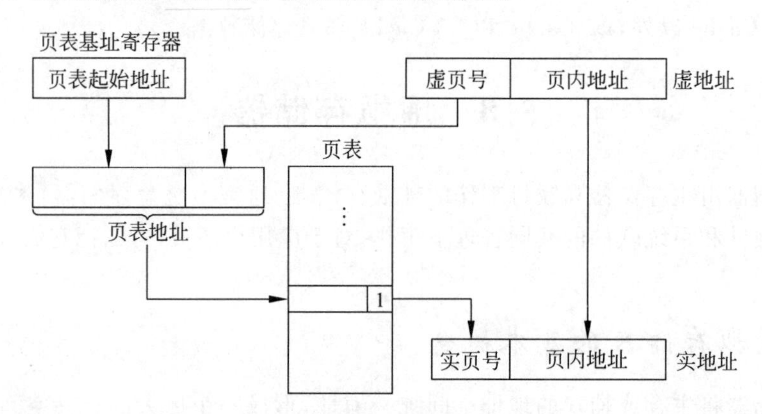

图5-30 页式虚拟存储器的虚-实地址变换

从上述地址转换过程可知,CPU访存时首先要查页表,为此需要访问一次主存,若不命中,还要进行页面替换和页表修改,则访问主存的次数就更多了。

页式虚拟存储器的每页长度是固定的,页表的建立很方便,新页的调入也容易实现。但是,由于程序不可能正好是页面的整倍数,最后一页的零头将无法利用而造成浪费。同时,页不是逻辑上独立的实体,使得程序的处理、保护和共享都比较麻烦。

5.8.3 段式虚拟存储器

段式虚拟存储器中的段是按照程序的逻辑结构划分的,各个段的长度因程序而异。为了把程序虚地址变换成主存实地址,需要一个段表。段表中每一行记录了某个段对应的若干信息,包括段号、装入位、段起点和段长等。段表一般驻留在主存中。若装入位为"1",则表示该段已调入主存；若装入位为“0”，则表示该段不在主存中。由于段的大小可变，所以在段表中要给出各段的起始地址与段的长度。段表实际上是程序的逻辑结构段与其在主存中所存放的位置之间的关系对照表，如图 5-31 所示。

程序空间 长度　主存实空间 地址

段1 1K　段1 0000H
段2 2K　段5 0400H
段3 3K　0C00H
段4 1K　段3 1400H
段5 2K　1FFFH

段表

段号	段起点	装入位	段长
1	0000H	1	1K
2		0	
3	1400H	1	3K
4		0	
5	0400H	1	2K

图 5-31　程序在主存中的分配及其段表

编程使用的虚地址包含两部分：段号和段内地址。段式虚拟存储器的虚-实地址的变换过程如图 5-32 所示。CPU 根据虚地址访存时，首先将段号与段表的起始地址相拼接，形成访问段表对应行的地址，然后根据段表内装入位判断该段是否已调入主存。若已调入主存，从段表读出该段在主存中的起始地址，与段内地址（偏移量）相加，得到对应的主存实地址。

由于段的分界与程序的自然分界相对应，所以具有逻辑独立性，易于程序的编译、管理、修改和保护，也便于多道程序共享。但是，因为段的长度参差不齐，起点和终点不定，给主存空间分配带来了麻烦；容易在段间留下不能利用的零头，造成浪费。

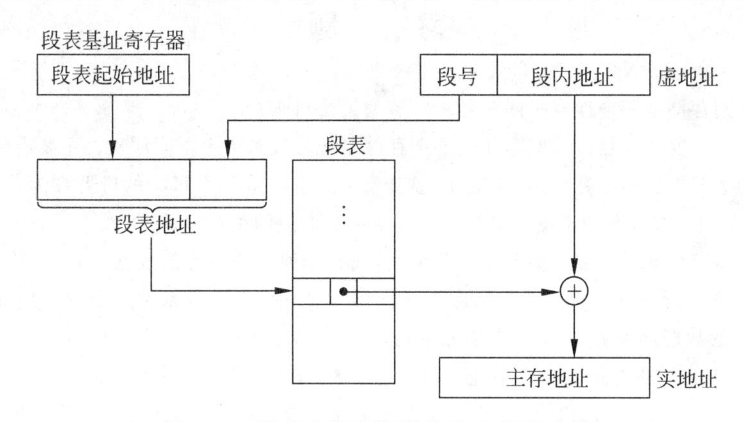

图 5-32　段式虚拟存储器的虚-实地址变换

5.8.4　段页式虚拟存储器

在段式、页式存储器的基础上，还有一种段页式虚拟存储器。将程序按其逻辑结构分段，每段再划分为若干大小相等的页；主存空间也划分为若干同样大小的页。虚存和实存之间以页为基本传送单位，每个程序对应一个段表，每段对应一个页表。CPU 访问时，虚地址包含段号、段内页号、页内地址 3 部分。首先将段表起始地址与段号合成，得到段表地址；然后从段表中取出该段的页表起始地址，与段内页号合成，得到页表地址；最后从页表中取出实页号，与页内地址拼接形成主存实地址。段页式存储器综合了前两种结构的优点，但要经过两级查表才能完成地址转换，费时要多些。

段页式虚拟存储器将存储空间按逻辑模块分成段，每段又分成若干个页，访存通过一个段表和若干个页表进行。段的长度必须是页长的整数倍，段的起点必须是某一页的起点。

5.8.5 快表与慢表

在虚拟存储器中,如果不采取有效的措施,访问主存的速度将要降低几倍,这是因为在页式或段式虚拟存储器中,必须先查页表或段表;在段页式虚拟存储器中,既要查段表也要查页表。

要想使访问虚存的速度接近于访问主存的速度,必须加快查表的速度。由于程序在执行过程中具有局部性的特点,因此对页表的访问并不完全是随机的。在一段时间内,对页表的访问只是局限在少数几个存储器字内。为了将访问页表的时间降低到最低限度,许多计算机将页表分为快表和慢表两种。将当前最常用的页表信息存放在一个小容量的高速存储器中,称为"快表"(TLB),当快表中查不到时,再从存放在主存中的页表中查找实页号。与快表相对应,存放在主存中的页表称为"慢表"。快表只是慢表的一个副本,而且只存放了慢表中很少的一部分。

实际上,快表与慢表也构成了一个由两级存储器组成的存储系统,其访问速度接近于快表的速度,存储容量是慢表的容量。快表容量很小(几十个字),速度高,采用相联方式,按内容访问。

习　题

5-1　如何区别存储器和寄存器?两者是一回事的说法对吗?

5-2　存储器的主要功能是什么?为什么要把存储系统分成若干个不同层次?主要有哪些层次?

5-3　在一个字节编址的计算机中,假定 int 型变量 i 的地址为 0200H,i 的机器数为 01234567H,请用表格的方式分别列出大端方案和小端方案情况下各个字节对应的主存地址。

5-4　某机存储字长 64 位,主存储器按字节编址,现有 4 种不同长度的数据:字节、半字(16 位)、单字(32 位)、双字(64 位),请采用一种既节省存储空间,又能保证任一个数据都在单个存取周期中完成读写的方法,将不同长度的数据存入主存(采用大端方案)。

(1) 写出不同长度数据存放在主存中地址的限定要求(即第一个字节的地址)。

(2) 画出将字节、双字、半字、单字、字节 5 个数据依次存放在主存中的示意图(不能改变顺序)。

5-5　动态 RAM 为什么要刷新?一般有几种刷新方式?各有什么优缺点?

5-6　一般存储芯片都设有片选端$\overline{CS}$,它有什么用途?

5-7　DRAM 芯片和 SRAM 芯片通常有何不同?

5-8　有哪几种只读存储器?它们各自有何特点?

5-9　说明存取周期和存取时间的区别。

5-10　一个 1K×8 的存储芯片需要多少根地址线、数据输入线和输出线?

5-11　某计算机字长为 32 位,其存储容量是 64KB,按字编址的寻址范围是多少?若主存以字节编址,试画出主存字地址和字节地址的分配情况。

5-12　一个容量为 16K×32 的存储器,其地址线和数据线的总和是多少?当选用下列不同规格的存储芯片时,各需要多少片?

1K×4,2K×8,4K×4,16K×1,4K×8,8K×8

5-13　现有 1024×1 的存储芯片,若用它组成容量为 16K×8 的存储器。试求:

(1) 实现该存储器所需的芯片数量。

(2) 若将这些芯片分装在若干块板上,每块板的容量为 4K×8,该存储器所需的地址线总位数是多少?

其中几位用于选板？几位用于选片？几位用作片内地址？

5-14　已知某计算机字长8位，现采用半导体存储器作主存，其地址线为16位，若使用1K×4的SRAM芯片组成该机所允许的最大主存空间，并采用存储模板结构形式。

（1）若每块模板容量为4K×8，共需多少块存储模板？

（2）画出一个模板内各芯片的连接逻辑图。

5-15　某半导体存储器容量16K×8，可选SRAM芯片的容量为4K×4；地址总线A_{15}～A_0（A_0为最低位），双向数据总线D_7～D_0（D_0为最低位），由$R/\overline{W}$线控制读写。设计并画出该存储器的逻辑图，并注明地址分配、片选逻辑及片选信号的极性。

5-16　现有如下存储芯片：2K×1的ROM、4K×1的RAM、8K×1的ROM。若用它们组成容量为16KB的存储器，前4KB为ROM，后12KB为RAM，CPU的地址总线16位。

（1）各种存储芯片分别用多少片？

（2）正确选用译码器及门电路，并画出相应的逻辑结构图。

（3）指出有无地址重叠现象。

5-17　用容量为16K×1的DRAM芯片构成64KB的存储器。

（1）画出该存储器的结构框图。

（2）设存储器的读写周期均为0.5μs，CPU在1μs内至少要访存一次，试问采用哪种刷新方式比较合理？相邻两行之间的刷新间隔是多少？对全部存储单元刷新一遍所需的实际刷新时间是多少？

5-18　有一个8位机，采用单总线结构，地址总线16位（A_{15}～A_0），数据总线8位（D_7～D_0），控制总线中与主存有关的信号有$\overline{MREQ}$（低电平有效允许访存）和$R/\overline{W}$（高电平为读命令，低电平为写命令）。

主存地址分配如下：从0～8191为系统程序区，由ROM芯片组成；从8192～32767为用户程序区；最后（最大地址）2K地址空间为系统程序工作区（上述地址均用十进制表示，按字节编址）。

现有如下存储芯片：8K×8的ROM，16K×1、2K×8、4K×8、8K×8的SRAM。从上述规格中选用芯片设计该机主存储器，画出主存的连接框图，并注意画出片选逻辑及与CPU的连接。

5-19　某半导体存储器容量为15KB，其中固化区为8KB，可选EPROM芯片为4K×8；可随机读写区为7KB，可选SRAM芯片有：4K×4、2K×4、1K×4。地址总线A_{15}～A_0（A_0为最低位），双向数据总线D_7～D_0（D_0为最低位），$R/\overline{W}$为控制读写，$\overline{MREQ}$为低电平时允许存储器工作信号。设计并画出该存储器逻辑图，注明地址分配、片选逻辑、片选信号极性等。

5-20　某计算机地址总线16位A_{15}～A_0（A_0为最低位），访存空间64KB。外围设备与主存统一编址，I/O空间占用FC00～FFFFH。现用2164芯片（64K×1）构成主存储器，设计并画出该存储器逻辑图，并画出芯片地址线、数据线与总线的连接逻辑以及行选信号与列选信号的逻辑式，使访问I/O时不访问主存。动态刷新逻辑可以暂不考虑。

5-21　已知有16K×1的DRAM芯片，其引脚功能如下：地址输入A_6～A_0，行地址选择$\overline{RAS}$，列地址选择$\overline{CAS}$，数据输入端D_{in}，数据输出端D_{out}，控制端$\overline{WE}$。请用给定芯片构成256KB的存储器，采用奇偶校验，试问：需要芯片的总数是多少？并完成下列问题。

（1）正确画出存储器的连接框图。

（2）写出各芯片$\overline{RAS}$和$\overline{CAS}$形成条件。

（3）若芯片内部采用128×128矩阵排列，求异步刷新时该存储器的刷新周期。

5-22　并行存储器有哪几种编址方式？简述低位交叉编址存储器的工作原理。

5-23　什么是高速缓冲存储器？它与主存是什么关系？其基本工作过程如何？

5-24　Cache做在CPU芯片内有什么好处？将指令Cache和数据Cache分开又有什么好处？

5-25　设某计算机主存容量为4MB，Cache容量为16KB，每块包含8个字，每字32位，设计一个4路组相联映像（即Cache每组内共有4个块）的Cache组织，要求：

(1) 画出主存地址字段中各段的位数。

(2) 设Cache的初态为空，CPU依次从主存第0，1，2，…，99号单元读出100个字(主存一次读出一个字)，并重复按此次序读8次，问命中率是多少?

(3) 若Cache的速度是主存的6倍，试问有Cache和无Cache相比，速度提高多少倍?

5-26 什么叫虚拟存储器? 采用虚拟存储技术能解决什么问题?

5-27 已知采用页式虚拟存储器，某程序中一条指令的虚地址是：000001111111100000。该程序的页表起始地址是0011，页面大小为1K，页表中有关单元最末4位(实页号)如表5-9所示。

表5-9 页表

虚 页 号	装 入 位	实 页 号
007H	1	0001
⋮	⋮	⋮
300H	1	0011
⋮	⋮	⋮
307H	1	1100

指出指令地址(虚地址)变换后的主存实地址。

第 6 章 中央处理器

中央处理器(CPU)是整个计算机的核心,它包括运算器和控制器。本章着重讨论 CPU 的功能和组成,控制器的工作原理和实现方法,微程序控制原理,基本控制单元的设计,以及先进的 CPU 系统设计技术。

6.1 中央处理器的功能和组成

CPU 对整个计算机系统的运行是极其重要的,这里将从 CPU 的功能、内部结构和主要技术参数入手,为后面详细讨论程序的执行过程打下基础。

6.1.1 CPU 的功能

若用计算机来解决某个问题,首先要为这个问题编制解题程序,而程序又是指令的有序集合。按"存储程序"的概念,只要把程序装入主存储器后,即可由计算机自动地完成取指令和执行指令的任务。在程序运行过程中,在计算机的各部件之间流动的指令和数据形成了指令流和数据流。

注意:这里的指令流和数据流都是程序运行的动态概念,它不同于程序中静态的指令序列,也不同于存储器中数据的静态分配序列。指令流指的是 CPU 执行的指令序列,数据流指的是根据指令操作要求依次存取数据的序列。从程序运行的角度来看,CPU 的基本功能就是对指令流和数据流在时间与空间上实施正确的控制。

对于冯·诺依曼结构的计算机而言,数据流是根据指令流的操作而形成的,也就是说数据流是由指令流来驱动的。

6.1.2 CPU 中的主要寄存器

CPU 中的寄存器是用来暂时保存运算和控制过程中的中间结果、最终结果以及控制、状态信息的,它可分为通用寄存器和专用寄存器两大类。

1. 通用寄存器

通用寄存器可用来存放原始数据和运算结果,有的还可以作为变址寄存器、计数器、地址指针等。现代计算机中为了减少访问存储器的次数,提高运算速度,往往在 CPU 中设置大量的通用寄存器,少则几个,多则几十个,甚至上百个。通用寄存器可以由程序编址访问。

累加寄存器Acc也是一个通用寄存器,它用来暂时存放ALU运算的结果信息。例如,在执行一个加法运算前,先将一个操作数暂时存放在Acc中,再从主存中取出另一操作数,然后同Acc的内容相加,所得的结果送回Acc中。运算器中至少要有一个累加寄存器。

2. 专用寄存器

专用寄存器是专门用来完成某一种特殊功能的寄存器。CPU中至少要有5个专用的寄存器:程序计数器(PC)、指令寄存器(IR)、存储器数据寄存器(MDR)、存储器地址寄存器(MAR)和程序状态字寄存器(PSWR)。

(1) 程序计数器

程序计数器又称为指令计数器,用来存放正在执行的指令地址或者接着要执行的下一条指令地址。

对于顺序执行的情况,程序计数器的内容应不断地增量(加"1"),以控制指令的顺序执行。这种加"1"的功能,有些机器是程序计数器本身具有的,也有些机器是借助运算器来实现的。

在遇到需要改变程序执行顺序的情况时,将转移的目标地址送往程序计数器,即可实现程序的转移。

(2) 指令寄存器

指令寄存器用来存放从存储器中取出的指令。当指令从主存取出存于指令寄存器之后,在执行指令的过程中,指令寄存器的内容不允许发生变化,以保证实现指令的全部功能。

(3) 存储器数据寄存器

存储器数据寄存器用来暂时存放由主存储器读出的一条指令或一个数据字;反之,当向主存写入一条指令或一个数据字时,也暂时将它们存放在存储器数据寄存器中。

(4) 存储器地址寄存器

存储器地址寄存器用来保存当前CPU所访问的主存单元的地址。由于主存和CPU之间存在着操作速度上的差别,所以必须使用地址寄存器来保持地址信息,直到主存的读写操作完成为止。

当CPU和主存进行信息交换,无论是CPU向主存存取数据时,还是CPU从主存中读出指令时,都要使用存储器地址寄存器和数据寄存器。

(5) 程序状态字寄存器

程序状态字寄存器又称状态标志寄存器,用来存放程序状态字(PSW)。程序状态字的各位表征程序和机器运行的状态,是参与控制程序执行的重要依据之一。它主要包括两部分内容:一是状态标志,如进位标志(C)、结果为零标志(Z)等,大多数指令的执行将会影响到这些标志位;二是控制标志,如中断标志、陷阱标志等。程序状态字寄存器的位数往往等于机器字长,各类机器的程序状态字寄存器的位数和设置位置不尽相同。例如,8086微处理器的程序状态字寄存器有16位,如图6-1所示,一共包括9个标志位,其中6个为状态标志,3个为控制标志。

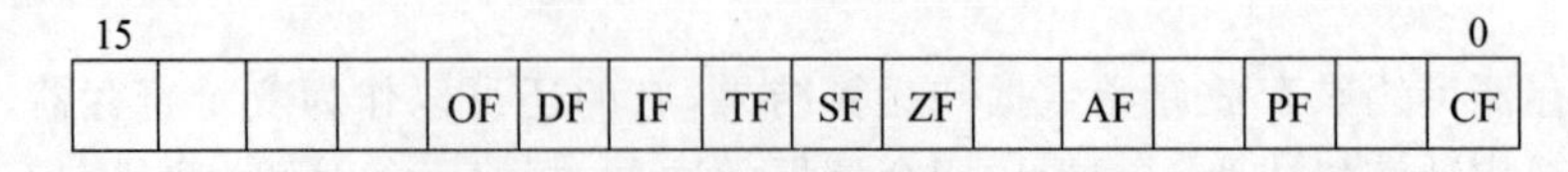

图6-1 8086微处理器的状态字寄存器

6 个状态标志为：

- 进位标志位(CF)；
- 辅助进位标志位(AF)；
- 溢出标志位(OF)；
- 零标志位(ZF)；
- 符号标志位(SF)；
- 校验标志位(PF)。

3 个控制标志为：

- 方向标志(DF)，表示串操作指令中字符串操作的方向；
- 中断允许标志位(IF)，表示 CPU 是否能够响应外部的可屏蔽中断请求；
- 陷阱标志位(TF)，为了方便程序的调试，使处理器的执行进入单步方式而设置的控制标志位。

6.1.3 CPU 的组成

CPU 由运算器和控制器两大部分组成，图 6-2 给出了 CPU 的模型。

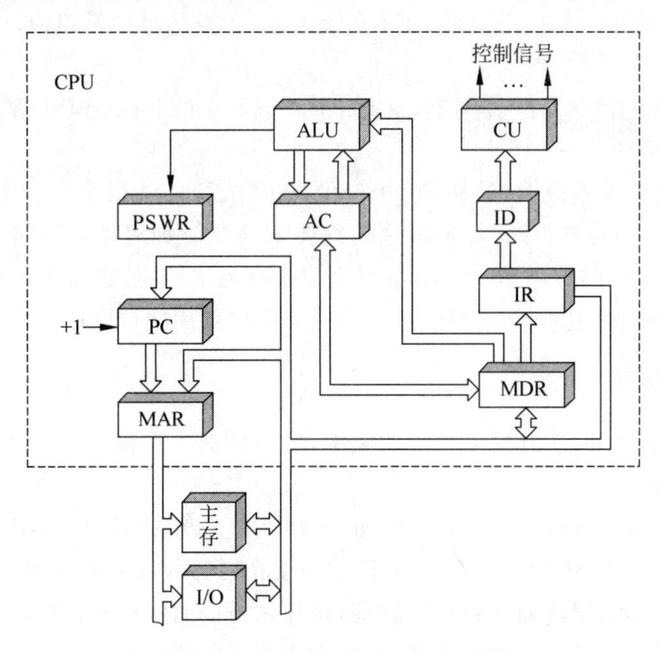

图 6-2　CPU 模型

在图 6-2 中，ID 表示指令译码器，CU 表示控制单元，其作用将在稍后介绍。

控制器的主要功能如下：

① 从主存中取出一条指令，并指出下一条指令在主存中的位置。

② 对指令进行译码或测试，产生相应的操作控制信号，以便启动规定的动作。

③ 指挥并控制 CPU、主存和输入输出设备之间的数据流动方向。

运算器的主要功能如下：

① 执行所有的算术运算。

② 执行所有的逻辑运算,并进行逻辑测试。

6.1.4 CPU的主要技术参数

CPU品质的高低直接决定了一个计算机系统的档次,而CPU的主要技术参数可以反映出CPU的大致性能。

1. 字长

CPU的字长是指在单位时间内同时处理的二进制数据的位数。CPU按照其处理信息的字长可以分为:8位CPU、16位CPU、32位CPU以及64位CPU等。

2. 内部工作频率

内部工作频率又称内频或主频,它是衡量CPU速度的重要参数,计量单位为MHz(兆赫)、GHz(吉赫)。CPU的主频表示在CPU内数字脉冲信号震荡的速度,与CPU实际的运算能力存在一定的关系,但还没有一个确定的公式能够定量两者的数值关系,因为CPU的运算速度还要看CPU的流水线的各方面的性能指标(缓存、指令集、CPU的位数等),因此主频仅是CPU性能表现的一个方面,而不代表CPU的整体性能。目前,主流CPU的主频一般为几GHz。

内部时钟频率的倒数是时钟周期,这是CPU中最小的时间元素。每个动作至少需要一个时钟周期。

以PC系列微处理器为例,最初的8086和8088执行一条指令平均需要12个时钟周期;80286和80386的速度提高,每条指令大约要4.5个时钟周期;80486的速度进一步提高,每条指令大约2个时钟周期;Pentium具有双指令流水线,使得每个时钟周期执行1～2条指令;而Pentium pro、Pentium Ⅱ/PentiumⅢ每个时钟周期可以执行3条或更多的指令。

3. 外部工作频率

CPU除了主频之外,还有另一种工作频率,称为外部工作频率,它是由主板为CPU提供的基准时钟频率。

在早期,CPU的内频就等于外频。例如,80486DX-33的内频是33MHz,它的外频也是33MHz。也就是说,80486DX-33以33MHz的速度在内部进行运算,也同样以33MHz的速度与外界沟通。目前,CPU的内频越来越高,相比之下,其他设备的速度还很缓慢,所以现在外频跟内频不再只是一比一的同步关系,从而出现了所谓的内部倍频技术,导致了"倍频"的出现。内频、外频和倍频三者之间的关系是:

内频＝外频×倍频

例如,80486DX2-66的外频是33MHz,由于内部2倍频技术的关系,外频的值会自动乘上一个因数2,而成为内频(66MHz)。到了Pentium时代,由于CPU支持多种倍频,因此在设定CPU的频率时,不仅要设定外频,也要指定倍频。

目前,CPU的内频已高达数个GHz,而外频才发展为266MHz、400MHz等,与CPU的差距很大,目前最高的倍频数甚至可达34。例如,Intel Core i7主频3.4GHz,外频仅100MHz。理论上倍频是从1.5一直到无限,以0.5为一个间隔单位。

4. 前端总线频率

前端总线(Front Side Bus)通常用 FSB 表示,它是 CPU 和外界(北桥芯片)交换数据的通道,主要连接主存、显卡等数据吞吐率高的部件,因此前端总线的数据传输能力对计算机整体性能作用很大。如果没有足够快的前端总线,再强的 CPU 也不能明显提高计算机的整体速度。

在 Pentium 4 出现之前,前端总线频率与外频是相同的,因此往往直接称前端总线频率为外频。随着计算机技术的发展,需要前端总线频率高于外频,采用了 QDR(Quad Date Rate)技术或者其他类似的技术,使得前端总线频率成为外频的 2 倍、4 倍甚至更高。

FSB 的频率采用“MHz”作为单位,PC 机上主流的前端总线频率有 800MHz、1066MHz、1333MHz、1600MHz 几种,前端总线频率越高,代表着 CPU 与内存之间的数据传输率越高。

数据带宽=总线频率×数据位宽÷8

例如,64 位、1600MHz 的 FSB 所提供的内存带宽是 1600MHz×64b÷8=12 800MB/s=12.5GB/s。

虽然前端总线频率看起来已经很高,但与同时不断提升的内存频率、高性能显卡相比,前端总线瓶颈仍未根本改变。目前,大多数 CPU 中的 FSB 已被 QPI 总线或 DMI 总线取代,为新一代的处理器提供更快、更高效的数据带宽,FSB 的系统瓶颈问题也随之得以解决。

5. QPI 数据传输速率

快速通道互联(Quick Path Interconnect,QPI)是一种取代 FSB 的基于包传输的高速点到点连接技术。原来北桥芯片中的内存控制器集成到 CPU 内部,让 CPU 通过 QPI 总线直接和内存通信,不再通过北桥芯片组,这很明显加快了速度。

QPI 抛弃了 FSB 易混淆的单位“MHz”,而使用“GT/s”或“MT/s”,明确地表示总线实际的数据传输速率,而不是时钟频率。T/s 即 transfers per second,表示每秒数据传输的次数。QPI 总线采用的是 2∶1 比率,即实际的数据传输速率两倍于实际的总线时钟频率。QPI 的时钟频率基于 2.4 GHz、3.2GHz,则 QPI 的数据传输速率为 4.8GT/s、6.4GT/s。例如,时钟频率 2.4GHz 的 QPI 的数据传输速率是 2.4GHz×2=4.8GT/s。

一个基本的 QPI 数据包是 80 位,需要 4 次传输完成整个数据包的传输,每次传输的 20 位数据中,有 16 位为有效数据,其余 4 位用于循环冗余校验。由于 QPI 是双向的,在发送的同时也可以接收另一端传输来的数据,这样,每个 QPI 总线总带宽=每秒传输次数(即 QPI 速率)×每次传输的有效数据(即 16b/8=2B)×双向。所以 QPI 速率为 4.8GT/s 的总带宽=4.8GT/s×2B×2=19.2GB/s,QPI 速率为 6.4GT/s 的总带宽=6.4GT/s×2B×2=25.6GB/s。不难发现,目前的 QPI 比以前最宽、最快的 FSB 还要快一倍。

6. DMI 数据传输速率

DMI 是指直接媒体接口(Direct Media Interface)。它基于 PCI-Express 总线(详见第 8 章介绍),并跟随 PCI-E 总线的更新而换代。DMI 采用点对点的连接方式,时钟频率为 100MHz。

DMI并不是新鲜事物，在没有取消FSB时，DMI就是Intel公司开发用于北桥和南桥之间的芯片连接总线。DMI实现了上行与下行双向数据传输率，单通道单向传输速率达到2.5GT/s，采用8b/10b编码，共计4条通道。

随着集成电路的发展，PCI-E控制器也被整合进了CPU，这样一来，相当于北桥芯片的功能整个都集成到了CPU内部，主板上看不到北桥芯片的踪影，只剩下一个名为PCH(平台控制中枢)，它的性质类似于过去的南桥，它与CPU之间不需要交换太多数据，因此连接总线采用DMI足够了，故FSB被DMI取代。

随着PCI-E总线的升级DMI的数据传输速率在不断提高，DMI2.0的单通道传输速率达到5GT/s，仍采用8b/10b编码；DMI3.0的单通道传输速率达到8GT/s，采用128b/130b编码，有效码率高达98.46%，相比8b/10b编码的80%提高了很多。

DMI总线带宽的计算公式：

理论最大带宽(GB/s)=(传输速率×编码率×通道数)÷8

DMI理论最大带宽=(2.5GT/s×8/10×4)÷8=1GB/s

DMI2.0理论最大带宽=(5GT/s×8/10×4)÷8=2GB/s

DMI3.0理论最大带宽=(8GT/s×128/130×4)÷8=3.94GB/s

Intel CPU通过FSB、QPI、DMI总线传输数据示意如图6-3所示。

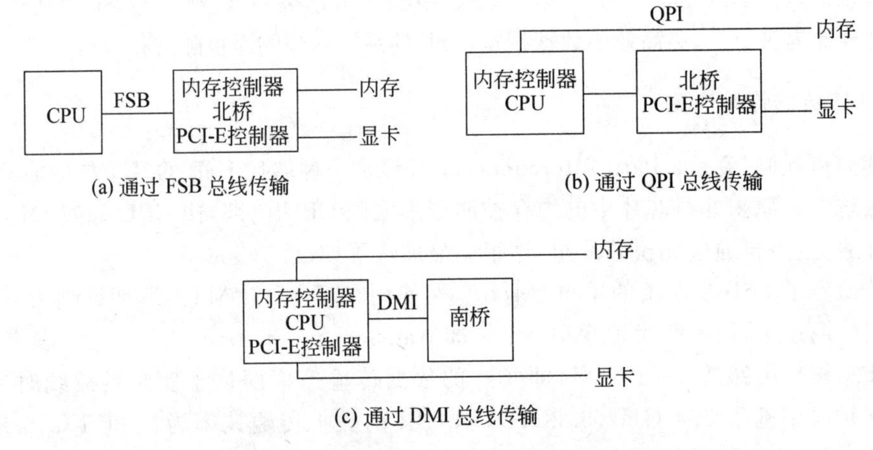

图6-3　Intel CPU通过FSB、QPI、DMI总线传输数据

7. 片内Cache的容量

片内Cache又称CPU Cache，它的容量和工作速率对提高计算机的速度起着关键作用。CPU Cache可以分为L1 Cache、L2 Cache，部分高端CPU还具有L3 Cache。

L1 Cache：位于CPU内核的旁边，是与CPU结合最为紧密的CPU缓存。一般来说，一级缓存可以分为一级数据缓存(Data Cache，D-Cache)和一级指令缓存(Instruction Cache，I-Cache)。大多数CPU的一级数据缓存和一级指令缓存具有相同的容量。例如，D-Cache和I-Cache各为64KB，总容量为128KB。

L2 Cache：是影响CPU性能的关键因素之一，在CPU核心不变化的情况下，增加L2 Cache的容量能使性能大幅度提高，而同一核心CPU的高低端之分往往也是在L2 Cache

上有差异。目前CPU的L2 Cache一般为1MB，容量可达4～8MB。

L3 Cache：是为读取L2 Cache后未命中的数据设计的一种缓存，在拥有L3 Cache的CPU中，只有约5%的数据需要从内存中调用，这进一步提高了CPU的效率。L3 Cache的容量一般从几兆字节至几十兆字节不等。

8. 工作电压

工作电压指的是CPU正常工作所需的电压。早期CPU的工作电压一般为5V，以至于CPU的发热量太大，使得寿命缩短。随着CPU的制造工艺与内频的提高，近年来各种CPU的工作电压有逐步下降的趋势，以解决发热问题，目前一般台式计算机的CPU工作电压已低于3V，有的已低于2V；而便携式计算机专用CPU的工作电压就更低了，甚至达到1.2V。这使得功耗大大减少，但其生产成本也大为提高。

9. 地址总线宽度

地址总线宽度决定了CPU可以访问的最大的物理地址空间，简单地说就是CPU到底能够使用多大容量的主存。例如，Pentium有32位地址线，可寻址的最大容量为2^{32}=4096MB(4GB)，而Itantium有44位地址线，可寻址的最大容量为2^{44}=16TB。

10. 数据总线宽度

数据总线宽度决定了CPU与外部Cache、主存以及输入输出设备之间进行一次数据传输的信息量。如果数据总线为32位，则每次最多可以读写主存中的32位；如果数据总线为64位，则每次最多可以读写主存中的64位。

数据总线和地址总线是互相独立的，数据总线宽度指明了芯片的信息传递能力，而地址总线宽度说明了芯片可以访问多少个主存单元。

11. TDP功耗

TDP是指热设计功耗(Thermal Design Power)。TDP的含义是当处理器达到最大负荷的时候所释放出的热量，计量单位为瓦(W)。这是反映处理器热量释放的指标，是计算机的冷却系统必须有能力驱散的最大热量限度。

TDP功耗可以大致反映出CPU的发热情况，而制约CPU发展的一个重要问题就是散热问题，显然发热量低的CPU设计有望达到更高的工作频率，目前的台式计算机CPU的TDP功耗超过100W基本是不可取的，比较理想的数值是低于50W；而便携式计算机CPU的TDP功耗仅15W。

12. 制造工艺

线宽是指芯片内电路与电路之间的距离，可以用线宽来描述制造工艺。线宽越小，就意味着芯片上包括的晶体管数目越多。Pentium Ⅱ的线宽是0.35μm，晶体管数达到7.5兆个；Pentium Ⅲ的线宽是0.25μm，晶体管数达到9.5兆个；Pentium 4的线宽是0.18μm，晶体管数达到42兆个。目前主流CPU的线宽45nm、32nm、22nm和14nm，7nm的制造工艺将是新一代CPU的发展目标。

6.2 控制器的组成和实现方法

控制器是计算机系统的指挥中心,它把运算器、存储器、输入输出设备等部件组成一个有机的整体,然后根据指令的要求指挥全机的工作。

6.2.1 控制器的基本组成

各种不同类型计算机的控制器会有不少差别,但其基本组成是相同的,图6-4给出了控制器的基本组成框图,控制器主要由以下几部分组成。

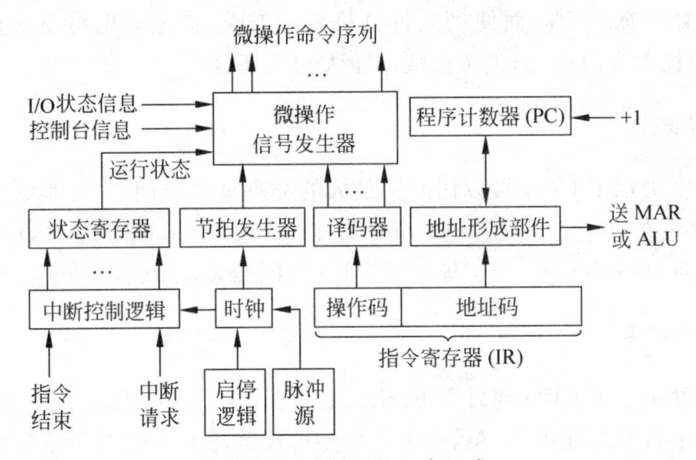

图6-4 控制器的基本组成

1. 指令部件

指令部件的主要任务是完成取指令并分析指令。指令部件包括以下几个部分。

(1) 程序计数器

程序计数器说明见6.1.2节。

(2) 指令寄存器

指令寄存器说明见6.1.2节。

(3) 指令译码器

指令译码器又称操作码译码器或指令功能分析解释器。暂存在指令寄存器中的指令,只有在其操作码部分经过译码之后,才能识别出这是一条什么样的指令,并产生相应的控制信号提供给微操作信号发生器。

(4) 地址形成部件

地址形成部件根据指令的不同寻址方式,形成操作数的有效地址。在微型和小型机中,可以不设专门的地址形成部件,而利用运算器来进行有效地址的计算。

2. 时序部件

时序部件能产生一定的时序信号,以保证机器的各功能部件有节奏地进行信息传送、加工及信息存储。时序部件包括以下几个部分。

(1) 脉冲源

脉冲源用来产生具有一定频率和宽度的时钟脉冲信号，为整个机器提供基准信号。为使主脉冲的频率稳定，一般都使用石英晶体振荡器做脉冲源。当计算机的电源一接通，脉冲源立即按规定的频率重复发出具有一定占空比的时钟脉冲序列，直至关闭电源为止。

(2) 启停控制逻辑

只有通过启停控制逻辑将计算机启动后，主时钟脉冲才允许进入，并启动节拍信号发生器开始工作。启停控制逻辑的作用是根据计算机的需要，可靠地开放或封锁脉冲，控制时序信号的发生或停止，实现对整个机器的正确启动或停止。启停控制逻辑保证启动时输出的第一个脉冲和停止时输出的最后一个脉冲都是完整的脉冲。

(3) 节拍信号发生器

节拍信号发生器又称脉冲分配器。脉冲源产生的脉冲信号，经过节拍信号发生器后产生出各个机器周期中的节拍信号，用以控制计算机完成每一步微操作。

3. 微操作信号发生器

一条指令的取出和执行可以分解成很多最基本的操作，这种最基本的不可再分割的操作称为微操作。微操作信号发生器也称为控制单元(CU)。不同的机器指令具有不同的微操作序列。

4. 中断控制逻辑

中断控制逻辑是用来控制中断处理的硬件逻辑。有关中断的问题将在第9章中专门介绍。

6.2.2 控制器的硬件实现方法

控制器的核心是微操作信号发生器(控制单元CU)，图6-5是反映控制单元外特性的框图。微操作控制信号是由指令部件提供的译码信号、时序部件提供的时序信号和被控制功能部件所反馈的状态及条件综合形成的。

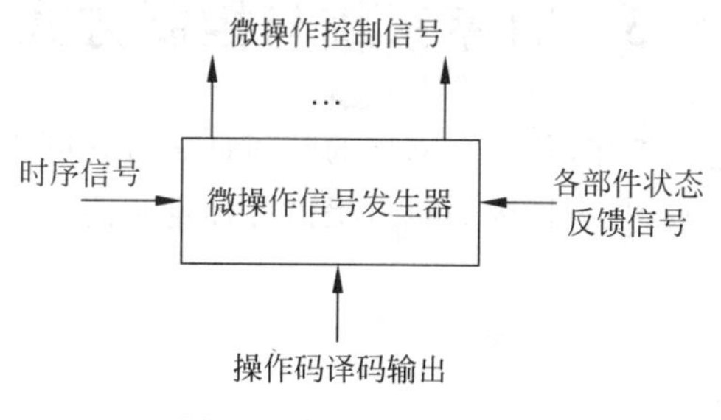

图6-5 控制单元外特性

控制单元的输入包括时序信号、机器指令操作码、各部件状态反馈信号等，输出的微操作控制信号又可细分为CPU内的控制信号和送至主存或外设的控制信号。根据产生微操作控制信号的方式不同，控制器可分为组合逻辑型、存储逻辑型、组合逻辑与存储逻辑结合型3种，它们的根本区别在于控制单元的实现方法不同，而控制器中的其他部分基本上是大同小异的。

1. 组合逻辑型控制器

这种控制器称为常规控制器或硬连线控制器,是采用组合逻辑技术来实现的,其控制单元是由门电路组成的复杂树形网络。这种方法是分立元件时代的产物,以使用最少器件数和取得最高操作速度为设计目标。

组合逻辑型控制器的最大优点是速度快。但是,组合逻辑型控制器控制单元的结构不规整,使得设计、调试、维修较困难,难以实现设计自动化;一旦控制单元构成之后,要想增加新的控制功能是不可能的。因此,它受到微程序控制器的强烈冲击。目前,仅有一些巨型机和RISC机为了追求高速度仍采用组合逻辑型控制器。

2. 存储逻辑型控制器

这种控制器称为微程序控制器,是采用存储逻辑来实现的,也就是把微操作信号代码化,使每条机器指令转化成为一段微程序并存入一个专门的存储器(控制存储器)中,微操作控制信号由微指令产生。

微程序控制器的设计思想和组合逻辑设计思想截然不同。它具有设计规整、调试、维修以及更改、扩充指令方便的优点,易于实现自动化设计,但是,由于它增加了一级控制存储器,所以指令的执行速度比组合逻辑型控制器慢。

3. 组合逻辑和存储逻辑结合型控制器

这种控制器称为可编程逻辑阵列(PLA)控制器,是吸收前两种方法的设计思想来实现的。PLA控制器实际上也是一种组合逻辑型控制器,但它又与常规的组合逻辑型控制器的硬联结构不同;它是可编程序的,某一微操作控制信号由PLA的某一输出函数产生。

PLA控制器是组合逻辑技术和存储逻辑技术结合的产物,克服了两者的缺点,是一种较有前途的方法。

6.3 时序系统与控制方式

由于计算机高速地进行工作,每一个动作的时间是非常严格的,不能有任何差错。时序系统是控制器的心脏,其功能是为指令的执行提供各种定时信号。

6.3.1 时序系统

1. 指令周期和机器周期

指令周期是指从取指令、分析取数到执行完该指令所需的全部时间。由于各种指令的操作功能不同,有的简单,有的复杂,因此各种指令的指令周期不尽相同。

机器周期又称CPU周期。通常把一个指令周期划分为若干个机器周期,每个机器周期完成一个基本操作。一般机器的CPU周期有取指周期、取数周期、执行周期和中断周期等。所以有:

$$指令周期=i\times 机器周期$$

不同的指令周期中所包含的机器周期数差别可能很大。一般情况下，一条指令所需的最短时间为两个机器周期：取指周期和执行周期。

通常，每个机器周期都有一个与之对应的周期状态触发器。机器运行在不同的机器周期时，其对应的周期状态触发器被置"1"。显然，在机器运行的任何时刻只能处于一种周期状态，因此，有一个且仅有一个触发器被置"1"。

由于CPU内部的操作速度较快，而CPU访问主存所花的时间较长，所以许多计算机系统往往以主存的工作周期(存取周期)为基础来规定CPU周期，以便两者的工作能配合协调。CPU访问主存也就是一次总线传送，故在微型计算机中称为总线周期。

2. 节拍

在一个机器周期内，要完成若干个微操作。这些微操作有的可以同时执行，有的需要按先后次序串行执行。因而应把一个机器周期分为若干个相等的时间段，每一个时间段对应一个电位信号，称为节拍电位信号。

节拍的宽度取决于CPU完成一次微操作(如ALU一次正确的运算、寄存器间的一次传送等)的时间。

由于不同的机器周期内需要完成的微操作内容和个数是不同的，因此，不同机器周期内所需要的节拍数也不相同。节拍的选取一般有以下几种方法。

(1) 统一节拍法

以最复杂的机器周期为准定出节拍数，每一个节拍时间的长短也以最繁的微操作作为标准。这种方法采用统一的、具有相等时间间隔和相同数目的节拍，使得所有的机器周期长度都是相等的，因此称为定长CPU周期。

(2) 分散节拍法

按照机器周期的实际需要安排节拍数，需要多少节拍就发出多少节拍，这样可以避免浪费，提高时间利用率。由于各机器周期长度不同，故称为不定长CPU周期。

(3) 延长节拍法

在照顾多数机器周期要求的情况下，选取适当的节拍数作为基本节拍。如果在某个机器周期内统一的节拍数无法完成该周期的全部微操作，则可以延长一或两个节拍。

(4) 时钟周期插入法

在一些微型计算机中，时序信号中不设置节拍，而直接使用时钟周期信号。一个机器周期中含有若干个时钟周期，时钟周期的数目取决于机器周期内完成微操作数目的多少及相应功能部件的速度。一个机器周期的基本时钟周期数确定之后，还可以不断插入等待时钟周期。例如，8086的一个总线周期(即机器周期)中包含4个基本时钟周期$T_1 \sim T_4$，在T_3和T_4之间可以插入任意个等待时钟周期T_W，以等待速度较慢的存储部件或外部设备完成读或写操作，如图6-6所示。

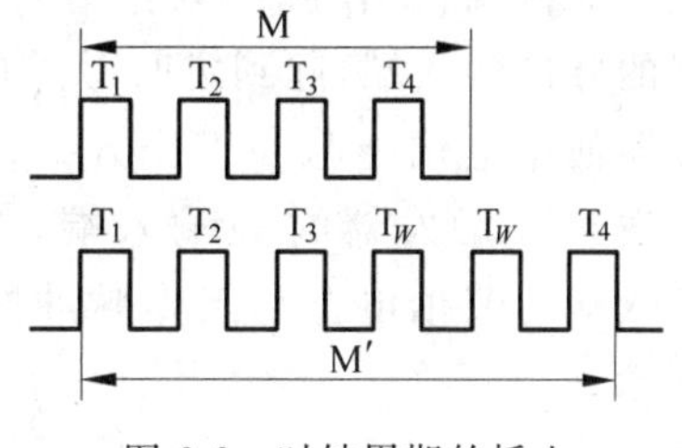

图6-6 时钟周期的插入

3. 工作脉冲

在节拍中执行的有些微操作需要同步定时脉冲，如将稳定的运算结果打入寄存器，又如机器周期状态切换等。为此,在一个节拍内常常设置一个或几个工作脉冲作为各种同步脉冲的来源。工作脉冲的宽度只占节拍电位宽度的$\frac{1}{n}$,并处于节拍的末尾部分,以保证所有的触发器都能可靠、稳定地翻转。

在只设置机器周期和时钟周期的微型计算机中,一般不再设置工作脉冲,因为时钟周期既可以作为电位信号,其前、后沿又可以作为脉冲触发信号。

4. 多级时序系统

图6-7为小型计算机每个指令周期中常采用的机器周期、节拍、工作脉冲三级时序系统。图中每个机器周期M中包括4个节拍$T_1 \sim T_4$,每个节拍内有一个脉冲P。在机器周期间、节拍电位间、工作脉冲间既不允许有重叠交叉,也不允许有空隙,应该是一个接一个的准确连接。

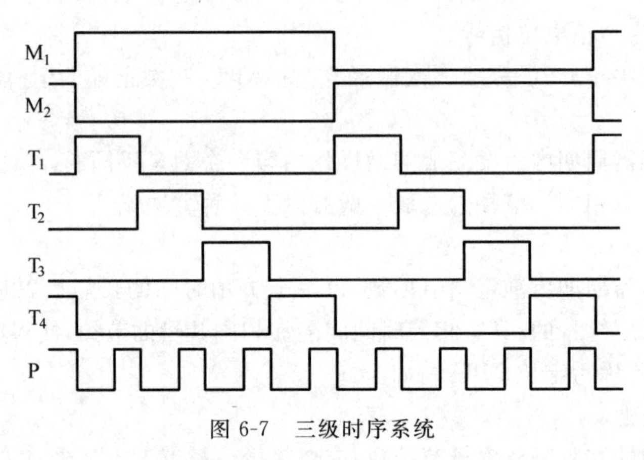

图6-7 三级时序系统

微型计算机中常用的时序系统与小型机的略有不同,称为时钟周期时序系统。一个指令周期包含若干个机器周期,一个机器周期又包含若干个时钟周期。

5. 节拍电位和工作脉冲的时间配合关系

在计算机中,节拍电位和工作脉冲所起的控制作用是不同的。电位信号是信息的载体,即控制信号,它在数据通路传输中起着开门或关门的作用;工作脉冲则作为打入脉冲加在触发器的脉冲输入端,起到定时触发的作用。通常,触发器使用电位-脉冲工作方式,节拍电位控制信息送到D触发器的D输入端,工作脉冲送到CP输入端。节拍电位和工作脉冲配合关系如图6-8所示。

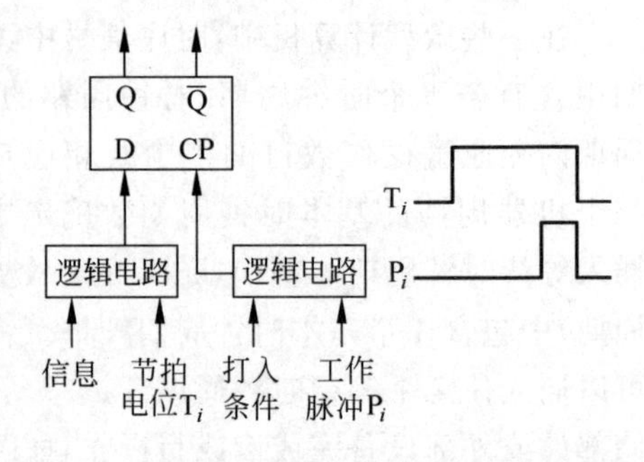

图6-8 节拍电位和工作脉冲的配合关系

6.3.2 控制方式

CPU的控制方式可以分为以下3种。

1. 同步控制方式

同步控制方式即固定时序控制方式,各项操作都由统一的时序信号控制,在每个机器周期中产生统一数目的节拍电位和工作脉冲。由于不同的指令,操作时间长短不一致。同步控制方式应以最复杂指令的操作时间作为统一的时间间隔标准。

同步控制方式设计简单,容易实现;但是,对于许多简单指令来说这种控制方式会有较多的空闲时间,造成较大数量的时间浪费,从而影响了指令的执行速度。

在同步控制方式中,各指令所需的时序由控制器统一发出,所有微操作都与时钟同步,所以又称为集中控制方式或中央控制方式。

2. 异步控制方式

异步控制方式即可变时序控制方式,各项操作不采用统一的时序信号控制,而根据指令或部件的具体情况决定,需要多少时间就占用多少时间。

这是一种“应答”方式,各操作之间的衔接是由“结束－起始”信号来实现的。由前一项操作已经完成的“结束”信号,或由下一项操作的“准备好”信号来作为下一项操作的起始信号,在未收到“结束”或“准备好”信号之前不开始新的操作。例如,存储器读操作时,CPU向存储器发一个读命令(起始信号),启动存储器内部的时序信号,以控制存储器读操作,此时CPU处于等待状态。当存储器操作结束后,存储器向CPU发出MFC(结束信号),以此作为下一项操作的起始信号。

异步控制采用不同时序,没有时间上的浪费,因而提高了机器的效率,但是控制比较复杂。

由于这种控制方式没有统一的时钟,而是由各功能部件本身产生各自的时序信号自我控制,所以又称为分散控制方式或局部控制方式。

3. 联合控制方式

联合控制方式是同步控制和异步控制相结合的方式。实际上现代计算机中几乎没有完全采用同步或完全采用异步的控制方式,大多数是采用联合控制方式。通常的设计思想是:在功能部件内部采用同步方式或以同步方式为主的控制方式,在功能部件之间采用异步方式。

例如,在一般小型和微型计算机中,CPU内部基本时序采用同步方式,按多数指令的需要设置节拍数。对于某些复杂指令如果节拍数不够,可采取延长节拍等方法,以满足指令的要求。当CPU通过总线向主存或其他外设交换数据时,就转入异步方式。CPU只需给出起始信号,主存和外设按自己的时序信号去安排操作;一旦操作结束,则向CPU发结束信号,以便CPU再安排它的后继工作。

6.3.3 指令运行的基本过程

一条指令运行过程可以分为3个阶段:取指令阶段、分析取数阶段和执行阶段。

1. 取指令阶段

取指令阶段完成的任务是将现行指令从主存中取出来并送至指令寄存器中,具体的操作如下：

① 将程序计数器(PC)中的内容送至存储器地址寄存器(MAR)，并送地址总线(AB)。

② 由控制单元(CU)经控制总线(CB)向存储器发读命令。

③ 从主存中取出的指令通过数据总线(DB)送到存储器数据寄存器(MDR)。

④ 将MDR的内容送至指令寄存器(IR)中。

⑤ 将PC的内容递增，为取下一条指令做好准备。

以上这些操作对任何一条指令来说都是必须要执行的操作，所以称为公共操作。完成取指阶段任务的时间称为取指周期，图6-9给出了取指周期中CPU各部分的工作流程。

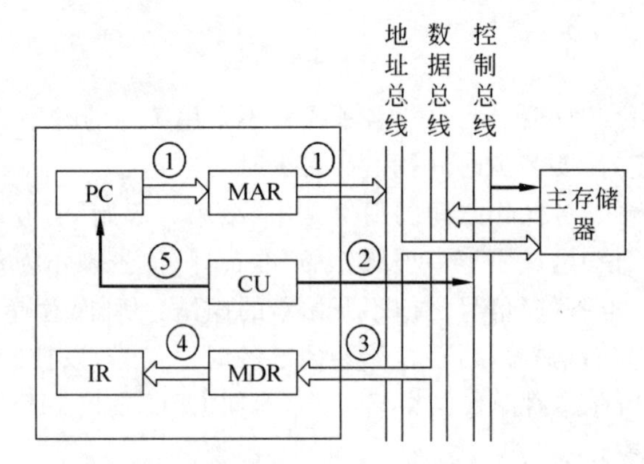

图6-9　取指周期中CPU各部分的工作流程

2. 分析取数阶段

取出指令后，指令译码器(ID)可识别和区分出不同的指令类型。此时计算机进入分析取数阶段，以获取操作数。由于各条指令功能不同，寻址方式也不同，所以分析取数阶段的操作是各不相同的。

对于无操作数指令，只要识别出是哪条具体的指令即可直接转至执行阶段，所以无须进入分析取数阶段。而对于带操作数指令，为读取操作数，首先要计算出操作数的有效地址。如果操作数在通用寄存器中，则不需要再访问主存；如果操作数在主存中，则要到主存中去取数。对于不同的寻址方式，有效地址的计算方法是不同的，有时要多次访问主存才能取出操作数来(间接寻址)。另外，单操作数指令和双操作数指令由于需要的操作数的个数不同，分析取数阶段的操作也不同。

完成分析取数阶段任务的时间又可以细分为间址周期、取数周期等。

3. 执行阶段

执行阶段完成指令规定的各种操作，形成稳定的运算结果，并将其存储起来。完成执行阶段任务的时间称为执行周期。

计算机的基本工作过程就是取指令、取数、执行指令，然后再取下一条指令……如此周而复始，直至遇到停机指令或外来的干预为止。

6.3.4 指令的微操作序列

控制器在实现一条指令的功能时,总要把每条指令分解成一系列时间上先后有序的最基本、最简单的微操作,即微操作序列。微操作序列是与CPU的内部数据通路密切相关的,不同的数据通路就有不同的微操作序列。

假设某计算机的数据通路如图6-10所示。规定各部件用大写字母表示,字母加下标in表示该部件的接收控制信号,实际上就是该部件的输入开门信号;字母加下标out表示该部件的发送控制信号,实际上就是该部件的输出开门信号。例如,MAR_{in}、PC_{out}等就是这类微操作信号。下面分析具体指令发出的微操作控制信号。

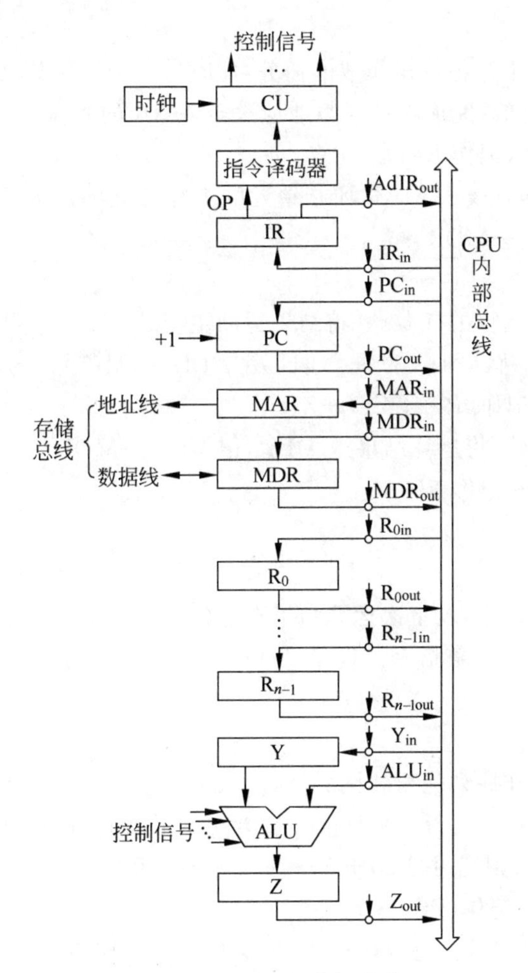

图6-10 CPU的数据通路

1. 加法指令ADD@R_0,R_1

这条指令完成的功能是把R_0的内容作为地址送到主存以取得一个操作数,再与R_1中的内容相加,最后将结果送回主存中。即实现:

$$((R_0))+(R_1)\rightarrow(R_0)$$

(1) 取指周期

取指周期完成的微操作序列是公共的操作,与具体指令无关。

① PC_{out}和MAR_{in}有效,完成PC的内容(即指令地址)经CPU内部总线送至MAR的操作,记作(PC)→MAR。

② 通过控制总线(图中未画出)向主存发读命令,记作Read。

③ 存储器通过数据总线将MAR所指单元的内容(指令)送至MDR,记作M(MAR)→MDR。

④ MDR_{out}和IR_{in}有效,将MDR的内容送至指令寄存器,记作(MDR)→IR。至此,指令被从主存中取出,其操作码字段经过指令译码器开始控制CU。

⑤ 使PC内容加1,记作(PC)+1→PC。

(2) 取数周期

取数周期要完成从主存中取操作数的任务,此时另一个操作数已放在寄存器R_1中。

① R_{0out}和MAR_{in}有效,完成将被加数地址送至MAR的操作,记作(R_0)→MAR。

② 向主存发读命令,记作Read。

③ 存储器通过数据总线将MAR所指单元的内容(即数据)送至MDR,同时MDR_{out}和Y_{in}有效,记作M(MAR)→MDR→Y。

(3) 执行周期

执行周期完成加法运算的任务,并将结果写回主存。

① R_{1out}和ALU_{in}有效,同时CU向ALU发"ADD"控制信号,使R_1的内容和Y的内容相加,结果送寄存器Z,记作(R_1)+(Y)→Z。

② Z_{out}和MDR_{in}有效,将运算结果送MDR,记作(Z)→MDR。

③ 向主存发写命令,记作Write。

2. 转移指令JC A

这是一条条件转移指令,若上次运算结果有进位(C=1),就转移;若上次运算结果无进位(C=0),就顺序执行下一条指令。设A为位移量,转移地址等于PC的内容加位移量。相应的微操作序列如下。

(1) 取指周期

与上条指令的微操作序列完全相同。

(2) 执行周期

如果有进位(C=1),则完成(PC)+A→PC的操作,否则跳过以下几步。

① PC_{out}和Y_{in}有效,记作(PC)→Y(C=1)。

② Ad IR_{out}和ALU_{in}有效,同时CU向ALU发"ADD"控制信号,使IR中的地址码字段A和Y的内容相加,结果送寄存器Z,记作Ad(IR)+(Y)→Z(C=1)。

③ Z_{out}和PC_{in}有效,将转移地址送入PC,记作(Z)→PC(C=1)。

6.4 微程序控制原理

微程序设计技术的实质是将程序设计技术和存储技术相结合,即用程序设计的思想方法来组织操作控制逻辑,将微操作控制信号按一定规则进行信息编码(代码化),形成控制字

(微指令),再把这些微指令按时间先后排列起来构成微程序,存放在一个只读的控制存储器中。

6.4.1 微程序控制的基本概念

1. 微程序设计的提出与发展

微程序设计的概念和原理最早是由英国剑桥大学的 M. V. Wilkes 教授于 1951 年提出来的。他在《设计自动化计算机的最好方法》中指出:一条机器指令可以分解为许多基本的微命令序列,并且首先把这种思想用于计算机控制器的设计。但是,由于当时还不具备制造专门存放微程序的控制存储器的技术,所以在十几年时间内实际上并未真正使用。直到 1964 年,IBM 公司在 IBM360 系列机上成功地采用了微程序设计技术,解决了指令系统的兼容问题。20 世纪 70 年代以来,由于 VLSI 技术的发展,推动了微程序设计技术的发展和应用,目前大多数计算机都采用微程序设计技术。

2. 基本术语

(1) 微命令和微操作

前面已经提到,一条机器指令可以分解成一个微操作序列,这些微操作是计算机中最基本的、不可再分解的操作。在微程序控制的计算机中,将控制部件向执行部件发出的各种控制命令称为微命令,它是构成控制序列的最小单位。例如,打开或关闭某个控制门的电位信号、某个寄存器的打入脉冲等。因此,微命令是控制计算机各部件完成某个基本微操作的命令。

微命令和微操作是一一对应的。微命令是微操作的控制信号,微操作是微命令的操作过程。

微命令有兼容性和互斥性之分。兼容性微命令是指那些可以同时产生,共同完成某一些微操作的微命令;而互斥性微命令是指在机器中不允许同时出现的微命令。兼容和互斥都是相对的,一个微命令可以和一些微命令兼容,和另一些微命令互斥。对于单独一个微命令,谈论其兼容和互斥都是没有意义的。

(2) 微指令、微地址

微指令是指控制存储器中的一个单元的内容,即控制字,是若干个微命令的集合。存放控制字的控制存储器的单元地址就称为微地址。

一条微指令通常至少包含两部分信息:

① 操作控制字段,又称微操作码字段,用以产生某一步操作所需的各微操作控制信号。

② 顺序控制字段,又称微地址码字段,用以控制产生下一条要执行的微指令地址。

微指令有垂直型和水平型之分。垂直型微指令接近于机器指令的格式,每条微指令只能完成一个基本微操作;水平型微指令则具有良好的并行性,每条微指令可以完成较多的基本微操作。

(3) 微周期

从控制存储器中读取一条微指令并执行相应的微命令所需的全部时间称为微周期。

(4) 微程序

一系列微指令的有序集合就是微程序。每一条机器指令都对应一个微程序。

注意：微程序和程序是两个不同的概念。微程序是由微指令组成的，用于描述机器指令，微程序实际上是机器指令的实时解释器，是由计算机的设计者事先编制好并存放在控制存储器中的，一般不提供给用户。对于程序员来说，计算机系统中微程序一级的结构和功能是透明的，无须知道。而程序最终由机器指令组成，是由软件设计人员事先编制好并存放在主存或辅存中的。所以说，微程序控制的计算机涉及两个层次：一是机器语言或汇编语言程序员所看到的传统机器层，包括机器指令、工作程序和主存储器；二是机器设计者看到的微程序层，包括微指令、微程序和控制存储器。

6.4.2 微指令编码法

微指令可以分成操作控制字段和顺序控制字段两部分。这里所说的微指令编码法指的就是操作控制字段的编码方法。各类计算机从各自的特点出发，设计了各种各样的微指令编码法。例如，大型机强调速度，要求译码过程尽量快；微型机和小型机则更多地注意经济性，要求更大限度地缩短微指令字长；而中型机介于这两者之间，兼顾速度和价格，要求在保证一定速度的情况下，能尽量缩短微指令字长。下面从基本原理出发，对几种基本的微指令编码方法进行讨论。

1. 直接控制法(不译码法)

直接控制法顾名思义是操作控制字段中的各位分别可以直接控制计算机，无须进行译码。在这种形式的微指令字中，操作控制字段的每一个独立的二进制位代表一个微命令，该位为“1”表示这个微命令有效，为“0”则表示这个微命令无效。每个微命令对应并控制数据通路中的一个微操作。

这种方法结构简单，并行性强，操作速度快，但是微指令字太长。若微命令的总数为N个，则微指令字的操作控制字段就要有N位。在某些计算机中，微命令的总数可能会多达三、四百个，甚至更多，这使微指令的长度达到难以接受的地步。另外，在N个微命令中，有许多是互斥的，不允许并行操作，将它们安排在一条微指令中是毫无意义的，只会使信息的利用率下降。所以，这种方法在复杂的系统中很少单独采用，往往与其他编码方法混合起来使用。

2. 最短编码法

直接控制法使微指令字过长，而最短编码法则走向另一个极端，使得微指令字最短。这种方法将所有的微命令统一编码，每条微指令只定义一个微命令。若微命令的总数为N，操作控制字段的长度为L，则最短编码法应满足下列关系式：

$$L \geqslant \log_2 N$$

最短编码法的微指令字长最短，但要通过一个微命令译码器译码以后才能得到需要的微命令。微命令数目越多，译码器就越复杂。这种方法在同一时刻只能产生一个微命令，不能充分利用机器硬件所具有的并行性，使得机器指令对应的微程序变得很长，而且对于某些要求在同一时刻同时动作的组合性微操作将无法实现。因此，这种方法也只能与其他方法混合使用。

3. 字段编码法

这是前述两种编码法的一个折中的方法，既具有两者的优点，又克服了它们的缺点。这种方法将操作控制字段分为若干个小段，每段内采用最短编码法，段与段之间采用直接控制法。这种方法又可进一步分为字段直接编码法和字段间接编码法。

(1) 字段直接编码法

图 6-11 为字段直接编码法的微指令结构，各字段都可以独立地定义本字段的微命令，而和其他字段无关，因此又称为显式编码或单重定义编码方法。这种方法缩短了微指令字，因此得到了广泛的应用。

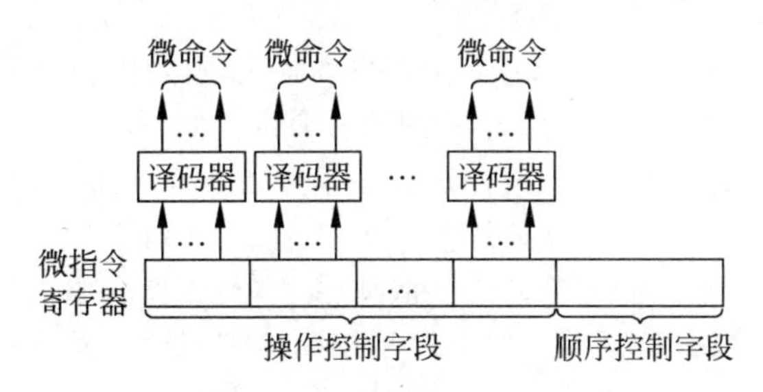

图 6-11　字段直接编码法

(2) 字段间接编码法

字段间接编码法是在字段直接编码法的基础上，用来进一步缩短微指令字长的方法。间接编码的含义是，一个字段的某些编码不能独立地定义某些微命令，而需要与其他字段的编码来联合定义，因此又称为隐式编码或多重定义编码方法，如图 6-12 所示。

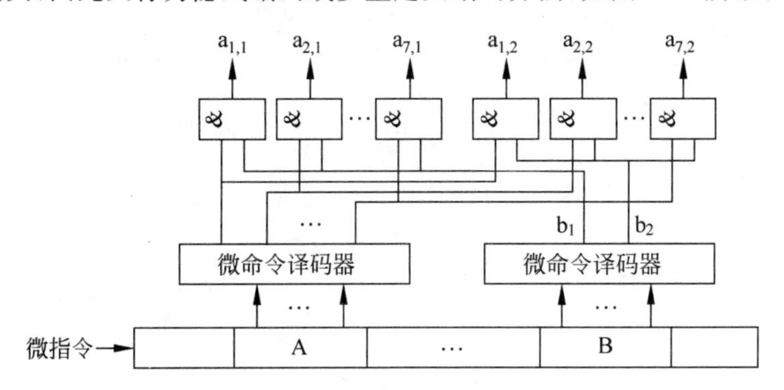

图 6-12　字段间接编码法

图 6-12 中字段 A(假设 3 位)所产生的微命令还要受到字段 B 的控制。当字段 B 发出 b_1 微命令时，字段 A 与其合作产生 $a_{1,1}$、$a_{2,1}$、…、$a_{7,1}$ 中的一个微命令；而当字段 B 发出 b_2 微命令时，字段 A 与其合作产生 $a_{1,2}$、$a_{2,2}$、…、$a_{7,2}$ 中的另一个微命令。这种方法进一步减少了微指令的长度，但通常可能会削弱微指令的并行控制能力，且译码电路相应地较复杂，因此，它只作为字段直接编码法的一种补充。

字段编码法中操作控制字段的分段并非是任意的，必须要遵循如下原则：

① 把互斥性的微命令分在同一段内，兼容性的微命令分在不同段内。这样不仅有助于提高信息的利用率，缩短微指令字长，而且有助于充分利用硬件所具有的并行性，加快执行的速度。

② 应与数据通路结构相适应。

③ 每个小段中包含的信息位不能太多,否则将增加译码线路的复杂性和译码时间。

④ 一般每个小段还要留出一个状态,表示本字段不发出任何微命令。因此,当某字段的长度为3位时,最多只能表示7个互斥的微命令,通常用000表示不操作。

例如,运算器的输出控制信号有直传、左移、右移、半字交换4个。这4个微命令是互斥的。它们可以安排在同一字段编码内。同样,存储器的读写命令也是一对互斥的微命令。还有像A→C、B→C(假设A、B、C都是寄存器)这样一类的微命令也是互斥的微命令,不允许它们在同一时刻出现。

假设某计算机共有256个微命令,如果采用直接控制法,微指令的操作控制字段就要有256位;而如果采用最短编码法,操作控制字段只需要8位就可以了。如果采用字段直接编码法,若4位为一个段,每段可表示15个互斥的微命令,则操作控制字段只需要72位,分成18个段,在同一时刻可以并行发出18个不同的微命令。

除上述几种基本的编码方法外,另外还有一些常见的编码技巧,例如可采用微指令译码与部分机器指令译码的复合控制、微地址参与解释微指令译码等。对于实际机器的微指令系统,通常同时采用几种不同的编码方法。例如,在一条微指令中,可以有些位采用直接控制法,有些字段采用直接编码法,另一些字段采用间接编码法。总之,要尽量减少微指令字长,增强微操作的并行性,提高机器的控制性能并降低成本。

6.4.3 微程序控制器的组成和工作过程

1. 微程序控制器的基本组成

图6-13给出了一个微程序控制器基本结构的简化框图,在图中主要画出了微程序控制器比组合逻辑控制器多出的部件,包括控制存储器、微指令寄存器、微地址形成部件和微地址寄存器等。

(1) 控制存储器(CM)

这是微程序控制器的核心部件,用来存放微程序,其性能(包括容量、速度、可靠性等)与计算机的性能密切相关。

(2) 微指令寄存器(μIR)

用来存放从CM中取出的微指令,它的位数同微指令字长相等。

(3) 微地址形成部件

用来产生初始微地址和后继微地址,以保证微指令的连续执行。

(4) 微地址寄存器(μMAR)

它接受微地址形成部件送来的微地址,为在CM中读取微指令做准备。

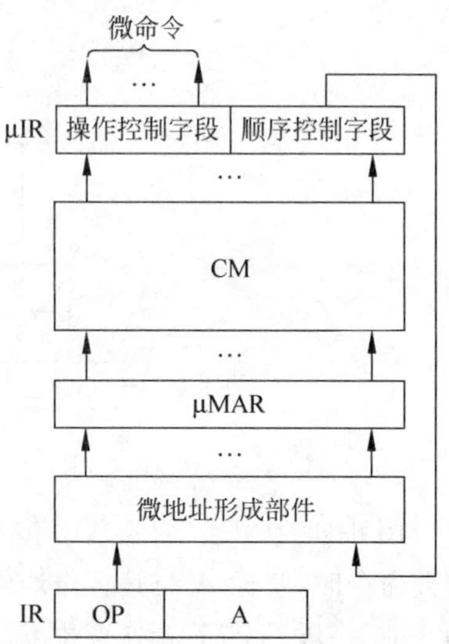

图6-13 微程序控制器的基本结构

2. 微程序控制器的工作过程

微程序控制器的工作过程实际上就是在微程序控制器的控制下计算机运行机器指令的

过程，这个过程可以描述如下：

① 执行取指令公共操作。取指令的公共操作通常由一个取指微程序来完成，这个取指微程序也可能仅由一条微指令组成。具体的执行是：在机器开始运行时，自动将取指微程序的入口微地址送入 μMAR，并从 CM 中读出相应的微指令送入 μIR。微指令的操作控制字段产生有关的微命令，用来控制计算机实现取机器指令的公共操作。取指微程序的入口地址一般为 CM 的 0 号单元，当取指微程序执行完后，从主存中取出的机器指令就已存入指令寄存器中。

② 由机器指令的操作码字段通过微地址形成部件产生该机器指令所对应的微程序的入口地址，并送入 μMAR。

③ 从 CM 中逐条取出对应的微指令并执行之。

④ 执行完对应于一条机器指令的一个微程序后又回到取指微程序的入口地址，继续第①步，以完成取下一条机器指令的公共操作。

以上是一条机器指令的运行过程，如此周而复始，直到整个程序执行完毕为止。

3. 机器指令对应的微程序

通常，一条机器指令对应一个微程序。由于任何一条机器指令的取指令操作都是相同的，因此可以将取指令操作抽出来编成一个独立的微程序，这个微程序只负责将指令从主存中取出送至指令寄存器。此外，也可以编出对应间址周期的微程序和中断周期的微程序。这样，控制存储器中的微程序个数应等于指令系统中的机器指令数再加上对应取指、间址和中断周期等公用的微程序数。若指令系统中具有 n 种机器指令，则控制存储器中的微程序数至少有 $n+1$ 个。

6.4.4 微程序入口地址的形成

当公用的取指微程序从主存中取出机器指令之后，由机器指令的操作码字段指出各个微程序的入口地址(初始微地址)。这是一种多分支(或多路转移)的情况。由机器指令的操作码转换成初始微地址的方式主要有 3 种。

1. 一级功能转换

如果机器指令操作码字段的位数和位置固定，可以直接使操作码与入口地址码的部分位相对应。例如，某计算机系统有 16 条机器指令，指令操作码由 4 位二进制数表示，分别为 0000、0001，…，1111。现以字母 θ 表示操作码，令微程序的入口地址为 θ11B，例如，MOV 指令的操作码为 0000，则 MOV 指令的微程序入口地址为 000011B；ADD 指令的操作码为 0001，则 ADD 指令的微程序入口地址为 000111B……由此可见，相邻两个微程序的入口地址相差 4 个单元，如图 6-14 所示。也就是说，每个微程序最多可以由 4 条微指令组成，如果不足 4 条就让有关单元空闲着。

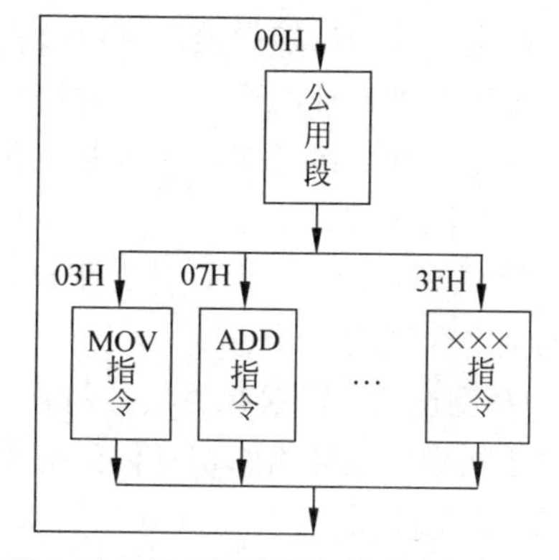

图 6-14 指令操作码与微程序入口地址

2. 二级功能转换

当同类机器指令的操作码字段的位数和位置固定,而不同类机器指令的操作码字段的位数和位置不固定时,就不能再采用一级功能转换的方法。所谓二级功能转换是指第一次先按指令类型标志转移,以区分出指令属于哪类,如是单操作数指令,还是双操作数指令等。因为每类机器指令中操作码字段的位数和位置是固定的,所以第二次即可按操作码区分出具体是哪条指令,以便找出相应微程序的入口微地址。

3. 通过PLA电路实现功能转换

当机器指令的操作码位数和位置都不固定时,可以采用PLA电路将每条机器指令的操作码翻译成对应的微程序入口地址。这种方法对于变长度、变位置的操作码显得更有效,而且转换速度较快。

6.4.5 后继微地址的形成

找到初始微地址之后,可以开始执行微程序,每条微指令执行完毕都要根据要求形成后继微地址。后继微地址的形成方法对微程序编制的灵活性影响很大,它主要有两个基本类型:增量方式和断定方式。

1. 增量方式(顺序—转移型微地址)

这种方式和机器指令的控制方式很类似,它也有顺序执行、转移和转子之分。顺序执行时,后继微地址就是现行微地址加上一个增量(通常为“1”);转移或转子时,由微指令的顺序控制字段产生转移微地址。因此,在微程序控制器中应当有一个微程序计数器(μPC)。为了降低成本,一般情况下都是将微地址寄存器(μMAR)改为具有计数功能的寄存器,以代替μPC。

增量方式的优点是简单,易于掌握,编制微程序容易,每条机器指令所对应的一段微程序一般安排在CM的连续单元中;其缺点是这种方式不能实现两路以上的并行微程序转移,因而不利于提高微程序的执行速度。

2. 断定方式

断定方式的后继微地址可由微程序设计者指定,或者根据微指令所规定的测试结果直接决定后继微地址的全部或部分值。

这是一种直接给定与测试断定相结合的方式,其顺序控制字段一般由两部分组成:非测试段和测试段。

① 非测试段:可由设计者指定,一般是微地址的高位部分,用来指定后继微地址在CM中的某个区域内。

② 测试段:根据有关状态的测试结果确定其地址值,一般对应微地址的低位部分。这相当于在指定区域内断定具体的分支。所依据的测试状态可能是指定的开关状态、指令操作码和状态字等。

测试段如果只有一位,则微地址将产生2个分支;若有两位,则最多可产生4个分支;以此类推，测试段为 n 位最多可产生 2^n 个分支。

断定方式的优点是实现多路并行转移容易，有利于提高微程序的执行效率和执行速度，且微程序在 CM 中不要求必须连续存放；其缺点是后继微地址的生成机构比较复杂。

6.4.6 微程序设计

1. 微程序设计方法

在实际进行微程序设计时，应考虑尽量缩短微指令字长，减少微程序长度，提高微程序的执行速度。这几项指标是互相制约的，应当全面地进行分析和权衡。

(1) 水平型微指令及水平型微程序设计

水平型微指令是指一次能定义并能并行执行多个微命令的微指令。它的并行操作能力强，效率高，灵活性强，执行一条机器指令所需微指令的数目少，执行时间短；但是，微指令字较长，增加了控存的横向容量，同时微指令和机器指令的差别很大，设计者只有熟悉了数据通路，才有可能编制出理想的微程序，一般用户不易掌握。由于水平型微程序设计是面对微处理器内部逻辑控制的描述，所以把这种微程序设计方法称为硬方法。

(2) 垂直型微指令及垂直型微程序设计

垂直型微指令是指一次只能执行一个微命令的微指令。它的并行操作能力差，一般只能实现一个微操作，控制一两个信息传送通路，效率低，执行一条机器指令所需的微指令数目多，执行时间长；但是，微指令与机器指令很相似，所以容易掌握和利用，编程比较简单，不必过多地了解数据通路的细节，且微指令字较短。由于垂直型微程序设计是面向算法的描述，所以把这种微程序设计方法称为软方法。

(3) 混合型微指令

综合上述两者特点的微指令称为混合型微指令，它具有不太长的微指令字，又具有一定的并行控制能力，可高效地实现机器的指令系统。

2. 微指令的运行方式

运行一条微指令的过程与运行机器指令的过程很类似。第一步将微指令从控存中取出，称为取微指令；对于垂直型微指令，还应包括微操作码的译码时间。第二步执行微指令所规定的各个操作。微指令的运行方式可分为串行和并行两种方式。

(1) 串行方式

在这种方式里，取微指令和执行微指令是顺序进行的，在一条微指令取出并执行之后，才能取下一条微指令。图 6-15 是微指令串行运行方式的时序图。

一个微周期里，在取微指令阶段，CM 工作，数据通路等待；而在执行微指令阶段，CM 空闲，数据通路工作。

串行方式的微周期较长，但控制简单，形成后继微地址所用的硬件设备较少。

(2) 并行方式

为了提高微指令的执行速度，可以将取微指令和执行微指令的操作重叠起来，从而缩短微周期。因为这两个操作是在两个完全不同的部件中执行的，所以这种重叠是完全可行的。

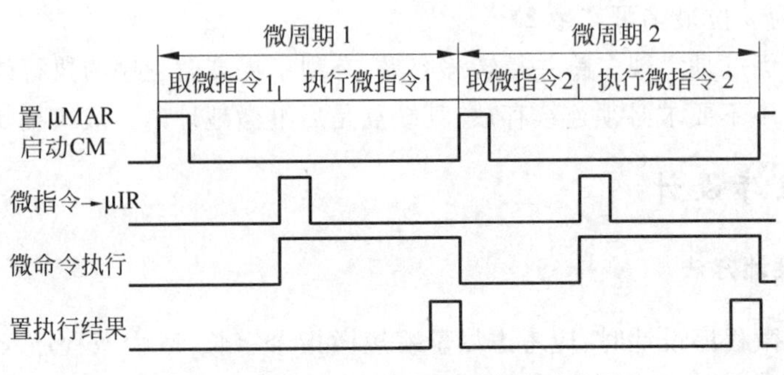

图 6-15　微指令的串行运行方式时序图

在执行本条微指令的同时，预取下一条微指令。假设取微指令的时间比执行微指令的时间短，就以较长的执行时间作为微周期，并行方式的时序如图 6-16 所示。

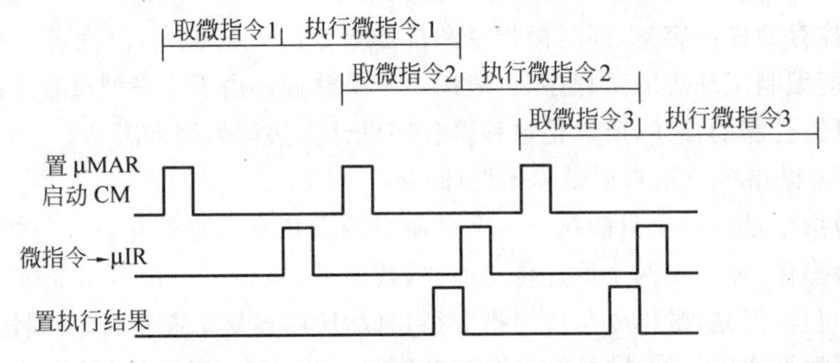

图 6-16　微指令的并行运行方式时序图

由于执行本条微指令与预取下一条微指令是同时进行的，若遇到某些需要根据本条微指令处理结果而进行条件转移的微指令，就不能并行地取出来。最简单的办法就是延迟一个微周期再取微指令。

除以上两种控制方式外，还有串、并行混合方式，即当待执行的微指令地址与现行微指令处理无关时，采用并行方式；当其受现行微指令操作结果影响时，则采用串行方式。

3. 微程序仿真

所谓微程序仿真，一般是指用一台计算机的微程序去模仿另一台计算机的指令系统，使本来不兼容的计算机之间具有程序兼容的能力。用来进行仿真的计算机称为宿主机，被仿真的计算机称为目标机。

假设 M_1 为宿主机，M_2 为目标机，在 M_1 机上要能使用 M_2 的机器语言编制程序并执行，就要求 M_1 的主存储器和控制存储器中除含有 M_1 的有关程序外，还要包含 M_2 的有关程序，如图 6-17 所示。

M_1 提供两种工作方式，本机方式和仿真方式。在本机方式时，M_1 通过本机微程序解释执行本机的程序；在仿真方式时，M_1 通过仿真微程序解释执行 M_2 的程序。

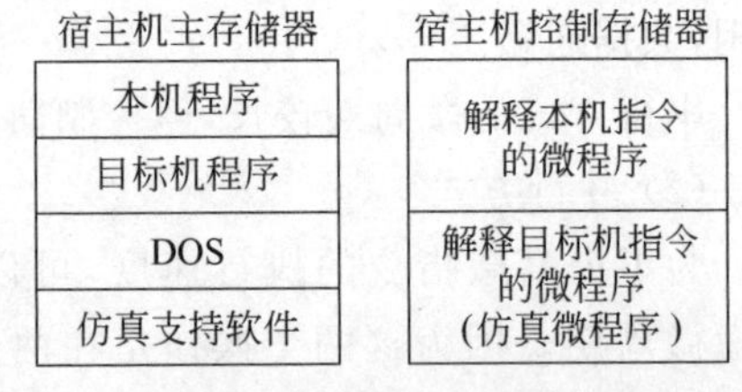

图 6-17　系统仿真时宿主机的主存和控存

4. 动态微程序设计

通常，对应于一台计算机的指令系统有一系列固定的微程序。当微程序设计好之后，一般不允许改变而且也不便于改变，这样的设计叫做静态微程序设计。若一台计算机能根据不同应用目标的要求改变微程序，则这台计算机就具有动态微程序设计功能。

动态微程序设计的出发点是为了使计算机能更灵活、更有效地适应于各种不同的应用目标。例如，在不改变硬件结构的前提下，如果计算机配备了两套可供切换的微程序，一套是用来实现科学计算的指令系统，另一套是用来实现数据处理的指令系统，这样该计算机就能根据不同的应用需要随时改变和切换相应的微程序，以保证高效率地实现科学计算或数据处理。

动态微程序设计需要可写控制存储器(WCS)的支持，否则难以改变微程序的内容。由于动态微程序设计要求对计算机的结构和组成非常熟悉，所以这类改变微程序的方案也是由计算机的设计人员实现的。

5. 用户微程序设计

用户微程序设计是指用户可借助于可写控制存储器进行微程序设计，通过本机指令系统中保留的供扩充指令用的操作码或未定义的操作码，来定义用户扩充指令，然后编写扩充指令的微程序，并存入可写控存。这样用户可以如同使用本机原来的指令一样去使用扩充指令，从而大大提高计算机系统的灵活性和适应性。但是，事实上真正由用户来编写微程序是很困难的。

6.5 控制单元的设计

前面几节介绍了控制器的基本功能和 CPU 的总体结构，为了加深对这些内容的理解，这节将以一个简单的 CPU 为例来讨论控制器中控制单元的设计。为了突出重点，减少篇幅，故选择的 CPU 模型比较简单，指令系统中仅具有最常见的基本指令和寻址方式，在逻辑结构、时序安排、操作过程安排等方面尽量规整、简单，使初学者比较容易掌握，以帮助大家建立整机概念。

6.5.1 简单的 CPU 模型

控制单元的主要功能是根据需要发出各种不同的微操作控制信号。微操作控制信号是与 CPU 的数据通路密切相关的，图 6-18 给出了一个单累加器结构的简单 CPU 模型。

图 6-18 中 MAR 和 MDR 分别直接与地址总线和数据总线相连。考虑到从存储器取出的指令或有效地址都先送至 MDR 再送至 IR，故这里省去 IR 送至 MAR 的数据通路，凡是需从 IR 送至 MAR 的操作均由 MDR 送至 MAR 代替。

计算机中有一运行标志触发器 G，当 G=1 时，表示机器运行；当 G=0 时，表示停机。

这个 CPU 的指令系统中包含下列指令。

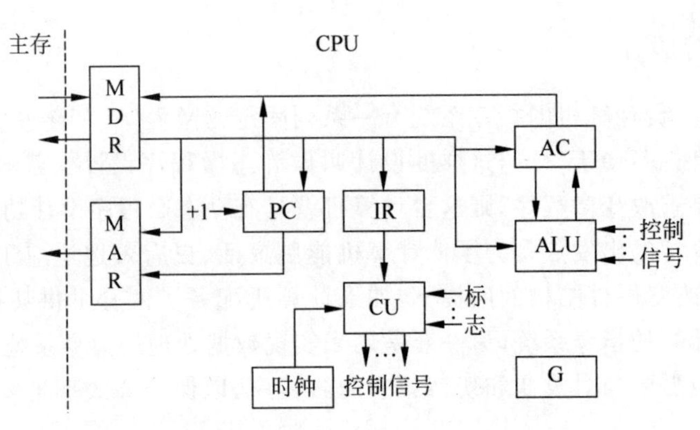

图6-18 一个简单的CPU模型

1. 非访存指令

非访存指令在执行周期不访问存储器。

(1) 清除累加器指令 CLA

该指令完成清除累加器操作,记作 0→AC。

(2) 累加器取反指令 COM

该指令完成累加器内容取反,结果送累加器的操作,记作$(\overline{AC})$→AC。

(3) 累加器加1指令 INC

该指令完成累加器内容+1,结果送累加器的操作,记作(AC)+1→AC。

(4) 算术右移一位指令 SHR

该指令完成累加器内容算术右移一位的操作,记作 R(AC)→AC,AC_0→AC_0。

(5) 循环左移一位指令 CSL

该指令完成累加器内容循环左移一位的操作,记作 L(AC)→AC,AC_0→AC_n。

(6) 停机指令 STP

将运行标志触发器置"0",记作 0→G。

注意:累加寄存器 AC 共 $n+1$ 位,其中 AC_0 为最高位(符号位),AC_n 为最低位。AC_0→AC_0 表示算术右移时符号位保持不变。

2. 访存指令

访存指令在执行周期需访问主存储器。

(1) 加法指令 ADD

该指令完成累加器内容与对应主存单元的内容相加,结果送累加器的操作,记作(AC)+(MDR)→AC。

(2) 减法指令 SUB

该指令完成累加器内容与对应主存单元的内容相减,结果送累加器的操作,记作(AC)−(MDR)→AC。

(3) 与指令 AND

该指令完成累加器内容与对应主存单元的内容相与,结果送累加器的操作,记作

(AC)∧(MDR)→AC。

(4) 取数指令 LDA

该指令将对应主存单元的内容取至累加器中,记作(MDR)→AC。

(5) 存数指令 STA

该指令将累加器的内容存于对应主存单元中,记作(AC)→MDR。

3. 转移指令

转移指令在执行周期也不访问主存储器。

(1) 无条件转移指令 JMP

该指令完成将指令的地址码部分(即转移地址)送至 PC 的操作,记作(MDR)→PC。

(2) 零转移指令 JZ

该指令根据上一条指令运行的结果决定下一条指令的地址,若运算结果为零(标志位 Z=1),则指令的地址码部分(即转移地址)送至 PC,否则程序按原顺序执行。由于在取指阶段已完成了(PC)+1→PC,所以当运算结果不为零时,就按取指阶段形成的 PC 执行,记作 $Z\cdot(MDR)+\overline{Z}\cdot(PC)\rightarrow PC$。

(3) 负转移指令 JN

若结果为负(标志位 N=1),则指令的地址码部分送至 PC,否则程序按原顺序执行。记作 $N\cdot(MDR)+\overline{N}\cdot(PC)\rightarrow PC$。

(4) 进位转移指令 JC

若结果有进位(标志位 C=1),则指令的地址码部分送至 PC,否则程序按原顺序执行。记作 $C\cdot(MDR)+\overline{C}\cdot(PC)\rightarrow PC$。

上述 3 类指令的指令周期如图 6-19 所示,其中访存指令又被细分为直接访存和间接访存两种。

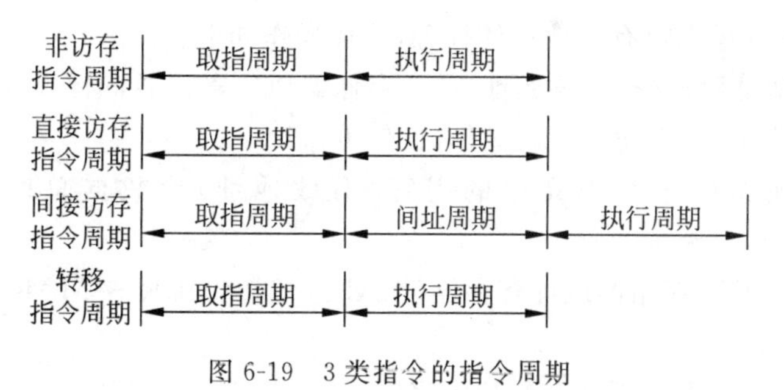

图 6-19　3 类指令的指令周期

在简单的 CPU 模型中,把一个完整的指令周期分为取指、间址、执行和中断 4 个机器周期。这 4 个机器周期中都有 CPU 访存操作,只是访存的目的不同。取指周期是为了取指令,间址周期是为了取有效地址,执行周期是为了取操作数(当指令为访存指令时),中断周期是为了保存程序断点。这 4 个周期又可称为 CPU 工作周期,为了区别它们,在 CPU 内可设置 4 个标志触发器,如图 6-20 所示。哪个触发器处于“1”状态,就表示机器正处于哪个周期运行。因此,同一时刻有一个且仅有一个触发器处于“1”状态。

图 6-20 所示的 FE、IND、EX 和 INT 分别对应取指、间址、执行和中断 4 个周期,它们分别由 1→FE、1→IND、1→EX 和 1→INT 4 个信号控制。

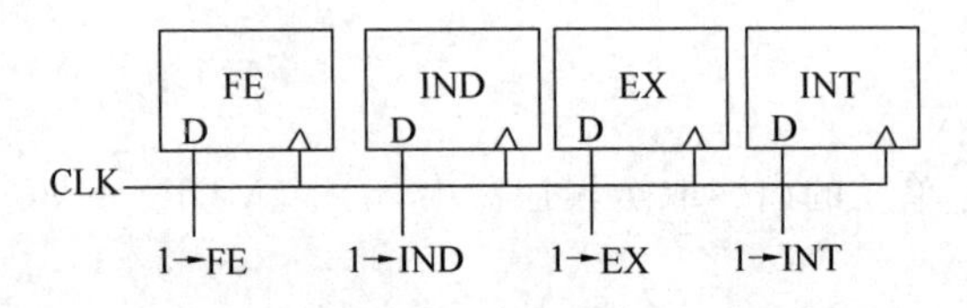

图 6-20 CPU 工作周期的标志

6.5.2 组合逻辑控制单元设计

1. 微操作的节拍安排

假设机器采用同步控制,每个机器周期包括 3 个节拍,安排微操作节拍时应注意以下几点:

① 有些微操作的次序是不容改变的,故安排微操作节拍时必须注意微操作的先后顺序。

② 凡是被控制对象不同的微操作,若能在一个节拍内执行,应尽可能安排在同一个节拍内,以节省时间。

③ 如果有些微操作所占的时间不长,应该将它们安排在一个节拍内完成,并且允许这些微操作有先后次序。

(1) 取指周期微操作的节拍安排

取指周期的操作是公操作,其完成的任务已在前面进行过描述,在此不再重复,这些操作可以安排在 3 个节拍中完成。

T_0　　(PC)→MAR,Read

T_1　　M(MAR)→MDR,(PC)+1→PC

T_2　　(MDR)→IR

考虑到指令译码时间较短,可将指令译码 OP(IR)→ID 也安排在 T_2 节拍内。

(2) 间址周期微操作的节拍安排

间址周期完成取操作数有效地址的任务,具体操作如下:

① 将指令的地址码部分(形式地址)送至存储器地址寄存器,记作(MDR)→MAR。

② 向主存发读命令,启动主存读操作,记作 Read。

③ 将 MAR 所指的主存单元中的内容(有效地址)经数据总线读至 MDR,记作 M(MAR)→MDR。

④ 将有效地址送至存储器地址寄存器(MAR),记作(MDR)→MAR。此操作在有些机器中可省略。

这些操作可以安排在以下 3 个节拍中完成:

T_0　　(MDR)→MAR,Read

T_1　　M(MAR)→MDR

T_2　　(MDR)→MAR

(3) 执行周期微操作的节拍安排

① 非访存指令。

非访存指令在执行周期只有一个微操作,按同步控制的原则,此操作可安排在 T_0 ~ T_2 的任一节拍内,其余节拍空。

- 清零指令 CLA:

T_0

T_1

T_2　　0→AC

- 取反指令 COM：

T_0

T_1

T_2　　$(\overline{AC})$→AC

- 加1指令 INC：

T_0

T_1

T_2　　(AC)+1→AC

- 算术右移指令 SHR：

T_0

T_1

T_2　　R(AC)→AC，AC_0→AC_0

- 循环左移指令 CSL：

T_0

T_1

T_2　　L(AC)→AC，AC_0→AC_n

- 停机指令 STP：

T_0

T_1

T_2　　0→G

② 访存指令。

- 加法指令 ADD X：

T_0　　(MDR)→MAR，Read

T_1　　M(MAR)→MDR

T_2　　(AC)+(MDR)→AC(该操作实际包括(AC)→ALU，(MDR)→ALU，+，ALU→AC)

- 减法指令 SUB X：

T_0　　(MDR)→MAR，Read

T_1　　M(MAR)→MDR

T_2　　(AC)−(MDR)→AC

- 与指令 AND X：

T_0　　(MDR)→MAR，Read

T_1　　M(MAR)→MDR

T_2　　(AC)∧(MDR)→AC

- 取数指令 LDA X：

T_0　　(MDR)→MAR，Read

T_1　　M(MAR)→MDR

T_2　　(MDR)→AC

• 存数指令 STA X:

T_0　　(MDR)→MAR

T_1　　(AC)→MDR,Write

T_2　　MDR→M(MAR)

③ 转移类指令。

• 无条件转移 JMP X:

T_0

T_1

T_2　　(MDR)→PC

• 结果为零转 JZ X:

T_0

T_1

T_2　　$Z \cdot (MDR) + \overline{Z} \cdot (PC) \rightarrow PC$

• 结果有进位转 JC X:

T_0

T_1

T_2　　$C \cdot (MDR) + \overline{C} \cdot (PC) \rightarrow PC$

• 结果为负转 JN X:

T_0

T_1

T_2　　$N \cdot (MDR) + \overline{N} \cdot (PC) \rightarrow PC$

2. 组合逻辑设计步骤

组合逻辑设计控制单元时,首先根据上述微操作的节拍安排,列出微操作命令的操作时间表,然后写出每一个微操作命令(控制信号)的逻辑表达式,最后根据逻辑表达式画出相应的组合逻辑电路图。

(1) 列出微操作命令的操作时间表

表6-1列出了上述各条机器指令的微操作控制信号的操作时间表。表中FE、IND和EX为CPU工作周期标志,$T_0 \sim T_2$为节拍,I为间址标志,在取指周期的T_2时刻,若测得I=1,则置"1"IND触发器,进入间址周期;若I=0,则置"1"EX触发器,进入执行周期。同理,在间址周期的T_2时刻,若测得IND=0(表示一次间址),则置"1"EX,进入执行周期;若测得IND=1(表示多次间址),则继续间接寻址。在执行周期的T_2时刻如果没有中断请求,则置"1"FE,进入下一条指令的取指周期。为简单起见,表中空格中"0"默认未画出。

(2) 进行微操作信号综合

在列出微操作时间表之后,即可对它们进行综合分析、归类,根据微操作时间表可以写出各微操作控制信号的逻辑表达式。表达式一般包括下列因素:

微操作控制信号=机器周期∧节拍∧脉冲∧操作码∧机器状态条件

表 6-1　微操作时间表

周期标志	节拍	状态条件	微操作信号	CLA	COM	INC	SHR	CSL	STP	ADD	SUB	AND	LDA	STA	JMP	JZ	JC	JN
FE（取指）	T_0		(PC)→MAR	1	1	1	1	1	1	1	1	1	1	1	1	1	1	1
			Read	1	1	1	1	1	1	1	1	1	1	1	1	1	1	1
	T_1		M(MAR)→MDR	1	1	1	1	1	1	1	1	1	1	1	1	1	1	1
			(PC)+1→PC	1	1	1	1	1	1	1	1	1	1	1	1	1	1	1
	T_2		(MDR)→IR	1	1	1	1	1	1	1	1	1	1	1	1	1	1	1
			OP(IR)→ID	1	1	1	1	1	1	1	1	1	1	1	1	1	1	1
		I	1→IND							1	1	1	1	1	1	1	1	1
		$\overline{I}$	1→EX	1	1	1	1	1	1	1	1	1	1	1	1	1	1	1
IND（间址）	T_0		(MDR)→MAR							1	1	1	1	1	1	1	1	1
			Read							1	1	1	1	1	1	1	1	1
	T_1		M(MAR)→MDR							1	1	1	1	1	1	1	1	1
	T_2		(MDR)→MAR							1	1	1	1	1	1	1	1	1
		$\overline{IND}$	1→EX							1	1	1	1	1	1	1	1	1
EX（执行）	T_0		(MDR)→MAR							1	1	1	1	1				
			Read							1	1	1	1					
	T_1		(AC)→MDR											1				
			Write											1				
			M(MAR)→MDR							1	1	1	1					
	T_2		(AC)+(MDR)→AC							1								
			(AC)−(MDR)→AC								1							
			(AC)∧(MDR)→AC									1						
			(MDR)→M(MAR)											1				
			(MDR)→AC										1					
			0→AC	1														
			($\overline{AC}$)→AC		1													
			(AC)+1→AC			1												
			R(AC)→AC AC_0→AC_0				1											
			L(AC)→AC AC_0→AC_n					1										
			Ad(MDR)→PC												1			
		Z	Ad(MDR)→PC													1		
		C	Ad(MDR)→PC														1	
		N	Ad(MDR)→PC															1
			0→G						1									

例如,根据微操作时间表写出 M(MAR)→MDR 逻辑表达式,并进行适当的简化:

$$
\begin{aligned}
&M(MAR)\to MDR\\
&=FE\cdot T_1+IND\cdot T_1(ADD+SUB+AND+LDA+STA+JMP+JZ+JC+JN)\\
&\quad+EX\cdot T_1(ADD+SUB+AND+LDA)\\
&=T_1\{FE+IND(ADD+SUB+AND+LDA+STA+JMP+JZ+JC+JN)\\
&\quad+EX(ADD+SUB+AND+LDA)\}
\end{aligned}
$$

式中 ADD、SUB 等均来自操作码译码器的输出。

(3) 画出微操作命令的逻辑图

根据逻辑表达式可画出对应每一个微操作控制信号的逻辑电路图,并用逻辑门电路实现之。

6.5.3 微程序控制单元设计

微程序设计控制单元的主要任务是编写对应各条机器指令的微程序,具体步骤是首先写出对应机器指令的全部微操作节拍安排,然后确定微指令格式,最后编写出每条微指令的二进制代码。

1. 微程序控制单元的设计步骤

(1) 确定微程序控制方式

根据计算机系统的性能指标(主要是速度)确定微程序控制方式。如是采用水平微程序设计还是采用垂直微程序设计,微指令是按串行方式运行还是按并行方式运行等。

(2) 拟定微命令系统

初步拟定微命令系统,并同时进行微指令格式的设计,包括微指令字段的划分、编码方式的选择、初始微地址和后继微地址的形成等。

(3) 编制微程序

对微命令系统、微指令格式进行反复的核对和审查,并进行适当的修改;对重复和多余的微指令进行合并和精简,直至编制出全部机器指令的微程序为止。

(4) 微程序代码化

将修改完善的微程序转换成二进制代码,这一过程称为代码化或代真。代真工作可以用人工实现,也可以在机器上用程序实现。

(5) 写入控制存储器

最后将一串串二进制代码按地址写入控制存储器的对应单元。

2. 设计举例

为了便于与组合逻辑设计比较,仍以前述的 15 条机器指令为例,而且假设 CPU 结构与组合逻辑设计相同。为简化起见,不考虑间接寻址的情况。

由于微命令的数目不多,故采用直接控制方式,即微指令控制字段的每一位直接控制一个微操作。微程序的后继微地址的形成方法采用增量方式,在微指令中不设顺序控制字段。

每执行一条微指令，μMAR自动加1。

取指微程序的入口地址是控存的00H单元，机器启动后，μMAR自动指向00H单元。取指微程序从主存中取出一条机器指令送入IR，再根据机器指令的操作码变换成相应的微程序入口地址，实现一级功能转移。

当一条机器指令执行完毕后，应当转去执行下一条机器指令，即使该机器指令对应的微程序的最后一条微指令执行完后转向取指微程序。为了简化设计，在微指令中专门设置了一个机器指令执行完的标志。每一条机器指令的最后一条微指令中令该位为"1"，当执行到这条微指令时，使μMAR清0，指向控存中取指微程序的入口地址，下一条要执行的就是取指微指令了。

本系统总共需要25个微命令，其中：

第0位 (PC)→MAR

第1位 Read

第2位 M(MAR)→MDR

第3位 (PC)+1→PC

第4位 (MDR)→IR

第5位 0→AC

第6位 $(\overline{AC})$→AC

第7位 (AC)+1→AC

第8位 R(AC)→AC，AC_0→AC_0

第9位 L(AC)→AC，AC_0→AC_n

第10位 0→G

第11位 (MDR)→MAR

第12位 (AC)+(MDR)→AC

第13位 (AC)−(MDR)→AC

第14位 (AC)∧(MDR)→AC

第15位 (MDR)→AC

第16位 (AC)→MDR

第17位 Write

第18位 MDR→M(MAR)

第19位 (MDR)→PC

第20位 $Z\cdot(MDR)+\overline{Z}\cdot(PC)$→PC

第21位 $C\cdot(MDR)+\overline{C}\cdot(PC)$→PC

第22位 $N\cdot(MDR)+\overline{N}\cdot(PC)$→PC

第23位 微指令转移标志，该位=0，转取指微程序的入口地址(0号单元)或转各机器指令微程序的入口地址(操作码字段后加11得到)；该位=1，微指令顺序执行。

第24位 一条机器指令执行完标志，该位=1，表示该指令执行完。

表6-2列出了对应15条机器指令的微指令码点。

表 6-2　微指令码点

微程序名称	微指令地址	微指令(二进制代码)																								
		0	1	2	3	4	5	6	7	8	9	10	11	12	13	14	15	16	17	18	19	20	21	22	23	24
	00H	1	1	0	0	0	0	0	0	0	0	0	0	0	0	0	0	0	0	0	0	0	0	0	1	0
取指	01H	0	0	1	1	0	0	0	0	0	0	0	0	0	0	0	0	0	0	0	0	0	0	0	1	0
	02H	0	0	0	0	1	0	0	0	0	0	0	0	0	0	0	0	0	0	0	0	0	0	0	0	0
CLA	03H	0	0	0	0	0	1	0	0	0	0	0	0	0	0	0	0	0	0	0	0	0	0	0	0	1
COM	07H	0	0	0	0	0	0	1	0	0	0	0	0	0	0	0	0	0	0	0	0	0	0	0	0	1
INC	0BH	0	0	0	0	0	0	0	1	0	0	0	0	0	0	0	0	0	0	0	0	0	0	0	0	1
SHR	0FH	0	0	0	0	0	0	0	0	1	0	0	0	0	0	0	0	0	0	0	0	0	0	0	0	1
CSL	13H	0	0	0	0	0	0	0	0	0	1	0	0	0	0	0	0	0	0	0	0	0	0	0	0	1
STP	17H	0	0	0	0	0	0	0	0	0	0	1	0	0	0	0	0	0	0	0	0	0	0	0	0	1
	1BH	0	1	0	0	0	0	0	0	0	0	0	1	0	0	0	0	0	0	0	0	0	0	0	1	0
ADD	1CH	0	0	1	0	0	0	0	0	0	0	0	0	0	0	0	0	0	0	0	0	0	0	0	1	0
	1DH	0	0	0	0	0	0	0	0	0	0	0	0	1	0	0	0	0	0	0	0	0	0	0	0	1
	1FH	0	1	0	0	0	0	0	0	0	0	0	1	0	0	0	0	0	0	0	0	0	0	0	1	0
SUB	20H	0	0	1	0	0	0	0	0	0	0	0	0	0	0	0	0	0	0	0	0	0	0	0	1	0
	21H	0	0	0	0	0	0	0	0	0	0	0	0	0	1	0	0	0	0	0	0	0	0	0	0	1
	23H	0	1	0	0	0	0	0	0	0	0	0	1	0	0	0	0	0	0	0	0	0	0	0	1	0
AND	24H	0	0	1	0	0	0	0	0	0	0	0	0	0	0	0	0	0	0	0	0	0	0	0	1	0
	25H	0	0	0	0	0	0	0	0	0	0	0	0	0	0	1	0	0	0	0	0	0	0	0	0	1
	27H	0	1	0	0	0	0	0	0	0	0	0	1	0	0	0	0	0	0	0	0	0	0	0	1	0
LDA	28H	0	0	1	0	0	0	0	0	0	0	0	0	0	0	0	0	0	0	0	0	0	0	0	1	0
	29H	0	0	0	0	0	0	0	0	0	0	0	0	0	0	0	1	0	0	0	0	0	0	0	0	1
	2BH	0	0	0	0	0	0	0	0	0	0	0	1	0	0	0	0	0	0	0	0	0	0	0	1	0
STA	2CH	0	0	0	0	0	0	0	0	0	0	0	0	0	0	0	0	1	1	0	0	0	0	0	1	0
	2DH	0	0	0	0	0	0	0	0	0	0	0	0	0	0	0	0	0	0	1	0	0	0	0	0	1
JMP	2FH	0	0	0	0	0	0	0	0	0	0	0	0	0	0	0	0	0	0	0	1	0	0	0	0	1
JZ	33H	0	0	0	0	0	0	0	0	0	0	0	0	0	0	0	0	0	0	0	0	1	0	0	0	1
JC	37H	0	0	0	0	0	0	0	0	0	0	0	0	0	0	0	0	0	0	0	0	0	1	0	0	1
JN	3BH	0	0	0	0	0	0	0	0	0	0	0	0	0	0	0	0	0	0	0	0	0	0	1	0	1

6.6　流水线技术

对于指令的执行，可有几种控制方式：顺序方式、重叠方式、先行控制及流水线控制方式。顺序方式指的是各条机器指令之间顺序串行的执行，即执行完一条指令后，方可取出下一条指令来执行。这种方式控制简单，但速度慢，机器各部件的利用率低。为了加快指令的执行速度，充分利用计算机系统的硬件资源，提高机器的吞吐率，计算机中常采用重叠方式、先行控制方式以及流水线控制方式。

6.6.1 重叠控制

通常，一条指令的运行过程可以分为3个阶段：取指、分析、执行。假定每个阶段所需的时间为t，那么在无重叠（顺序）的情况下，需要$3t$才能得到一条指令的执行结果，如图6-21(a)所示。故采用顺序方式执行n条指令所需的时间为：

$$T = 3nt$$

如果每个阶段所需时间各为$t_{取指}$、$t_{分析}$和$t_{执行}$，则顺序执行n条指令所需时间为：

$$T = \sum (t_{取指} + t_{分析} + t_{执行})$$

最早出现的重叠是“取指$K+1$”和“执行K”在时间上的重叠，称为一次重叠，如图6-21(b)所示，这将使处理机速度有所提高，所需执行时间减少为：

$$T = 3 \times t + (n-1) \times 2t = (2 \times n + 1)t$$

一次重叠方式需要增加一个指令缓冲器，在执行第K条指令时，寄存所取出的第$K+1$条指令。如果进一步增加重叠，使“取指$K+2$”“分析$K+1$”和“执行K”重叠起来，称为二次重叠（见图6-21(c)），则处理机速度还可以进一步提高，所需执行时间减少为：

$$T = 3 \times t + (n-1)t = (2+n)t$$

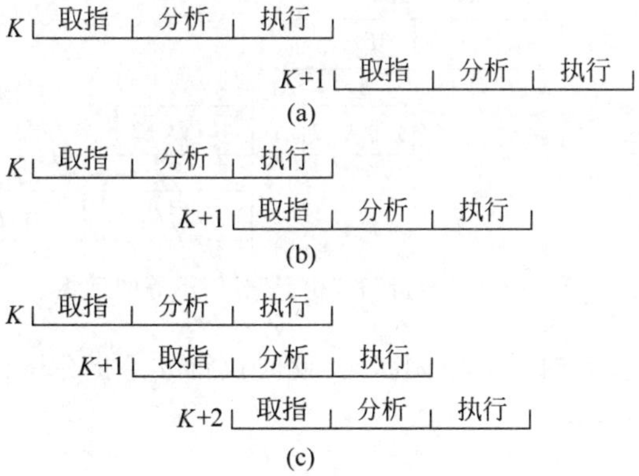

K 取指 分析 执行
K+1 取指 分析 执行
(a)

K 取指 分析 执行
K+1 取指 分析 执行
(b)

K 取指 分析 执行
K+1 取指 分析 执行
K+2 取指 分析 执行
(c)

图6-21 重叠控制方式

为了能在“执行K”的同时，完成“分析$K+1$”和“取指$K+2$”的工作，就需要控制器同时发出3个阶段所需的控制信号。为此，应把CPU中原来集中的控制器，分解为存储控制器、指令控制器和运算控制器。

如果在“分析$K+1$”时需要访存取出操作数，而“取指$K+2$”时也需访存取指令，此时就会出现访存冲突。为了解决这个问题，第一种方法是设置两个存储器，分别用来存放操作数和指令，即采用哈佛结构。第二种方法是主存采用多体交叉存储结构，指令和操作数仍混存于主存中，只要第$K+1$条指令的操作数和第$K+2$条指令本身不在同一存储体内，就能在一个存储周期内同时取出两者。第三种方法是设置指令缓冲器（指令预取队列），预先将未执行到的下一条指令由主存中取到指令缓冲器去，这样，“取指$K+2$”时只需将第$K+2$条指令由指令缓冲器中拿出来送到指令寄存器去，而无须访问主存了。

很明显，指令的重叠执行并不能加快单条指令的执行时间，但可以加快相邻两条、多条指令乃至整个程序段的执行时间。

指令的重叠执行对于大多数非分支程序来说可以提高执行速度;但如果遇到转移、转子指令和各种中断,或者遇到第 K 条指令的执行结果正巧是第 $K+1$ 条指令的操作数的情况(数据相关)时,提前取出的指令将是无效的,此时重叠也就失败了。

6.6.2 先行控制原理

假设每次都可以在指令缓冲器中取得指令,则取指阶段就可合并到分析阶段中,指令的运行过程就变为分析和执行两个阶段了。如果所有指令的"分析"与"执行"的时间均相等,则重叠的流程是非常流畅的,机器的指令分析部件和执行部件功能充分地发挥,机器的速度也能显著地提高。但是,现代计算机的指令系统很复杂,各种类型指令难于做到"分析"与"执行"时间始终相等,此时,各个阶段的控制部件就有可能出现间断等待的问题。在图 6-22 中,分析部件在"分析 $K+1$"和"分析 $K+2$"之间有一个等待时间 Δt_1,在"分析 $K+2$"和"分析 $K+3$"之间又有一个等待时间 Δt_2;执行部件在"执行 $K+2$"和"执行 $K+3$"之间有一个等待时间 Δt_3。指令的分析部件和执行部件都不能连续地、流畅地工作,从而使机器的整体速度受到影响。

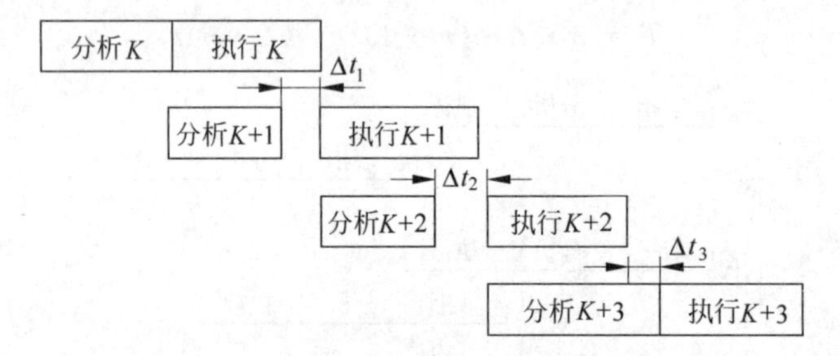

图 6-22 "分析"和"执行"时间不等的重叠

由于分析和执行部件有时处于空闲状态,此时执行 n 条指令所需时间为:

$$T = t_{分析1} + \sum_{i=2}^{n}[\max\{t_{分析i}, t_{执行i-1}\}] + t_{执行n}$$

为了使各部件能连续地工作,提出了先行控制的方式,如图 6-23 所示。虽然图中"分析"和"执行"阶段之间有等待的时间间隔 Δt_i,但它们各自的流程中却是连续的。先行控制的主要目的是使各阶段的专用控制部件不间断的工作,以提高设备的利用率及执行速度。

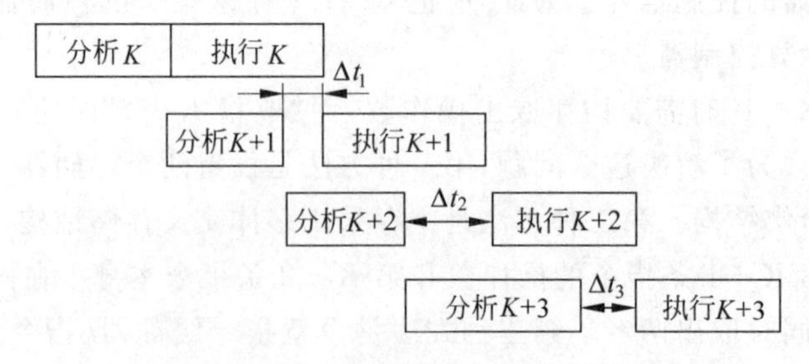

图 6-23 先行控制方式的时序

由于分析和执行部件能分别连续不断地分析和执行指令,此时执行 n 条指令所需时间为:

$$T_{先行} = t_{分析1} + \sum_{i=1}^{n} t_{执行i}$$

6.6.3 流水工作原理

流水处理技术是在重叠、先行控制方式的基础上发展起来的，它基于重叠的原理，但却是在更高程度上的重叠。

1. 流水线

流水线是将一个较复杂的处理过程分成 m 个复杂程度相当、处理时间大致相等的子过程，每个子过程由一个独立的功能部件来完成，处理对象在各子过程连成的线路上连续流动。在同一时间，m 个部件同时进行不同的操作，完成对不同对象的处理。这种方式类似于现代工厂的生产流水线，在那里每隔一段时间（Δt）从流水线上流出一个产品，而生产这个产品的总时间要比 Δt 大得多。由于流水线上各部件并行工作，机器的吞吐率将大大提高。例如，将一条指令的执行过程分成取指令、指令译码、取操作数和执行 4 个子过程，分别由 4 个功能部件来完成，每个子过程所需时间为 Δt，4 个子过程的流水线如图 6-24(a)所示。

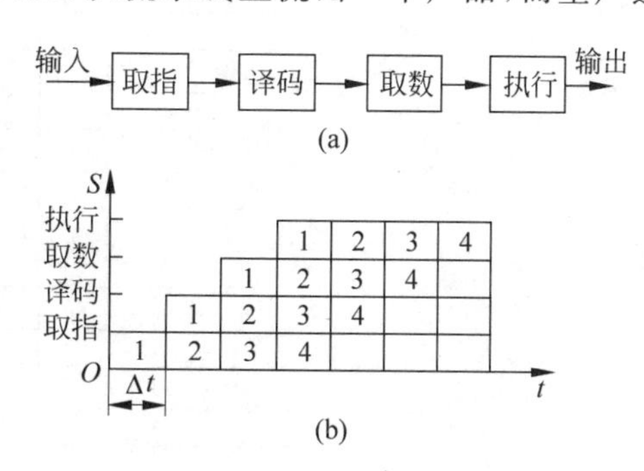

图 6-24　4 个子过程的流水处理

图 6-24(b)是流水线工作的时空图。图中横坐标为时间，纵坐标为空间（即各子过程），标有数字的方格说明占用该空间与时间的任务号，在本例中表示机器处理的第一、二、三、四条指令，最多可以有 4 条指令在不同的部件中同时进行处理。若执行一条指令所需时间为 T，那么在理想情况下，当流水线充满后，每隔 $\Delta t = \dfrac{T}{4}$ 就完成了一条指令的执行。图中子过程数 $m=4$，任务数 $n=4$。

2. 流水线分类

按照不同角度，流水线可有多种不同分类方法。

(1) 按处理级别分类

流水线按处理级别可分为操作部件级、指令级和处理机级 3 种。操作部件级流水线是将复杂的算术逻辑运算组成流水线工作方式。例如，可将浮点加法操作分成求阶差、对阶、尾数相加以及结果规格化 4 个子过程。指令级流水线则是将指令的整个执行过程分成多个子过程，如前面提到的取指令、指令译码、取操作数和执行 4 个子过程。处理机级流水线又称宏流水线，如图 6-25 所示，这种流水线由两个或两个以上处理机通过存储器串行连接起来，每个处理机对同一数据流的不同部分分别进行处理。各个处理机的输出结果存放在与下一个处理机所共享的存储器中。每个处理机完成某一专门任务。

(2) 按功能分类

流水线按功能可分成单功能流水线和多功能流水线两种。单功能流水线只能实现一种

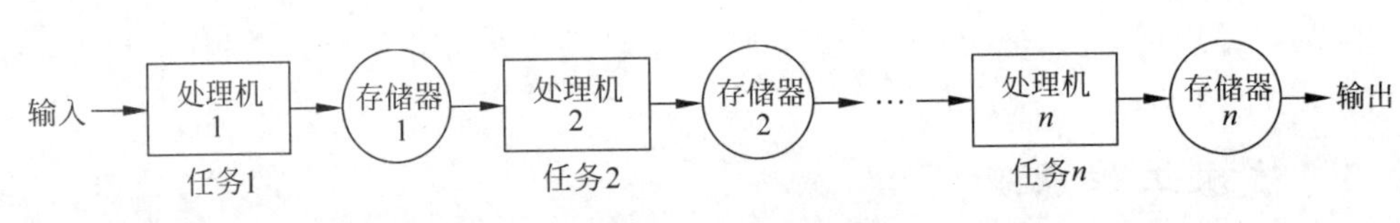

图 6-25　处理机级流水线

固定的功能,例如,浮点加法流水线专门完成浮点加法运算,浮点乘法流水线专门完成浮点乘法运算。多功能流水线则可有多种连接方式来实现多种功能,例如,美国 TI 公司生产的 ASC 计算机中的一个多功能流水线,共有 8 个功能段(见图 6-26(a)),按需要它可将不同的功能段连接起来完成某一功能,以实现定点加法(见图 6-26(b))、浮点加法(见图 6-26(c))和定点乘法(见图 6-26(d))等功能。

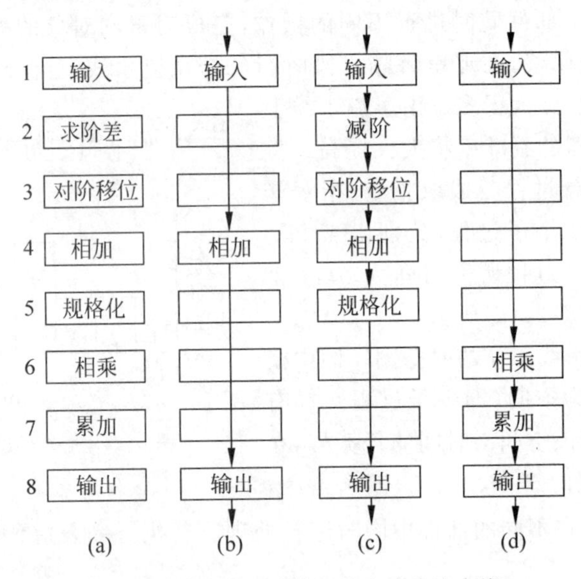

图 6-26　TI-ASC 计算机的多功能流水线

(3) 按工作方式分类

多功能流水线按工作方式可分为静态流水线和动态流水线两种。

静态流水线在同一时间内各段只能以一种功能连接流水,当从一种功能连接变为另一种功能连接时,必须先排空流水线,然后为另一种功能设置初始条件后方可使用。显然,不希望这种功能的转换频繁发生,否则将严重影响流水线的处理效率。

动态流水线则允许在同一时间内将不同的功能段连接成不同的功能子集,以完成不同的功能。

(4) 按流水线结构分类

流水线按结构分为线性流水线和非线性流水线两种。在线性流水线中,从输入到输出,每个功能段只允许经过一次,不存在反馈回路。一般的流水线均属这一类。非线性流水线除有串行连接通路外,还有反馈回路,在流水过程中,某些功能段要反复多次使用。

3. 指令流水线的相关性

对于指令流水线,相邻或相近的两条指令可能会因为存在某种关联,后一条指令不能按照原指定的时钟周期运行，使流水线断流。指令流水线的相关性包括结构相关、数据相关、控制相关。

(1) 结构相关

由于多条指令在同一时刻争夺同一资源而形成的冲突称为结构相关，也称资源相关。

(2) 数据相关

后续指令要使用前面指令的操作结果，而这一结果尚未产生或者未送到指定的位置，从而造成后续指令无法运行的局面称为数据相关。

根据指令间对同一个寄存器读或写操作的先后次序关系，数据相关可分为 RAW(写后读)、WAR(读后写)和 WAW(写后写)3 种类型。例如，有 i 和 j 两条指令，i 指令在前，j 指令在后，则 3 种不同类型的数据相关的含义如下。

RAW：指令 j 试图在指令 i 写入寄存器前就读出该寄存器内容，这样指令 j 就会错误地读出该寄存器旧的内容。

WAR：指令 j 试图在指令 i 读出该寄存器前就写入该寄存器，这样指令 i 就会错误地读出该寄存器的新内容。

WAW：指令 j 试图在指令 i 写入寄存器前就写入该寄存器，这样两次写的先后次序被颠倒，就会错误地使由指令 i 写入的值成为该寄存器的内容。

上述的 3 种数据相关，在按序流动的流水线中，只可能出现 RAW 相关；在非按序流动的流水线中，既可能发生 RAW 相关，也可能发生 WAR 和 WAW 相关。

(3) 控制相关

控制相关主要是由转移指令引起的，在遇到条件转移指令时，存在着是顺序执行还是转移执行两种可能，需要依据条件的判断结果来选择其一。在无法确定应该选择把哪一程序段安排在转移指令之后来执行的局面称为控制相关，又称指令相关。

6.7 精简指令系统计算机

精简指令系统计算机(RISC)是 20 世纪 80 年代提出的一种新的设计思想，目前运行中的许多计算机都采用了 RISC 体系结构或采用了 RISC 设计思想。

6.7.1 RISC 的特点和优势

1. RISC 的主要特点

目前，难以在 RISC 和 CISC 之间划出一条明显的分界线，但大部分 RISC 具有下列一些特点：

- 指令总数较少(一般不超过 100 条)；
- 基本寻址方式种类少(一般限制在 2 或 3 种)；
- 指令格式少(一般限制在 2 或 3 种)，而且长度一致；
- 除取数和存数指令(LOAD/STORE)外，大部分指令在单周期内完成；
- 只有取数和存数指令能够访问存储器，其余指令的操作只限于在寄存器之间进行；
- CPU 中通用寄存器的数目应相当多(32 个以上，有的可达上千个)；

- 为提高指令执行速度,绝大多数采用硬连线控制实现,不用或少用微程序控制实现;
- 采用优化的编译技术,力求以简单的方式支持高级语言。

表6-3列出了CISC和RISC的区别。

表6-3 CISC和RISC的区别

指令系统体系结构	CISC	RISC
指令系统	复杂,庞大	简单,精简
指令数目	一般大于200条	一般小于100条
指令字长	不固定	等长
寻址方式	一般大于4	一般小于4
可访存指令	不加限制	只有LOAD/STORE指令
各种指令执行时间	相差较大	绝大多数在一个周期内完成
通用寄存器数量	较少	多
控制方式	绝大多数为微程序控制	绝大多数为硬布线控制

2. RISC的优势

计算机执行一个程序所用的时间 t 可用下式表示:

$$t = I \times C \times T$$

式中,I 是高级语言编译后在机器上执行的机器指令总数,C 是执行每条机器指令所需的平均周期数,T 是每个周期的执行时间。表6-4为RISC和CISC的统计数据,表中 I、T 为比值,C 为实际周期数。

表6-4 RISC、CISC的 I、C、T 统计

指令集	I	C	T
RISC	1.2～1.4	1.3～1.7	<1
CISC	1	4～10	1

由于RISC机器的指令比较简单,故完成同样的任务要比CISC机器使用更多的指令,因此RISC的 I 要比CISC多20%～40%。但是,因为RISC的大多数指令只需单周期实现,所以 C 值要比CISC小得多。同时因为RISC结构简单,所以完成一个操作所经过的数据通路较短,使 T 值有所减少,根据上述统计折算下来,RISC的处理速度要比相同规模的CISC提高3～5倍。

由于RISC的结构简化,降低了芯片的复杂程度,节约了芯片面积。若使RISC芯片保持与CISC芯片相同的面积和复杂程度,则RISC芯片可集成更多的功能部件,集成度大为提高,且功能也大大加强。

当然,RISC也存在着某些局限性,因此实际上商品化的RISC机器并不是纯粹的RISC。为了满足应用的需要,实用的RISC除了保持RISC的基本特色之外,还必须辅以一些必不可少的复杂指令,如浮点和十进制运算指令等。所以,这种机器实际上是在RISC基础上实现了RISC与CISC的完美结合。

6.7.2 RISC 基本技术

为了能有效地支持高级语言并提高 CPU 的性能，RISC 结构采用了一些特殊技术。

1. RISC 寄存器管理技术

计算机中最慢的操作是访问存储器的操作，因此在 RISC 中，为了减少访存的频度，通常在 CPU 芯片上设置大量寄存器，把常用的数据保存在这些寄存器中。例如，RISCⅡ有 138 个寄存器，AM 29000 有 192 个寄存器，Ry 公司的 9000 系列超级小型机中甚至设置了多达 528 个寄存器。

在 RISCⅡ中使用了重叠寄存器窗口技术，即设置一个数量比较大的寄存器堆，并把它划分成很多窗口。每个过程使用其中相邻的 3 个窗口和一个公共的窗口，而在这相邻的 3 个窗口中有一个窗口与前一个过程公用，还有一个窗口是与下一个过程公用的。

2. 流水线技术

一条指令通常可分为取指、译码、执行、写回等多个阶段，要想在一个周期内串行完成这些操作是不可能的，因此，采用流水线技术势在必行。

流水线的基本概念已在前面介绍过，各种 RISC 采用的流水线结构不完全相同。例如，RISCⅠ采用两级流水线（取指、执行），RISCⅡ采用三级流水线（取指、执行、写回），Am 29000 则采用四级流水线（取指、译码、执行、写回）。

当出现数据相关和程序转移情况时，流水线结构就可能发生断流的问题，这将会影响流水线的效率。

对于两级流水线不存在数据相关问题，而流水线级数越多，情况越复杂。RISCⅡ是采用内部推前的方法来解决数据相关的问题的。每当执行 LOAD/STORE 指令时，就把流水线各级操作暂停一个周期，以完成存储器读写，所有指令的读写运算结果总是先放在结果暂存器中。当硬件检测到数据相关时，直接从结果暂存器取得源操作数，即将与第 $i+1$ 条指令操作有关的第 i 条指令的数据预先推入一个暂存器中，所以第 $i+1$ 条指令是从暂存器中取出操作数的，这样使流水线不至于阻塞。

3. 延时转移技术

在流水线中，取下一条指令是同上一条指令的执行并行进行的，当遇到转移指令时，流水线就可能断流。RISC 机器中，当遇到转移指令时，可以采用延迟转移方法或优化延迟转移方法。在采取延迟转移方法时，编译程序自动在转移指令之后插入一条（或几条，根据流水线情况而定）空指令，以延迟后继指令进入流水线的时间。所谓优化延迟转移方法，是将转移指令与前条指令对换位置，提前执行转移指令，可以节省一个机器周期。

6.8 微处理器中的新技术

6.8.1 超标量和超流水线技术

在 RISC 之后，出现了一些提高指令级并行性的技术，使得计算机在每个时钟周期里可以解释多条指令,这就是超标量技术和超流水线技术。

前面提到的流水线技术是指常规的标量流水线,每个时钟周期平均执行的指令的条数小于或等于1,即它的指令级并行度(Instruction Level Parallelism,ILP)$\leqslant 1$。

超标量技术是通过重复设置多个功能部件,并让这些功能部件同时工作来提高指令的执行速度,实际上是以增加硬件资源为代价来换取处理器性能的。使用超标量技术的处理器在一个时钟周期内可以同时发射多条指令,假设每个时钟周期发射 m 条指令,则有 $1<\text{ILP}<m$。

超流水线仍然是一种流水线技术,可以认为它是将标量流水线的子过程(段)再进一步细分,使得子过程数(段数)大于或等于8的情况。也就是说,只需要增加少量硬件,通过各部分硬件的充分重叠工作来提高处理器性能。采用超流水线技术的处理器在一个时钟周期内可以分时发射多条指令,假设每个时钟周期 Δt 分时地发射 n 条指令,则每隔 $\Delta t'$ 就流出一条指令,此时 $\Delta t'=\Delta t/n$,有 $1<\text{ILP}<n$。

6.8.2 EPIC的指令级并行处理

EPIC架构是Itanium挑战RISC架构的基础,它的设计思想就是用智能化的软件来指挥硬件,以实现指令级并行计算。采用EPIC架构的处理器在运行中,首先由编译器分析指令之间的依赖关系,将没有依赖关系的3条指令组合成一个128位的指令束。在低端CPU中,每个时钟周期调度1个指令束,CPU等待所有的指令都执行完后再调度下一个指令束。在高端的CPU中,每个时钟周期可以调用多个指令束,类似于现在的超标量设计。另外,在高端CPU中,CPU可以在原有的指令束没有执行完之前调度新的指令束。当然,它需要检查将要用到的寄存器和功能单元是否可用,但是它不用检查同一束中的其他指令是否和它冲突,因为编译器已经保证不会出现这种情况。

值得一提的是,EPIC还采用了更为先进的分支判定技术来保证并行处理的稳定性。传统CPU采用的分支预测技术是只沿一个预测的分支执行,一旦预测错误就不得不清空整条流水线,从头再来,损失较大;EPIC的分支判定技术则是同时执行两条分支,把条件分支指令变成可同时执行的判定指令,让两条分支并行执行,最后丢掉不需要的结果即可。

另外,EPIC还导入了数据推测装载技术,它可预选在Cache中装入接下来的指令可能调用的数据,来提升Cache的工作效率,对经常需要使用Cache的应用程序(如大型数据库)的性能提升非常显著。

6.8.3 超线程技术

超线程(Hyper-Threading,HT)是Intel公司提出的一种提高CPU性能的技术,简单地说就是将一个物理CPU当作两个逻辑CPU使用,使CPU可以同时执行多重线程,从而发挥更大的效率。超线程技术利用特殊的硬件指令,把两个逻辑内核模拟成两个物理芯片,让单个处理器都能使用线程级并行计算,进而兼容多线程操作系统和应用软件,减少了CPU的闲置时间,提高了CPU的运行效率。

超线程技术可以使操作系统或者应用软件的多个线程同时运行于一个超线程处理器上,其内部的两个逻辑处理器共享一组处理器执行单元,并行完成加、乘、加载等操作。这样做可以使得处理器的处理能力提高30%,因为在同一时间里应用程序可以充分使用芯片的各个运算单元。

对于单线程芯片来说，虽然也可以每秒钟处理成千上万条指令，但是在某一时刻它只能够对一条指令（单个线程）进行处理，结果必然使处理器内部的其他处理单元闲置。而超线程技术则可以使处理器在某一时刻同步并行处理更多指令和数据（多个线程）。所以，超线程是一种可以将 CPU 内部暂时闲置处理资源充分“调动”起来的技术。

在处理多个线程的过程中，多线程处理器内部的每个逻辑处理器均可以单独对中断做出响应，当第一个逻辑处理器跟踪一个软件线程时，第二个逻辑处理器也开始对另外一个软件线程进行跟踪和处理了。另外，为了避免 CPU 处理资源冲突，负责处理第二个线程的那个逻辑处理器，其使用的仅是运行第一个线程时被暂时闲置的处理单元。例如，当一个逻辑处理器在执行浮点运算（使用处理器的浮点运算单元）时，另一个逻辑处理器则可以执行加法运算（使用处理器的整数运算单元）。这样做，无疑大大提高了处理器内部处理单元的利用率和相应数据、指令的吞吐能力。

超线程技术实现的前提条件是需要五大支持，即 CPU 支持、主板芯片组支持、主板 BIOS 支持、操作系统支持和应用软件支持。只有满足这些条件，才能使得系统效能得到提升。需要指出的是，超线程技术仅在多任务处理时有优势，在进行单个任务处理时，优势表现不出来，而且因为打开了超线程（在 BIOS 中），处理器内部缓存就会被划分成几个区域，互相共享内部资源，反而会造成单个的子系统性能下降。

超线程技术最早出现在 2002 年推出的 Pentium 4 上，但由于当时支持超线程技术的应用软件缺少，使得它的优势无法发挥，之后 Intel 公司推出的一些处理器也曾不再使用这个技术。直至 2009 年 Core i 系列的诞生，超线程技术才有卷土重来之势，如四核的 Core i7 可同时支持 8 个线程工作，大幅增强其多线程性能。

6.8.4 双核与多核技术

1. 双核处理器

双核处理器是指在一个处理器上集成两个运算核心，从而提高计算能力。“双核”的概念最早是由 IBM、HP、Sun 等支持 RISC 架构的高端服务器厂商提出的，目前双核处理器已在微机中普遍使用，图 6-27 给出了 Intel 双核的基本结构。

双核处理器并不能达到 1+1=2 的效果，也就是说，双核处理器并不会比同频率的单核处理器提高一倍的性能。IBM 公司曾经对比了 AMD 双核处理器和单核处理器的性能，其结果是双核和单核相比大概性能提高 60%。不过值得一提的是，这个 60%并不是说处理同一个程序时的提升幅度，而是在多线程任务下得到的提升。换句话说，双核处理器的优势在于多线程应用，如果只是处理单个任务，运行单个程序，也许双核处理器与同频率的单核得到的效果是一样的。

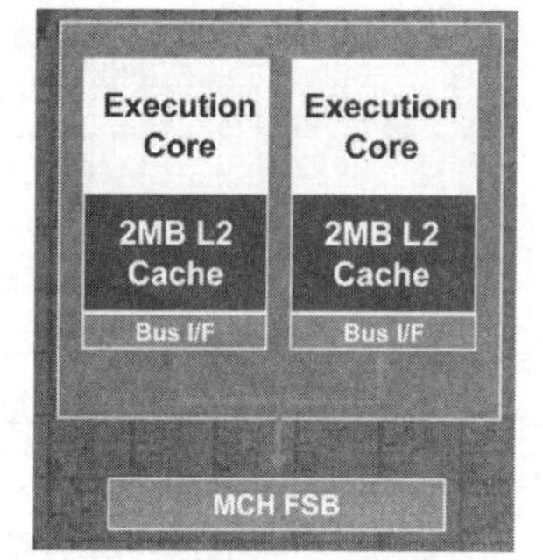

图 6-27 Intel 双核的基本结构

2. 超线程技术与双核心技术的区别

开启了超线程技术的 Pentium 4（单核）与 Pentium D（双核）在操作系统中都同样被识别为两个处理器，它们究竟是不是一样的呢？这个问题确实具有迷惑性。其实，可以简单地把双核心技术理解为两个“物理”处理器,是一种“硬”的方式;而超线程技术只是两个“逻辑”处理器,是一种“软”的方式。

支持超线程的 Pentium 4 能同时执行两个线程,但超线程中的两个逻辑处理器并没有独立的执行单元、整数单元、寄存器甚至缓存等资源。它们在运行过程中仍需要共用执行单元、缓存和系统总线接口。在执行多线程时两个逻辑处理器均是交替工作,如果两个线程都同时需要某一个资源时,其中一个要暂停并要让出资源,要待那些资源闲置时才能继续。因此,超线程技术仅可以视为对单个处理器运算资源的优化利用。

而双核心技术则是通过“硬”的物理核心实现多线程工作的:每个核心拥有独立的指令集、执行单元,与超线程中所采用的模拟共享机制完全不一样。在操作系统看来,它是实实在在的双处理器,可以同时执行多项任务,能让处理器资源真正实现并行处理模式,其效率和性能提升要比超线程技术高得多,不可同日而语。

3. 多核多线程技术

目前,高性能微处理器研究的前沿逐渐从开发指令级并行(ILP)转向开发多线程并行(Thread Level Parallelism,TLP),单芯片多处理器(Chip Multiprocessor,CMP)就是实现 TLP 的一种新型体系结构。

CMP 在一个芯片上集成多个微处理器核,每个微处理器核实质上都是一个相对简单的单线程微处理器或者比较简单的多线程微处理器,这样多个微处理器核就可以并行地执行程序代码,因而具有较高的线程级并行性。

如果按照单芯片多处理器上的处理器是否相同划分,可以分为同构 CMP 和异构 CMP,同构 CMP 大多数由通用的处理器组成,多个处理器执行相同或者类似的任务。异构 CMP 除含有通用处理器作为控制、通用计算之外,多集成了 DSP、ASIC、媒体处理器、VLIW 处理器等针对特定的应用提高计算的性能。

Pentium 系列微处理器中的 Pentium 属于单核单线程处理器,Pentium 4 属于单核多线程处理器,Pentium D 属于多核单线程处理器,Pentium EE 属于多核多线程处理器,这几种微处理器的内部结构示意图如图 6-28 所示,图中 EU 表示执行单元,CU 表示控制单元。

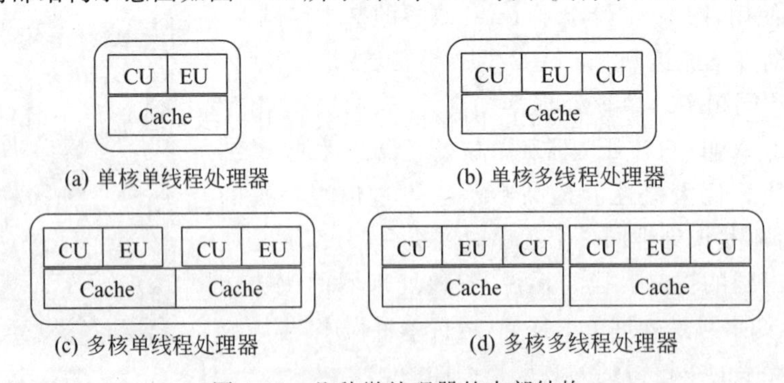

图 6-28 几种微处理器的内部结构

目前,市面上已大量出现三核、四核、六核和八核的处理器,甚至有十核和十二核的面向服务器和工作站的处理器,如 Intel 的 Xeon E5 就有八核十六进程。

多核处理器广泛受到青睐的一个主要原因是,当工作频率受限于技术进步时,并行处理技术可以采用更多的内核并行运行来大大提高处理器的等效运行速度,同时由于工作频率没有提高,功耗相对于同性能的高频单核处理器要低得多。不难看出,多核处理器是处理器发展的必然趋势。无论是移动与嵌入式应用、桌面应用还是服务器应用,都将采用多核的架构。未来的多核处理器芯片将包含很多通用的处理器核,每个处理器核运行2~4个线程。同时芯片中包含成千个异构可编程加速器,用于媒体加速等特殊处理。

6.8.5 睿频加速技术

睿频加速技术的英文全称是 Intel Turbo Boost Technology,它是 Intel Core i5/i7 处理器的独有特性,也是 Intel 公司新宣布的一项技术。睿频加速技术可以理解为自动超频,实际上是一个新一代的能效管理方案。

当启动一个运行程序后,处理器会自动加速到合适的频率,而原来的运行速度会提升10%~20%,以保证程序流畅运行。应对复杂应用时,处理器可自动提高运行主频以提高速度,轻松进行对性能要求更高的多任务处理;当进行工作任务切换时,如果只有内存和硬盘在进行主要的工作,处理器会立刻处于节电状态,这样既保证了能源的有效利用,又使程序速度大幅提升。通过智能化地加快处理器速度,从而根据应用需求最大限度地提升性能,为高负载任务提升运行主频高达 20%。

Turbo Boost,顾名思义就是加速技术,它是新一代 CPU 的趋势,使得 CPU 更加智能。CPU 会确定其当前工作功率、电流和温度是否已达到最高极限,如仍有多余空间,CPU 会逐渐提高活动内核的频率,以进一步提高当前任务的处理速度,当程序只用到其中的某些核心时,CPU 会自动关闭其他未使用的核心。当开启睿频加速之后,CPU 会根据当前的任务量自动调整 CPU 主频,从而是重任务时发挥最大的性能,是轻任务时发挥最大节能优势。睿频加速技术无须用户干预,自动实现,而且完全让 CPU 运行在技术规范内,安全可靠,不需要任何额外的投资,系统运行稳定,在不影响 CPU 的热功耗设计(TDP)情况下,能把核心工作频率调得更高。

Turbo Boost 是基于 CPU 的电源管理技术来实现的,通过分析当前 CPU 的负载情况,智能地完全关闭一些用不上的核心,把能源留给正在使用的核心,并使它们运行在更高的频率,从而提供更强的性能。而需要多个核心时,则动态开启相应的核心,智能调整频率。

在进入 Turbo 方式后,繁忙 CPU 内核的频率会提升一级,通常每个时钟提升步进是133MHz。以实际发布的一款 Core i7-870 为例,这是一款四核八线程的处理器,其 CPU 主频为 2.93GHz。如果只有一个内核处于运行状态,这个内核可以提速至 3.6GHz(最大睿频),相当于上 5 个台阶,增加了 5×133MHz。如果只有 2 个内核处于运行状态,这 2 个内核可以提速至 3.46GHz,相当于上了 4 个台阶,增加了 4×133MHz。如果 3 个或者 4 个内核处于运行状态,这个处理器可以提速到 3.2GHz,相当于上了 2 个台阶,增加了 2×133MHz。

睿频加速 2.0 技术的英文全称是 Turbo Boost 2.0,相比睿频 1.0 来说,睿频 2.0 的特点有两点:一是更加智能、更高能效,睿频 2.0 不再受 TDP 限制,而是通过 CPU 内部温度进行监测,在 CPU 内部温度许可的情况下可以超过 TDP 提供更大的睿频幅度,不睿频时却更节能;二是 CPU 和 GPU 都可以睿频,而且可以一起睿频。简单地说,睿频加速技术 2.0 更智能、更高效。

2016年,Intel公司推出了面向发烧级平台的睿频加速Max技术3.0(Turbo Boost Max Technology 3.0)。它可以将处理器的单线程、多核性能提升15%以上。在睿频3.0技术中,将1或2颗体质最好的处理器核心定义为最佳性能核心,然后尽可能提升它们的频率,从而满足更复杂场景的应用需求。睿频加速Max技术3.0不会取代睿频加速技术2.0。前者对后者进行了增强,可大幅提高最快内核的频率,从而让用户能够更加灵活地获得卓越的处理器性能。

习　题

6-1　控制器有哪几种控制方式?各有何特点?

6-2　什么是三级时序系统?

6-3　控制器有哪些基本功能?它可分为哪几类?分类的依据是什么?

6-4　中央处理器有哪些功能?它由哪些基本部件组成?

6-5　中央处理器中有哪几个主要寄存器?试说明它们的结构和功能。

6-6　某计算机CPU芯片的主振频率为8MHz,其时钟周期是多少微秒?若已知每个机器周期平均包含4个时钟周期,该机的平均指令执行速度为0.8MIPS,试问:

(1) 平均指令周期是多少微秒?

(2) 平均每个指令周期含有多少个机器周期?

(3) 若改用时钟周期为0.4μs的CPU芯片,则计算机的平均指令执行速度又是多少MIPS?

(4) 若要得到40万次/秒的指令执行速度,则应采用主频为多少MHz的CPU芯片?

6-7　以一条典型的单地址指令为例,简要说明下列部件在计算机的取指周期和执行周期中的作用。

(1) 程序计数器(PC)。

(2) 指令寄存器(IR)。

(3) 算术逻辑运算部件(ALU)。

(4) 存储器数据寄存器(MDR)。

(5) 存储器地址寄存器(MAR)。

6-8　什么是指令周期?什么是CPU周期?它们之间有什么关系?

6-9　指令和数据都存放在主存,如何识别从主存储器中取出的是指令还是数据?

6-10　CPU中指令寄存器是否可以不要?指令译码器是否能直接对存储器数据寄存器MDR中的信息译码?为什么?以无条件转移指令JMP A为例说明。

6-11　设一地址指令格式如下:

@	OP	A

现在有4条一地址指令:LOAD(取数)、ISZ(加“1”为零跳)、DSZ(减“1”为零跳)、STORE(存数),在一台单总线单累加器结构的机器上运行,试排出这4个指令的微操作序列。

注意:当排ISZ和DSZ指令时不要破坏累加寄存器Acc原来的内容。

6-12　某计算机的CPU内部结构如图6-29所示。两组总线之间的所有数据传送通过ALU。ALU还具有完成以下功能的能力:

F=A;　　F=B

F=A+1;　　F=B+1

F=A−1;　　F=B−1

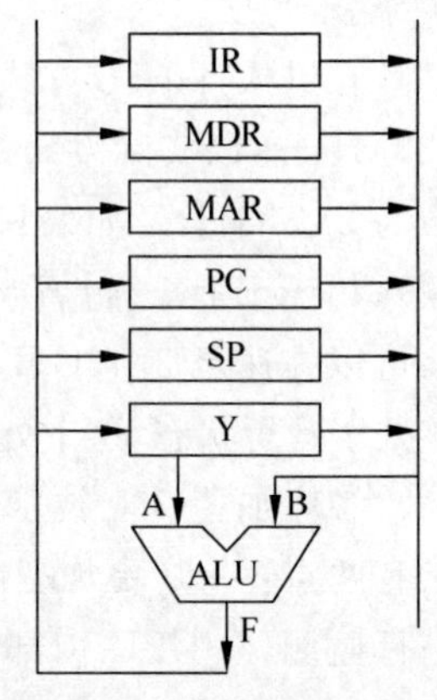

图6-29　某计算机CPU内部结构

写出转子指令(JSR)的取指和执行周期的微操作序列。JSR 指令占两个字,第一个字是操作码,第二个字是子程序的入口地址。返回地址保存在存储器堆栈中,堆栈指示器始终指向栈顶。

6-13　某计算机主要部件如图 6-30 所示。

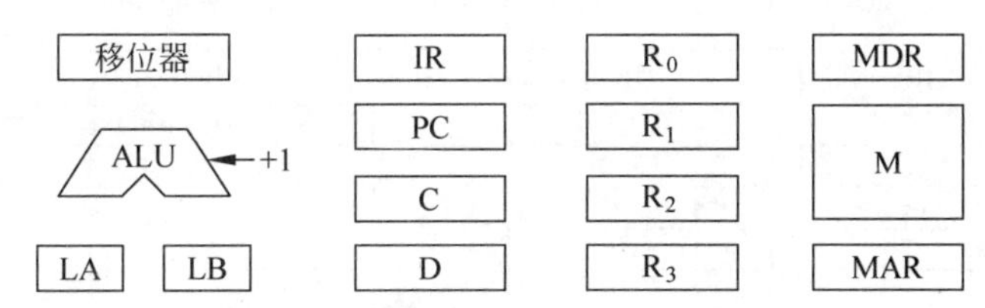

图 6-30　某计算机主要部件

LA——A 输入选择器　LB —— B 输入选择器　C、D —— 暂存器

(1) 补充各部件间的主要连接线,并注明数据流动方向。

(2) 写出指令 ADD (R_1),(R_2)+的执行过程(含取指过程与确定后继指令地址)。该指令的含义是进行加法操作,源操作数地址和目的操作数地址分别在寄存器 R_1 和 R_2 中,目的操作数寻址方式为自增型寄存器间址。

6-14　CPU 结构如图 6-31 所示,其中有一个累加寄存器 AC、一个状态寄存器和其他 4 个寄存器,各部件之间的连线表示数据通路,箭头表示信息传送方向。

(1) 标明 4 个寄存器的名称。

(2) 简述指令从主存取出送到控制器的数据通路。

(3) 简述数据在运算器和主存之间进行存取访问的数据通路。

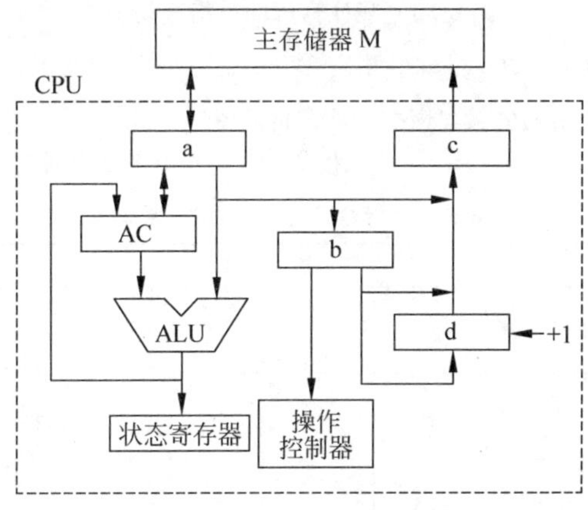

图 6-31　某计算机 CPU 结构

6-15　什么是微命令和微操作? 什么是微指令? 微程序和机器指令有何关系? 微程序和程序之间有何关系?

6-16　什么是垂直型微指令? 什么是水平型微指令? 它们各有什么特点? 又有什么区别?

6-17　水平型和垂直型微程序设计之间有什么区别? 串行微程序设计和并行微程序设计有什么区别?

6-18　图 6-32 给出了某微程序控制计算机的部分微指令序列。图中每一框代表一条微指令。分支点 a 由指令寄存器(IR)的第 5 和 6 两位决定。分支点 b 由条件码 C_0 决定。已知微指令地址寄存器字长 8 位,现采用下址字段实现该序列的顺序控制。

(1) 设计实现该微指令序列的微指令字之顺序控制字段格式。

(2) 给出每条微指令的二进制编码地址。

(3) 画出微程序控制器的简化框图。

6-19　已知某计算机采用微程序控制方式,其控制存储器容量为 512×48 位,微程序可在整个控制存储器中实现转移,可控制转移的条件共 4 个,微指令采用水平型格式,后继指令地址采用断定方式,微指令

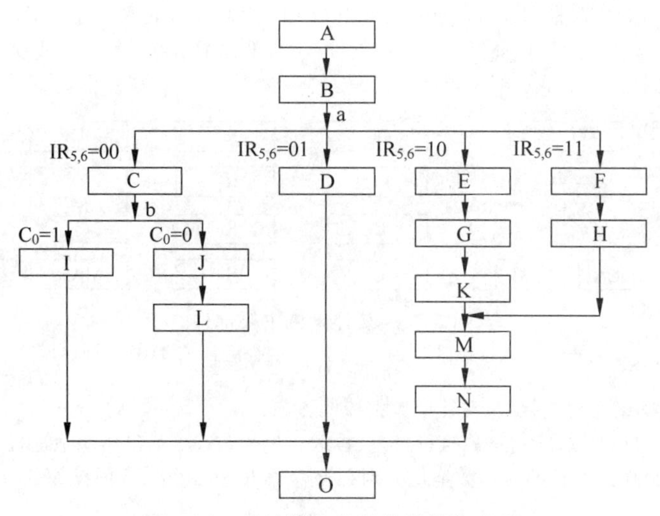

图 6-32　某计算机的部分微指令序列

格式如图 6-33 所示。

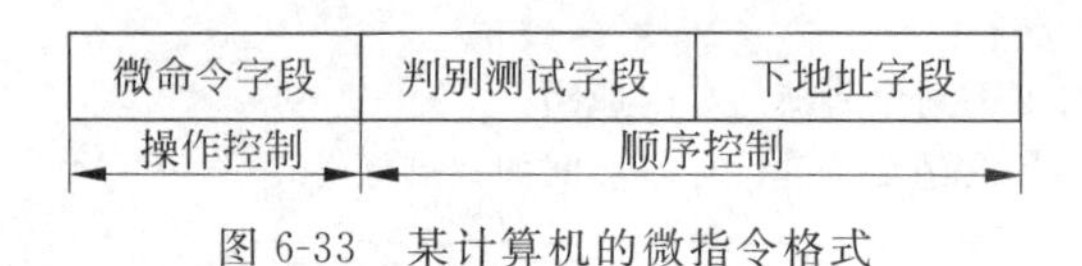

图 6-33　某计算机的微指令格式

(1) 微指令中的 3 个字段分别应为多少位?

(2) 画出围绕这种微指令格式的微程序控制器逻辑框图。

6-20　某计算机有 8 条微指令 $I_1 \sim I_8$,每条微指令所含的微命令控制信号如表 6-5 所示。

表 6-5　微指令所含微命令控制信号

微指令	微命令信号									
	a	b	c	d	e	f	g	h	i	j
I_1	√	√	√	√	√					
I_2	√			√		√	√			
I_3		√						√		
I_4			√							
I_5			√		√		√		√	
I_6	√							√		√
I_7			√	√				√		
I_8	√	√						√		

a~j 分别代表 10 种不同性质的微命令信号,假设一条微指令的操作控制字段为 8 位,安排微指令的操作控制字段格式,并将全部微指令代码化。

6-21　在微程序控制器中,微程序计数器(μPC)可以用具有加“1”功能的微地址寄存器(μMAR)来代替,试问程序计数器(PC)是否可以用具有加“1”功能的存储器地址寄存器(MAR)代替?

第 7 章

总线

在大多数计算机系统中，无论是计算机内部各部分之间，还是计算机与外部设备之间，数据传送都是通过总线(Bus)进行的。可以说，总线是计算机及其系统的重要组成部分。本章介绍总线的有关概念、总线仲裁方法、总线操作定时与常见总线标准。

7.1 总线概述

总线是一组能为多个部件分时共享的公共信息传送线路。共享是指总线上可以挂接多个部件，各个部件之间相互交换的信息都可以通过这组公共线路传送；分时是指同一时刻总线上只能传送一个部件发送的信息。

7.1.1 总线的基本概念

总线采用分时共享技术，当总线空闲(所有部件都以高阻状态连接在总线上)时，如果有一个部件要与目的部件通信，则发起通信的部件驱动总线，发出地址和数据。其他以高阻状态连接在总线上的部件，如果收到与自己相符的地址信息后，即接收总线上的数据。发送部件完成通信后，将总线让出(输出变为高阻态)。

1. 三态门和总线电路

高阻状态又称浮空状态，输出呈高阻状态即相当于输出开路(隔断)，输出端对地的电阻无限大，与外界断开联系。具备高阻状态的门电路称为三态门，即具有 3 种逻辑状态(逻辑 0、逻辑 1 和高阻状态)的门电路。三态门除了正常的输入端和输出端之外，还有一个控制端 G(或$\overline{G}$)。只有当控制端有效时，该三态门才能满足正常的逻辑关系；否则，输出将呈现高阻状态。根据输入输出关系和控制端的有效电平，可以分为 4 种类型的三态门，如图 7-1 所示。

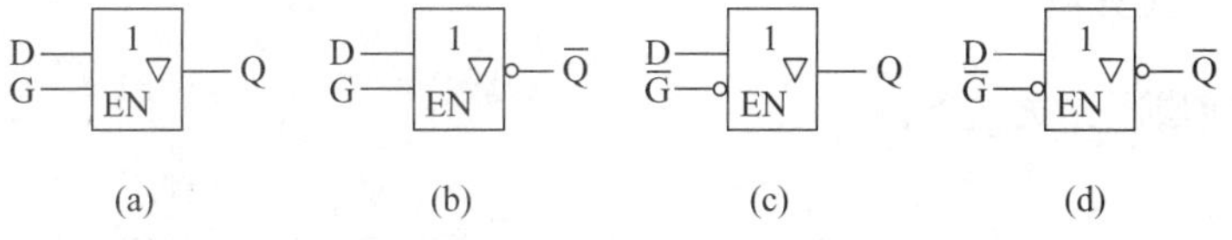

(a) (b) (c) (d)

图 7-1 4 种类型的三态门

三态门主要用于总线连接,各个部件或设备必须通过三态缓冲器才能挂在总线上,通过控制端选择工作部件或设备。

按总线的逻辑结构来看,有单向总线和双向总线之分,单向总线是指总线上的信息只能向一个方向传送,双向总线是指总线上的信息可以向两个方向传送。例如,数据总线是双向三态的,既可以把 CPU 的数据传送到存储器或 I/O 设备,也可以将其他部件的数据传送到 CPU;而地址总线是单向三态的,地址只能从 CPU 传向存储器或 I/O 设备。

2. 总线事务

通常把在总线上一对设备之间的一次信息交换过程称为一个“总线事务”,把发出总线事务请求的部件称为主设备,与主设备进行信息交换的对象称为从设备。例如,CPU 要求读取存储器中某单元的数据,则 CPU 是主设备,而存储器是从设备。总线事务类型通常根据它的操作性质来定义,典型的总线事务类型有“存储器读”“存储器写”“I/O 读”“I/O 写”和“中断响应”等,一次总线事务简单来说包括两个阶段:地址阶段和数据阶段。

突发传送事务由一个地址阶段和多个数据阶段构成,用于传送多个连续单元的数据,地址阶段送出的是连续区域的首地址。因此,一次突发传送事务可以传送多个数据。

3. 总线使用权

总线是由多个部件和设备所共享的,为了正确地实现它们之间的通信,必须有一个总线控制机构,对总线的使用进行合理的分配和管理。

主设备发出总线请求并获得总线使用权后,就立即开始向从设备进行一次信息传送。这种以主设备为参考点,向从设备发送信息或接收从设备送来的信息的工作关系,称为主从关系。主设备负责控制和支配总线,向从设备发出命令来指定数据传送方式与数据传送地址信息。各设备之间的主从关系不是固定不变的,只有获得总线使用权的设备才是主设备,如 CPU 等。但主存总是从设备,因为它不会主动提出要与谁交换信息的要求。

注意: *在定义总线数据传送操作是“输入”或“输出”时,必须以主设备为参考点,即从设备将数据送往主设备称为“输入”,反之称为“输出”。这和前面提到的以主机为参考点的输入、输出的含义是不完全相同的。*

通常,将完成一次总线操作的时间称为总线周期。总线使用权的转让发生在总线进行一次数据传送的结束时刻。在一个总线周期开始时,对 CPU 或 I/O 设备的请求进行取样,并在这个总线周期进行数据传送的同时也进行判优,选择下一总线周期谁能获得总线使用权,然后在本周期结束时实现总线使用权的转移,开始新的总线周期。

7.1.2 总线的分类

1. 按功能层次分类

总线按功能层次分类如下。

(1) 片内总线

片内总线是芯片内部的总线,它是 CPU 芯片内部寄存器与寄存器之间、寄存器与 ALU 之间的公共连接线。片内总线在芯片内部,一般是看不见的。

(2) 系统总线

系统总线是计算机系统内各功能部件(CPU、主存、I/O 接口)之间相互连接的总线,系统总线也称为内总线,是构成计算机的主要组成部分。系统总线按传送的信息不同可以分为数据总线、地址总线和控制总线。

(3) 通信总线(外总线)

通信总线是用于计算机系统之间或计算机系统与其他系统(远程通信设备、测试设备)之间信息传送的总线。例如,一个计算机系统和另一个计算机系统,或者计算机系统与远程通信设备或测试设备之间的信息传送就通过外总线实现。

2. 按数据线的多少分类

按照总线中数据线的多少不同,总线又可分为以下几类。

(1) 并行总线

并行总线是含有多条双向数据线的总线,它可以实现一个数据的多位同时传输。并行总线具有数据传输率高的优点,但由于各条数据线的传输特性不可能完全一致,当数据线较长时,数据各位到达接收端时的延迟可能不一致,会造成传输错误。

(2) 串行总线

串行总线是只含有一条双向数据线或两条单向数据线的总线,串行总线可以实现一个数据的各位按照一定的速度和顺序依次传输。由于按位串行传输数据对数据线传输特性的要求不高,在长距离连线情况下仍可以有效地传送数据,所以串行总线的优势在于远距离通信。

7.1.3 总线的组成及性能指标

1. 总线结构

在单机系统中,从系统总线角度出发,总线的基本结构如下。

① 单总线结构:只有一条系统总线,所有部件通过系统总线接入。

② 双总线结构:在单总线的基础上增加一条专用于 CPU 和主存之间的数据传送通路。

③ 三总线结构:在双总线的基础上再增加一条 I/O 总线。

(1) 单总线结构

最简单的总线结构是单总线结构,如图 1-3 所示。各大部件都连接在单一的一组总线上,故将这个单总线称为系统总线。

(2) 双总线结构

单总线系统中各部件只能分时工作,这就使信息传送的吞吐量受到限制,为此设计了图 7-2 所示的双总线系统结构。这种结构保持了单总线系统简单、易于扩充的优点,但又在 CPU 和主存之间专门设置了一组高速的存储总线,使 CPU 可通过专用总线与存储器交换信息,减轻了系统总线的负担。

(3) 三总线结构

图 7-3 为三总线系统的结构图,它是在双总线系统的基础上增加 I/O 总线形成的。其

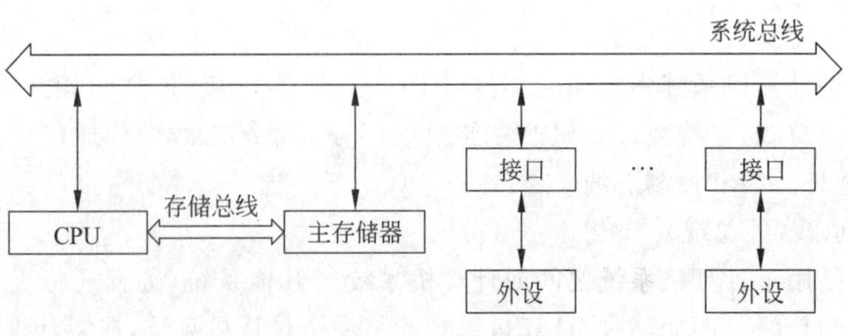

图 7-2 双总线结构

中,系统总线是 CPU、主存和通道(IOP)之间进行数据传送的公共通路,而 I/O 总线是多个外部设备与通道之间进行数据传送的公共通路。

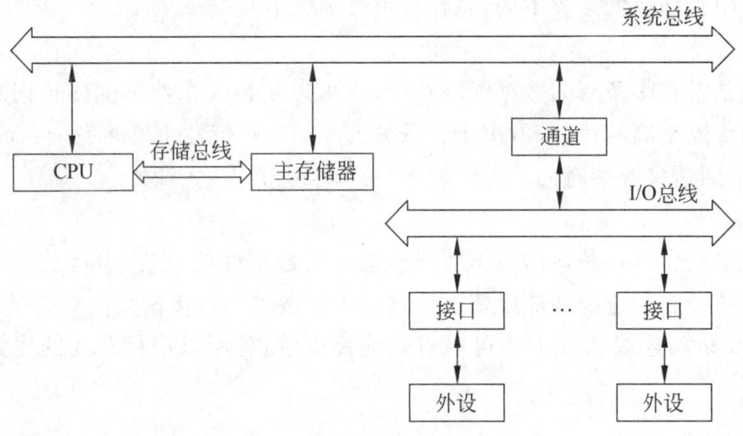

图 7-3 三总线结构

2. 总线特性

通常总线规范中会详细描述总线各方面的特性。

(1) 物理特性

物理特性又称机械特性,它规定了总线的线数、总线的插头、插座的形状、尺寸和信号线的排列方式等要素。

(2) 功能特性

功能特性描述总线中每一根线的功能。例如,CPU 发出的各种控制命令(如存储器读写、I/O 读写)、外设与主机的同步匹配信号、中断信号和 DMA 控制信号等。

(3) 电气特性

电气特性定义了每根线上信号的传递方向及有效电平范围。

(4)时间特性

时间特性规定了每根线在什么时间有效,以及不同信号之间相互配合的时间关系。只有规定了总线上各信号有效的时序关系,CPU 才能正确无误地使用。

3. 总线的性能指标

总线的主要性能指标如下。

(1) 总线宽度

总线宽度指的是总线的线数，它决定了总线所占的物理空间和成本。对总线宽度最直接的影响是地址线和数据线的数量，地址线的宽度指明了总线能直接访问存储器的地址空间范围，数据线的宽度指明了访问一次存储器或外设时能够交换的数据位数。

(2) 总线带宽

总线带宽定义为总线的最大数据传输率，即每秒传输的字节数。在同步通信中，总线的带宽与总线时钟密不可分，总线时钟频率的高低决定了总线带宽的大小。总线的带宽公式为：

$$B = W \times F/N$$

其中，B 为总线的带宽；W 为数据总线宽度，通常以字节为单位；F 为总线的时钟频率；N 为完成一次数据传送所用的时钟周期数。

(3) 总线负载

总线负载指连接在总线上的最大设备数量。大多数总线的负载能力是有限的。

(4) 总线复用

总线分时复用是指在不同时段利用总线上同一个信号线传送不同信号，例如地址总线和数据总线共用一组信号线。采用这种方式的目的是减少总线数量，提高总线的利用率。

(5) 总线猝发传输

猝发(突发)式数据传输是一种总线传输方式，即在一个总线周期中可以传输存储地址连续的多个数据。

除去以上提到的性能指标外，如总线是否具有即插即用功能，是否支持总线设备的热插拔，是否支持多主控设备，是否具有错误检测能力，是否依赖于特定 CPU 等也是评价总线性能的指标。

7.2 总线仲裁

总线是由多个部件和设备所共享的，连接到总线上的功能模块有主动和被动两种形态，CPU 可以作主方也可以作从方，而存取器模块只能用作从方。为了保证同一时刻只有一个申请者使用总线，总线控制机构中设置有总线判优和仲裁控制逻辑，即按照一定的优先次序来决定哪个部件首先使用总线，只有获得总线使用权的部件才能开始数据传送。总线判优按其仲裁控制机构的设置可分为集中式控制和分布式控制两种。

7.2.1 集中仲裁方式

总线控制逻辑集中在一处(如在 CPU 中)的称为集中式控制，就集中式控制而言，有下面 3 种常见的优先权仲裁方式。

1. 链式查询方式

链式查询方式如图 7-4 所示，总线控制器使用 3 根控制线与所有部件和设备相连，而 AB 和 DB 分别代表地址总线和数据总线。3 个控制信号如下。

总线请求(BR)：该线有效，则表示至少有一个部件或设备要求使用总线。

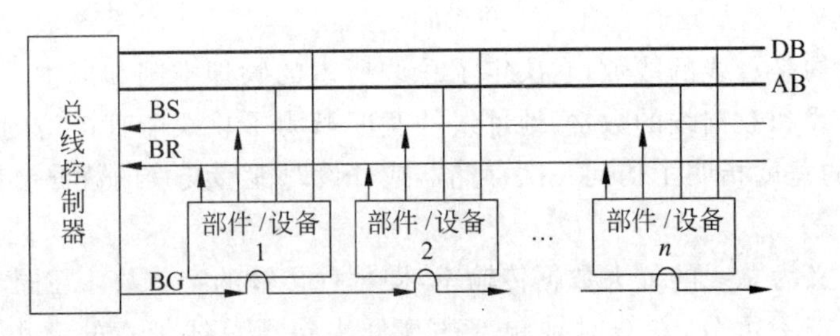

图 7-4　链式查询方式

总线忙(BS)：该线有效，则表示总线正在被某部件或设备使用。

总线批准(BG)：该线有效，则表示总线控制器响应总线请求。

与总线相连的所有部件经公共的BR线发出总线请求，只有在BS信号未建立前，BR才能被总线控制器响应，并送出BG回答信号。BG信号串行地通过每个部件，如果某个部件本身没有总线请求，则将该信号传给下一个部件；如果这个部件有总线请求，就停止传送BG信号，获得总线使用权。这时该部件将建立BS信号，表示它占用了总线，并撤销总线请求信号BR，进行数据的传送。BS信号在数据传送完后撤销，BG信号也随之撤销。

显然，链式查询方式的优先次序是由BG线上串接部件的先后位置来确定的，在查询链中离总线控制器最近的设备具有最高优先权。

链式查询的优点是只用很少几根线就能按一定的优先次序来实现总线控制，并很容易实现扩充。缺点是对查询链的故障很敏感，如果第 i 个部件中的查询链电路有故障，那么第 i 个以后的部件都不能工作。另外，因为查询的优先级是固定的，所以若优先级较高的部件出现频繁的总线请求时，优先级较低的部件就可能会难以得到响应。

2. 计数器定时查询方式

计数器定时查询方式如图7-5所示，总线上的每个部件可以通过公共的BR线发出请求，总线控制器收到请求之后，在BS为0的情况下，让计数器开始计数，定时地查询各个部件以确定是谁发出的请求。当查询线上的计数值与发出请求的部件号一致时，该部件就使BS线置1，获得了总线使用权，并中止计数查询，直至该部件完成数据传送之后，撤销BS信号。

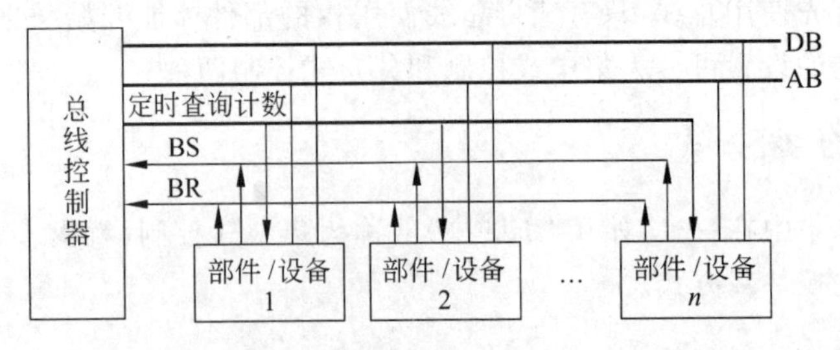

图 7-5　计数器定时查询方式

这种计数可以从0开始，也可以从中止点开始。如果从0开始，各部件的优先次序和链式查询方式相同，优先级的次序是固定的。如果从中止点开始，即为循环优先级，各个部件使用总线的机会将相等。计数器的初始值还可以由程序来设置，这就可以方便地改变优先次序,增加系统的灵活性。定时查询方式的控制线数较多,对于 n 个部件,共需 $2+\lceil \log_2 n \rceil$ 根。

3. 独立请求方式

独立请求方式如图 7-6 所示,在这种方式中,每一个共享总线的部件均有一对控制线:总线请求 BR_i 和总线批准 BG_i。当某个部件请求使用总线时,便发出 BR_i,总线控制器中有一排队电路,根据一定的优先次序决定首先响应哪个部件的请求 BR_i,然后给该部件送回批准信号 BG_i。

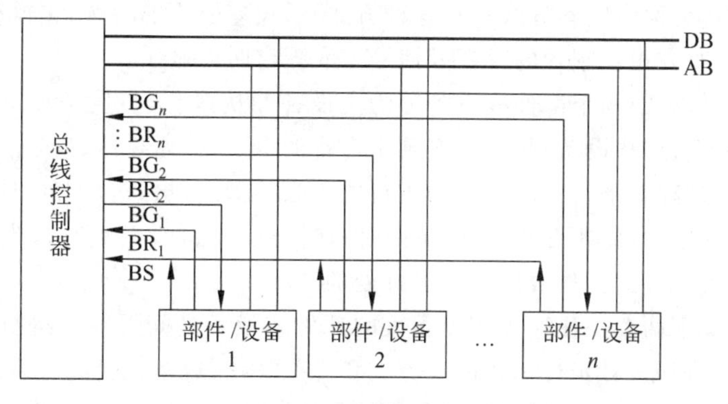

图 7-6　独立请求方式

独立请求方式的优点是响应时间快,然而这是以增加控制线数和硬件电路为代价的,对于 n 个部件,控制线的数目将达 $2n+1$ 根。此方式对优先次序的控制也是相当灵活的,它可以预先固定,也可以通过程序来改变优先次序。

7.2.2　分布仲裁方式

分布仲裁方式不需要中央仲裁器,即总线控制逻辑分散在连接于总线上的各个部件或设备中。连接到总线上的主方可以启动一个总线周期,而从方只能响应主方的请求。每次总线操作,只能有一个主方占用总线使用权,但同一时间里可以有一个或多个从方。对多个主设备提出的占用总线请求,一般采用优先级、冲突检测或公平策略等方法进行仲裁。其中,冲突检测仲裁方式一般用在网络通信总线上,具体来说就是"谈前先听,冲突重发",主方在传输前,会侦听总线是否空闲,若空闲则立即使用总线;在传输过程中,还会侦听总线是否发生冲突,若发生冲突,则两个设备都会停止传输,延迟一个随机时间后再重新使用总线。

7.3　总线定时控制

主机与外设通过总线进行信息交换时,必然存在着时间上的配合和动作的协调问题,否则系统的工作将出现混乱。总线的定时控制方式一般分为同步方式和异步方式。

7.3.1　同步定时方式

所谓同步定时方式,是指系统采用一个统一的时钟信号来协调发送和接收双方的传送定时关系。时钟产生相等的时间间隔,每个间隔构成一个总线周期。在一个总线周期中,发送和接收双方可以进行一次数据传送。由于是在规定的时间段内进行I/O操作,所以发送者不必等待接收者有什么响应,当这个时间段结束后就自动进行下一个操作。

同步方式中的时钟频率必须能适应在总线上最长的延迟和最慢的接口的需要。因此,同步方式的效率较低,时间利用也不够合理;同时,也没有办法知道被访问的外设是否已经真正地响应,故可靠性比较低。

7.3.2 异步定时方式

异步定时方式也称为应答方式。在这种方式下,没有公用的时钟,也没有固定的时间间隔,完全依靠传送双方相互制约的"握手"信号来实现定时控制。

通常,把交换信息的两个部件或设备分为主设备和从设备,主设备提出交换信息的"请求"信号,经接口传送到从设备;从设备接到主设备的申请后,通过接口向主设备发出"回答"信号,整个"握手"过程就是在一问一答中进行的。必须指出,从"请求"到"回答"的时间是由操作的实际时间决定的,而不是由CPU的节拍硬性规定的,所以具有很强的灵活性,而且对提高整个计算机系统的工作效率也是有好处的。

异步控制能保证两个工作速度相差很大的部件或设备之间可靠地进行信息交换,自动完成时间的配合。但是,异步控制较同步方式稍复杂一些,成本也会高一些。

异步方式根据"请求"和"回答"信号的撤销是否互锁,有以下3种情况。

(1) 不互锁

"请求"和"回答"信号都有一定的时间宽度,"请求"信号的结束和"回答"信号的结束不互锁,如图7-7(a)所示。

(2) 半互锁

"请求"信号的撤销取决于接收到"回答"信号,而"回答"的撤销由从设备自己决定,如图7-7(b)所示。

(3) 全互锁

"请求"信号的撤销取决于"回答"信号的来到,而"请求"信号的撤销又导致"回答"信号的撤销,如图7-7(c)所示。全互锁方式给出了最高的灵活性和可靠性,当然也付出了增加接口电路复杂性的代价。

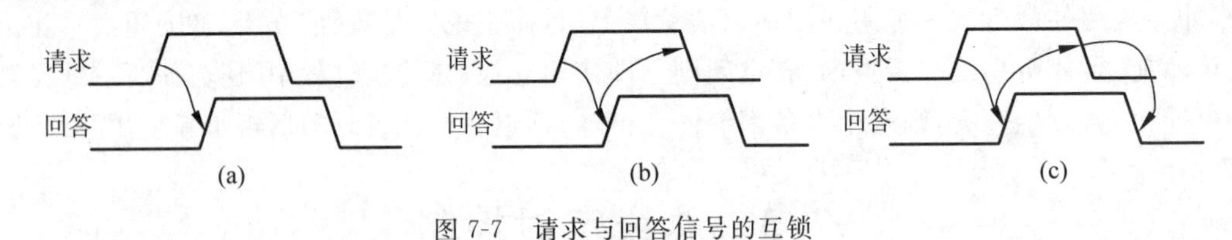

图7-7 请求与回答信号的互锁

7.4 总线标准

总线的标准制定通常有两种途径,一种是由具有权威性的国际标准化组织制定并推荐使用的,称为正式标准;另一种是由某个或某几个在业界具有影响力的设备制造商提出,而又被业内其他厂家认可并广泛使用的标准,即所谓的事实标准,这些标准可能需要经过一段时间的使用,被厂商提供给有关组织讨论之后才能成为正式标准。

7.4.1 系统总线标准

通常,微机的系统总线都做成多个插槽的形式,各插槽引脚通过总线连在一起。总线接口引脚的定义、传输速率的设定、驱动能力的限制、信号电平的规定、时序的安排以及信息格式的约定等,都有统一的标准。下面对 PC 系列微机的总线标准进行简要介绍。

1. PC/XT 总线

PC/XT 总线是早期 PC/XT 微机所配备的系统总线,是 8 位总线标准。PC/XT 总线共有 62 个信号,是目前各类总线中最为精简的。

2. ISA 总线

ISA 总线最早用于 PC/AT 机,因而又称 AT 总线。它是在原 PC/XT 总线 62 线的基础上又增加一个 36 线的扩展槽,成为 16 位的总线标准,即工业标准体系结构(ISA),以支持 8/16 位的数据传送和 24 位寻址。

3. MCA 总线

IBM 公司于 1987 年推出了 32 位微通道结构(MCA)总线,并在 PS/2 机上使用。MCA 总线的数据线和地址线都扩展到 32 位,成为标准的 32 位扩展总线系统。但是,因为 MCA 总线与 ISA 总线不兼容,所以市场占有率不高。

4. EISA 总线

1988 年 9 月,由 Compaq 和 AST 等 9 家公司联合推出了一种既与 ISA 兼容,又在许多方面参考了 MCA 设计的总线标准,称为增强的工业标准体系结构(EISA),成为一种与 MCA 相抗衡的总线标准。

5. VL 总线(VESA 局部总线)

1992 年 5 月,视频电子标准委员会(VESA)制定了 VL 总线规范。VL 总线的数据宽度为 32 位,其主要优点是:协议简单、传输速率高、能够支持多种硬件的工作。但是,它的规范性、兼容性和扩展性较差。

6. PCI 局部总线

1991 年下半年,Intel 公司首先提出了 PCI 总线的概念,并与 IBM、Compaq、AST、HP 和 DEC 等公司联合,于 1993 年推出 PCI 总线。PCI 局部总线是一种高性能、32 位或 64 位地址数据线复用的总线,它的兼容性好,不受 CPU 品种的限制。

7. AGP

AGP(图形加速端口)是由 Intel 创建的新总线,专门用作高性能图形及视频支持。AGP 基于 PCI,且 AGP 插槽外形与 PCI 类似,但它有增加的信号,同时在系统中的定位不同,是专门为系统中的视频卡设计的。

8. PCI-Express

PCI-Express(PCI-E)是最新的总线和接口标准,以取代几乎全部现有的内部总线(包括AGP和PCI),最终实现总线标准的统一。它的主要优势就是数据传输速率高,目前可高达10GB/s以上,而且还有相当大的发展潜力。PCI-E有1X到32X等多种规格,具有非常强的伸缩性,能满足现在和将来一定时间内出现的低速设备和高速设备的需求。PCI-E 16X用于取代目前的AGP接口,PCI-E 1X、2X用于取代目前的CPI接口,而针对服务器上的设备则有PCI-E 4X、8X、12X等。

PCI-E采用彻底的串行传输模式代替传统设备之间的并行传输模式,一个PCI-E串行连接称为lane,由两对单向传输的导线组成,一对负责发送,一对负责接收,每个周期虽然只传输1位信息,但它是以高达2.5Gb/s的速度传输。一个PCI-E可以由多个lane组成,标志为1X、2X等数字就是指有效的lane的总数。PCI-E 1X只需有4条线连接,16X则需要它的16倍即64条线连接,所以PCI-E 16X插槽要比PCI-E 1X插槽长得多。可以将PCI-E 1X的卡插在PCI-E 16X的插槽上(当然它依然只能工作在1X的速度下),但不能把PCI-E 16X的卡插在PCI 1X的插槽上。

PCI-E 1.0发表于2002年,传输速率为2.5GT/s;PCI-E 2.0则更进了一步,传输速率提升到了5GT/s;PCI-E 3.0将传输速率提升到8GT/s,并保持了对PCI-E 1.0/2.0的向下兼容,继续支持2.5GHz、5GHz信号机制。目前,PCI-E 4.0已经面市,传输速率达到16GT/s。PCI-E 5.0的规范也已出台。PCI-E规范的发展如表7-1所示。

表7-1 PCI-E规范的发展

版本号	传输速率	编码	带宽			
			×1	×4	×8	×16
PCI-E 1.0	2.5GT/s	8b/10b	250MB/s	1GB/s	2GB/s	4GB/s
PCI-E 2.0	5GT/s	8b/10b	500MB/s	2GB/s	4GB/s	8GB/s
PCI-E 3.0	8GT/s	128b/130b	1GB/s	4GB/s	8GB/s	16GB/s
PCI-E 4.0	16GT/s	128b/130b	2GB/s	8GB/s	16GB/s	32GB/s
PCI-E 5.0	32GT/s或25GT/s	128b/130b	4GB/s或3.1GB/s	16GB/s或12.5GB/s	32GB/s或25GB/s	64GB/s或50GB/s

PCI-E 1.0/2.0之所以数据传输率与原始传输率有差别,是因为它们采用的是8b/10b编解码机制;而PCI-E 3.0开始引入了128b/130b机制,可以确保几乎100%的传输效率,相比此前版本提升了25%,从而促成了传输带宽的翻番。

需要说明的是,采用8b/10b机制可使得发送的0、1数量保持基本一致,以保证直流平衡,即连续的1或0不超过5位,(每5个连续的1或0后必须插入一位0或1)。换句话说,8b/10b解码是将1组10位的输入数据经过变换得到8位数据位,即占用了20%的总带宽。通过8b/10b机制,可以保证传输的数据串在接收端能够被正确复原。8b/10b是目前许多高速串行总线采用的编码机制,例如USB 3.0、IEEE 1394b、SATA、PCI-E 1.0/2.0等。

7.4.2 外部总线标准

外总线是计算机系统之间互连的总线，通常使用标准的接口插头，其结构和通信规约也是标准的。

1. 串口和并口

串口又称通信口或COM端口，主要用于需要与系统进行双向通信的设备。这些设备包括早期的调制解调器、鼠标、扫描仪，以及所有向计算机发送信息和从计算机接收信息的其他设备。

传统的串口是异步传送，且面向字符的，它具有20%的额外信息开销，这些信息是标识每个字符所需的。每个通过串行连接发送的字符都是由一个标准的起止信号来形成数据帧的，在每个字符前是一个独立的二进制"0"(称为起始位)，随后的8个二进制数字将组成数据的一个字节。在字符后跟有1个或2个二进制"1"(称为停止位)。在通信的接收端，对字符的识别是利用起止信号，而不是根据字符到达的时间来进行。图7-8表示字符数据的串行格式，7位ASCII码连续传送，由最低有效数字位开始，而以奇偶校验位结束，起始位为低电平，停止位为高电平。

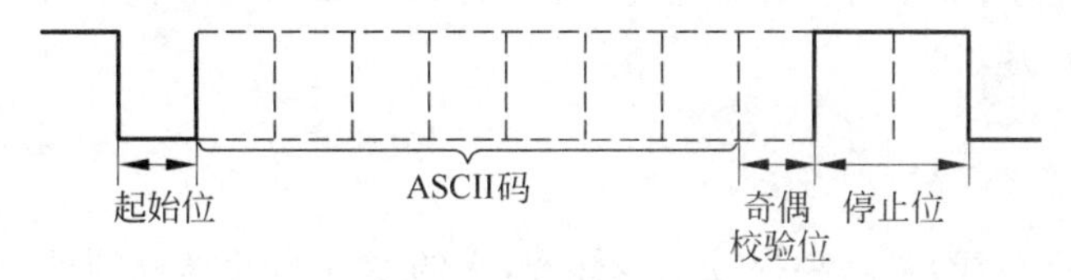

图7-8　ASCII码的串行格式

所有串口的核心是通用异步收发器(UART)芯片，该芯片可以实现将计算机输出的并行数据转换成串行格式，或者将串行数据转换成并行格式送回计算机的过程。当通信对象远离主机时，采用串行传送方式更经济、有效。RS-232或RS-422等串行总线标准在计算机终端中广泛采用。

并口一般用于将打印机等设备连接到计算机上。并口之所以被称为并口，是因为它有8条数据线，可以通过这8条数据线同时发送包含数据的一个字节的所有数据位。

IEEE 1284标准定义了并口的物理特性，标准中给出了5种不同的并口操作模式，如表7-2所示。

表7-2　IEEE 1284并口模式

并口模式	方　向	传输率
半字节(4位)	输入	50KB/s
字节(8位)	输入	150KB/s
兼容	输出	150KB/s
EPP(增强型并口)	输入输出	500KB/s～2MB/s
ECP(扩充能力端口)	输入输出	500KB/s～2MB/s

早期计算机的并口仅能用来将信息从计算机发送到设备(输出)。后来出现的标准并口

能实现8位输出(称为兼容模式)和4位输入(称为半字节模式),标准并口的有效传输率是:输出150KB/s,输入50KB/s。目前的计算机系统,则往往带有功能更强大的并行接口,例如双向并口、EPP或ECP。双向并口使用标准的8位数据线可以实现8位输入和8位输出,且都能达到150KB/s的传输率。EPP或ECP被称为高速并口,它们可以获得2MB/s的传输率,可以用来支持诸如Zip驱动器、CD-ROM驱动器、扫描仪、磁带机,甚至硬盘等外设。

由传统的串口、并口完成的功能现在已经越来越多地由新的接口类型完成了。例如,高速串行总线USB和IEEE-1394都是远胜于标准串口和并口性能的高速通信接口,可以用来实现与高速外设的连接。

最新的高性能外部总线设计的趋势是使用串行结构,这样可以通过一根导线一次发送一位数据。而并行结构则需要同时使用8根、16根或更多的导线来发送数据位。在相同的时钟速度下,并行总线要快得多。但是,提高并行连接的时钟速度却要比提高串行连接的时钟速度难得多,这是因为虽然8位数据被发送器同时发送,但由于传输延迟的原因,当它们到达接收器时,可能会有一些数据位先于其他数据位到达。随着导线的延长,这种信号的不同步将会更严重,这使得数据不能以高的传输速率来进行传送。而使用串行总线由于一次仅发送一位数据,无须担心每一位数据的到达时间,因而可以极大地提高时钟频率。另外,在高时钟频率下,并行传输的数据线之间将相互干扰,而串行传输可以忽略这一干扰。

2. USB接口

USB(通用串行总线)是一种外设总线标准,它的设计为计算机的外设带来了即插即用功能。USB的出现不再需要专用的端口,也减少了I/O卡的使用(从而也减少了因添加新卡而重新配置系统的需要),大大节省了重要的系统资源。带有USB的计算机可以支持对外设的自动识别与设置,只需要将外设在物理上连接到计算机即可,而不需要重新启动或运行安装程序。USB在一台计算机上最多可以同时支持127台设备的运行。

USB给所有连接的设备提供电源,并支持热插拔,这意味不需要关掉计算机或重新启动系统就可以动态地插接设备。

过去主板中主要采用USB 1.1和USB 2.0,而目前的主板中主要采用USB 2.0和USB 3.0。各USB版本间能很好地兼容。USB 1.1版以12Mb/s(1.5MB/s)的速率运行,由于所有的设备只能共享1.5MB/s的带宽,这就意味着每增加一台活动的设备,总线就将慢一些。USB 2.0是USB 1.1的扩展,所有USB 1.1设备都可以在USB 2.0总线上工作。USB 3.1是最新的USB规范,它向下兼容USB 1.1、USB 2.0和USB 3.0标准。USB 3.0和USB 3.1都采用了9针脚设计,其中4个针脚和USB 2.0的形状、定义均完全相同。USB各版本的传输率如表7-3所示。

表7-3 USB的传输率

版本号	速率称号	最大传输速率	最大输出电流	编码
USB 1.0	低速	1.5Mb/s(192KB/s)	500mA	8b/10b
USB 1.1	全速	12Mb/s(1.5MB/s)	500mA	8b/10b

续表

版本号	速率称号	最大传输速率	最大输出电流	编码
USB 2.0	高速	480Mb/s(60MB/s)	500mA	8b/10b
USB 3.0	超速	5.0Gb/s(640MB/s)	900mA	8b/10b
USB 3.1	超速＋	10Gb/s(1.25GB/s)	5A	128b/130b

USB 2.0 基于半双工二线制总线，只能提供单向数据流传输，而 USB 3.0 采用了四线制差分信号线，故而支持双向并发数据流传输。此外，USB 3.0 引入了新的电源管理机制，支持待机、休眠和暂停等状态。USB 3.1 还分出 Gen1 和 Gen2，所谓 USB 3.1 Gen 1 实际上就是原来的 USB 3.0，真正的新标准是 USB 3.1 Gen 2。

USB 是迄今为止最通用的外部接口，可以连接鼠标、键盘、打印机、扫描仪、摄像头、闪存盘、手机、数码相机、移动硬盘、外置光驱、USB 网卡等几乎所有的外部设备。

3. IEEE 1394 接口

IEEE 1394 也被称为 i.Link 或 Fire Wire，同 USB 一样，IEEE 1394 支持外设热插拔，并为外设提供电源。IEEE 1394 的最初版本被称为 1394a，传输速率为 100Mb/s、200Mb/s、400Mb/s，其升级版本 1394b 能提供 800 Mb/s 或更高的传输速度，甚至有望支持 1600Mb/s 和 3200Mb/s 的传输速率。IEEE 1394 构建在菊花链或树状的拓扑结构上的，它支持多达 63 台设备。另外，与 SCSI 一样，IEEE 1394 能够在同一条总线上支持不同速率的设备。

相比于 USB 接口，在 USB 1.1 时代，1394a 接口在速度上还是占据了很大优势的，但在 USB 2.0 推出后，1394a 接口在速度上的优势就不再明显了。同时，现在绝对多数主流的计算机并没有配置 1394 接口，要使用必须要购买相关的接口卡。但是，IEEE 1394 仍然有一定的市场，这是因为它的一个重要优点是不要求连接微机，可以用来直接将数字视频(DV)摄像机连接到 DV-VCR 进行磁带复制或编辑。

4. eSATA 接口

eSATA 的全称是 External Serial ATA (外部串行 ATA)，它是 SATA 接口(详见 8.3.4 节介绍)的外部扩展规范。换言之，eSATA 就是“外置”版的 SATA，它是用来连接外部而非内部 SATA 设备。例如，拥有 eSATA 接口，就可以轻松地将 SATA 硬盘与主板的 eSATA 接口连接，而不用打开机箱更换 SATA 硬盘。

eSATA 拥有极大的传输速度优势。例如，USB 2.0 的数据传输率可以达到 60MB/s，IEEE 1394 的数据传输率可以达到 50～100MB/s，eSATA 最高却可提供 384MB/s(3Gb/s)的数据传输速度，远远高于 USB 2.0 和 IEEE 1394。在实际应用上，受硬盘内部传输率及主板的制约，实际数据传输率可能介于 1.5Gb/s～3Gb/s 之间，但仍高于 USB 2.0 和 IEEE 1394 的传输速率，并且依然保持方便的热插拔功能，用户不需要关机便能随时接上或移除 SATA 装置，十分方便。

eSATA 是伴随 SATA 接口衍生出来的新一代外置设备接口，在 USB 3.0 没有出现之前，eSATA 接口的传输速度相比 USB 2.0 有着绝对的优势，而随着 USB 3.0 接口的普及,eSATA 接口遇到了挑战。目前来看,eSATA 与 USB 3.0 接口在速度上不相上下,但 eSATA 只拥有传输数据的功能,并不能够给设备供电,而 USB 3.0 则完全不存在这个问题。当然 USB 3.0 也有它的劣势,即要将硬盘中的数据通过 USB 3.0 接口传输,则必须拥有桥接芯片,而这个芯片则可能在传输数据的过程中消耗传输速度。从各种因素以及今后的发展趋势来看,也许未来 USB 3.0 接口会越来越强势,而 eSATA 接口很有可能成为历史。

习 题

7-1 假设地址线有 20 位,允许寻址的主存空间有多大?假设地址线有 32 位,允许寻址的主存空间又有多大?

7-2 假设总线的工作频率为 22MHz,总线宽度为 16 位,问总线带宽是多少?

7-3 PCI 总线的时钟频率为 33MHz/66MHz,当该总线进行 32/64 位数据传送时,总线带宽各是多少?

7-4 假定某同步总线在一个时钟周期内传送一个 4 字节的数据,总线时钟频率为 33MHz,求总线带宽是多少?如果数据总线宽度改为 64 位,一个时钟周期能传送 2 次数据,总线时钟频率为 66MHz,则总线带宽为多少?提高了多少倍?

7-5 分析哪些因素影响带宽。

7-6 某总线时钟频率为 66MHz,在一个 64 位总线中,总线数据传输的周期是 7 个时钟周期传输 6 个字的数据块。

(1) 问总线的数据传输率是多少?

(2) 如果不改变数据块的大小,而是将时钟频率减半,问这时总线的数据传输率是多少?

7-7 为什么要设立总线仲裁机构?集中式总线控制常用哪些方式?它们各有什么优缺点?

7-8 总线的同步通信和异步通信有何不同?试举例说明一次全互锁异步应答的通信情况。

第 8 章 外部设备

外部设备是计算机系统中不可缺少的重要组成部分，本章将介绍磁介质存储器的存储原理，常用磁介质存储设备和其他辅助存储设备以及常见的输入输出设备的工作原理。

8.1 外部设备概述

中央处理器(CPU)和主存储器(MM)构成计算机的主机。除主机以外，而又围绕着主机设置的各种硬件装置称为外部设备或外围设备。它们主要用来完成数据的输入、输出、成批存储以及对信息加工处理的任务。

8.1.1 外部设备的分类

外部设备的种类很多，从它们的功能及其在计算机系统中的作用来看，可以分为以下4类。

1. 输入输出设备

从计算机的角度出发，向计算机输入信息的外部设备称为输入设备；接收计算机输出信息的外部设备称为输出设备。

输入设备有键盘、鼠标、扫描器、数字化仪、磁卡输入设备、语音输入设备等。输出设备有显示设备、绘图机、打印输出设备等。

另外，还有一些兼有输入和输出功能的复合型输入输出设备。

2. 辅助存储器

辅助存储器是指主机以外的存储装置，又称后援存储器。辅助存储器的读写，就其本质来说也是输入或输出，所以可以认为辅助存储器也是一种复合型的输入输出设备。

目前，常见的辅助存储器有硬磁盘存储器、磁带存储器及光盘存储器等。

3. 终端设备

终端设备由输入设备、输出设备和终端控制器组成，通常通过通信线路与主机相连。终端设备具有向计算机输入信息和接收计算机输出信息的能力，具有与通信线路连接的通信控制能力，有些还具有一定的数据处理能力。

终端设备一般分为通用终端设备和专用终端设备两大类。专用终端设备是指专门用于某一领域的终端设备;通用终端设备则适用于各个领域,它又可分为会话型终端、远地批处理终端和智能终端。

4. 过程控制设备

当计算机进行实时控制时,需要从控制对象取得参数,而这些原始参数大多数是模拟量,需要先用模数转换器将模拟量转换为数字量,然后再输入计算机进行处理。而经计算机处理后的控制信息,需先经数模转换器把数字量转换成模拟量,再送到执行部件对控制对象进行自动调节。模数转换、数模转换设备均是过程控制设备,有关的检测设备也属于过程控制设备。

8.1.2 外部设备的地位和作用

外部设备是计算机和外界联系的纽带、接口和界面,如果没有外部设备,计算机将无法工作。随着超大规模集成电路技术的发展,主机的造价越来越低,而外部设备的价格在计算机系统中所占的比例越来越高。由此可见,外部设备在计算机系统中占据的地位变得越来越重要了。

外部设备在计算机系统中的作用可以分为4个方面。

1. 外部设备是人机对话的通道

无论是微型计算机系统,还是小、中、大型计算机系统,要把数据、程序送入计算机或要把计算机的计算结果及各种信息送出来,都要通过外部设备来实现。因此,外部设备成为人机对话的通道。

2. 外部设备是完成数据媒体变换的设备

人们习惯用字符、汉字、图形、图像等来表达信息的含义,而计算机内部却是以电信号表示的二进制代码。因此,在人机对话交换信息时,首先需要将各种信息变成计算机能识别的二进制代码形式,然后再输入计算机;同样,计算机处理的结果也必须变换成人们所熟悉的表示方式,这两种变换只能通过外部设备来实现。

3. 外部设备是计算机系统软件和信息的驻在地

随着计算机技术的发展,系统软件、数据库和待处理的信息量越来越大,不可能全部存放在主存中,因此,以磁盘存储器或光盘存储器为代表的辅助存储器已成为系统软件、数据库及各种信息的驻在地。

4. 外部设备是计算机在各领域应用的桥梁

随着计算机应用范围的扩大,已从早期的数值计算扩展到文字、表格、图形、图像和语音等非数值信息的处理。为了适应这些处理,各种新型的外部设备陆续被制造出来。无论哪个领域、哪个部门,只有配置了相应的外部设备,才能使计算机在这些方面获得广泛的应用。

8.2 磁介质存储器的性能和原理

磁介质存储器的存储过程是一种电磁转换的过程。常见的磁介质存储器(如磁盘、磁带等)就是利用磁记录原理制成的。

8.2.1 磁介质存储器的读写

1. 磁记录介质和磁头

(1) 磁记录介质

在磁介质存储器中,信息是记录在一薄层磁性材料上的,这个薄层称为磁层。磁层与所附着的载体称为记录介质或记录媒体。

载体是由非磁性材料制成的。根据载体的性质,又可分为软质载体和硬质载体。软质载体一般为聚酯薄膜材料,硬质载体一般为铝合金片。

(2) 磁头

磁头是磁记录设备的关键部件之一,是一种电磁转换元件,能把电脉冲表示的二进制代码转换成磁记录介质上的磁化状态,即电→磁转换;反过来,能把磁记录介质上的磁化状态转换成电脉冲,即磁→电转换。

读写时,按磁头与磁记录介质之间的接触与否,可分为接触式磁头与浮动式磁头两种。在磁带和软盘中,由于是软质载体,只能采用接触式磁头。接触式磁头的结构简单,但会因磨损而降低磁头与记录介质的使用寿命。在硬盘中,由于是硬质载体,必须尽量减少磨损(特别是记录区),故采用浮动式磁头。硬盘读写时,盘片高速地旋转,带动盘面表层气流形成气垫,使质量很轻的磁头浮起,与盘面之间保持一个极小的间隙,磁头不与盘面直接接触。

在读写过程中,磁记录介质与磁头之间相对运动,一般是记录介质运动而磁头不动。

2. 写入过程

磁头对记录介质的写入过程如图 8-1 所示。在写磁头线圈中通以一定方向的写电流,所产生的磁通将从磁头的头隙进入记录介质,然后流回磁头,形成一个回路,于是在磁头下方的一个局部区域被磁化,形成一个磁化单元(或称记录单元),磁通进入的一侧为 S 极,流出的一侧为 N 极。如果写电流足够大,可使磁化区的中心部分达到饱和磁化。当这部分介质移出磁头作用区后,仍将留下足够强的剩磁。在写磁头线圈中通以正、负两个不同方向的写电流,就会产生两种不同的剩磁状态,正好对应二进制信息的“1”和“0”。

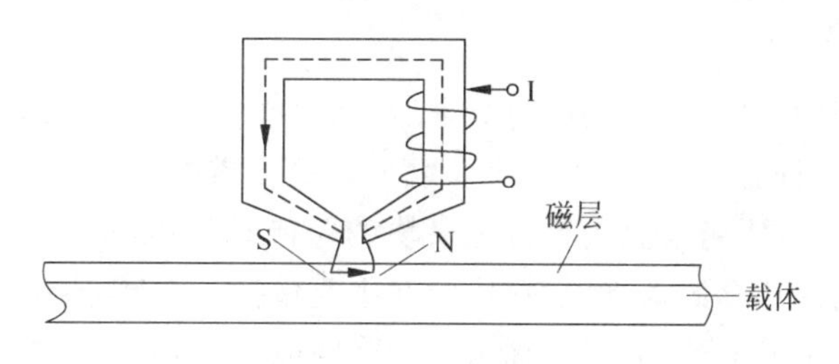

图 8-1 磁层的写入

3. 读出过程

读出时,读磁头线圈不外加电流。当某一磁化单元运动到读磁头下方时,使得磁头中流过的磁通有很大的变化,于是在读磁头线圈两端产生感应电动势 e。

$$e \propto -\frac{\mathrm{d}\phi}{\mathrm{d}t}$$

e 的极性与磁通变化的极性相反。当磁通 ϕ 由小到大变化时,在读磁头线圈中感应产生一个负脉冲;当磁通 ϕ 由大到小变化时,则感应产生一个正脉冲。上述脉冲信号经放大、检波、限幅、整形和选通后,获得符合要求的信号。

8.2.2 磁介质存储器的技术指标

衡量磁介质存储器的主要技术指标有下述几种。

1. 记录密度

记录密度又称存储密度,是指磁介质存储器上单位长度或单位面积所存储的二进制信息量。通常以道密度和位密度表示,也可用两者的乘积——面密度来表示。

(1) 道密度

道密度又称横向密度,是指垂直于磁道方向上单位长度中的磁道数目,道密度的单位是道/in(Tracks Per Inch,TPI)或道/mm(Tracks Per Millimeter,TPM)。

磁道指的是磁头写入磁场在记录介质上形成的磁化轨迹。为了避免干扰,磁道和磁道间需要保持一定的距离。相邻两条磁道中心线之间的距离称为道距。

(2) 位密度

位密度又称纵向密度,是指沿磁道方向上单位长度中所记录的二进制信息的位数,位密度的单位为位/in(bits per inch,bpi)或位/mm(bits per millimeter,bpm)。

2. 存储容量

存储容量是指整个磁介质存储器所能存储的二进制信息的总量,一般以字节为单位表示,它与存储介质的尺寸和记录密度直接相关。

磁介质存储器的存储容量有非格式化容量和格式化容量两种指标。非格式化容量是指磁记录介质上全部的磁化单元数;格式化容量是指用户实际可以使用的存储容量,也就是制造商给出的标称容量。格式化容量一般约为非格式化容量的60%~70%。

3. 平均存取时间

在磁介质存储器中,当磁头接到读写命令后,从原来的位置移动到指定位置并完成读写操作的时间称为存取时间。对于采用顺序存取方式的多道并行读写的磁带存储器来说,没有寻找磁道的问题,故只需考虑磁头等待记录块的等待时间和信息的读写操作时间。对于采用直接存取方式的磁盘存储器来说,存取时间主要包括4个部分:第一部分是指磁头从原先位置移动到目的磁道所需要的时间,称为定位时间或寻道时间;第二部分是指在到达目的磁道以后,等待被访问的记录块旋转到磁头下方的等待时间,称为旋转时间或等待时间;第三部分是信息的读写操作时间，也称为传输时间；最后是磁盘控制器的开销。由于寻找不同磁道和等待不同记录块所花的时间不同，所以通常取它们的平均值。传输时间和控制器的开销相对平均寻道时间 T_s 和平均等待时间 T_w 来说要小得多，所以磁盘的平均存取时间 T_a 约等于：

$$T_a \approx T_s + T_w = \frac{t_{smix} + t_{smax}}{2} + \frac{t_{wmix} + t_{wmax}}{2}$$

4. 数据传输率

磁介质存储器在单位时间内向主机传送数据的位数或字节数，称为数据传输率 D_r，单位为 b/s 或 B/s。数据传输率 D_r正比于记录密度 D 和磁记录介质通过磁头时的速度 v。

$$D_r = D \times v$$

式中：D——记录密度。对于单道存取的装置（如磁盘）为位密度；对于多道存储的装置（如磁带）则为位密度与磁道数之乘积。

v——速度。对磁带为走带速度；对磁盘为记录介质通过磁头时的线速度。

5. 误码率

误码率是衡量磁介质存储器出错概率的参数，它等于读出的出错信息位数和读出总的信息位数之比。

读出错误有硬错误和软错误之分。硬错误又称不可恢复的错误，它是由于记录介质上存在缺陷等原因引起的；软错误又称可恢复的错误，它是由偶尔落入记录介质和读写磁头之间的尘埃或电磁干扰引起的，可用重复的读操作来改正。

8.2.3 数字磁记录方式

为了提高磁介质存储器的性能，扩大存储容量，加快存取速度，除了要不断改善磁头和记录介质的电磁性能和机械性能之外，选用高性能的数字磁记录方式对提高记录密度和可靠性也是很重要的。

磁记录方式按照某种规律将一连串的二进制数字信息变换成记录介质上相应磁通翻转形式。磁记录方式可以分为直接记录方式和按位编码记录方式两大类，常见几种记录方式的写电流波形如图 8-2 所示，图中 T_0表示位周期。下面分别对它们进行讨论。

1. 直接记录方式

当记录密度较低时，可以不编码，直接按记录信息的“0”和“1”排序记录。这类记录方式有以下 3 种。

(1) 归零制(RZ)

记录“1”时，写磁头线圈中通以正向脉冲电流；记录“0”时，通以反向脉冲电流。由于脉冲电流均要回到零，故称为归零制。归零制的两个脉冲之间有一段间隔没有电流，相应的这段磁层未被磁化。

(2) 不归零制(NRZ)

记录“1”时，写磁头线圈中通以正向电流；记录“0”时，通以反向电流。由于磁头中电流

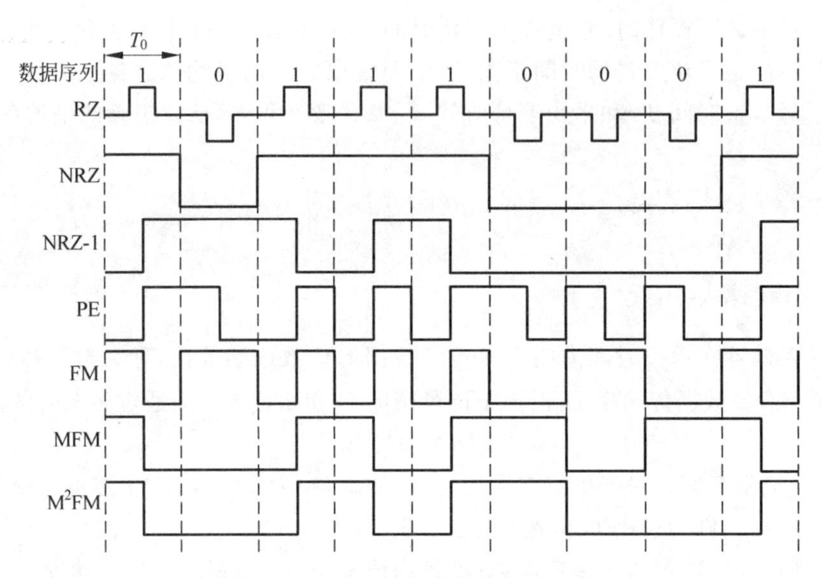

图 8-2　几种记录方式的写电流波形

不回到零,故称为不归零制。如果记录的相邻两位信息相同(即连续记录"1"或"0")时,写电流方向不变;只有当记录的相邻两位信息不相同(即"0"和"1"交替)时,写电流才改变方向,所以又称为异码变化或"见变就翻"的不归零制。

(3) 不归零-1 制(NRZ-1)

这是一种改进的不归零制,记录"1"时,在位周期中间写电流改变方向;而记录"0"时,写电流方向维持不变,所以称为见"1"就翻的不归零制。

2. 按位编码记录方式

下面几种记录方式都属于按位编码记录方式。

(1) 调相制(PE)

调相制又称曼彻斯特编码,它采用 0°和 180°相位的不同分别表示"1"或"0"。它的编码规则是:记录"1"时,写电流在位周期中间由负变正;记录"0"时,写电流在位周期中间由正变负。当连续出现两个或两个以上"1"或"0"时,为了维持上述原则,在位周期的边界上也要翻转一次。这种记录方式常用于磁带机中。

(2) 调频制(FM)

调频制是根据写电流的频率来区分记录"1"或"0"的。记录"1"时,写电流在位周期中间和边界各改变一次方向;记录"0"时,写电流仅在位周期边界改变一次方向。因此,记录"1"的磁通翻转频率为记录"0"时的两倍,故又称倍频制。若以 T_0 表示位周期,则调频制的磁通翻转间距为 $0.5T_0$ 和 T_0。这种记录方式主要应用于早期的硬磁盘机和单密度软磁盘机中。

(3) 改进的调频制(MFM)

MFM 制是在 FM 制基础上改进的一种记录方式,又称为延迟调制码或密勒码。其编码规则是:记录"1"时,写电流在位周期中间改变方向;记录单独的一个"0"时,写电流不改变方向;记录连续的两个"0"时,写电流在位周期边界改变方向。

改进的调频制的磁通翻转间距有3种：T_0、$1.5T_0$、$2T_0$，对应于3种不同的频率，所以又称为三频制。MFM制的磁通翻转密度低于FM制，MFM制的最小磁通翻转间距$T_{min}=T_0$，而FM制的$T_{min}=0.5T_0$，也就是MFM制可以减少FM制的磁通翻转数目，使之在相同数量的磁通翻转上存储两倍的数据。因此，采用MFM制的记录密度是FM制的两倍，这种记录方式主要应用于倍密度软磁盘机上。

(4) 改进的改进型调频制(M^2FM)

M^2FM制是改进的MFM制方式。其编码规则是：记录"1"时，写电流在位周期中间改变方向；记录单独的一个"0"时，写电流不改变方向；记录连续的两个"0"时，写电流在第二个"0"起始的位周期边界处改变方向；记录连续多个"0"时，写电流在前两个"0"的位周期边界处改变方向；以后每隔两个"0"(假设其紧跟着的下一位还是"0")，在位周期边界处写电流再改变一次方向。

改进的改进型调频制的磁通翻转间距有4种：T_0、$1.5T_0$、$2T_0$、$2.5T_0$，对应于4种不同的频率，所以又称为四频制。M^2FM曾在软盘机和一些特殊用途的数字磁带机中使用。

3. 成组编码记录方式

除去上述7种记录方式外，还有一些成组编码方式，如群码制(GCR)、三位调制码(3PM)和游程长度受限码(RLL)等。它们是将数据序列中的数据位几位分成一组，然后按一定的变换规则变换成对应的记录码，再采用NRZ-1制写入记录介质，从而使记录密度得以提高。

现今硬盘中最流行的编码方式为游程长度受限(RLL)码，它的记录密度是调频制的3倍。游程长度受限码通常每次编码一组数据而不是单个数据。游程长度受限源于这些编码的两个主要特性，即两个实际的磁通转换之间允许的最小转换单元数目(游程长度)和最大的转换单元数目(游程受限)。该方式的不同变种使用不同的长度和受限参数，但只有两种真正得到普及：RLL2,7和RLL1,7。表8-1列出了RLL2,7的编码规则，它的编码严格按照2→4、3→6、4→8的规则进行变换。从表中可以看出两次实际的磁通转换T之间最小转换单元数目(N的个数)是2，最大转换单元数目是7，所以称为RLL2,7码。

表8-1　RLL2,7数据到磁通转换的编码

数据位	磁通编码	数据位	磁通编码
10	NTNN	011	NNTNNN
11	TNNN	0010	NNTNNTNN
000	NNNTNN	0011	NNNNTNNN
010	TNNTNN		

注：T=磁通翻转，N=无磁通翻转。

如果最后一组的数据序列无法在表8-1中找到，可以通过添加多余的数据位以填补最后一组序列。

调频制与改进的调频制编码也可看作是游程长度受限编码的一种。调频制称为RLL0,1，因为它用最少0个、最多1个转换单元区分两个磁通转换；改进的调频制称为RLL1,3，因为它用最少1个、最多3个转换单元区分两个磁通转换。

8.2.4 编码方式的比较

尽管存在着很多种编码方式,但其中只有少部分仍然流行。近年最流行的3种基本编码方式是:

① 调频制(FM)。

② 改进的调频制(MFM)。

③ 游程长度受限(RLL)。

图8-3为用这3种不同的编码方式存储ASCII码字符“X”到硬盘上的写电流波形。

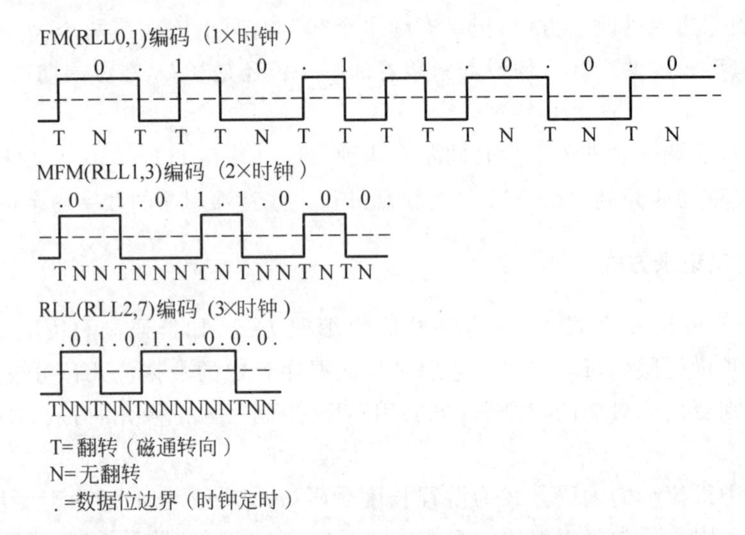

图8-3 用FM、MFM和RLL2,7编码ASCII字符“X”的写电流波形

在每种编码方式采样中,最上面表示各个位周期中所承纳的单个数据位01011000(字符“X”的ASCII码),位周期由时钟信号及时分开,如图表示为“.”;中间是实际的写电流波形;最下面表示磁通转换的情况,用T代表磁通翻转,用N代表无翻转。

FM制很容易解释。每个位周期有两个转换单元:一个代表时钟信息,另一个代表数据本身。所有的时钟转换单元都包含磁通翻转,而只有数据位为“1”时数据转换单元才包含磁通翻转,数据位为“0”时无磁通翻转。

MFM制的每个数据位也含有时钟和数据单元。但是,只有当一个“0”紧跟着另一个“0”存储时,时钟转换单元才含有一个磁通翻转。从左边开始,第一位为0,而前面的位未知(假设为0),因此磁通转换模式为TN;下一位为1,通常编码为转换模式NT;下一位为0,由于前面为1,因而存为NN。

RLL2,7由于是对成组的数据位编码而不是对单独的位编码,因而看起来比较复杂。从左边开始,第一组与表8-1中列出的组相匹配的是第一个3位数:010,这3位转换为磁通转换模式TNNTNN;下两位11可转换为TNNN,最后一组000可转换为NNNTNN结束。本例中无须添加多余的位填充最后一组。在本例中,任何两个磁通翻转T之间N的最小数目与最大数目为2和6,但在其他例子中最大转换单元数目可以达到7,这就是RLL2,7命名的由来。由于它记录的磁通翻转数目比MFM更少,因而时钟频率可增至FM的3倍,MFM的1.5倍,使得在相同的空间内存储更多的信息。

8.3 磁介质存储设备

磁介质存储器主要包括硬盘存储器、软盘存储器和磁带存储器。硬盘存储器的记录载体是硬质材料的,它的容量大、位价格低,是当今辅助存储器的主体。软盘存储器和磁带存储器的记录载体是软质材料的,软盘存储器在20世纪90年代还是微机辅助存储器的标准配置,但它的容量小、单位容量成本高、速度慢且可靠性差,随着计算机技术的发展,曾经应用最广泛的软盘现在已基本淡出人们的视线。

8.3.1 硬盘存储器的基本结构与分类

硬盘存储器具有存储容量大,使用寿命长,存取速度较快的特点。硬盘存储器的硬件包括硬盘控制器(适配器)、硬盘驱动器以及连接电缆。硬盘控制器(HDC)对硬盘进行管理,并在主机和硬盘之间传送数据;硬盘驱动器(HDD)中有盘片、磁头、主轴电机(盘片旋转驱动机构)、磁头定位机构、读写电路和控制逻辑等。新型的硬盘都已将控制器集成到驱动器单元中了。

为了提高单台驱动器的存储容量,在硬盘驱动器内使用了多个盘片,它们被叠装在主轴上,构成一个盘组;每个盘片的两面都可用作记录面,所以一个硬盘的存储容量又称为盘组容量。

根据头-盘是否是一个密封的整体,硬盘存储器可分为温彻斯特盘和非温彻斯特盘两类。温彻斯特盘的主要特点是磁头、盘片、磁头定位机构、主轴,甚至连读写驱动电路等都被密封在一个盘盒内,构成一个头-盘组合体。这个组合体不可随意拆卸,它的防尘性能好,可靠性高,对使用环境要求不高。而非温彻斯特式磁盘的磁头和盘片等不是密封的,因此要求有超净的使用环境。

根据磁头是否可移动,硬盘存储器可分为固定头硬盘和活动头硬盘两类。固定头硬盘机中,每个磁道对应一个磁头。工作时,磁头无径向移动,其特点是存取速度快,省去了磁头找磁道的时间,磁头处于加载工作状态即可开始读写。但是,由于磁头太多,使磁盘的道密度不可能很高,而整个磁盘机的造价却比较高。活动头硬盘机中,每个盘面上只有一个读写头,安装在读写臂上,当需要在不同磁道上读写时,要驱动读写臂沿盘面作径向移动。由于增加了寻道时间,所以其存取时间比固定头硬盘机要长。

8.3.2 硬盘驱动器

目前常用的硬盘驱动器都是活动头的温彻斯特盘,简称温盘。

1. 磁头

温盘的磁头采用接触启停式。所谓接触启停,是指在读写操作时磁头浮空,不与盘面记录区相接触,以免划伤记录区。但是,由于磁头的浮起要依靠盘片高速旋转时产生的气垫浮力,因此在启动前和停止后,磁头将仍与盘面接触。具体的做法是:在盘面记录区与轴心之间有一段空白区,被当作启停区或着陆区。未启动前及停止后,磁头停在启停区,与盘面接触。当盘片旋转并达到额定转速时,气垫浮力使磁头浮起并达到所需的浮动高度,然后将磁头向外移至0号磁道,准备寻道。当读写工作完毕后,必须先将磁头移至启停区,盘片减速至静止,相应地磁头着陆,然后才能关机。

在读写时,磁头与盘面之间的间隙(又称飞高)极小,仅有0.2～0.5μm,甚至0.08μm。这样,磁头在通以写电流后,盘面的磁化单元很小,记录密度可以大大提高。

2. 磁头定位系统

磁头定位系统驱动磁头沿盘面径向移动寻道并精确定位。磁头定位系统应包括以下操作:

① 硬盘驱动器启动后,或是中途寻道出错后,要使磁头准确地回到0号磁道,以等待寻道命令。

② 要能快速、准确地将磁头移到指定磁道的中心位置。

③ 当硬盘驱动器发生故障或掉电后,要使磁头迅速退出盘面数据区,以保护盘面免受擦伤。

为了获得较高的道密度,定位系统必须非常精密;为了提高磁盘的寻道速度,定位系统的速度应尽量快。目前,在磁盘中采用的磁头定位系统有下述两种类型。

(1) 步进电机定位机构

在道密度不是很高的小容量磁盘中,一般采用步进电机驱动。整个定位机构是一个开环系统。根据现行磁道号与目的磁道号之差,求得步进脉冲数。每发一个步进脉冲,脉冲移动一个道距。步进电机定位机构的结构紧凑、控制简单,但定位精度比较低。

(2) 音圈电机定位机构

在道密度较高的磁盘中,多采用音圈电机驱动。音圈电机是线性电机,可以直接驱动磁头作直线运动,整个定位系统是一个带有速度和位置反馈的闭环调节自动控制系统,其特点是寻道速度快,定位精度高。

8.3.3 硬盘的信息分布和磁盘地址

1. 硬盘的信息分布

在硬盘中信息分布呈以下层次:记录面、圆柱面、磁道和扇区,如图8-4所示。

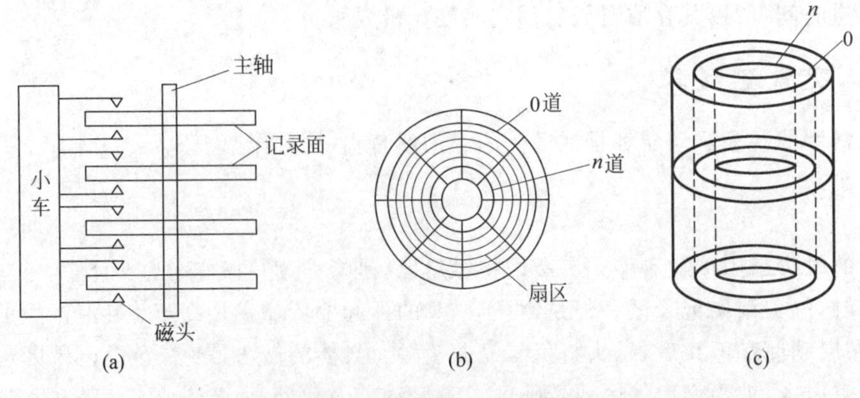

图8-4 磁盘信息分布示意图

(1) 记录面

一台硬盘驱动器中有多个盘片，每个盘片有两个记录面，每个记录面对应一个磁头，所以记录面号就是磁头号，如图 8-4(a)所示。所有的磁头安装在一个公用的传动设备或支架上，磁头一致地沿盘面径向移动，单个磁头不能单独地移动。

(2) 磁道

在记录面上，一条条磁道形成一组同心圆，最外圈的磁道为 0 号，往内则磁道号逐步增加，如图 8-4(b)所示。

(3) 圆柱面

在一个盘组中，各记录面上相同编号(位置)的诸磁道构成一个圆柱面，如图 8-4(c)所示。例如，某驱动器有 4 片 8 面，则 8 个 0 号磁道构成 0 号圆柱面，8 个 1 号磁道构成 1 号圆柱面……硬盘的圆柱面数就等于一个记录面上的磁道数，圆柱面号即对应的磁道号。

引入圆柱面的概念是为了提高硬盘的存储速度。当主机要存入一个较长的文件时，若一条磁道存不完，就需要存放在几条磁道上。这时应选择位于同一记录面上的几条磁道？还是选择同一圆柱面上的几条磁道呢？很明显，如果选择同一记录面上的不同磁道，则每次换道时都要进行磁头定位操作，速度较慢。如果选择同一圆柱面上的不同磁道，则由于各记录面的磁头已同时定位，换道的时间只是磁头选择电路的译码时间，相对于定位操作可以忽略不计，所以在存入文件时，应首先将一个文件尽可能地存放在同一圆柱面中。如果仍存放不完，再存入相邻的圆柱面内。

(4) 扇区

通常将一条磁道划分为若干个段，每个段称为一个扇区或扇段，每个扇区存放一个定长信息块(如 512 个字节)，如图 8-4(b)所示。一条磁道划分多少扇区，每个扇区可存放多少个字节，一般由操作系统决定。磁道上的扇区编号从 1 开始，不像磁头或柱面编号从 0 开始。

2. 磁盘地址

主机向磁盘控制器送出有关寻址信息，磁盘地址一般表示为：驱动器号、圆柱面(磁道)号、记录面(磁头)号、扇区号。

通常，主机通过一个硬盘控制器可以连接几台硬盘驱动器，所以需送出驱动器号。调用磁盘常以文件为单位，故寻址信息一般应当给出文件起始位置所在的圆柱面号与记录面号(这就确定了具体磁道)、起始扇区号，并给出扇区数(交换量)。

8.3.4 硬盘存储器的技术参数

1. 硬盘的主要性能指标

(1) 硬盘容量

硬盘容量当然是越大越好。目前，微型计算机中的硬盘容量已经从数百吉字节发展到数千吉字节(即数个太字节)，更大容量的硬盘还将不断推出。

硬盘的容量指标还包括硬盘的单碟容量。所谓单碟容量，是指硬盘单片盘片的容量。单碟容量越大，单位成本越低，平均访问时间也越短。目前，硬盘的单碟容量在 320GB 至

1TB不等。

(2) 硬盘转速

硬盘主轴电机的旋转速度是决定硬盘内部传输率的关键因素之一,在很大程度上直接影响到硬盘的速度。硬盘转速以每分钟多少转(RPM)来表示,RPM值越大,内部传输率就越快,访问时间就越短,硬盘的整体性能也就越好。最初,硬盘的主轴电机转速一般为3600RPM,现在硬盘的转速为5400RPM或7200RPM,高转速硬盘则可达到10 000RPM甚至15 000RPM。高转速可缩短硬盘的平均寻道时间和实际读写时间,但随着硬盘转速的不断提高也带来了温度升高、电机主轴磨损加大、工作噪音增大等负面影响。

(3) 道密度

因为盘片组是密封的、不可更换的,硬盘上的磁道密度可以非常高。今天的硬盘驱动器在介质上的道密度可达38 000TPI或更高。

(4) 平均存取时间

平均存取时间又称平均访问时间,如果忽略信息的传输时间和磁盘控制器的开销,则它是指磁头从起始位置到达目标磁道位置,并且从目标磁道上找到要读写的数据扇区所需要的时间,包括了硬盘的寻道时间和等待时间,它体现了硬盘的读写速度。

硬盘的平均寻道时间是指硬盘的磁头移动到盘面指定磁道所需要的时间。这个时间当然越小越好,硬盘的平均寻道时间通常在8～12ms,而SCSI硬盘则应小于或等于8ms。

硬盘的等待时间又称潜伏期,是指磁头已处于要访问的磁道,等待所要访问的扇区旋转至磁头下方的时间。平均等待时间为盘片旋转一周所需要的时间的一半,一般在4ms以下。

(5) 缓存

缓存是硬盘控制器上的一块内存芯片,具有极快的存取速度,它是硬盘内部存储和外界接口之间的缓冲器。由于硬盘的内部数据传输率和外部数据传输率不同,缓存在其中起到一个缓冲的作用。缓存的大小与速度是直接关系到硬盘的传输速度的重要因素。当硬盘存取零碎数据时,需要不断地在硬盘与内存之间交换数据,如果缓存足够大,则可以将那些零碎数据暂存在缓存中,既减小了外系统的负荷,也提高了数据的传输速度。

早期的硬盘缓存基本都很小,只有几百千字节,而8～128MB已是现今主流硬盘的缓存设计,在服务器或特殊应用领域中还有缓存容量更大的产品甚至达到了256MB。

(6) 数据传输率

硬盘的数据传输率分为内部数据传输率和外部数据传输率。内部数据传输率也称为持续传输率,指的是磁头与硬盘缓存之间的数据传输率,它主要依赖于硬盘的旋转转速。外部数据传输率也称为突发数据传输率,指的是系统总线与硬盘缓存之间的数据传输率,外部数据传输率与硬盘接口类型和缓存大小有关。

2. 硬盘的接口标准

硬盘接口是硬盘与主机系统间的连接部件,不同的硬盘接口决定着硬盘与计算机之间的连接速度,在整个系统中,硬盘接口的优劣直接影响着程序运行速度的快慢和系统性能的好坏。从整体的角度上,硬盘接口分为IDE、SATA、SCSI和SAS等。

IDE接口也称ATA,或称并行ATA(PATA),采用16位数据并行传送方式。IDE接口曾经具有相当辉煌的历史，从 ATA/33 发展到 ATA/100、ATA/133 等(ATA/133 代表外部数据传输率的理论最大值是 133MB/s)。然而，随着 SATA 接口的诞生，IDE 接口的硬盘已基本淡出了人们的视线。

SATA 是 Serial ATA 的缩写，即串行 ATA，这是一种完全不同于传统并行 ATA 的新型硬盘接口类型。与并行 ATA 相比，SATA 具有比较大的优势。首先，SATA 以连续串行的方式传送数据，可以使用较高的工作频率来提高数据传输的带宽。SATA 一次传送 1 位数据，能减少 SATA 接口的针脚数目。其次，SATA 的起点更高、发展潜力更大，SATA1.0 的数据传输率可达 150MB/s，这比最快的并行 ATA(即 ATA/133)所能达到的 133MB/s 最高数据传输率还高，SATA 2.0 的数据传输率已经高达 300MB/s，而 SATA 3.0 的数据传输率则更可高达 600MB/s。SATA 接口具备很强的纠错能力，还具有结构简单、支持热插拔的优点。几种磁盘接口的比较见表 8-2。

表 8-2　几种磁盘接口的比较

版　本	接口速率/Gb/s	数据传输率/MB/s	数据线长度/m
SATA 3.0	6	600	2
SATA 2.0	3	300	1.5
SATA 1.0	1.5	150	1
PATA	1.33	133	0.5

在不同版本的 SATA 接口中，描述速率的单位有所不同，如 SATA 1.0 沿用了 PATA 的方法，单位为“MB/s”，SATA 2.0 之后单位为“Gb/s”，由于采用 8bit/10bit 编码，所以可以认为 300MB/s 就等于 3Gb/s。

SCSI 是小型计算机系统接口的缩写，它并不是专门为硬盘设计的接口，而是一种接入各种类型设备的通用快速接口。SCSI 接口具有应用范围广、多任务、带宽大以及热插拔等优点，但价格较高，主要应用于中、高端服务器和高档工作站中。Ultra160 SCSI 的数据传输率为 160MB/s，Ultra320 SCSI 的数据传输率为 320MB/s。

SAS(Serial Attached SCSI)即串行连接 SCSI，是新一代的 SCSI 技术，和现在流行的 Serial ATA(SATA)硬盘相同，都是采用串行技术以获得更高的传输速度，并通过缩短连线改善内部空间。SAS 是并行 SCSI 接口之后开发出的全新接口。此接口的设计是为了改善存储系统的效能、可用性和扩充性，并且提供与 SATA 硬盘的兼容性。和传统并行 SCSI 接口比较起来，SAS 不仅在接口速度上得到显著提升，传输速率高达 300MB/s，未来会达到 600MB/s 甚至更高，而且由于采用了串行线缆，可以实现更长的连接距离，还能够提高抗干扰能力。

3. 硬盘参数的计算

下面举例说明硬盘存储器参数的计算方法。设有一个盘面直径为 18 英寸(in)的磁盘组，有 20 个记录面，每面有 5 英寸的区域用于记录信息，记录密度为 100 道/英寸(TPI)和 1000b/英寸(bpi)，转速为 2400r/min，道间移动时间为 0.2ms，试计算该盘组的容量、数据传输率和平均存取时间。

每一记录面的磁道数 N 为:

$$N=5\text{ 英寸/面}\times 100\text{ 道/英寸}=500\text{ 道/面}$$

最内圈磁道的周长为:

$$L=\pi\times(18-2\times 5)\text{英寸}=25.12\text{ 英寸}$$

以最内圈磁道的周长当作每条磁道的长度,故该盘组的存储容量(非格式化容量)为:

$$C=1000\text{b/英寸}\times 25.12\text{ 英寸/道}\times 500\text{ 道/面}\times 20\text{ 面}=251.2\times 10^6\text{b}=31.4\times 10^6\text{B}$$

磁盘旋转一圈的时间为:

$$t=\frac{1}{2400\text{r/min}}\times 60\text{s/min}=0.025\text{s}=25\text{ms}$$

数据传输率为:

$$D_r=\frac{\text{每一道的容量}}{\text{旋转一圈的时间}}=\frac{25120}{25}=1004.8\text{ b/ms}=1.0048\times 10^6\text{b/s}$$
$$=0.1256\times 10^6\text{ B/s}\approx 0.12\text{MB/s}$$

平均存取时间为:

$$T_a\approx\left[\frac{0+0.2\times 499}{2}+\frac{0+25}{2}\right]\text{ms}\approx 60\text{ms}$$

从上面的计算中可得到:

非格式化容量=最大位密度×最内圈磁道周长×总磁道数

新的磁盘在使用之前必须先进行格式化。格式化实际上就是在磁盘上划分记录区,写入各种标志信息和地址信息。这些信息占用了磁盘的存储空间,故格式化之后的有效存储容量要小于非格式化容量。它的计算公式为:

格式化容量=每道扇区数×扇区容量×总磁道数

8.3.5 硬盘的分区域记录

传统硬盘驱动器的每个磁道上记录的扇区数是相同的,因而存储的信息量也是相同的,这意味着在磁盘上位密度是变化的。因为内圈磁道的周长短,外圈磁道的周长长,所以内圈磁道的位密度高,外圈磁道的位密度低,最内圈磁道的位密度(最大位密度)决定了磁盘驱动器的容量。又因为每个磁道记录的信息量及转速是相同的,所以它们的数据传输率也是相同的。图8-5表示每个磁道有相同数量扇区的记录。

由于外圈磁道比内圈磁道要长一些,但存储的信息量却相同,所以外圈磁道上明显地存在着浪费。采用分区域记录(Zoned Recording)技术可以增加硬盘驱动器的容量。分区域记录就是把磁盘柱面分成一系列的组,又称区域(Zoned)。由于外圈磁道有更长的周长,所以外层磁道要比内层磁道包含更多的扇区,即外圈磁道上保存的信息比内圈磁道多。图8-6表示了采用分区域记录驱动器的磁盘扇区分布情况。

分区域记录的另一个影响是数据传输率随磁头所处的区域而变化。分区域驱动器还是以恒定速度旋转,可是由于外层区域每磁道有更多的扇区,所以数据传输速度要更快一些。这就是当今驱动器标注最小和最大连续传输速率的原因,因为传输速率取决于磁头读写的位置。

分区域记录技术的使用,大大地提高了硬盘利用率,与采用每磁道固定扇区的硬盘比较,使驱动器增加了20%～50%的硬盘容量。实际上,现在所有的硬盘都采用分区域记录。

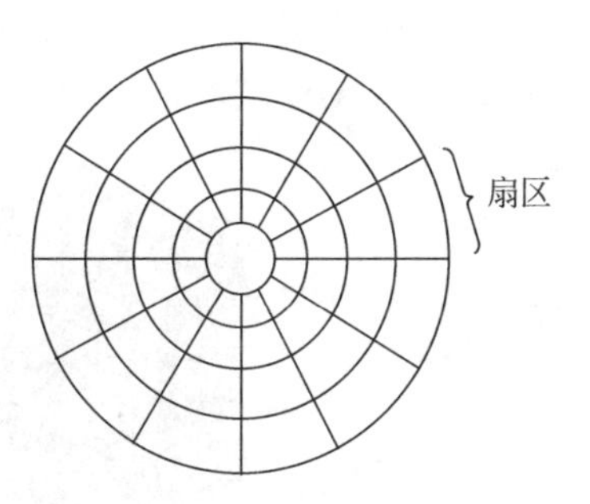

图 8-5 每个磁道有相同数量扇区

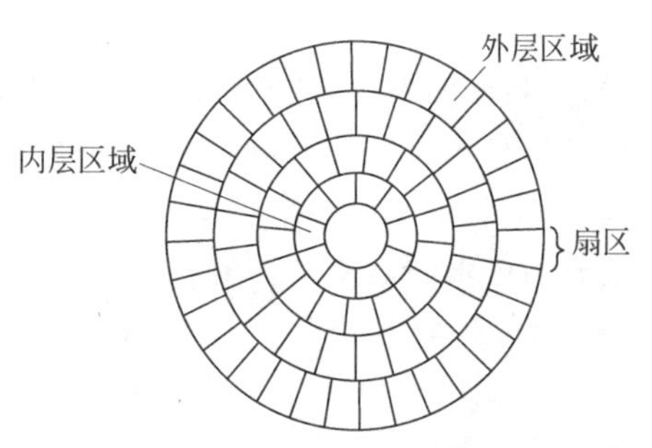

图 8-6 分区域记录磁盘扇区分布

8.3.6 硬盘的 NCQ 技术

NCQ(Native Command Queuing,全速命令排队)技术。它通过对内部队列中的命令进行重新排序实现智能数据管理,避免像传统硬盘那样机械地按照接收命令的先后顺序移动磁头读写硬盘的不同位置,从而减少了磁头反复移动带来的损耗,延长了硬盘的寿命。NCQ 技术是 SATA 2.0 规范中的重要组成部分。

根据磁盘地址,硬盘寻址的过程如下:

- 寻找目标圆柱面。
- 寻找目标盘面。
- 寻找目标扇区。

大多数情况下数据存入硬盘并非是顺序存入,而是随机存入,甚至有可能一个文件被分配在不同盘片上。对于不支持 NCQ 技术的硬盘来说,大量的数据读写需要反复重复上面的步骤,而对于不同位置的数据存取,磁头则需要更多的操作,这样降低了存取效率。而支持 NCQ 技术的硬盘对接收到的命令按照它们访问的地址的距离进行了重排列,对硬盘机械动作的执行过程实施智能化的内部管理,减少了磁头臂来回移动的时间。

例如,向硬盘先后下达了一组数据传送命令,按次序磁头可能会先读取 260 扇区,再读取 7660 扇区,然后又读取 261 扇区……如果对队列中的命令进行优化排列,可以先读 260 扇区,接着依次读 261 扇区,最后读取 7660 扇区……显然,命令重排列后减少了磁头臂来回移动的时间,使数据读取更有效。有效的排序算法除了考虑目标数据的线性位置,也会考虑其角度位置,并且还要对线性位置和角度位置进行优化,以使总线的服务时间最小,这个过程也称作"基于寻道和旋转优化的命令重新排序"。

8.4 磁盘阵列

磁盘阵列(RAID)具有容量大、速度快、可靠性高、造价低廉的特点,它是目前解决计算机 I/O 瓶颈的有效方法之一,有着广阔的发展前景。

8.4.1 RAID 简介

RAID 是由美国加州大学伯克利分校的 D. A. Patterson 教授在 1988 年提出的。RAID 是 Redundant Array of Inexpensive Disks 的缩写,直译为"廉价冗余磁盘阵列",简称为"磁盘阵列”。后来RAID中的字母I被改作为Independent,RAID就成了“独立冗余磁盘阵列”,但这只是名称的变化,实质性的内容并没有改变。可以把RAID理解成一种使用磁盘驱动器的方法,它将一组磁盘驱动器用某种逻辑方式联系起来,作为逻辑上的一个磁盘驱动器来使用,图8-7为磁盘阵列外形。一般情况下,组成的逻辑磁盘驱动器的容量要小于各个磁盘驱动器容量的总和。RAID的具体实现可以靠硬件,也可以靠软件,Windows NT操作系统就提供软件RAID功能。

图8-7　磁盘阵列外形

RAID的优点如下：

① 成本低,功耗小,传输速率高。在RAID中,可以让很多磁盘驱动器同时传输数据,而这些磁盘驱动器在逻辑上又是一个磁盘驱动器,所以使用RAID可以达到单个磁盘驱动器几倍、几十倍甚至上百倍的速率。

② 提供容错功能。这是使用RAID的第二个原因,如果不考虑磁盘上的循环冗余校验(CRC)码,普通磁盘驱动器无法提供容错功能。RAID的容错是建立在每个磁盘驱动器的硬件容错功能之上的,所以它提供更高的安全性。

③ RAID比起传统的大直径磁盘驱动器来,在同样的容量下,价格要低许多。

8.4.2　RAID的分级

RAID可以分为7个级别,即RAID0～RAID6,如表8-3所示。在RAID1～RAID6的几种方案中,不论何时有磁盘损坏,都可以随时拔出损坏的磁盘后再插入好的磁盘(需要硬件上的热插拔支持),数据不会受损,失效盘的内容就可以很快地重建,重建的工作由RAID硬件或RAID软件来完成。但是,RAID0不提供错误校验功能,所以有人说它不能算作是RAID,其实这也是RAID0为什么被称为0级RAID的原因——0本身就代表“没有”。

表8-3　RAID的分级

RAID级别	名　　称	数据磁盘数	可正常工作的最多失效磁盘数	检测磁盘数
RAID0	无冗余无校验的磁盘阵列	8	0	0
RAID1	镜像磁盘阵列	8	1	8
RAID2	纠错汉明码磁盘阵列	8	1	4
RAID3	位交叉奇偶校验的磁盘阵列	8	1	1
RAID4	块交叉奇偶校验的磁盘阵列	8	1	1
RAID5	无独立校验盘的奇偶校验磁盘阵列	8	1	1
RAID6	双维无独立校验盘的奇偶校验磁盘阵列	8	2	2

RAID级别的选择有3个主要因素：可用性(数据冗余)、性能和成本。如果不要求可用性,选择RAID0以获得最佳性能。如果可用性和性能是重要的而成本不是一个主要因素,则根据硬盘数量选择RAID1。如果可用性、成本和性能都同样重要,则根据一般的数据传输和硬盘的数量选择RAID3、RAID5。

RAID2～RAID6具有很强的功能,但毕竟太贵了,多用于高端服务器。后来又推出了

RAID 7,这是目前理论上性能最高的 RAID 模式,具有全新的 RAID 架构,由于其自身就带有实时操作系统和用于存储管理的软件工具,可完全独立于主机运行,且不占用主机 CPU 资源,所以 RAID 7 可以看作一种小型存储计算机,与其他 RAID 架构相比较更为先进,但价格非常昂贵。所以,下面只介绍 RAID0、RAID1,以及由它们派生出来的 RAID1＋0 和 RAID0＋1。

RAID0 是一个极端追求性能的方案,它至少基于两个硬盘,数据同时分布在各个硬盘上,没有容错能力,如图 8-8 所示。可以看出,由于一个传输过程由多个硬盘分担,也就相当于传输带宽增加,所以读写速度在 RAID 中最快。但是,因为任何一个硬盘损坏都会使整个 RAID 系统失效,所以安全系数反倒比单个的硬盘还要低。RAID0 是舍弃了 RAID 所强调的安全方面的要求而得到的极限性能,一般用在对数据安全要求不高但对速度要求很高的场合下。

RAID1 是为了达到 RAID 安全方面的极限而诞生的。每一个硬盘都有一个镜像的硬盘,镜像盘随时保持与原盘的内容一致,如图 8-9 所示。

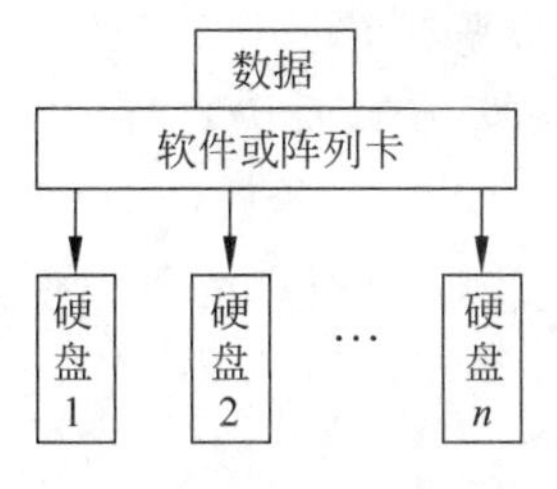

图 8-8 RAID0 数据存放

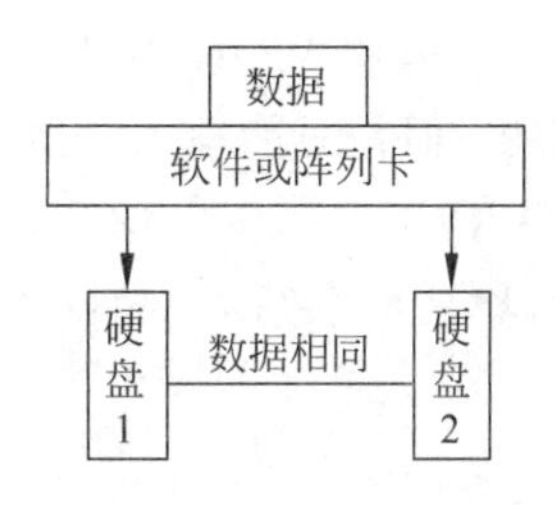

图 8-9 RAID1 数据存放

RAID1 具有最高的安全性,但只有一半的磁盘空间被用来存储数据。主要用在对数据安全性要求很高,而且要求能够快速恢复被损坏数据的场合。在这种方式下,不论原盘出现什么故障,都可以从镜像盘恢复回来,不过显然浪费了一半的磁盘空间,而且这种情况下唯一对提升性能有帮助的就是在读取时系统会同时从两个盘上搜索,把先读取到的数据传输回来。

虽然 RAID1 也可以获得少许的性能提升,但是相对 RAID0 来说恐怕是微不足道了。因此,在性能和安全兼顾的情况下,就出现了 RAID1＋0 或 RAID0＋1。RAID1＋0 是先镜像再分组,而 RAID0＋1 是先分组再镜像。RAID1＋0 或 RAID0＋1 都至少使用 4 个硬盘。RAID0＋1 比 RAID1＋0 有着更快的读写速度,但可靠性 RAID0＋1 不及 RAID1＋0,这是因为当 RAID1＋0 有一个硬盘受损,其余 3 个硬盘会继续运作,而 RAID0＋1 只要有一个硬盘受损,同组 RAID0 的另一个硬盘也会停止运作,只剩下两个硬盘运作。因此,RAID1＋0 远比 RAID0＋1 常用。

8.5 光盘存储器

相对于利用磁通变化和磁化电流进行读写的磁盘而言,用光学方式读写信息的圆盘称为光盘,以光盘为存储介质的存储器称为光盘存储器。

8.5.1 光盘存储器的类型

根据性能和用途的不同,光盘存储器可分为两类:一类是只读型光盘,如CD-ROM、DVD-ROM、BD-ROM等;另一类是可记录型光盘,如CD-R、CD-RW、DVD-RAM等。根据光盘结构的不同,光盘又可以分为CD、DVD、蓝光光盘几种类型。

1. CD光盘

CD光盘采用波长为780nm的红外激光读取和写入数据,其容量在700MB左右。只读的CD光盘和可记录的CD光盘在结构上并没有区别。

(1) CD-ROM

CD-ROM(Compact Disc Read Only Memory),即只读型光盘,又称固定型光盘。它由生产厂家预先写入数据和程序,使用时用户只能读出,不能修改或写入新内容。

(2) CD-R

CD-R光盘采用WORM(Write One Read Many)标准,光盘可由用户写入信息,写入后可以多次读出,但是只能写入一次,信息写入后将不能再修改,所以称为只写一次性光盘。

(3) CD-RW

这种光盘是可以写入、擦除、重写的可逆性记录系统。这种光盘类似于磁盘,可重复读写。

2. DVD光盘

DVD(Digital Versatile Disc)代表通用数字光盘,又称高容量CD。DVD光盘采用波长为650nm的红色激光读取和写入数据,其容量可以达到4.7GB。DVD光盘是在CD光盘之后的又一次重要的技术飞跃,它不仅在技术方面获得了很大的成功,并且迅速地推向市场,成为CD光盘的替代者。与CD光盘类似,DVD光盘也可以分为DVD-R、DVD-RW等。

3. 蓝光盘

蓝光盘(BD)利用波长较短(405nm)的蓝色激光读取和写入数据,并因此而得名。通常来说,波长越短的激光能够在单位面积上记录或读取更多的信息。因此,蓝光极大地提高了光盘的存储容量,容量可达25GB。蓝光盘是DVD光盘之后的下一代光盘格式之一,用以存储高品质的影音以及高容量的数据存储,在不久的将来高密度蓝光盘可能会取代DVD光盘。

8.5.2 光盘存储器的组成及工作原理

1. 光盘存储器的组成

光盘存储器由光盘控制器和光盘驱动器及接口组成。

光盘控制器主要包括数据输入缓冲器、记录格式器、编码器、读出格式器和数据输出缓冲器等部分。

光盘驱动器主要包括主轴电机驱动机构、定位机构、光头装置及电路等。其中,光头装置部分最为复杂，是驱动器的关键部分。

光盘片是指整个盘片，盘片主要包括基板、记录层、反射层、保护层、印刷层5层。

基板一般采用聚碳酸酯晶片制成，是一种耐热的有机玻璃。无论是CD-ROM、DVD-ROM，还是CD-R、CD-RW光盘，表面上看都是一张120mm直径的盘片，中心有一个供固定用的15mm直径小圆孔，环孔中心半径13.5mm范围内和盘片外沿1mm内是空白区，真正存放数据的便是中间一段宽度为38mm的环形区域。

记录层又称染料层，以供激光记录信息。各种类型光盘的不同之处主要是记录层的化学成分存在差异。例如，CD-R光盘涂抹专用的有机染料，而CD-RW光盘则涂抹某种碳性物质。

反射层是反射激光光束的区域，借反射的激光光束读取光盘片中的信息。光线到达此层，就会反射回去。

保护层用来保护光盘中的反射层和记录层，防止信息被破坏。印刷层不仅可以标明光盘的内容，还可以起到一定的保护光盘的作用。

2. CD-ROM光盘的制作和读取

CD-ROM光盘是采用母盘灌制的方法大批量生产的。首先用事先编制好的程序控制激光刻片机，对一张玻璃基板进行蚀刻，将要存储的数据内容在玻璃基板上形成一个个数据凹痕，这个制作完成的玻璃基板就是大量压制CD-ROM光盘的模具。模具制造完成之后，用聚碳酸酯熔液倒入模具中，冷却后便变成具有同玻璃基板相应凹槽的基片，在其表面喷有一层厚度约为50nm的铝质反光涂料，其作用就是将读取数据的激光反射给接收装置；此外还必须覆盖一层起保护作用的透明基片，这样盘片的制作就完成了。

CD-ROM光盘上有一条从内向外的由凹痕和平坦表面相互交替而组成的连续的螺旋形路径，如图8-10所示。也就是说，数据和程序都是以刻痕的形式保存在盘片上的。当一束激光照射在盘面上，靠盘面上有无凹痕的不同反射率来读出程序和数据。因为程序和数据文件是按内螺旋线的规律顺序存放在盘上的，不能像磁盘驱动器那样读取文件的每个扇区，所以读出速度较慢。

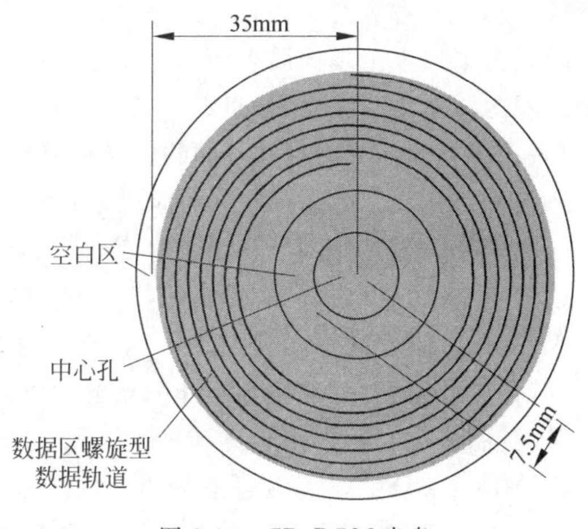

图8-10　CD-ROM光盘

当光驱读取这些盘片时,激光头射出的激光束在穿过表面的透明基片后,直接聚焦在盘片反射层上,被反射回来的激光会被光感应器检测到。每当激光通过凹痕时光强会发生变化,代表读取到数据"1";而激光通过平坦表面时光强不发生变化,则代表读取到数据"0"。光驱的信号接收系统则负责把这种光强的变化转换成相应的电信号再传送到系统总线,从而实现数据的读取。

3. CD-R 光盘的读写原理

CD-R 光盘的写入是利用聚焦成 1μm 左右的激光束的热能使记录介质表面的形状发生永久性变化而完成的,所以只能写入一次,不能抹除和改写。

计算机送来的数据,先在光盘控制器内调制成记录序列,然后变成相应的记录脉冲信号。该脉冲信号在电流驱动电路内变为电流,送到激光器。激光器以 20mW 左右的功率发光,并聚焦成 1μm 左右的微小光点,落在记录介质表面上,CD-R 光盘上有一个有机染料刻录层,激光可以对该层的一个微小的区域加热,烧透染料层使其不透明,即打出一个微米级的凹坑。有凹坑代表写入"1",无凹坑代表写入"0"。凹坑将永久性地保持现状意味着此种光盘只能一次写入。

读出时,用比写入功率低的激光束(约几毫瓦),连续照射在光盘上。由于有凹坑处的反射光弱,无凹坑处的反射光强,根据这一原理,当激光照射到光盘后,由光检测器将介质表面反射率的变化转变为电信号,经过数据检测、译码后送入计算机中,即可读出光盘上记录的信息。由于读出光束的功率仅是写入光束功率的 1/10,因此不会熔出新的凹坑。

CD-R 的盘片有金碟、绿碟、蓝碟 3 种,它们主要因记录层和反射层采用的材料不同而呈现出不同的颜色。

4. CD-RW 光盘的读写原理

CD-RW 光盘是利用激光照射引起记录介质的可逆性物理变化来进行读写的,光盘上有一个相位变化刻录层,所以 CD-RW 光盘又称为相变光盘。

相变光盘的读写原理是利用存储介质的晶态、非晶态可逆转换,引起对入射激光束不同强度的反射(或折射),形成信息一一对应的关系。

写入时,利用高功率的激光聚焦于记录介质表面的一个微小区域内,使晶态在吸热后至熔点,并在激光束离开瞬间骤冷转变为非晶态,信息即被写入。

读出时,由于晶态和非晶态对入射激光束存在不同的反射和折射率,利用已记录信息区域的反射与周围未发生晶态改变区域的反射之间存在着明显反差的效应,将所记录的信息读出。

擦除时,利用适当波长和功率的激光作用于记录信息点,使该点温度介于材料的熔点和非晶态转变温度之间,使之产生重结晶而恢复到晶态,完成擦除功能。

可写的 CD-R、CD-RW 的母盘制作过程大致是相同的,它们也都是采用激光刻片机蚀刻玻璃基板。不过因为没有存放数据,对玻璃基板不作凹槽的蚀刻,而只是利用程序的精密控制来刻出螺旋状轨迹。模具制造完成后再用聚碳酸酯生产塑胶基片,喷上铝或钛的反射涂层;为了实现数据写入,CD-R 和 CD-RW 盘片还必须再喷涂上一层对激光敏感的化学物质,当 CD-R 或 CD-RW 刻写数据时,高强度的激光会令这些物质发生物理变形或化学变性,产生许多存储数据的凹痕,以此实现数据的写入。

5. DVD 光盘的工作原理

DVD 采用与 CD 类似的技术，只是采用了波长更短的激光束(650nm)来读写数据。

DVD-ROM 的读取过程与 CD-ROM 相似，从盘上读信息是将一个低能的激光束从光盘上各层的反射层反射回来的过程。激光从盘的下方发射一束激光，若该激光反射回来，光敏接收器就会感应到；如果激光遇到的是平地，它就会被反射回来；如果激光遇到的是凹陷不平的地方，就没有激光返回。

可写式 DVD 包括 DVD-R、DVD-RAM、DVD-RW 和 DVD+RW，DVD-R 是一种类似于 CD-R 的一次写介质，其他几种可写式使用了相位变化技术。

DVD 每面可以有两层用来刻录数据，每一层单独压制，然后结合到一起最终形成 1.2mm 厚的光盘。与 CD 一样，DVD 每一层都是以单一的螺旋形路径的形式印制，从光盘的最里端开始向外环绕。螺旋形路径上包含与 CD 中相同的凹痕和平地。每一层都覆盖一层反射激光的金属膜；外层的金属膜较薄，以便激光穿过它读取里层的数据。

6. BD 光盘的工作原理

蓝色激光的波长仅为 405nm，较小的光束聚焦更精确，最小凹坑长度只有 0.15μm(DVD 的最小凹坑长度为 0.4μm)，螺旋线的轨距只有 0.32μm(DVD 的轨距为 0.74μm)。更小的光束、更小的凹坑以及更短的轨距结合起来，使得单层 BD 光盘的容量大约是 DVD 的 5 倍。

BD 光盘的厚度与 DVD 大致相同，但两种光盘存储数据方式并不相同。在 DVD 中，数据存放在两个 0.6mm 基片上，可能会导致双折射问题，使光盘无法读取；而 BD 光盘将数据存放在 1.1mm 厚的基片上，可以防止双折射，克服了 DVD 的读取问题。

目前 DVD 的数据传输率为 10Mb/s，BD 光盘的数据传输率可达 36Mb/s。

7. 光盘读取技术

CLV(Constant Linear Velocity)技术，即恒定线速度读取方式。这是在低于 12 倍速的光驱中使用的技术。它是为了保持数据传输率不变，而随时改变旋转光盘的速度。读取内道数据的旋转速度比外部要快许多。

CAV(Constant Angular Velocity)技术，即恒定角速度读取方式。它是用同样的速度来读取光盘上的数据。但光盘上的内道数据比外道数据传输速度要低，越往外越能体现光驱的速度。

CLV 与 CAV 技术参数的比较如表 8-4 所示。而 PCAV(Partial-CAV)技术是融合了 CLV 和 CAV 的一种技术，称为区域恒定角速度读取方式。它是在读取外道数据时采用 CLV 技术，在读取内道数据时采用 CAV 技术，从而提高了整体数据传输的速度。

表 8-4　CLV 与 CAV 技术参数的比较

技术参数	CLV(恒定线速度)	CAV(恒定角速度)
光驱转速	内道快于外道	恒定
数据传输率	恒定	外道高于内道
噪声水平	高	低

8.5.3 光盘驱动器

1. CD-ROM 驱动器

自1982年第一台CD-ROM驱动器问世以来，数据传输率已经成为其更新换代的标志。数据传输率是以150KB/s为基准成倍增加的。因此，习惯上把150KB/s传输率的光驱称为单倍速光驱，而把300KB/s传输率的光驱称为双倍速(2X)光驱，其后的四倍速(4X)光驱、八倍速(8X)、32倍速(32X)光驱等也由此而得名，如今市面上已有56倍速或更高的CD-ROM驱动器。

一个光驱仅仅是传输率高还不够，还应该配有足够的数据缓冲区，数据缓冲区大的光驱在读小型文件和随机文件时效果非常明显。

光驱的速度虽然在不断地“提升”，但从某种角度而言，这只不过是光驱厂商玩弄的数字游戏而已。理论上讲32X光驱的速度应该是8X光驱的4倍，但实际速度的提升却并不明显，实际测试最多不超过2倍。这是什么原因呢？前面已经提到，12倍速以下的光驱一般采用CLV技术，在这种技术中，CD-ROM会根据现在正在读取的是光盘外道数据还是内道数据来控制电机以不同的角速度旋转光盘，读内道数据时光盘转速快，读外道数据时光盘转速慢，这样就能够保证在盘片的不同区域内保持恒定的数据传输率，并且对光盘的纠错性能也能有一定的提高。但是，在光驱速度进一步提高之后，如果仍采用CLA技术，电机将在高速的旋转下，不断地改变速度以保证在不同的内、外光道时线速度仍然相同，这将使电机的老化加剧。为了解决上述问题，对于12倍速以上的高速光驱采用了CAV技术。此时，光驱主轴的转速是恒定的，由于在光盘外道读取的数据要比内道多，所以外道的数据传输率高于内道的数据传输率。现在光驱厂商所标称的多少倍速，实际上是指在读取光盘外道时的最大速度，而从平均速度来看当然就没有那么高了。高倍速的光驱对只在内圈上有数据的光盘而言意义不大(很多光盘上的信息都并没有做满)。

2. CD-R 光驱

由于CD-R光驱可以对光盘写入，因此也称为光盘刻录机。光盘刻录机的速度有读取速度和写入速度，而后者才是刻录机的重要技术指标。在实际的读取和写入时，由于光盘的质量和烧录的稳定度下降，读取的速度会下降，烧录的速度也会下降。其次应该注意数据缓冲区的大小，缓冲区的大小是衡量刻录机的重要指标之一。因为在烧录时数据要先写入缓冲区再去烧录，如果缓冲区中的数据用完了，而后面的数据又没能及时补充上来，烧录当然就失败了。所以，缓冲区越大，烧录的成功率就越高，目前市场上光盘刻录机的缓冲区一般在512KB～4MB。

3. CD-RW 光驱

CD-RW光驱又称可擦写光盘刻录机，第一个CD-RW光驱标注为2/2/6，即其刻录速率为两倍速、重写速率为两倍速、读速率为6倍速，目前已经有20/10/40的版本出现。

CD-RW光驱可代替大部分的CD-R光驱，因为CD-RW光驱与CD-R完全兼容，并能以同样的能力读写通用的CD-R介质。CD-RW光盘的烧制或刻录的方式也与CD-R光盘相同，主要区别在于它们可以擦除掉而多次重写，重写次数可以达1000多次。

4. DVD光驱

DVD光驱指读取或刻录DVD光盘的设备，事实上，任何DVD光驱都是CD光驱，即这类光驱既能读取CD光盘，也能读取DVD光盘。DVD除了密度较高以外，其他技术与CD-ROM完全相同。目前的DVD光驱多采用IDE或SATA接口，这意味着DVD光驱能像硬盘一样连接到主板的IDE或SATA接口上。

DVD光驱的实际旋转速度大约为同样倍速的CD光驱的3倍。许多DVD-ROM光驱列出了两个速度，一个是读取DVD盘的速度，另一个是读取CD盘的速度。例如，某DVD-ROM光驱的速度为16X/40X，这分别指的是读DVD和CD盘的性能。

5. BD光驱

BD光驱是能读取或刻录蓝光光盘的光驱，向下兼容DVD、CD格式。BD光驱有内置和外置之分，内置BD光驱多采用SATA接口，外置BD光驱则采用USB接口。

8.6 新型辅助存储器

随着操作系统和应用软件的逐渐庞大，需要更多的空间来存储它们及其创建的数据。除去前述的磁介质存储器和光存储器，近年来又出现了许多新型的辅助存储器，这些存储器的共同特点是容量大、可移动、使用方便。所谓可移动，是指存储器可随身携带，便于存储，可以在不同终端间移动，常见的可移动存储器使用磁介质、磁光介质或电子器件来存储信息。

可移动存储器可以存储若干个数据文件或不常使用的程序，也可以存储整个硬盘的内容。除了备份，它们还可以非常容易地将庞大的数据文件从一台计算机传递到另一台计算机中，或者用户可以将机密数据装入可移动存储器并将其带离办公室，以防泄露。

8.6.1 基于磁或磁光介质的可移动存储器

基于磁介质可移动存储器有两种基本类型：磁盘和磁带。磁盘介质的价格相对较贵，其容量一般来说也相对较小，在基于文件的系统中更容易使用，在复制少量文件时比较快，但在复制大量文件或者整个驱动器时则比较慢。磁带介质的价格总体来说比较便宜，其总容量也比较大，在图像或多文件系统中使用比较方便，用它来备份整个硬盘上的所有应用程序和数据非常合适，即适合于巨量备份，但复制单个文件时就显得比较费事了。

有两类常用的可移动磁盘驱动器，分别基于磁介质和磁光介质。磁介质驱动器采用与软盘或硬盘驱动器非常相似的技术，对数据进行编码和存储。磁光介质驱动器在盘上对信息进行编码时，使用了磁和激光相结合的新技术。

1. 移动硬盘

绝大多数移动硬盘尺寸为2.5in或3.5in，只有很少部分是微型硬盘(1.8in)。目前，移动硬盘的容量已经很大(可以从几百吉字节到几个太字节)，随着技术的发展，移动硬盘容量越来越大,体积越来越小。

移动硬盘大多采用USB、IEEE 1394或eSATA接口,能提供较高的数据传输速度。一般移动硬盘由一个USB接口供电就可以了,但也有些移动硬盘使用一根3个分支的数据线,其中一个分支用于供电不足时补充供电。通常,移动硬盘应具有防震功能,在剧烈震动时盘片自动停转并将磁头复位到安全区,防止盘片损坏。

2. 大容量软盘

传统的软盘由于容量小、速度慢、不稳定,已逐步退出市场,在此之后大容量软盘(主要有Zip和LS-120)开始争夺市场的主导地位。但是,随着传统3.5 in的软盘的完全消失,这两种大容量软盘存在的必要性也基本消失了。不过它们毕竟在辅助存储器的发展史上有过痕迹,所以在此还是为它们留下一笔记忆。

第一代Zip磁盘的容量约100MB,是传统软盘容量(1.44MB)的70倍;使用并行接口;Zip驱动器采用硬盘磁头技术(磁头不接触式读写),读写速度快,是传统软盘驱动器的20倍;最特别的是,每张Zip盘片都有密码设置功能。随着技术的发展,到Zip 750已达到了750MB的容量,使用USB 2.0接口,无论是容量还是速度都得到了巨大的改善。但遗憾的是,它不能兼容传统的软盘,导致Zip磁盘应用受到局限。

LS-120磁盘存储容量为120MB,而且LS-120驱动器可以向下兼容传统的软盘驱动器。在同样的盘片面积上能达到如此高的容量,这是因为采用了一些新的技术,例如:

① 光学定位技术。传统的软驱使用磁性定位,准确度不高,1.44MB软盘只有80条磁道,而采用激光光学定位技术之后,在相同面积内划分出更多的磁道,可以达到1736条磁道。

② ZBR(圆周位记录)技术,也就是前述的硬盘分区域记录方式。传统的软驱读写头不够灵敏,所以每条磁道上扇区数都是18个,而现在最内圈磁道有51个扇区,最外圈磁道则高达92个扇区。

以往的软盘盘片材质已不能负担如此高密度的磁道数和扇区数,需要采用一种高密度金属粒涂料来作为存储介质。

3. 磁光盘

磁光盘又称MO(Magnet Optical)盘,这是一种采用激光和磁场共同作用的磁光方式存储技术。磁光盘既具硬盘的大容量和可读写功能,又有软盘的便携特性,同时具有光盘防磁、抗湿和可靠的特征,因而受到业界注目。磁光盘的记录层很薄,采用对温度极为敏感的磁性材料制成,这些磁性材料在高温下可以被磁化。

磁光盘从1989年开始投入使用,是传统的磁盘技术与现代的光学技术结合的产物。磁光盘的外形与传统软盘差不多,但容量比软盘大得多,3.5in的磁光盘容量可以达到1.3GB,可重复读写一千万次以上,携带方便,且保存寿命长达50年以上,因此在存储图形、图像文件、大型数据库文件方面起着重要的作用。但磁光盘的致命缺点是不能用普通光驱读出。

磁光盘所用的磁层中存在着许多已磁化的磁畴,磁畴的磁化方向与介质表面垂直。初始时,在外界磁场的作用下,全部磁畴转向同一方向。当数据写入时,利用凸透镜进行聚焦,将高功率激光照射在MO盘记录层上形成极小的光点，当此点的温度上升到约300℃（居里点）时，磁畴随外磁场的作用而改变其原磁化方向。激光迅速移去后，磁畴温度恢复正常，数据被保存在MO盘上。

所谓居里温度，是指材料可以在铁磁体和顺磁体之间改变的温度。当温度低于居里温度时，该物质称为铁磁体，此时材料的磁场很难改变；当温度高于居里温度时，该物质称为顺磁体，这时材料的磁场很容易随周围磁场的改变而改变。

数据的读取是利用低功率的激光探测盘片表面，通过分析反射回来的偏振光的偏振面方向是顺时针还是逆时针，来决定读取的数据是"1"还是"0"。

要进行数据重写时，必须经过"擦"和"写"两步：首先利用中功率激光照射拟擦除的位置，使磁畴翻转恢复到原来的方向，即通过写入"0"来抹去原存数据；然后再根据要求用高功率激光在需要的位置写入数据"1"，这样就完成了数据的重写。

4. 磁带

磁带的位价格要比磁盘便宜很多，整体容量也大一些。磁带是顺序访问的，用户要找一个文件，必须从磁带头开始，而且不能单独修改或移动磁带上的单个文件，必须将整盒磁带的内容删除，然后再全部重写。因此，磁带比较适合作为整个硬盘程序和数据的备份存储器，即大容量的备份存储。

计算机上要备份的数据、要存储的档案可能需要大量空间，一些用户每星期甚至每天都需要备份他们的数据，即将这些数据转移到别的存储介质上，以便为机器留出更多的磁盘空间。

备份整个硬盘数据或修改数据的传统方法是使用磁带，如果磁带容量足够大，用磁带备份整个硬盘的数据是最简单、最有效的方法。在机器上装一个用于备份的磁带机，在机器里插入一卷磁带，选择要备份的驱动器和文件，然后开始备份，备份软件就开始将要备份的数据往磁带上复制，而用户就可以干别的事去了。以后要修改磁带上的部分或全部数据时，将这盒磁带插入磁带机，启动备份程序，选择需要重新存入的文件，剩下的工作就由磁带机来做了。

自动加载磁带机是一个位于单机中的磁带驱动器和自动磁带更换装置，它可以从装有多盘磁带的磁带匣中拾取磁带并放入驱动器中，或者执行相反的过程。自动加载磁带机能够支持例行备份过程，自动为每日的备份工作装载新的磁带。一个拥有工作组服务器的小公司可以使用自动加载机来自动完成备份工作。

磁带库是像自动加载磁带机一样基于磁带的备份系统，磁带库由多个驱动器、多个槽、机械手臂组成，并可由机械手臂自动实现磁带的拆卸和装填。它能够提供同样的基本自动备份和数据恢复功能，但同时具有更先进的技术特点。它可以多个驱动器并行工作，也可以几个驱动器指向不同的服务器来做备份，存储容量达到PB级（$1P=2^{50}$），可实现连续备份、自动搜索磁带等功能，并可在管理软件的支持下实现智能恢复、实时监控和统计，是集中式网络数据备份的主要设备。

8.6.2 基于电子器件的存储器

基于电子器件的闪存卡、固态硬盘和U盘与磁盘、光盘等传统存储产品相比表现出更为旺盛的生命力。

1. 闪存卡

闪存卡是利用闪存(Flash Memory)技术存储信息的存储器,它是数码相机的最好搭档,所以也被称为数字"胶卷",和普通的胶卷不同,它可以被擦除,然后可重新使用。对于闪存卡来说,最重要的指标是容量,其次是读写速度。写入速度高意味着数码相机可以迅速地把拍摄的数据传送到闪存卡中,准备好进行下一次拍摄。读出速度高的闪存卡可以缩短图像数据上传到计算机所需的时间。

闪存卡是相当特殊的存储介质,从接口规范和使用来看,它就像一块外置硬盘,但在内部,半导体存储器的特性相当突出。根据不同的生产厂商和不同的应用,闪存卡有CF卡、SM卡、记忆棒、MMC卡、SD卡、xD卡和微硬盘7类。这些闪存卡虽然外观、规格不同,但是技术原理都是相同的。

(1) CF卡

CF(Compact Flash)卡曾经是闪存阵营中的"老大",CF卡上内置了ATA/IDE控制器,具备即插即用功能,可以兼容绝大部分操作系统。CF是最老也是最成功的闪存标准之一,尤其适合专业相机市场。

(2) SM卡

SM(SmartMedia)卡又称为固态软盘卡(SSFDC),大小与CF卡相似,与CF卡不同之处在于没有内置控制器,控制器集成在数码产品中,目前的数码产品已很少采用SM卡。

(3) 记忆棒

从外形上看,标准的记忆棒比一块口香糖略小,它采用排列在单侧的10针接口与驱动器连接。

(4) MMC卡

MMC卡在SM卡基础上诞生又很快地替代了SM卡。MMC也把控制器一同做到卡上,智能的控制器使得MMC保证兼容性和灵活性。

(5) SD卡

在MMC卡基础上研发的SD卡与MMC具有一定的兼容性,但SD卡的容量要大得多,且读写速度也比MMC卡快4倍。SD卡的衍生产品有Mini SD卡和Micro SD卡,2005年推出Micro SD卡只有指甲般大小,智能手机上使用的扩展内存卡就是这种极小的存储卡。

(6) xD卡

xD卡不仅满足了现有数码相机用户对大存储容量及良好兼容性的需求,而且其袖珍的体积也为生产设计更精致小巧的数码相机打下了基础。在读写兼容性上,xD卡不仅拥有PC卡适配器和USB读卡器,非常容易与个人计算机连接,而且小巧的体积还让它可以插入CF适配器,在使用CF卡的数码相机中使用。

(7) 微硬盘

微硬盘是一款超级迷你硬盘机产品,其最初的容量为340MB和512MB,而现在的产品容量有8GB、16GB和30GB等。可以使用CF卡的大多数设备大都可以直接使用微硬盘。

2. 固态硬盘

固态硬盘(Solid State Disk)是用固态电子存储芯片阵列而制成的硬盘,由控制单元和存储单元(Flash 芯片或 DRAM 芯片)组成。目前,固态硬盘主要用来在便携式计算机中代替传统硬盘。虽然在固态硬盘中已经没有可以旋转的盘状结构,但是依照人们的命名习惯,仍然将其称为“硬盘”。固态硬盘的接口规范和定义、功能及使用方法与普通硬盘的相同,在产品外形和尺寸上也与普通硬盘一致,新一代的固态硬盘普遍采用 SATA-2 接口及 SATA-3 接口。

基于闪存(Flash 芯片)的固态硬盘是固态硬盘的主要类别,其内部构造十分简单,固态硬盘内主体其实就是一块 PCB 板,而这块 PCB 板上最基本的配件就是控制芯片、缓存芯片和用于存储数据的闪存芯片。

固态硬盘的特点如下:

① 读写速度快。采用闪存作为存储介质,读取速度相对机械硬盘更快。最常见的 7200RPM 传统硬盘的寻道时间一般为 12～14ms,而固态硬盘不用磁头,寻道时间几乎为 0。

② 低功耗、无噪音、抗震动、低热量。基于闪存的固态硬盘在工作状态下能耗和发热量较低;没有机械马达和风扇,工作时噪音值为 0dB;内部不存在任何机械活动部件,不怕碰撞、冲击、振动;而且重量轻,工作温度范围大。

③ 寿命限制。固态硬盘的闪存具有擦写次数限制。

目前制约固态硬盘普及的三大问题是:成本、写入次数以及损坏时的不可挽救性。第一,固态硬盘的位价格相对传统硬盘要高出数倍;第二,由于闪存有一定的写入次数限制,寿命结束后会无法写入,变成只读状态;第三,固态硬盘数据损坏后是难以修复的,现时的数据修复技术不可能在损坏的芯片中救回数据,相反传统硬盘或许还能通过一些数据恢复技术挽回一些数据。

3. U 盘

U 盘全称是 USB 闪存驱动器,英文名“USB flash disk”。它是一种基于闪存和 USB 接口的、无须物理驱动器的微型大容量移动存储产品,通过 USB 接口与计算机连接,实现即插即用。

U 盘最大的优点是:小巧便于携带、存储容量大、价格便宜、性能可靠。U 盘中无任何机械式装置,抗震性能极强。另外,还具有防潮防磁、耐高、低温等特性。U 盘可长期保存数据,擦写次数达百万次以上。许多 U 盘还具有写保护功能,可以防止病毒写入 U 盘。

U 盘的主要目的是用来存储数据资料,但目前已超越此目的开发出了更多的功能,例如加密 U 盘、启动 U 盘、杀毒 U 盘、测温 U 盘和音乐 U 盘等。

① 加密 U 盘:加密 U 盘分为两类,一类采用硬件加密技术,通过 U 盘的主控芯片进行加密,安全级别高,不容易被破解,但成本较高;另一类采用软件加密技术,通过外置服务端或内置软件操作,对 U 盘文件进行加密,成本相对较低。

② 启动 U 盘:启动 U 盘也分为两类,一类专门用来作系统启动用的功能性 U 盘,当计算机不能正常开启时进入系统进行相关操作,功能比较单一。另一类是用来维护计算机而

专门制作的强大的功能性U盘,除了可以启动计算机外还可以有磁盘分区、系统杀毒、系统修复、文件备份、密码修改等功能。

③ 杀毒U盘:这是一种将各种杀毒软件U盘版嵌入U盘中,使杀毒软件使用更方便快捷、安全、操作简单,与USB接口相连后即会被主机识别,并不需要烦琐的安装。

④ 测温U盘:测温U盘可分为两类,一类是在计算机上安装了一个软件,通过U盘中的一个测试温度软件,感应出U盘所获取的温度。另一类是直接将测试温度的硬件封装在U盘内,并直接显示在U盘输出LED屏上。

⑤ 音乐U盘:音乐U盘既有U盘的全部存储功能,同时还具备音乐文件的播放功能。一般的音乐U盘外观和普通U盘并无异样,不同之处在于其内置了电池,并多出一个插孔,用来接入配备的耳机,插进去后即可听取MP3、WMA等常见格式音乐,支持上、下曲播放选取,可设置随机播放功能。

8.7 键盘输入设备

键盘是计算机系统不可缺少的输入设备,人们通过键盘上的按键直接向计算机输入各种数据、命令及指令,从而使计算机完成不同的运算及控制任务。

8.7.1 键开关与键盘类型

键盘上的每个按键各起一个开关的作用,故又称为键开关。键开关分为接触式和非接触式两大类。

接触式键开关中有一对触点,最常见的接触式键开关是机械式键,它是靠按键的机械动作来控制开关开启的。当键帽被按下时,两个触点被接通;当键帽被释放时,弹簧恢复原来触点断开的状态。这种键开关结构简单,成本低,但开关通断会产生触点抖动,而且使用寿命较短。

非接触式键开关的特点是:开关内部没有机械接触,只是利用按键动作改变某些参数或者利用某些效应来实现电路的通、断转换。非接触式键开关主要有电容式键和霍尔键两种,其中电容式键是比较常用的。这种键开关无机械磨损,不存在触点抖动现象,性能稳定,寿命长,已成为当前键盘的主流。

按照键码的识别方法,键盘可分为两大类型:编码键盘和非编码键盘。

编码键盘是用硬件电路来识别按键代码的键盘,当某键按下后,相应电路即给出一组编码信息(如ASCII码)送主机去进行识别及处理。编码键盘的响应速度快,但它以复杂的硬件结构为代价,并且其硬件的复杂程度随着键数的增加而增加。

非编码键盘是用较为简单的硬件和专门的键盘扫描程序来识别按键的位置,即当按某键以后并不给出相应的ASCII码,而提供与按下键相对应的中间代码,然后再把中间代码转换成对应的ASCII码。非编码键盘的响应速度不如编码键盘快,但是它通过软件编程可为键盘中某些键的重新定义提供更大的灵活性,因此得到广泛的使用。

8.7.2 键盘扫描

在大多数键盘中,键开关被排列成M行×N列的矩阵结构,每个键开关位于行和列的交叉处。非编码键盘常用的键盘扫描方法有逐行扫描法和行列扫描法。

1. 逐行扫描法

图8-11是采用逐行扫描识别键码的8×8键盘矩阵，8位输出端口和8位输入端口都在键盘接口电路中，其中输出端口的8条输出线接键盘矩阵的行线（X_0～X_7），输入端口的8条输入线接键盘矩阵的列线（Y_0～Y_7）。通过执行键盘扫描程序对键盘矩阵进行扫描，以识别被按键的行、列位置。

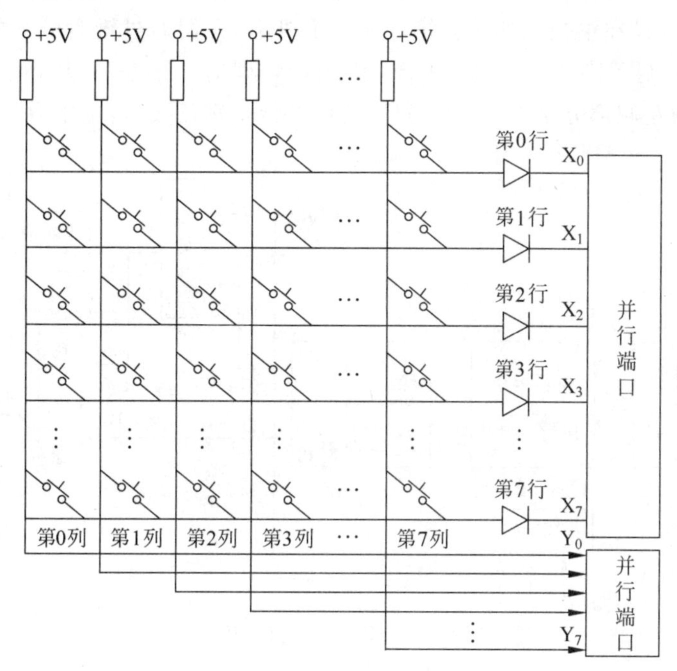

图8-11 采用逐行扫描法的8×8键盘矩阵

键盘扫描程序处理的步骤如下：

① 查询是否有键按下。首先由CPU对输出端口的各位置“0”，即使各行全部接地，然后CPU再从输入端口读入数据。若读入的数据全为“1”，表示无键按下；只要读入的数据中有一个不为“1”，表示有键按下。接着要查出按键的位置。

② 查询已按下键的位置。CPU首先使$X_0=0$，X_1～X_7全为“1”，读入Y_0～Y_7，若全为“1”，表示按键不在这一行；接着使$X_1=0$，其余各位为全“1”，读入Y_0～Y_7，……直至Y_0～Y_7不全为“1”为止，从而确定了当前按下的键在键盘矩阵中的位置。

③ 按行号和列号求键的位置码。得到的行号和列号表示按下键的位置码。

对于接触式键开关，为避免触点抖动造成的干扰，通常采用软件延时的方法来等候信号稳定。具体的做法是：在检查到有键按下以后延时一段时间（约20ms），再检查一次是否有键按下。若这一次检查不到，则说明前一次检查结果为干扰或者抖动；若这一次检查到有键按下，则可确认这是一次有效的按键。

2. 行列扫描法

在扫描每一行时，读列线，若读得的结果为全“1”，说明没有键按下，即尚未扫描到闭合键;若某一列为低电平,说明有键按下,而且行号和列号已经确定。然后用同样的方法,依次向列线扫描输出,读行线。如果两次所得到的行号和列号分别相同,则键码确定无疑,即得到闭合键的行列扫描码。

8.7.3 微型计算机键盘

从按键的数量上看,微型计算机的键盘有83键(PC/XT)、84键(PC/AT)、101和102键(386、486机)、104键(Pentium)、105键、108键、109键等多种。

键盘通常通过设在主板上的键盘接口连到主机上,人们通过键盘输入的数据是在主机的BIOS程序的控制下传送到主机的CPU中进行处理的。图8-12为PC/XT键盘与接口框图,图中虚线的左侧部分是PC/XT键盘,右侧部分是键盘接口,位于微机主板上。

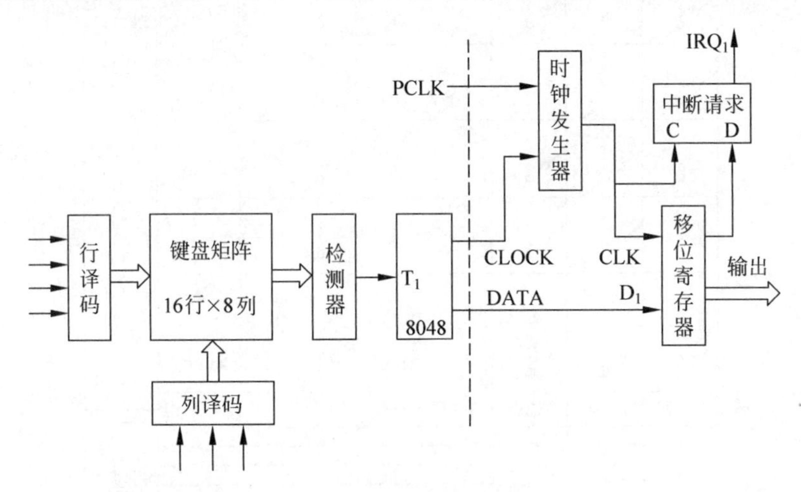

图8-12 PC/XT键盘与接口

1. 键盘控制电路

PC系列键盘一般由键盘矩阵和以单片机或专用控制器为核心的键盘控制电路组成,被称为智能键盘。单片机通过执行固化在ROM中的键盘管理和扫描程序,对键盘矩阵进行扫描,发现、识别按下键的位置,形成与按键位置对应的扫描码,并以串行的方式送给微机主板上的键盘接口电路,供系统使用。

PC/XT键盘(83键)采用16行×8列矩阵结构,由8048单片机实现闭合键检测、键码识别和与主机通信的控制。8048通过译码器,分别产生16个行扫描信号和8个列扫描信号。扫描方式采用行列扫描法,即先逐列为"1"地进行列扫描,矩阵检测器输出送8048测试端T_1,可判断是否有行线输出"1",从而得到闭合键的列号。然后采用同样的方法,逐行为"1"地进行行扫描,得到闭合键的行号。8048将列号和行号拼成一个7位的扫描码(列号为前3位,行号为后4位),例如第4列第7行键被按下,则得到闭合键的扫描码为47H。

在8048中有一个20字节的缓冲队列,能暂存20个扫描码。当多键滚按时,若干按键的扫描码便被放入缓冲队列。按先进先出的原则从缓冲区取出扫描码送往接口,以免高速按键时主机来不及进行中断响应和处理。8048的键盘扫描程序还能完成去抖动、延时自动拍发等复杂功能。

键盘内部的单片机根据按键位置向主机发送的仅是该按键位置的键扫描码。当键按下时，输出的数据称为接通扫描码；当键松开时，输出的数据称为断开扫描码。

对于83键键盘，由键盘扫描电路得到的接通扫描码与键号（键的位置编号）相等，用1个字节表示，断开扫描码也用1个字节表示，其值为接通扫描码加80H。例如，“A”的键号为30，接通扫描码为1EH，断开扫描码为9EH。

对于84/101/102/104扩展键盘，由于键位置发生变化，其接通扫描码与键号不相等。但是，接通扫描码仍用1个字节表示，断开扫描码用两个字节表示，其值为接通扫描码前加1个字节的前缀F0H。仍以“A”键为例，它的键号为31，接通扫描码为1CH，断开扫描码为F0H、1CH。

2. 键盘接口电路

键盘接口电路一般在微机主板上，通过电缆与键盘连接，串行地接收键盘送来的扫描码，或者向键盘发送命令，要求键盘完成一定的工作（如自检）。其功能主要有：

① 串行接收键盘送来的接通扫描码和断开扫描码，转换成并行数据并暂存。

② 收到一个完整的扫描码后，立即向主机发中断请求。

③ 主机中断响应后读取扫描码，并转换成相应的ASCII码存入键盘缓冲区。对于控制键，设置相应的状态。

④ 接收主机发来的命令，传送给键盘，并等候键盘的响应，自检时用以判断键盘的正确性。

对于83键键盘，键盘接口电路主要由8255A-5和74LS322移位寄存器构成，称为PC标准键盘接口。对于扩展键盘，键盘接口电路主要由单片机8042/8742构成，称为扩展键盘接口。由于扩展键盘的扫描码与系统扫描码不一致，因此8042/8742除了完成上述功能以外，还要完成由键盘扫描码到系统扫描码的转换。所谓系统扫描码就是与相应83键键盘中同字符的接通扫描码。

从键盘送来的串行扫描码在移位寄存器中由时钟控制依次右移，组装成并行扫描码，然后向主机CPU发出中断请求IRQ_1。主机CPU响应键盘中断请求后，执行由BIOS提供的键盘中断处理程序（09H类型中断）。该程序首先以并行方式从接口取出扫描码，接着对收到的扫描码进行识别，判断按下的键是字符键还是控制键，由中断服务程序通过查表，将扫描码转换为相应的ASCII码或扩充码后送入键盘缓冲区，中断处理完毕返回主程序。当系统或用户需要键盘输入时，可直接在主程序中以软中断指令（INT 16H）的形式调用BIOS的键盘I/O程序，从键盘缓冲区中取走所需的字符。

在微型计算机中，所有字母、数字等由键盘输入后均以ASCII码的形式存放在键盘缓冲区，在存放时，每个键的编码占两个字节，其中高字节仍是系统扫描码，低字节是由中断服务程序转换成的ASCII码。另外，还有一些键没有对应的ASCII码，如命令键、组合功能键，对于这些键则用扩充码表示。扩充码存放时高位字节是扩充码，低位字节是00H。这就是说，BIOS中断服务程序执行时首先检查输入的系统扫描码是否可以转换成ASCII码。如果可以，则转换成ASCII码，存入键盘缓冲区；如果不可以，则转换成扩充码，存入键盘缓冲区。

键盘缓冲区是一个先进先出的循环队列，其容量（16个字）足以满足操作员快速输入键符的需要。键盘缓冲区是键盘中断程序(09H 类型中断)与键盘 I/O 程序(INT 16H)之间进行数据传递的媒介体,进队列即由 BIOS 中断服务程序将键盘输入的系统扫描码转换成 ASCII 码或扩充码,按"先进先出"的原则输入到键盘缓冲区中;出队列即由主机执行软件中断 INT 16H,按同样的原则读取键盘缓冲区中的 ASCII 码或扩充码予以处理或执行。

8.8 其他输入设备

目前,计算机系统常用的输入设备除键盘外,还有鼠标、扫描仪、光笔、数字化仪等。键盘输入的是字符和数字信息,鼠标主要输入矢量信息和坐标数据,而扫描仪主要输入图形、图像信息。

8.8.1 鼠标器

鼠标器是控制显示器光标移动的输入设备,由于它能在屏幕上实现快速精确的光标定位,可用于屏幕编辑、选择菜单和屏幕作图,鼠标器已成为计算机系统中必不可少的输入设备。

鼠标器按其内部结构的不同可分为机械式、光机式和光电式三大类。尽管结构不同,但从控制光标移动的原理上讲三者基本相同,都是把鼠标器的移动距离和方向变为脉冲信号送给计算机,计算机再把脉冲信号转换成显示器光标的坐标数据,从而达到指示位置的目的。

1. 机械式鼠标

机械鼠标的结构最为简单,由鼠标底部的胶质小球带动 X 方向滚轴和 Y 方向滚轴,在滚轴的末端有译码轮,译码轮附有金属导电片与电刷直接接触。鼠标的移动带动小球的滚动,再通过摩擦作用使两个滚轴带动译码轮旋转,接触译码轮的电刷随即产生与二维空间位移相关的脉冲信号。目前,纯粹的机械鼠标已经基本消失,我们见到的底部带小球的鼠标都是光机式鼠标。

2. 光机式鼠标

光机鼠标顾名思义就是一种光电和机械相结合的鼠标,在机械鼠标的基础上,将磨损最厉害的接触式电刷和译码轮改为非接触式的 LED 对射光路元件。当小球滚动时,X、Y 方向的滚轴带动码盘旋转。安装在码盘两侧有两组发光二极管和光敏三极管,LED 发出的光束有时照射到光敏三极管上,有时则被阻断,从而产生了两组相位相差 90°的脉冲序列。脉冲的个数代表鼠标的位移量,而相位表示鼠标运动的方向。由于采用的是非接触部件,使磨损率下降,从而提高了鼠标的寿命,也能在一定范围内提高鼠标的精度。

3. 光电式鼠标

光电鼠标内部有一个发光二极管,通过其发出的光线,照亮光电鼠标底部表面,然后将反射回来的一部分光线,经过一组光学透镜,传输到一个光感应器件内成像。这样,当光电鼠标移动时,其移动轨迹便会被记录为一组高速拍摄的连贯图像。最后利用光电鼠标内部的一块专用图像分析芯片对移动轨迹上摄取的一系列图像进行分析处理，通过对这些图像上特征点位置的变化进行分析，来判断鼠标的移动方向和移动距离，从而完成光标的定位。

除前述3类传统鼠标外，现在还出现了激光鼠标。

激光鼠标其实也是光电鼠标，只不过是用激光代替了普通的LED光。相对于传统的鼠标来说，激光鼠标是将鼠标本身的激光照射在物体表面，同时物体表面的激光反射回激光鼠标的传感器之内。由于激光能对图像产生更大的反差，所以激光鼠标相对于传统鼠标来讲，灵敏度更佳，定位更加准确，扫描速度更快。

鼠标与计算机的联接方式分为有线和无线两种，有线鼠标按接口类型可分为串行鼠标、PS/2鼠标、USB鼠标几种。串行鼠标是通过串行口与计算机相连，有9针接口、25针接口两种。PS/2鼠标通过一个6针微型DIN接口与计算机相连，它与键盘的接口非常相似，使用时应注意区分。USB鼠标通过一个USB接口，直接插在计算机的USB口上。

无线鼠标主要有以下几种：

① 27MHz的无线鼠标，其发射距离在2m左右，而且信号不稳定，相对比较低档。

② 2.4GHz的无线鼠标，其接受信号的距离在7～15m，信号比较稳定，目前市场主要是这一种。

③ 蓝牙鼠标，其发射频率和2.4GHz一样，接受信号的距离也一样。蓝牙有一个最大的特点就是通用性，如果计算机带蓝牙功能，那么不需要蓝牙适配器就可以直接连接，可以节约一个USB插口。

鼠标按键数可以分为双键、三键和多键鼠标。三键鼠标的中键在某些特殊程序中往往能起到事半功倍的作用；多键鼠标是新一代多功能鼠标，如有的鼠标上带有滚轮，使得上下翻页变得极其方便。有的新型鼠标上除了有滚轮，还增加了拇指键等快捷按键，进一步简化了操作程序。

8.8.2 其他定位设备

随着便携式计算机的出现，鼠标器已不能适应新的要求，因此又出现了一些新的定位设备。

1. 轨迹球

轨迹球的结构颇像一个倒置的鼠标，好像在小圆盘上镶嵌一颗圆球。轨迹球的功能与鼠标相似，朝着指定的方向转动小球，光标就在屏幕上朝着相应的方向移动。轨迹球可以独立使用，也常常嵌在键盘上，其优点是不像鼠标那样必须有可供滑动的较大的空间。

2. 跟踪点

跟踪点是一个压敏装置，只有铅笔上的橡皮大小，所以可嵌在按键之间，用手指轻轻推它，光标就朝着指点的方向移动。

3. 触摸板

触摸板是一种方便的输入设备，它的表面对压力和运动敏感，当用手指轻轻在触摸板滑动时，屏幕上的光标就同步运动。有的触摸板周围设有按钮，其作用与鼠标的按钮相同，另一些触摸板,则是通过轻敲触摸板表面完成与点击鼠标相同的操作。

8.8.3 扫描仪

扫描仪是一种光、机、电一体化的高科技产品,它是将各种形式的图像信息输入计算机的重要工具,是继键盘和鼠标之后的第三代计算机输入设备,也是功能极强的一种输入设备。从最直接的图片、照片、胶片到各类图纸图形以及文稿资料都可以用扫描仪输入到计算机中,进而实现对这些图像形式信息的处理、管理、使用、存储、输出等。配合文字识别软件,还可以将扫描的文稿转换成计算机的文本形式。

1. 扫描仪的组成部分及工作原理

自然界每一种物体都会吸收特定的光波,而没有吸收的光波就会被反射出去。扫描仪就是利用这种特性来完成对稿件的读取的。扫描仪在工作时会发出强光照射在稿件上,没有被吸收的光线将被反射到光学感应器上。光学感应器接收到这些信号后,再将这些信号传送到数模转换器,数模转换器再将其转换成计算机能够读取的信号,然后通过驱动程序转换成显示器上能看到的正确图像。欲扫描的稿件通常可以分为反射稿和透射稿。反射稿泛指一般的不透明文件,例如报纸、杂志等。透射稿包括幻灯片(正片)或底片(负片)。如果经常需要扫描透射稿,那就必须选择具备光罩(光板)功能的扫描仪。

扫描仪的光学读取装置相当于人的眼球,其重要性不言而喻。目前,扫描仪所使用的光学读取装置有CCD和CIS两种。

(1) CCD(Charge Coupled Device)

CCD的中文名称为电荷耦合装置。它采用电荷耦合的微型半导体感光芯片作为扫描仪的核心。CCD与日常使用的半导体集成电路相似,在一片硅单晶上集成了几千到几万个光电三极管,这些光电三极管分为3列,分别用红、绿、蓝色的滤色镜罩住,从而实现彩色扫描。光电三极管在受到光线照射时可以产生电流,经放大后输出。采用CCD的扫描仪技术经过多年的发展已经相当成熟,是目前市场上主流扫描仪主要采用的感光元件。CCD的优势主要在于:扫描的图像质量近年来提高很大;具有一定的景深,能够扫描凹凸不平的物体;温度系数比较低,对周围环境温度的变化可以忽略不计。CCD的缺陷主要有:由于数千个光电三极管的距离很近(微米级),在各光电三极管之间存在着明显的漏电现象,各感光单元的信号产生干扰,降低了扫描仪的实际清晰度;由于采用了反射镜、透镜,会产生图像色彩偏差和像差,需要通过软件进行校正;由于CCD需要一套精密的光学系统,故扫描仪体积不可能做得很小。

(2) CIS(Contact Image Sensor)

CIS的中文名称为接触式图像感应装置。它采用一种触点式图像感光元件(光敏传感器)来进行感光,在扫描平台下1～2mm处,300～600个红、蓝、绿三色LED(发光二极管)传感器紧密排列在一起产生白色光源,取代了CCD扫描仪中的CCD阵列、透镜、荧光管和冷阴极射线管等复杂结构,把CCD扫描仪的光、机、电一体变为CIS扫描仪的机、电一体。但CIS技术也有不足之处:CIS固有的感光特性决定了这种扫描仪需要一次扫描、三次曝光,所以扫描速度比较慢;由于CIS没有景深的概念,原稿必须与感光元件靠得很近才行,这样无法进行实物扫描;而且目前CIS感光元件的性能决定了CIS扫描仪分辨率不高,加上CIS

光源的均匀性不够好，使得CIS扫描仪的扫描图像质量和色彩真实度不是太好，甚至比不上一些低价位的CCD扫描仪。但是，这类扫描仪具有体积小、重量轻、器件少和抗震性较高的优点，而且生产成本很低。

2. 扫描仪的主要性能指标

(1) 分辨率

分辨率通常是指图像每英寸中有多少个像素(Pixel)。分辨率对图像的质量有很大的影响，通常分辨率越高，扫描输入的时间就越长。扫描仪的分辨率又可细分为光学分辨率和最大分辨率两种。

① 光学分辨率。光学分辨率是扫描仪最重要的性能指标之一，它直接决定了扫描仪扫描图像的清晰程度。扫描仪的光学分辨率用每英寸长度上的点数，即DPI来表示。通常，低档扫描仪的光学分辨率为300×600DPI，中高档扫描仪的光学分辨率为600×1200DPI。

光学分辨率指的是扫描仪实际工作时的分辨能力，也就是在每英寸上它所能扫描的光学点数。通常这个数值是不变的，因为它由光学感应元件的性能决定。

② 最大分辨率。最大分辨率又称软件分辨率，通常是指利用软件插值补点的技术模拟出来的分辨率。光学分辨率为300×600DPI的扫描仪一般最大分辨率可达4800DPI，而600×1200DPI的扫描仪则更高达9600DPI。这实际上是通过软件在真实的像素点之间插入经过计算得出的额外像素，从而获得的插值分辨率。插值分辨率对于图像精度的提高并无好处，事实上只要软件支持，而用户的机器又强劲，这种分辨率完全可以做到无限大。

(2) 色彩深度值

色彩深度值又称为色阶或色彩位数，指的是扫描仪色彩识别能力的大小。扫描仪是利用R(红)、G(绿)、B(蓝)三原色来读取数据的，如果每个原色以8位数据来表示，总共就有24位，即扫描仪有24位色阶；如果每个原色以12位数据来表示，总共就有36位，即扫描仪有36位色阶，它所能表现出的色彩将会有680亿(2^{36})色以上。较高的色彩深度位数可以保证扫描仪反映的图像色彩与实物的真实色彩尽可能的一致，而且图像色彩会更加丰富。一般光学分辨率为300×600DPI的扫描仪其色彩深度为24位、30位，而600×1200DPI的为36位，最高的为48位。

(3) 灰度值

灰度值是指进行灰度扫描时对图像由纯黑到纯白整个色彩区域进行划分的级数，又称为灰度动态范围。灰度值越高，扫描仪能够表现的暗部层次就越细。灰度值的大小对于扫描仪正负片通常会有较大的影响。编辑图像时一般都使用到8位，即256级，而主流扫描仪通常为10位，最高可达12位。

8.9 打印输出设备

打印机是计算机系统的主要输出设备之一，打印机的功能是将计算机的处理结果以字符或图形的形式印刷到纸上，转换为书面信息，便于人们阅读和保存。由于打印输出结果能够永久性保留，故称为硬拷贝输出设备。

8.9.1 打印机概述

按照打印的工作原理不同,打印机分为击打式和非击打式打印机两大类。击打式打印机是利用机械作用使印字机构与色带和纸相撞击而打印字符的,它的工作速度不可能很高,而且不可避免地要产生工作噪声,但是设备成本低,针式打印机就是使用最广泛的击打式打印机。非击打式打印机是采用电、磁、光、喷墨等物理或化学方法印刷出文字和图形的,由于印字过程没有击打动作,因此印字速度快、噪声低,但一般不能复制多份,目前主要有喷墨打印机、激光打印机等。

打印机按照输出工作方式可分为串式打印机、行式打印机和页式打印机3种。串式打印机是单字锤的逐字打印,在打印一行字符时,不论所打印的字符是相同或不同的,均按顺序沿字行方向依次逐个字符打印,因此打印速度较慢,一般用字每秒(CPS)来衡量其打印速度。行式打印机是多字锤的逐行打印,一次能同时打印一行(多个字符),打印速度较快,常用行每分(LPM)来衡量其速度。页式打印机一次可以输出一页,打印速度最快,一般用页每分(PPM)来衡量其速度。

打印机按印字机构不同,可分为固定字模(活字)式打印和点阵式打印两种。固定字模式打印机是将各种字符塑压或刻制在印字机构的表面上,印字机构如同印章一样,可将其上的字符在打印纸上印出;而点阵式打印机则借助于若干点阵来构成字符。固定字模式打印的字迹清晰,但字模数量有限,组字不灵活,不能打印汉字和图形,所以基本上已被淘汰。点阵式打印机以点阵图拼出所需字形,不需固定字模,它组字非常灵活,可打印各种字符(包括汉字)和图形、图像等。现在人们普遍有一种误解,只把针式打印机看作点阵打印机,这是不全面的。事实上,非击打式打印机输出的字符和图形也是由点阵构成的。

打印机通常有两种工作模式,即文本模式(字符模式)和图形模式。

1. 文本模式

在这种方式中,主机向打印机输出字符代码(ASCII码)或汉字代码(国标码),打印机则依据代码从位于打印机上的字符库或汉字库中取出点阵数据,在纸上"打"出相应字符或汉字。与图形模式相比,文本模式所需传送的数据量少,占用主机CPU的时间少,因而效率较高,但所能打印的字符或汉字的数量受到字库的限制。

2. 图形模式

在图形模式中,主机向打印机直接输出点阵图形数据,有一个"1"就"打"一个点。在这种模式下,CPU能灵活控制打印机输出任意图形,从而可打印出字符、汉字、图形、图像等。但是,图形模式所需传送的数据量大,占用主机大量的时间。例如,打印一个24×24点阵的汉字,传送字符点阵图形的数据量(72个字节)远大于传送字符代码时的数据量(2个字节)。

8.9.2 打印机的主要性能指标

有关打印机的性能指标主要有:分辨率、打印速度、打印幅面、接口方式和缓冲区的大小等。

1. 分辨率

打印机的打印质量是指打印出的字符的清晰度和美观程度，用打印分辨率表示，单位为每英寸打印多少个点(DPI)。大多数打印机的分辨率在垂直和水平方向上是相同的，目前激光打印机的分辨率为600DPI，甚至可达1200DPI。至于精密照排机，低档的在700～2000DPI，高档的则可达2000～3000DPI。

2. 打印速度和打印幅面

不同类型的打印机具有不同的打印速度，每种类型又有高、中、低速之分。

打印机的打印幅面有许多种，一般家庭用户使用A4幅面的就可以了。

3. 接口方式

打印机的接口可以是标准配置并行接口，也可以是USB接口。

4. 缓冲区

最简单的缓冲区只能存放一行打印信息，当这一行信息打印完后，即清除掉缓冲区的信息，并告诉主机"缓冲区空"，主机将再发送新的信息给打印机，如此反复，直到所有信息打印完毕为止。在CPU不断升级的情况下，为了解决计算机和打印机速度的差异，必须扩大打印机的缓冲区。缓冲区越大，一次输入数据就越多，打印机处理打印所需的时间就越长，因此，与主机的通信次数就可以减少，使主机的效率提高。

8.9.3 针式打印机工作原理

针式打印机在打印机历史上曾经占有重要的地位，其价格便宜，耐用，可以打印多层纸，但它较低的打印质量和打印速度以及很大的工作噪声也使它无法适应高质量、高速度的打印需要，所以在普通家庭及办公应用中逐渐被喷墨和激光打印机所取代，只在需要使用复写打印的场合中使用。

针式打印机是由若干根打印针印出$m\times n$个点阵组成的字符或汉字、图形。这里m表示打印的列数，n表示打印的行数。点阵越密，印字的质量就越高。需要注意的是，字符由$m\times n$个点阵组成，并不意味着打印头就装有$m\times n$根打印针。串式针打的打印头上一般只装有一列n根打印针(也有的分为两列)，通常所讲的9针、24针打印机指的就是打印头上打印针的数目。打印头是打印机的关键部件，打印机的打印速度、打印质量和可靠性在很大程度上取决于打印头的功能和质量。

在9针打印机中，将9根打印针排成纵向一列，每次打印一列，印完一列后打印头沿水平方向向右移动一步，m步之后，形成一个$m\times n$点阵的字形。在24针打印机中，一般交错排成两列，每列12根针，分别称为奇数号针和偶数号针。打印时，打印头从左到右打印，一列的24个点是分两次打印出来的。由于点的纵向间距非常小，甚至能相互覆盖一部分，所形成的图形轮廓连贯光滑，印字质量较9针打印机高。

打印头装在一个小车(称为字车)上，由步进电机驱动，可进行水平移动与精确定位。打印头里的钢针在驱动电路的控制下，打击色带和纸，从而形成一行字符。在打印一行字符的过程中,打印纸不动。在打印完一行后,输纸机构带动打印纸向前推进一行,而色带传动机构也将色带转动一定尺寸,使打击次数均匀地分布在整盘色带上。针式打印机可以通过调整打印头与纸张的间距来适应打印纸的不同厚度,而且可以改变打印针的力度以调节打印的清晰度。

针式打印机有单向打印和双向打印两种。若一行字符打印完,在输纸的同时,打印头左移返回到起始位置(回车),重新由左向右打印,这就称为单向打印。而双向打印指的是自左向右一行字符打印完毕后,打印头无须回车,在输纸的同时,打印头再从右向左打印下一行,做反向打印。由于省去了空回车时间,所以双向打印的打印速度较单向打印大大提高。

针式打印机控制电路如图8-13所示。主机要输出打印信息时,首先要检查打印机所处的状态。当打印机空闲时,允许主机发送字符。打印机开始接收从主机送来的字符代码(ASCII码),先判断它们是可打印的字符还是只执行某种控制操作的控制字符(如"回车""换行"等)。如果是可打印的字符,就将其代码送入打印行缓冲区(RAM)中,接口电路产生回答信息,通知主机发送下一个字符。如此重复,把要打印的一行字符的代码都存入数据缓冲区。当缓冲区接收满一行打印的字符后,停止接收,转入打印。

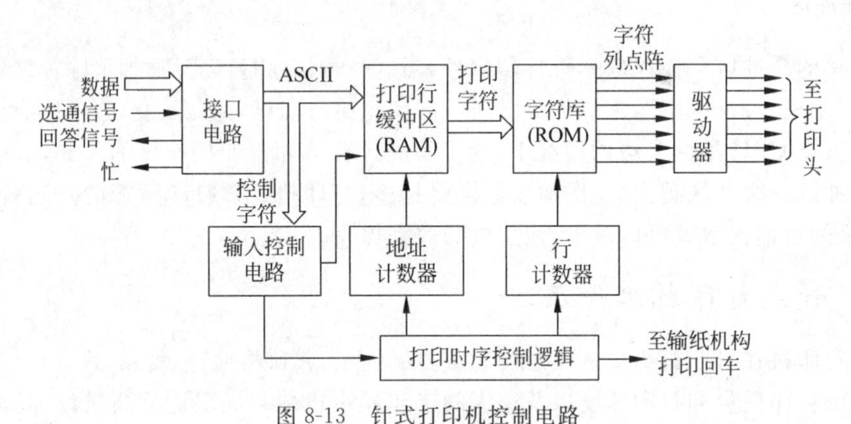

图8-13 针式打印机控制电路

打印机的字符库中存放着所有字符的列点阵码。打印时,首先形成打印字符的首列点阵的地址,然后按顺序在字符库中一列一列地找出字符的点阵,送往打印头控制驱动电路,激励打印头出针打印。一个字符打印完,字车移动几列,再继续打印下一个字符。一行字符打印完后,请求主机送来第二行打印字符代码,同时输纸机构使打印纸移动一个行距。

一般针式打印机内部只带西文字符库,它只能支持文本的打印。这种打印机若想打印中文,应使打印机处于图形模式。

针式打印机多为单色打印机,现在也出现了彩色针式打印机。针式彩色打印机的结构与单色打印机相同,只是增加了色彩功能控制。彩色打印机利用了三基色混色原理,使用的色带上除了有一条黑色带外,还有红、蓝、黄色3条色带,其他的颜色用红、蓝、黄三色混合多次打印组合而成。

彩色打印机的字车上所附的色带不仅能够在水平方向上横向往复运动,而且能够上下移动,这样就可以用一个打印头撞击不同颜色的色带进行彩色打印。为了实现多种彩色的打印,彩色打印机的打印控制电路还增加了色带选择电路及其他附属电路。彩色打印机打印时还是像单色打印机那样,对于每种颜色的色带都是按从左到右的顺序击打,不同的是它要选择相应的色带。如果打印的是色带上的三基色，则直接选择相应的色带打印即可；如果打印的不是色带上的三基色，则需要利用三基色进行配色，即在同一点上选择不同的色带击打，混合成各种颜色。

8.9.4 喷墨打印机工作原理

喷墨式打印机也属于点阵式打印的一种，它的印字原理是使墨水在压力的作用下，从孔径或狭缝尺寸很小的喷嘴喷出，成为飞行速度很高的墨滴，根据字符点阵的需要，对墨滴进行控制，使其在记录纸上形成文字或图形。喷墨打印机的喷墨方式有两种：连续式和随机式。早期的喷墨打印机以及当前大幅面的喷墨打印机采用连续式喷墨技术，普通喷墨打印机多采用随机式喷墨技术。

1. 连续式喷墨技术

连续式是指连续不断地喷射墨水，首先给墨水加压，使墨水流通过喷嘴连续喷射而粒子化。因为墨水带有正离子，当粒子化的墨水穿过高压电场时，就发生偏转，故可用高压电场控制印字。

当带有正离子的墨水由喷嘴喷出后，墨水束粒子化为小水滴，穿进偏转电极，若想印字，则此时偏转电极上的电压为零，墨水小滴穿过挡板的小孔，喷射在记录纸上。如果不希望印字，就在偏转电极上加±400V的电压，使墨水滴发生偏转，喷射在挡板上，经墨水回收管流入废墨水瓶中。连续式喷墨系统具有频率响应高，可实现高速打印等优点。但是，这种打印机的结构比较复杂，对墨水需要加压装置，终端要有回收装置来回收不参与印字的墨水滴，在墨水循环过程中需要设置过滤器以过滤混入的杂质和气体。采用这种技术的喷墨打印机目前市场上已经极少见到。

2. 随机式喷墨技术

随机式喷墨打印机的墨滴只有在需要打印时才从喷嘴中喷出（又称按需式喷墨打印机），因而不需要过滤器和复杂的墨水循环系统。由于受射流惯性的影响，墨水的喷射速度低于连续式喷墨打印机。为了提高喷射速度，喷头一般由多个喷嘴组成，其结构和排列与针式打印机的打印头相似。随机式喷墨打印机又可分为压电式和气泡式两种。

压电式喷墨打印机的喷头内装有墨水，在喷嘴上下两侧各放置有一块压电陶瓷，利用它在电压作用下会发生形变的原理，适时地把电压加到它的上面，使其变形产生压力，挤压喷头喷出墨滴，在输出介质表面形成图案。用压电喷墨技术制作的喷墨打印头成本比较高，为了降低用户的使用成本，一般都将打印头和墨盒做成分离的结构，更换墨水时不必更换打印头。

气泡式打印机在喷头上设置了加热元件。当脉冲作用于加热元件上，加热元件急速升温，将喷头中的一部分墨汁气化，形成一个具有喷射力量的气泡，并将墨水顶出喷到输出介质表面，形成图案或字符。采用这种技术的打印喷头通常都与墨盒做在一起，更换墨盒时即同时更新打印头。为降低使用成本，在墨盒刚刚用完，可立即加注专用的墨水，只要方法得当，可以节约耗材费用。

通常所说的喷墨打印机是指液态喷墨打印机，它具有整机价格低、工作噪音低、耗电少、重量轻、输出印字质量接近低档的激光打印机等优点,同时又能实现廉价的真彩色打印。与针式打印机相比,喷墨打印机对墨水的质量要求很高,使得耗材的成本较高,而且墨水大多怕受潮。

除液态喷墨打印机外,还有一种固态喷墨打印机。固态喷墨技术是 Tektronix(泰克)公司于 1991 年推出的专利技术,它所使用的相变墨在室温下可变为固态,打印时墨被加热液化后喷射到介质上,由于此种墨附着性好、色彩鲜亮、耐水性能好,并且不存在打印头因墨水干涸而造成的堵塞问题。但是,采用固态油墨的打印机目前因生产成本比较高,所以产品比较少。

8.9.5 激光打印机工作原理

激光打印机是一种光、机、电一体、高度自动化的计算机输出设备,其成像原理与静电复印机相似,结构比针式打印机和喷墨打印机都复杂得多。它主要由激光器、激光扫描系统、以碳粉与感光鼓为主的碳粉盒、字形发生器、电子照相转印机构和电路部分组成,如图 8-14 所示。

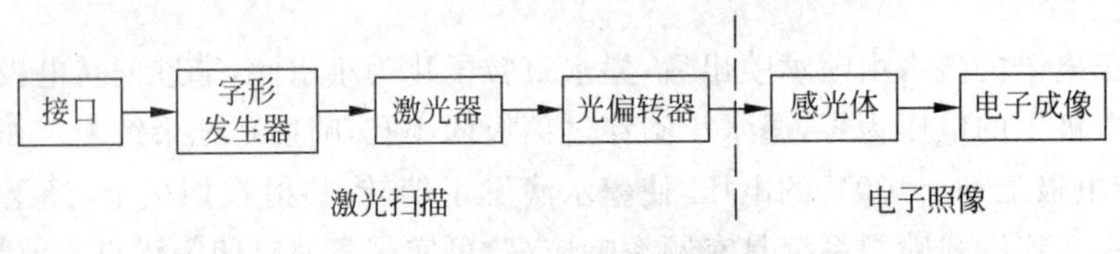

图 8-14 激光打印机的组成

感光鼓是激光打印机的核心,这是一个用铝合金制成的圆筒,其表面镀有一层半导体感光材料,通常是硒,所以又常将它称为硒鼓。激光打印机的打印过程中的 6 个步骤:充电、扫描曝光、显影、转印、定影和清除残像都是围绕感光鼓进行的。

① 充电:对硒鼓进行充电,使其表面均匀地带上正(负)电荷。

② 扫描曝光:扫描曝光也可以叫做“书写”,由控制电路控制激光束对硒鼓表面进行扫描照射,在需印出内容的地方关闭激光束,在不需印出的地方打开激光束。随着带正(负)电荷的感光鼓表面的转动,遇有激光源照射时,鼓表面曝光部分变为良导体,产生光电流,使其失去表面电荷。而未曝光的鼓表面仍保留电荷,从而在硒鼓上形成静电“潜像”。

③ 显影:带有“潜像”的硒鼓表面继续运动,通过碳粉盒时,带电荷的部分吸附上碳粉,从而在鼓面上显影成可见的字符碳粉图像。

④ 转印:显影的表面同打印纸接触时,在外电场的作用下,碳粉被吸附到纸上,完成图像的转印。

⑤ 定影:分离后的纸经定影热辊,碳粉在高温和高压下熔化而永久性地黏附在纸上,实现定影而得到最终的印字输出结果。

⑥ 消除残像:完成转印后,硒鼓表面还留有残余的电荷和碳粉,先经过放电将电荷中和,然后经过清扫辊除去残留的碳粉。这样,硒鼓便恢复原来的状态,以便进行下一次印字过程。

由于激光束扫描速度可以很高,而且打印输出是随硒鼓转动连续进行的,所以打印速度较快,是逐页输出的,因而激光打印机也常称为页式打印设备。

8.10 显示设备

显示设备是将电信号转换成视觉信号的一种装置。在计算机系统中,显示设备被用作输出设备和人机对话的重要工具。与打印机等硬拷贝输出设备不同,显示器输出的内容不能长期保存,当显示器关机或显示别的内容时,原有内容就消失了,所以显示设备属于软拷贝输出设备。

8.10.1 显示器概述

计算机系统中的显示设备,若按显示对象的不同可分为字符显示器、图形显示器和图像显示器。字符显示器是指能显示有限字符形状的显示器。图形和图像是既有区别又有联系的两个概念,图形是指以几何线、面、体所构成的图;而图像是指模拟自然景物的图,如照片等。从显示角度看,它们都是由像素(光点)组成的。如果以点阵方式显示字符,则图形图像显示器也能覆盖字符显示器的功能。事实上目前常用的CRT显示器都具有两种显示方式:字符方式和图形方式,所以它们既是字符显示器,又是图形图像显示器。

若按显示器件的不同显示设备可分为阴极射线管(CRT)、等离子显示器(PD)、发光二极管显示器(LED)、场致发光显示器(ELD)、液晶显示器(LCD)、电致变色显示器(ECD)和电泳显示器(EPID)等。这些显示器件按显示原理可分为两类:一类是主动显示器件,如CRT显示器、发光二极管显示器等,它们是在外加电信号作用下,依靠器件本身产生的光辐射进行显示的,因此也称为光发射器件;另一类称为被动显示器件,如液晶显示器,这类器件本身不发光,工作时需另设光源,在外加电信号的作用下,依靠材料本身的光学特性变化,使照射在它上面的光受到调制,因此这类器件又称为光调制器件。

计算机系统中使用最广泛的是CRT显示器和液晶显示器。CRT显示器具有成本较低、亮度高、色彩鲜明真实、分辨率高、性能稳定可靠等优点;但也存在着体积大、笨重、功耗大等缺点。液晶显示器则体积小、重量轻、功耗低、辐射小,但亮度较低,色彩不够鲜明,且成本较高。随着生产工艺的不断改进,液晶显示器的价格不断下降,逐渐普及,而为普通用户所使用的CRT显示器却已在2010年停产。目前CRT显示器的用途,仅限于一些有特殊需求的专业领域,像军用、医用、航天等方面。但是,CRT显示器具有的可视角度大、无坏点、色彩还原度高、色度均匀、可调节的多分辨率模式、响应时间极短等绝对的优势仍是液晶显示器所无法替代的。

8.10.2 CRT显示器

随着计算机技术的发展和应用的拓展,CRT显示器的发展也很快,从20世纪80年代初到现在,CRT显示器的分辨率已从320×200发展到1024×768,有的达到1280×1024和1600×1200以上;颜色也由单色发展到16M色;显像管的点距从0.6mm以上发展到0.21mm以下;行扫描频率从15.8kHz发展到120kHz以上;显示屏幕尺寸从12in发展到20in以上;显示屏幕也越来越平面化。目前的CRT显示器已朝着高分辨率、高亮度、平面化、大屏幕、低辐射等方向发展。

CRT显示器由显示适配器(显卡)和显示器(监视器)两部分组成,显卡通常插在微机的总线插槽上,也有的微机主板上集成了显卡电路。显卡到显示器通过显示专用接口连接。图8-15给出了CRT显示器的组成示意图。

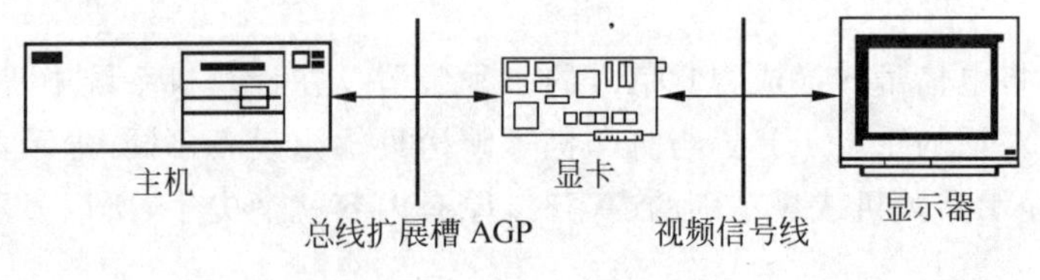

图8-15 CRT显示器的组成

1. CRT显示器的主要技术指标

(1) 点距

点距(Dot Pitch)是指屏幕上两个相邻的同色荧光点之间的距离。点距有实际点距、垂直点距和水平点距的差别,如图8-16所示,严格意义上的点距是指实际点距。点距越小,显示的画面就越清晰、自然和细腻。用显示区域的宽和高分别除以水平点距和垂直点距,即得到显示器在水平和垂直方向上最高可以显示的点数(即极限分辨率)。如果超过这个模式,屏幕上的相邻像素会互相干扰,反而使画面模糊不清。早期的14in显示器的点距分为0.28mm、0.31mm、0.39mm几种规格,目前高清晰度大屏幕显示器通常采用0.20~0.28mm的点距。

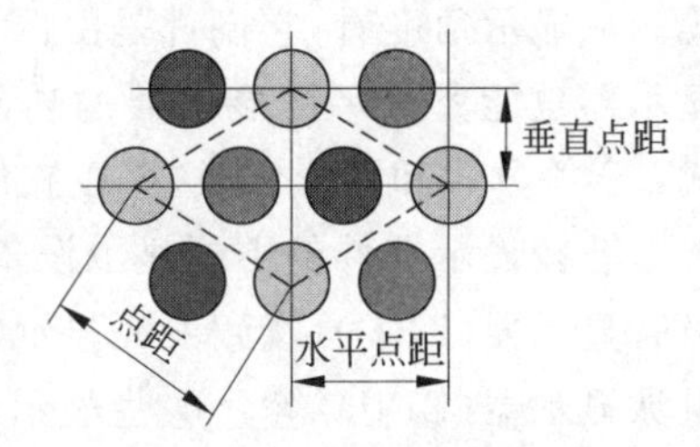

图8-16 CRT显示器的点距

(2) 行频和场频

行频又称水平扫描频率,是电子枪每秒在屏幕上扫描过的水平线条数,以kHz为单位。场频又称垂直扫描频率,是每秒屏幕重复绘制显示画面的次数,以Hz为单位。通常,行频=水平线行数×场频。

由于显示器需要与显卡匹配,所以现在所有的显示器都是变频的(也称多扫描或多频)。频率的范围越大则显示器越贵,其用途也越广。场频决定了图像的稳定性,频率越高越好,典型的场频为50~160Hz,但是它还与分辨率密切相关,如当分辨率为640×480时,某显示器的场频可达到100Hz,而当分辨率为1024×768时,场频将降至60Hz。行频通常为31.5~90kHz或更高,目前比较主流的行频有70kHz、85kHz、96kHz等。

(3) 视频带宽

视频带宽是表示显示器显示能力的一个综合性指标,以MHz为单位。它指每秒扫描的像素个数,即单位时间内每条扫描线上显示的点数的总和。带宽越大表明显示器显示控制能力越强,显示效果越佳。现在主流的CRT显示器的视频带宽都能达到110MHz以上,高档显示器的带宽可达200MHz以上。

视频带宽=水平分辨率×垂直分辨率×场频×1.344

其中,常数1.344表示电子枪在扫描时扫过水平方向上的像素点数与垂直方向上的像素点数均应当高于理论值,这样才能避免信号在扫描边缘衰减,使图像四周同样清晰。

(4) 最高分辨率

最高分辨率是定义显示器画面解析度的标准，由每帧画面的像素数决定，以水平显示的像素个数×水平扫描线数表示。例如，800×600表示一幅画面水平方向和垂直方向的像素点数分别是800和600。最高分辨率不仅与显示尺寸有关，还受到点距和视频带宽等因素的制约。值得一提的是，一台显示器在75Hz以上的场频下所能达到的分辨率才是它真正的最高分辨率。

(5) 刷新率

刷新率实际上就等于场频，刷新率越高，意味着屏幕的闪烁越小，对人眼睛产生的刺激越小。行频、场频、最高分辨率这几个参数息息相关。一般来说，行频、场频的范围越宽，能达到的最高分辨率也越高，相同分辨率下能达到的最高刷新率也越高。早期显示器只支持50～60Hz的刷新率，现在VESA(视频电子标准协会)规定85Hz为无闪烁的刷新率，从保护眼睛的角度出发，刷新率越高越好。

(6) 屏幕尺寸

指屏幕对角线长度，一般有14in、15in、17in、19in、20in、21in等。

2. CRT显示原理

(1) CRT显示器的扫描方式

CRT显示器如同电视接收机一样，普遍采用光栅扫描方式。在光栅扫描方式中，电子束在水平和垂直同步信号的控制下有规律地扫描整个屏幕。扫描的方法如下：电子束从显示屏的左上角开始，沿水平方向从左向右扫描，到达屏幕右端后迅速水平回扫到左端下一行位置，又从左到右匀速地扫描。这样一行一行地扫描，直到屏幕的右下角，然后又垂直回扫，返回屏幕左上角，重复前面的扫描过程。在水平和垂直回扫时，电子束是“消隐”的，荧光屏上没有亮光显示。这样，在CRT的屏幕上形成了一条条水平扫描线，称为光栅。图8-17为光栅扫描示意图，图中的虚线表示消隐的水平和垂直回扫线。

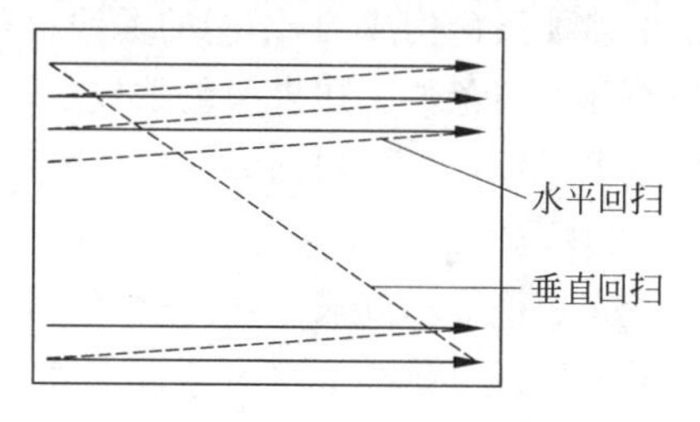

图8-17 光栅扫描

一幅光栅通常也叫做一帧，一帧画面的扫描行数越多，显示出来的画面就越清晰。但要使扫描行数增多，则须使行扫描频率增高，当要求太高时就难于实现。显示器中有两种可能的方法：逐行扫描与隔行扫描。

从上向下依次顺序扫描出所有的行扫描线称为逐行扫描，扫完一场即为一帧。这种方式的控制比较简单，画面质量较好且稳定，但对行扫描频率要求较高。

将一帧画面分为奇数场和偶数场，奇数行组成奇数场，偶数行组成偶数场。第一场显示奇数行，第二场显示偶数行的过程称为隔行扫描，扫描一帧画面需要两场。如果每一帧总行数不变以维持所要求的分辨率，则每一场的行数将减少一半，相应的行扫描频率也将降低一半。由于一帧由两场合成，所以画面质量较逐行扫描方式稍差一些。目前，微机中的显示器一般采用逐行扫描方式。

(2) 显示器的显示模式

显示模式从功能上分为两大类：字符模式和图形模式。

字符模式也称字母数字模式，即A/N模式(Alpha Number Mode)。在这种模式下，显示缓冲区中存放着显示字符的代码(ASCII码)和属性。显示屏幕被划分为若干个字符显示行和列,如80列×25行。

由于字符模式在CRT显示器上不是点控制,而是一个由8位代码(ASCII码)控制的一块,如像8×8、8×14等大小的显示区域。因此显示缓冲区较小,显示更新的速度非常快,但缺点是无法显示图形。目前流行的所有显卡都包含字符模式。

图形模式也称APA模式(All Points Addressable Mode),即对所有点均可寻址。通常把它称为位图化的显示器,因为屏幕上的每个像素都对应显示缓冲区中的一位或多位。

(3) 显示缓冲区

荧光屏上涂的是中短余辉荧光材料,否则会导致图像变化时前面图像的残影滞留在屏幕上,但如此一来,就要求电子枪不断地反复"点亮""熄灭"荧光点,即便屏幕上显示的是静止图像,也照常需要不断地刷新。

为了不断提供刷新画面的信号,必须把字符或图形信息存储在一个显示缓冲区中,这个缓冲区又称为视频存储器(VRAM)。显示器一方面对屏幕进行光栅扫描,另一方面同步地从VRAM中读取显示内容,送往显示器件。因此,对VRAM的操作是显示器工作的软、硬件界面所在。

VRAM的容量由分辨率和灰度级决定,分辨率越高,灰度级越高,VRAM的容量就越大。同时,VRAM的存取周期必须满足刷新率的要求。

分辨率由每帧画面的像素数决定,而像素具有明暗和色彩属性。黑白图像的明暗程度称为灰度,明暗变化的数量称为灰度级,所以在单色显示器中,仅有灰度级指标。彩色图像是由多种颜色构成的,不同的深浅也可算作不同的颜色,所以在彩色显示器中能显示的颜色种类称为颜色数。如果颜色数较少,不足以逼真地显示图像,则称为伪彩色显示。如果颜色数量多,显示逼真,则称为真彩色显示。真彩色一般要求调色板能达到显示$2^{24}=16M$(1677万)种颜色的能力。

在字符显示方式中,将一屏中可显示的最多字符数称为分辨率。例如,80列×25行表示每屏最多可显示25行,每行可有80个字符。字符方式的VRAM通常分成两部分:字符代码缓存和显示属性缓存。字符代码缓存中存放着显示字符的ASCII码,每个字符占1个字节;显示属性缓存中存放着字符的显示属性,一般也占1个字节。VRAM的最小容量是由屏幕上字符显示的行、列规格来决定的。例如,一帧字符的显示规格为80×25,那么VRAM中的字符代码缓存的最小容量就是2KB。缓存的容量也可以大于一帧字符数,用来同时存放几帧字符的代码。在这种情况下,通过控制缓存的指针就可以在屏幕上显示不同帧中的字符内容,实现屏幕的硬件滚动。

在图形显示方式中,将一屏中可显示的像素点数称为分辨率,图形方式的显示信息以二进制的形式存储在VRAM中,这些信息是图形元素的矩阵数组,在最简单的情况下,只需要存储两值图形,即用"0"表示黑色(暗点),用"1"表示白色(亮点)。用VRAM的1位表示1个点,所以VRAM的1个字节可以存放8个点。例如,一个CRT显示器的分辨率为640×200,在无灰度级的单色显示器中,只需要16KB的VRAM。在彩色显示或单色多灰度显示时,每个点需要若干位来表示。例如,若用两位二进制代码表示1个点,那么每个点便能选择显示4种颜色,但是此时VRAM的1个字节只能存放4个点,如果显示器的分辨率不变,VRAM的容量就要增加一倍。反之,若VRAM容量一定,则随着分辨率的增高,显示的颜色数将减少。

在图形方式下，VRAM中用于存放每个像素点颜色信息的位数称为颜色深度或色彩深度，颜色深度与颜色数的对应关系为：

$$颜色深度 = \log_2 颜色数$$

8.10.3 字符显示器的工作原理

1. 字符显示原理

字符显示器显示字符的方法也是以点阵为基础的。通常将显示屏幕划分成许多方块，每个方块称为一个字符窗口，它包括字符显示点阵和字符间隔。一般的字符显示器可显示80列×25行=2000个字符，字符窗口数目为80×25，如图8-18所示。在单色字符显示方式下，每个字符窗口为9×14点阵，对应的分辨率为80列×25行(720×350点阵)，其中字符本身点阵为7×9，同一字符行中字符横向间隔两个点，不同字符行间的间隔为5个点。

屏幕上每个字符窗口对应于VRAM中的一个字节单元，在实际的VRAM中，还需存入字符的显示属性，所以VRAM的容量还需增加一倍。VRAM中存放的是字符的ASCII码，不是点阵信息。若要显示出字符的形状，还要有字符发生器(字符库)的支持。

显示器的字符库是用来存放各种字符的点阵字形辉亮数据的只读存储器。显示时，从ROM中读出有关的点阵信息送给CRT作为辉亮控制信号，以控制电子束的强弱，从而在屏幕上组成字符。显示器的字符库中存放的是字符的行点阵码，字符库的高位地址来自VRAM的ASCII码，低位地址来自行计数器的输出$RA_3 \sim RA_0$(行扫描线序号)。图8-19给出了字符"A"的点阵字形，这是一个7×9的点阵，用二进制码中的"1"对应屏幕上的亮点，"0"对应暗点。对于字符"A"可用9个字节的行点阵码表示，从第一行到第九行分别为10H、28H、44H、82H、82H、FEH、82H、82H、00H。从字符库中读出行点阵码，就能显示出该字符。

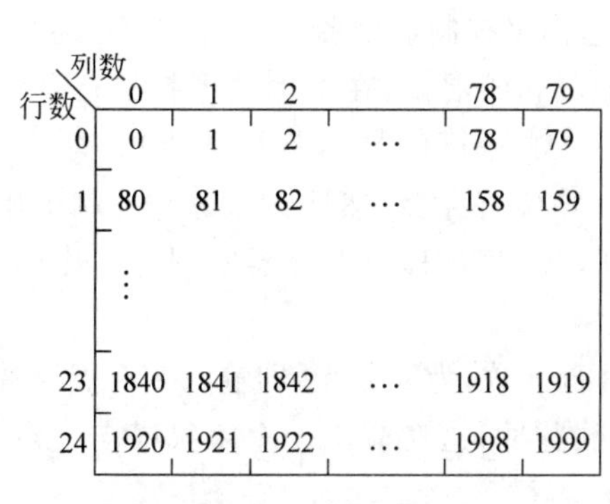

图8-18 屏幕上字符位置的分配

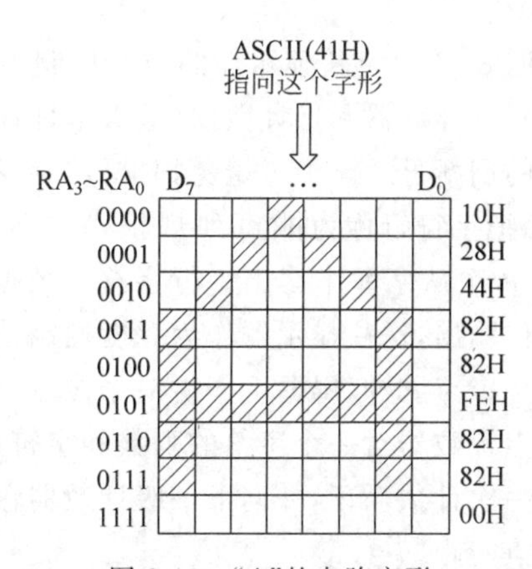

图8-19 "A"的点阵字形

在屏幕上，每个字符行要显示多个字符，而电子束在光栅扫描时，采用的是逐行扫描法。按照这种扫描法，在显示字符时，并不是对显示的每个字符单独进行点阵扫描(即扫描完一个字符的各行点阵，再扫描另一个字符的各行点阵)，而是采用对一排所有字符的点阵进行逐行依次扫描。例如，某字符行欲显示的字符是A,B,C,…,T，显示电路首先根据各字符代码依次从字符发生器取出 A,B,C,…,T 各个字符的第一行点阵代码,并在字符行第一条扫描线位置上显示出这些字符的第一行点阵;然后再依次取出该排各个字符的第二行代码,并在屏幕上扫出它们的第二行点阵。如此循环,直到扫描完该字符行的全部扫描线,那么每个字符的所有点阵(如9行点阵)便全部显示在相应的位置上,屏幕上就出现了一排完整的字符。当显示下一排字符时,重复上述的扫描过程。

2. VRAM 的地址组织

在字符显示器中,屏幕上每个字符位置对应 VRAM 中的一个字节,VRAM 中各字节单元的地址随着屏幕由左向右,自上而下的显示顺序从低向高安排。也就是说,VRAM 的0号单元存放的字符代码经字符发生器转换为字形点阵后,显示在屏幕第一行字符左边第一个位置上;1号单元存放的字符代码转换后显示在屏幕第一行左边的第二个位置上……VRAM 的最后一个单元存放的字符代码转换后显示在屏幕最后一行右边最末一个位置上。VRAM 的地址安排与屏幕位置的对应关系如图8-20所示。

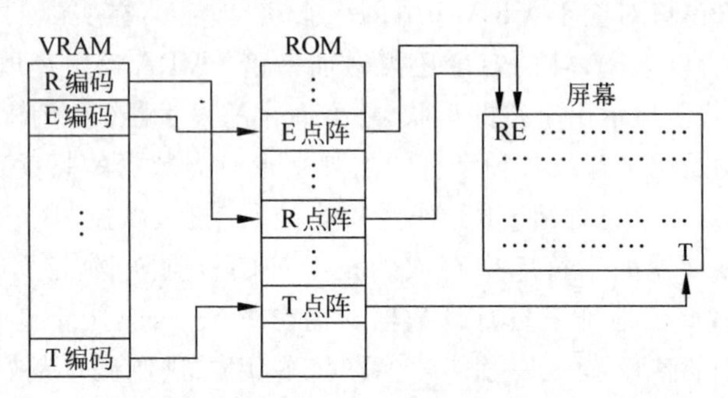

图8-20 VRAM 的地址安排与屏幕位置的对应关系

3. 字符显示器的控制电路

图8-21是字符显示器的定时控制电路。它的核心是点计数器、字计数器(水平地址计数器)、行计数器和排计数器(垂直地址计数器),由它们来控制显示器的逐点、逐字、逐行、逐屏幕的刷新显示。为了避免扫描行和字符行这两个概念的混淆,在下例中把扫描行仍称为行,而把字符行称为排。

每次从字库中读出一行字符点数据7位,送入移位寄存器,然后在点脉冲控制下串行地移位输出,送往显示器作为亮度控制信号:"1"亮,"0"暗。移位寄存器实现并-串转换,每发一个点脉冲,屏幕上产生一个像点。

点计数器对一个字符的列数和字符横向间隔进行计数,为9分频,即输入9个点脉冲后完成一次计数循环,并向下一级计数器输出一个计数脉冲,这对应于一个字符横向7点,加上两点间距。

字计数器用来同步控制一条水平扫描线的正扫和回扫。由于一排可有80个字符,需在扫描正程中显示,所以当字计数器由0计到79时,光栅从左向右扫满一行。然后进入回扫逆程,设逆程需占18个字符扫描时间(折合值),因此字符计数器为(80+18)=98分频,即每输入98个计数脉冲完成一个计数循环。

行计数器对字符窗口的高度进行控制,字符窗口的高度所占的扫描线数为14。CRT

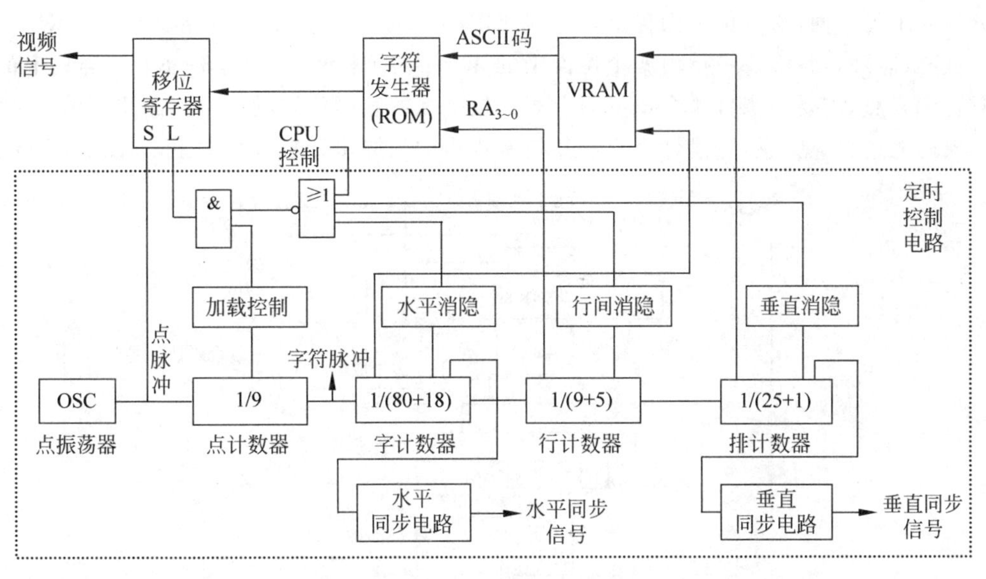

图 8-21　字符显示器定时控制电路

每完成一次水平扫描，只能显示一排字符中的一行。只有依次扫描 9 行后，才能完整地显示出一排字符，再扫描 5 行并消隐之后，即形成排间的空白间距。所以行计数器为(9+5)=14 分频。

排计数器对应于屏幕的垂直扫描及其回扫。正程显示 25 排字符，当排计数器从 0 计数到 24 时，光栅正好从上向下扫完一屏，然后进入回扫逆程，回到屏幕左上角。逆程时间等于扫描一排字符的时间，折合值为 1，所以计数分频值为(25+1)=26。

显然排计数值体现了当前显示字符的排号，字计数值体现了当前显示字符的列号，它们决定了字符的显示位置。因此由排、列号可转换为 VRAM 的地址，据此找到对应的单元，取出字符代码(ASCII 码)。该字符代码作为字符库的高位地址，而行计数值作为低位地址，据此可读出该字符点阵的对应行数据，经移位寄存器串行输出，放大后驱动 CRT 控制栅极，决定像点的亮度。

字计数器的一个循环，启动 CRT 行扫描电路开始新的一行水平扫描。排计数器的一个循环，启动 CRT 场扫描电路开始新的一场扫描。

8.10.4　图形显示器的工作原理

下面以某彩色图形显示器为例，介绍图形显示的基本原理。设该彩色图形显示器的分辨率为 640×480，可同时显示 16 种颜色。VRAM 中存放着显示的图形点阵数据，由于计算机只能以二进制方式存放数据，每位只有两种状态(“0”或“1”)。对于单色显示，VRAM 中的每一位对应画面上的一个像素点，该位为“1”即表示画面上的这一点是亮点。而对于彩色显示(如 16 种颜色)，就需要用 VRAM 中的 4 位来定义一种颜色。在彩色图形显示器中经常采用彩色位平面的存储结构来表示颜色信息。每个彩色位平面由单一位组成，并表示屏上某个可以显示的颜色。例如，分辨率为 640×480，每个位平面含有640×480 位，即有 307 200 位的信息。由于要同时显示 16 种不同颜色，它就具有 4 个彩色位平面，故需要 1 228 800 位的 VRAM，即 153 600B。所以，VRAM 的总容量=640×480×4b≈150KB。它被分为4个位平面,每个位平面提供彩色代码中的一位,每个位平面的容量为37.5KB。

从屏幕显示角度,每一行由4个位面中的80个字节来表示(640/8=80)。屏幕上的一个彩色像素点,需要用来自4个位平面上每个位平面的相同位置的一个存储位表示。

根据上述对应关系,可设计出显示器控制逻辑中的同步计数分频关系,如图8-22所示。

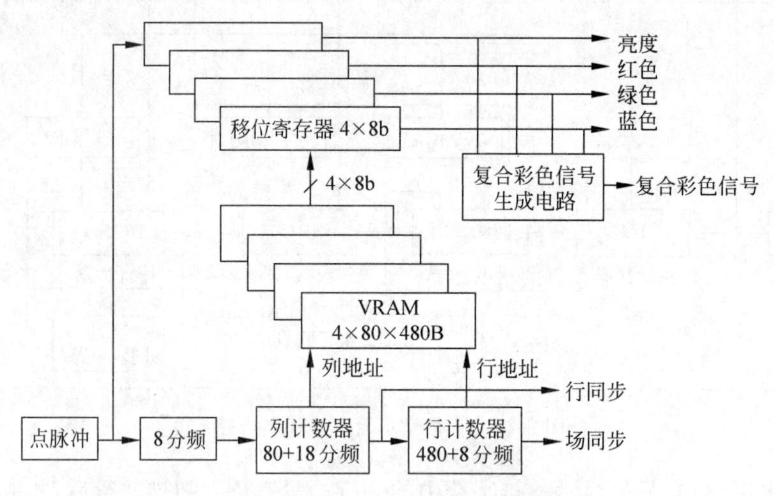

图8-22 彩色CRT控制逻辑原理

图形/图像以像素为单位,但在VRAM中以字节为单位按地址存储,即将一条水平线上自左向右,每8个点的代码作为一个字节,存放在一个编址单元中。因此,点脉冲经点计数器8分频之后产生字节脉冲,每发一次字节脉冲就访问一次VRAM,从4个位平面中各读出一个字节(8点)送往移位寄存器,再串行输出形成亮度信号与红、绿、蓝三色信号,它们的组合决定了16色中的一种。若用于单色显示器,则将4位代码转换为16级亮度调制信号,用于控制像素的灰度。

列计数器又称字节计数器,98分频。计数值从0到79,光栅从左向右扫描一行,正程显示80个字节共640点。字节计数器所附加的18次计数作为行线逆程回扫时间,逆程回扫应当消隐。

行计数器为488分频。计数值从0到479,对应于场正程扫描,显示480行;附加8次计数,对应于场逆程回扫,逆程回扫应消隐。

行计数值与列计数值决定了屏幕当前显示位置(8点一组),相应的VRAM地址为:行号×80+列号。按该地址同时访问4个位平面,取出4个字节的图形代码。列计数一个循环,输出一个行扫描同步信号;行计数一个循环,输出一个场扫描同步信号。这就使得对VRAM的访问与CRT的扫描严格同步,能获得稳定的显示画面。

从以上的分析可以看出,分辨率、颜色数与VRAM容量密切相关。对于字符显示方式,如果分辨率为c列×l行,而一个字符的编码与属性、颜色数共需占n字节,则VRAM的总容量应不少于$c \times l \times n$字节。对于图形显示方式,如果分辨率为$c \times l$像素,而每个像素的颜色数用n位二进制代码表示,则VRAM容量应不少于$c \times l \times n$位。两种显示方式的c、l值不同,显然,图形方式所需的VRAM容量一般都大于字符方式。如果一台CRT显示器既可用作字符方式又可用作图形方式,且各有数种分辨率规格,则VRAM的容量计算应以最高分辨率图形方式为准。

一台显示器可以显示的字符种类与字符点阵规格，决定了字符发生器 ROM 的容量大小，而 VRAM 的容量与此无关。

8.10.5 LCD 显示器

LCD(Liquid Crystal Display)就是液晶显示器，LCD 有低眩目的全平面屏幕，需要的功率很低，有源阵列的 LCD 面板的色彩质量实际上超过了大多数 CRT 显示器。

1. LCD 显示原理

LCD 显示器提供比同尺寸 CRT 显示器更大的可视图像，有 4 种基本的 LCD 选择：无源阵列单色、无源阵列彩色、有源阵列模拟彩色和最新的有源阵列数字彩色。无源阵列的单色和彩色显示屏主要是用作早期低档便携式计算机的显示器或者工业用的桌面显示面板，与有源阵列模块相比，具有相对较低的价格和较强的耐用性。

大多数通用无源阵列显示器采用超级偏转向列型设计，因此这些面板经常被称为 STN (Super Twist Nematic)。有源阵列显示器采用薄膜晶体管设计，因此被称为 TFT(Thin Film Transistor)。

在 LCD 中有两个偏振器，偏振器只允许与其方向相同的光波通过，经过偏振器后的光波都成同一方向。通过改变第二个偏振器的角度，允许通过的光数量可以改变。改变偏振角和控制通过的光数量，就是液晶单元所扮演的角色。在彩色 LCD 中，另有一个附加偏振器为每个像素分配 3 个单元，分别显示红、绿、蓝中的一种。

液晶单元是像液体一样可以流动的棒状分子，可以使光线直接通过，但是电荷可以改变晶体的方向及通过它的光线的方向。尽管单色 LCD 没有彩色偏振器，但是每个像素有多个单元来控制灰度的深浅。

在一个无源阵列的 LCD 中，每个液晶单元被两个晶体管的电荷所控制，它取决于晶体在屏幕上的行列位置。沿着屏幕水平和垂直边缘的晶体管数目决定了屏幕的分辨率。例如，一个具有 1024×768 分辨率的屏幕，在水平边界有 1024 个晶体管，在垂直边缘上有 768 个晶体管，总共有 1792 个。当液晶单元响应自己的两个晶体管的脉冲时，将对光波产生偏转，电荷越强，光波偏转得越厉害。

在无源阵列 LCD 中的电荷是脉冲式的，所以显示器缺少像有源阵列那样的亮度，为了增加亮度，现采用一种称为双扫描的新技术，将无源阵列屏幕分为上半部和下半部，让两个独立电路同时驱动显示器的上半部和下半部，减少每个脉冲之间的间隔时间。除了增加亮度，双扫描设计还提高了响应速度，使这种类型对于全动态视频或其他显示信息快速变化的应用更有用处。

在有源阵列 LCD 中，每个单元在显示屏之后有自己专用的晶体管，对其充电进而偏转光波。于是，一个 1024×768 的有源阵列显示器就有 786 432 个晶体管。提供比无源阵列显示器更亮的图像，因为各单元能够维持一个恒定的、较长时间的充电。然而，有源阵列技术的能耗比无源阵列的大，有源阵列显示器制造起来比较困难，价格更高。

在有源和无源阵列 LCD 中，第二个偏振器控制通过每个单元的光量。这些单元把光线的波长偏转到接近匹配偏振器允许的波长。每个单元通过偏振器的光量越多，像素越亮。

单色 LCD 显示器通过改变单元的亮度或者以开关模式高频振动单元来获得灰度级别

(可到64级),而彩色LCD高频振动3个彩色单元,并控制它们的亮度以获得屏幕上的不同颜色。

超偏转和三重超偏转LCD技术的出现使得用户能够从更大的角度,以更好的对比度和亮度清晰地观看屏幕。为了在微光的情况下改善清晰度,一些便携机加入了背光和侧光(也称为边光)。背光屏幕从LCD后面的面板获取光线,侧光屏幕从安装在屏幕边缘上的小的荧光管获取光线。

目前,最好的彩色显示器是有源阵列TFT LCD,其中每个像素都由3个晶体管驱动和控制(红、绿、蓝),因此可以精确地控制每一个像素,获得高质量的图像。

2. LCD的技术指标

由于显示原理与传统CRT显示器的根本不同,因此CRT显示器的耗电大、体积大、有辐射、有闪烁等弊端在LCD上将不复存在,LCD的技术指标也有一些变化。

(1) 像素间距

LCD的像素间距类似于CRT显示器的点距,但LCD的像素间距对于产品性能的重要性远没有CRT的点距那么高。因为LCD的像素数量是固定的,在尺寸与分辨率都相同的情况下,大多数LCD的像素间距基本相同,主流的LCD像素间距在0.3mm左右。

(2) 分辨率

由于LCD的像素间距固定,所以分辨率不能任意调整。LCD只有在最佳分辨率下,才能显现出最佳影像。要确定一款显示器的最佳分辨率,单单根据显示器的尺寸是无法确定的,需要综合考虑屏幕比例、屏幕尺寸及物理像素才能确定出最佳分辨率,而且显卡的性能也决定着可设置分辨率的设置范围。目前,常见的显示器屏幕比例(长∶宽)有4种:5∶4、4∶3、16∶10和16∶9。例如,4∶3对应的分辨率有1024×768,5∶4对应的分辨率有1280×1024,16∶9对应的分辨率有1920×1080等。更大尺寸拥有更大的最佳分辨率。在呈现其他的分辨率显示模式时只能以扩展或压缩的方式将画面显示出来,显示效果将受到影响。

(3) 可视角度

可视角度是指人们清晰观察显示屏幕的范围,这是LCD的一个重要的指标,因为LCD从侧面观看时,亮度、对比度都会有明显的下降。可视角度参数可用水平(左右)、垂直(上下)来衡量,也可以用左/右、上/下分别来衡量。

(4) 亮度

由于LCD是被动式发光,因此在亮度、对比度方面的指标可能不如主动发光的CRT显示器。LCD的亮度取决于LCD的结构和背景照明的类型。亮度的测量单位通常为坎德拉每平方米(cd/m^2),LCD的亮度普遍在$200\sim500cd/m^2$。

(5) 对比度

对比度实际上就是亮度的比值,即白色画面(最亮时)下的亮度除以黑色画面(最暗时)下的亮度。在合理的亮度值下,对比度越高,其所能显示的色彩层次越丰富。传统的对比度又称为静态对比度,现在主流的显示器静态对比度一般为1000∶1~1500∶1。动态对比度就是在原有基础上加进了一个自动调整显示亮度的功能,这样就将原有对比度提高了几倍甚至几十倍,但本质上真正的对比度没有改变,所以画面细节并不会显示得更清晰,但因为它的自动调节亮度的功能而在很多游戏中会有比较好的表现。

(6) 响应时间

响应时间反映了液晶显示器各像素点对输入信号反应的速度，即每个像素由暗转亮或由亮转暗所需要的时间。响应时间一般被分为上升时间和下降时间，而表示时应以两者之和为准。从早期的25ms到目前的几毫秒，甚至1ms，响应时间在不断地缩短，响应时间越短则使用者在看动态画面时越不会有尾影拖曳的感觉。

(7) 色彩数

色彩数就是屏幕上最多显示多少种颜色的总数。目前，LCD的液晶板有8位和6位两种，前者由红绿蓝三原色每种颜色8位色彩组成，组合起来就是24位真彩色，这种LCD的颜色一般标称为16.7M；后者三原色每种只有6位色彩，液晶板通过"抖动"技术，局部快速切换相近颜色，利用人眼的残留效应获得缺失色彩，这种LCD的颜色一般标称为16.2M。这是因为抖动技术不能获得完整的256色效果，通常只有253色，3个253相乘就是16.2M色。不过两者实际视觉效果差别不算太大，目前高端LCD以16.7M色占主流。

8.10.6 视频显示标准

PC系列微机的显示系统由显示器和显示适配器（显卡）构成，显示器和显卡必须配套使用。下面介绍PC系列微机的几种显示标准。

1. MDA

MDA（Monochrome Display Adapter）属于单色显示适配器，是IBM最早研制的视频显示适配器。MDA支持80列、25行字符显示，采用9×14点阵的字符窗口，对应的分辨率为720×350。MDA的字符显示质量高，但是不支持图形功能，也无彩色显示能力。

2. CGA

在MDA推出的同时，IBM也推出了彩色图形适配器（Color Graphics Adapter，CGA）。CGA支持字符、图形两种方式，在字符方式下又有80列、25行和40列、25行两种分辨率，但字符窗口只有8×8点阵，故字符质量较差。在图形方式下，有640×200和320×200两种分辨率，在最高分辨率的图形显示方式下的颜色数可达4种。

3. EGA

增强的图形适配器（Enhanced Graphics Adapter，EGA）是IBM公司推出的第二代图形显示适配器，它兼容了MDA和CGA全部功能。EGA的显示分辨率达到640×350，字符显示窗口为8×14点阵，使字符显示质量大大优于CGA而接近于MDA。在最高分辨率的图形显示方式下的颜色数可达16种。

4. VGA

视频图形阵列（Video Graphics Array，VGA）是IBM公司推出的第三代图形显示适配器，它兼容了MDA、CGA和EGA的全部功能。VGA的显示分辨率为640×480，可显示256种颜色。近年来又出现了超级VGA（SVGA）。在VGA中，显示颜色由D/A转换的输出位数和调色板的位数决定。其标准是：红、绿、蓝每一路视频信号均采用6位D/A转换，并使用18位的彩色调色板,因此最多可以组合出$2^{18}=256K$种颜色。但是,每次可以同时显示的颜色数还取决于每个像素在VRAM中的位数。在分辨率为640×480时,每个像素对应4位信息,因此可以从256K种颜色中选择16种颜色;在分辨率为320×200时,每个像素对应8位信息,可以从256K种颜色中选择256种颜色。VGA的字符显示功能也比EGA有所改进,字符窗口为9×16点阵。

5. TVGA

TVGA是美国Trident Microsys Tems公司开发的超级VGA标准,与VGA完全兼容。分辨率有640×480、800×600、1024×768、1280×1024等,可显示的颜色数有16色、256色、64K色和16M色等。

6. XGA

XGA(eXtended Graphics Array)是IBM公司继VGA之后推出的扩展图形阵列显示标准。其中的配置有协处理器,属于智能型适配器。XGA可实现VGA的全部功能,但运行速度比VGA快。

8.10.7 微型计算机的显示适配器

1. 独立显卡和集成显卡

显示适配器俗称显卡,是微机中进行数模信号转换的设备,承担输出显示图形的任务。显卡接在主板上,它将微机的数字信号转换成模拟信号让显示器显示出来,同时显卡还有图像处理能力,可协助CPU工作,提高整体的运行速度。目前,台式微型计算机有两类显卡可供选择:独立显卡和集成显卡。

独立显卡上有自己的显示核心芯片(GPU)和显存,不占用CPU和主存,其优点是处理数据速度快,缺点是功耗比较高,且需要额外投资购买显卡。

集成显卡是指芯片组内集成了显示核心芯片,使用这种芯片组的主板可以在不需要独立显卡的情况下实现普通的显示功能。集成的显卡不带显存,使用系统的一部分主存作为显存,具体的容量可以由系统根据需要自动动态调整。显然,如果使用集成显卡运行需要大量占用显存的程序,对整个系统的影响会比较明显,此外,由于系统主存的频率通常比独立显卡上显存的频率低很多,因此集成显卡的性能比独立显卡要差。

2. 显卡性能三要素

在决定显卡性能的三要素中,首先是其所采用的显示芯片,其次是显存带宽(这取决于显存位宽和显存频率),最后才是显存容量。显示芯片指的是提供显示功能的芯片,即图形处理器(GPU)。显存位宽是显存在一个时钟周期内所能传送数据的位数,位数越大则相同频率下所能传输的数据量越大,目前的显存位宽至少为64b,高端的可达到2048b甚至更高。显存容量的大小决定着显存临时存储数据的能力,早期显存容量的只有512KB,目前市面上的显存容量已达到1GB以上,甚至已有24GB显存的显卡了。显存容量曾经是影响最大分辨率的一个瓶颈,但目前早已经不再是影响最大分辨率的因素。一款显卡究竟应该配备多大的显存容量才合适是由其所采用的显示芯片所决定的，也就是说显存容量应该与显示核心的性能相匹配才合理，显示芯片性能越高，其所配备的显存容量相应也应该越大，而低性能的显示芯片配备大容量显存对其性能是没有任何帮助的。

现在决定最大分辨率的其实是显卡的 RAMDAC（Random Access Memory Digital Analog Convertor）频率，RAMDAC 即随机存取内存数字-模拟转换器，它的作用是将显存中的数字信号转换为显示器能够显示出来的模拟信号，其转换速率以 MHz 表示。该数值决定了在足够的显存下，显卡最高支持的分辨率和刷新率。如果要在 1024×768 的分辨率下达到 85Hz 的刷新率，RAMDAC 的速率至少是 1024×768×85Hz×1.344（折算系数）≈90MHz。目前，主流显卡的 RAMDAC 能达到了 350MHz 和 400MHz，已足以满足和超过目前大多数显示器所能提供的分辨率和刷新率。

习　题

8-1　外部设备有哪些主要功能？可以分为哪些大类？各类中有哪些典型设备？

8-2　分别用 RZ、NRZ、NRZ-1、PE、FM、MFM 和 M^2FM 制记录方式记录下述数据序列，画出写电流波形。

（1）1101110001100

（2）1010110011000

8-3　若对磁介质存储器写入数据序列 10011，画出不归零-1 制、调相制、调频制和改进的调频制等记录方式的写电流波形。

8-4　主存储器与磁介质存储器在工作速度方面的指标有什么不同？为什么磁盘存储器采用两个以上的指标来说明其工作速度？

8-5　某磁盘组有 6 片磁盘，每片可有两个记录面，存储区域内径为 22cm，外径为 33cm，道密度 40 道/厘米，位密度 400b/cm，转速 2400r/min。问：

（1）共有多少个存储面可用？

（2）共有多少个圆柱面？

（3）整个磁盘组的总存储容量有多少？

（4）数据传送率是多少？

（5）如果某文件长度超过一个磁道的容量，应将它记录在同一存储面上还是记录在同一圆柱面上？为什么？

（6）如果采用定长信息块记录格式，直接寻址的最小单位是什么？寻址命令中如何表示磁盘地址？

8-6　某磁盘存储器的转速为 3000r/min，共有 4 个盘面，5 道/mm，每道记录信息 12 288B，最小磁道直径为 230mm，共有 275 道。问：

（1）该磁盘存储器的存储容量是多少？

（2）最高位密度和最低位密度是多少？

（3）磁盘的数据传送率是多少？

（4）平均等待时间是多少？

8-7　假定某磁盘的转速是 12 000r/min，平均寻道时间为 6ms，传输速率为 50MB/s，有关控制器的开销是 1ms，请计算出连续地读写 256 个扇区（每一扇区大小为 512B）所需要的平均时间（忽略扇区间可能有的间隔）。

8-8　某磁盘组有效盘面 20 个，每个盘面上有 800 个磁道。每个磁道上的有效记忆容量为13 000B，块

间隔235B,旋转速度3000r/min。问:

(1) 在该磁盘存储器中,若以1000B为一个记录,这样,一个磁道能存放10个记录。若要存放12万个记录,需要多少个圆柱面(一个记录不允许跨越多个磁道)?

(2) 该磁盘存储器的平均等待时间是多少?

(3) 数据传送率是多少?

8-9 某磁盘格式化为24个扇区和20条磁道。该盘能按需要选择顺时针或逆时针旋转,旋转一圈的时间为360ms,读一块数据的时间为1ms。该片上有3个文件:文件A从磁道6、扇区1开始占有两块;文件B从磁道2、扇区5开始占有5块;文件C从磁道5、扇区3开始占有3块。

问:该磁盘的平均等待时间为多少?平均寻道时间是多少?若磁头移动和磁盘转动不同时进行,且磁头的初始位置在磁道0、扇区0,按顺序C、B、A读出上述3个文件,总时间是多少?在相同的初始位置情况下,读出上述3个文件的最短时间是多少?此时文件的读出次序应当怎样排列?

8-10 什么是光盘?简述光盘的工作原理。

8-11 键盘属于什么设备?它有哪些类型?如何消除键开关的抖动?简述非编码键盘查询键位置码的过程。

8-12 针式打印和字模式打印有何不同?各有什么优缺点?

8-13 什么是分辨率?什么是灰度级?它们各有什么作用?

8-14 某字符显示器,采用7×9点阵方式,每行可显示60个字符,缓存容量至少为1260B,并采用7位标准编码,问:

(1) 如改用5×7字符点阵,其缓存容量为多少?(设行距、字距不变——行距为5,字距为1)

(2) 如果最多可显示128种字符,上述两种显示方式各需多大容量的字符发生器ROM?

8-15 某CRT显示器可显示64种ASCII字符,每帧可显示64列×25行,每个字符点阵为7×8,即横向7点,字间间隔1点,纵向8点,排间间隔6点,场频50Hz,采用逐行扫描方式。问:

(1) 缓存容量有多大?

(2) 字符发生器(ROM)容量有多大?

(3) 缓存中存放的是字符的ASCII码还是字符的点阵信息?

(4) 缓存地址与屏幕显示位置如何对应?

(5) 设置哪些计数器以控制缓存访问与屏幕扫描之间的同步?它们的分频关系如何?

8-16 某CRT字符显示器,每帧可显示80列×20行,每个字符是7×9点阵,字符窗口9×14,场频为50Hz。问:

(1) 缓存采用什么存储器,其中存放的内容是什么?容量应为多大?

(2) 缓存地址如何安排?若在243号单元存放的内容要显示出来,其屏幕上X和Y的坐标应是多少?

(3) 字符点阵存放在何处?如何读出显示?

(4) 计算出主振频率以及点计数器、字计数器、行计数器、排计数器的分频频率。

8-17 若用CRT作图形显示器,其分辨率为640×200,沿横向每8点的信息存放在缓存中,场频为60Hz。问:

(1) 缓存的基本容量是多少?

(2) 地址如何安排?

(3) 点计数器、字节计数器、行计数器各为多少分频?

(4) 它和字符显示器有哪些不同?

8-18 某字符显示器分辨率为40列×25行,字符点阵5×7,横向间隔2点,排间间隔4点,问:缓存VRAM容量至少应多大?应设置哪几级同步计数器?它们的分频关系如何?若要求场频60Hz,则点频应为多少?何时访问一次VRAM?地址如何确定?

8-19 某图形显示器的分辨率为800×600,若作单色显示且不要求灰度等级,则VRAM容量至少应多大？应设置哪几级同步计数器？它们的分频关系如何？若要求场频 60Hz，则点频应为多少？何时访问一次 VRAM？地址如何确定？

8-20　某图形显示器的分辨率为 640×480，刷新频率为 50Hz，且假定水平回扫期和垂直回扫期各占水平扫描周期和垂直扫描周期的 20%，试计算图形显示器的行频、水平扫描周期、每个像素的读出时间和视频带宽。若分辨率提高到 1024×768，刷新频率提高到 60Hz，再次计算图形显示器的行频、水平扫描周期、每个像素的读出时间和视频带宽。

8-21　水平扫描频率（行频）的单位为 kHz，垂直扫描频率（场频）的单位为 Hz，两者为何相差 1000 倍？

第 9 章 输入输出系统

计算机的输入输出系统是整个计算机系统中最具有多样性和复杂性的部分，本章首先介绍主机与外设之间的连接问题，接着重点介绍程序查询方式、程序中断方式、DMA 方式和通道方式 4 种输入输出控制方式。

9.1 主机与外设的连接

现代计算机系统中外部设备的种类繁多，各类外部设备不仅结构和工作原理不同，而且与主机的连接方式也是复杂多变的。

9.1.1 输入输出接口

主机和外设的连接方式有辐射型连接、总线型连接等。输入输出接口(I/O 接口)是主机和外设之间的交接界面，通过接口可以实现主机和外设之间的信息交换。

主机和外设之间进行信息交换为什么一定要通过接口呢？这是因为主机和外设各自具有自己的工作特点，它们在信息形式和工作速度上具有很大的差异，接口正是为了解决这些差异而设置的。下面首先分析主机和外设之间需要交换的信息。

1. 数据信息

这类信息可以是通过输入设备送到计算机的输入数据，也可以是经过计算机运算处理和加工后，送到输出设备的结果数据。传送可以是并行的，也可以是串行的。

2. 控制信息

这类信息是 CPU 对外设的控制或管理命令，例如外设的启动和停止控制、输入或输出操作的指定、工作方式的选择、中断功能的允许和禁止等。

3. 状态信息

这类信息用来标志外设的工作状态，例如输入设备数据准备好标志、输出设备忙、闲标志等。CPU 在必要时可通过对它的查询来决定下一步的操作。

4. 联络信息

这类信息是主机和外设间工作的时间配合信息,通过联络信息可以决定不同工作速度的外设和主机之间交换信息的最佳时刻,以保证整个计算机系统能统一协调地工作。

5. 外设识别信息

这类信息是I/O寻址的信息,使CPU能从众多的外设中寻找出与自己进行信息交换的唯一的设备。

9.1.2 接口的功能和基本组成

1. 接口的功能

(1) 实现主机和外设的通信联络控制

接口中的同步控制电路用来解决主机与外设的时间配合问题。

(2) 进行地址译码和设备选择

当CPU送来选择外设的地址码后,接口必须对地址进行译码以产生设备选择信息,使主机能和指定外设交换信息。

(3) 实现数据缓冲

数据缓冲寄存器用于数据的暂存,以避免丢失数据。在传送过程中,先将数据送入数据缓冲寄存器中,然后再送到输出设备或主机中。

(4) 数据格式的变换

为了满足主机或外设的各自要求,接口电路中必须具有各类数据相互转换的功能。例如,并-串转换、串-并转换、模-数转换、数-模转换以及二进制数和ASCII码的相互转换等。

(5) 传递控制命令和状态信息

当CPU要启动某一外设时,通过接口中的命令寄存器向外设发出启动命令;当外设准备就绪时,则有"准备好"状态信息送回接口中的状态寄存器,为CPU提供外设已经具备与主机交换数据条件的反馈信息。当外设向CPU提出中断请求或DMA请求时,CPU也应有相应的响应信号反馈给外设。

2. 接口的基本组成

如上所述,接口中要分别传送数据信息、控制信息和状态信息,这些信息都是通过数据总线来传送。大多数计算机都把外部设备的状态信息视为输入数据,而把控制信息看成输出数据,并在接口中分设各自相应的寄存器,赋予不同的端口地址,各种信息分时地使用数据总线传送到各自的寄存器中。接口的基本组成及与主机、外设间的连接如图9-1所示。

接口(Interface)与端口(Port)是两个不同的概念。端口是指接口电路中可以被CPU直接访问的寄存器,若干个端口加上相应的控制逻辑电路才组成接口。

通常,一个接口中包含数据端口、命令端口和状态端口。存放数据信息的寄存器称为数据端口,存放控制命令的寄存器称为命令端口,存放状态信息的寄存器称为状态端口。CPU通过输入指令可以从有关端口中读取信息,通过输出指令可以把信息写入有关端口。

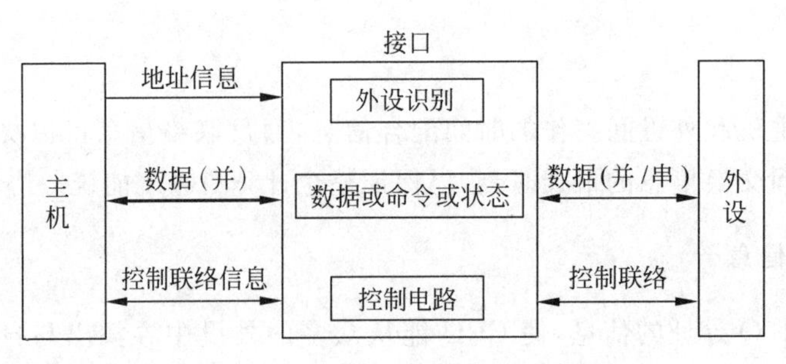

图 9-1 接口与主机、外设间的连接

CPU 对不同端口的操作有所不同,有的端口只能写或只能读,有的端口既可以读又可以写。例如,对状态端口只能读,将外设的状态标志送到 CPU 中;对命令端口只能写,将 CPU 的各种控制命令发送给外设。为了节省硬件,在有的接口电路中,状态信息和控制信息可以共用一个寄存器(端口),称为设备的控制/状态寄存器。

3. 接口的类型

输入输出接口的分类可以从不同的角度来考虑。

(1) 按数据传送方式分类

输入输出接口有串行接口和并行接口。这里所说的数据传送方式指的是外设和接口一侧的传送方式,而在主机和接口一侧数据总是并行传送的,如图 9-1 所示。在并行接口中,外设和接口间的传送宽度是一个字节(或字)的所有位,一次传输的信息量大,但数据线的数目将随着传送数据宽度的增加而增加。在串行接口中,外设和接口间的数据是一位接一位地串行传送的,一次传输的信息量小,但只需一根数据线。在远程终端和计算机网络等设备离主机较远的场合下,用串行接口比较经济合算。

(2) 按主机访问 I/O 设备的控制方式分类

输入输出接口可分为程序查询式接口、程序中断接口、DMA 接口,以及更复杂一些的通道控制器等。

(3) 按功能选择的灵活性分类

输入输出接口有可编程接口和不可编程接口。可编程接口的功能及操作方式是由程序来改变或选择的,用编程的手段可使一块接口芯片执行多种不同的功能。不可编程接口则不能由程序来改变其功能,只能用硬连线逻辑来实现不同的功能。

(4) 按通用性分类

输入输出接口有通用接口和专用接口。通用接口是可供多种外设使用的标准接口,通用性强。专用接口是为某类外设或某种用途专门设计的。

(5) 按输入输出的信号分类

输入输出接口有数字接口和模拟接口。数字接口的输入输出全为数字信号,以上列举的并行接口和串行接口都是数字接口。而模数转换器和数模转换器属于模拟接口。

(6) 按应用来分类

输入输出接口分为以下几种:

① 运行辅助接口。运行辅助接口是计算机日常工作所必需的接口器件,包括数据总

线、地址总线和控制总线的驱动器和接收器、时钟电路、磁盘接口及磁带接口。

② 用户交互接口。这类接口包括计算机终端接口、键盘接口、图形显示器接口及语音识别与合成接口等。

③ 传感接口。包括温度传感接口、压力传感接口和流量传感接口等。

④ 控制接口。这类接口用于计算机控制系统。

9.1.3 外设的识别与端口寻址

为了能在众多的外设中寻找或挑选出要与主机进行信息交换的外设，就必须对外设进行编址。外设识别是通过地址总线和接口电路中的外设识别电路来实现的，I/O 端口地址就是主机与外设直接通信的地址，CPU 可以通过端口发送命令、读取状态和传送数据。如何实现对这些端口的访问，这就是所谓的 I/O 端口的编址方式。

1. 端口地址编址方式

I/O 端口编址方式有两种：一种是 I/O 映射方式，即把 I/O 端口地址与存储器地址分别进行独立的编址；另一种是存储器映射方式，即把端口地址与存储器地址统一编址。这个问题已在第 3 章中作过介绍，这里则从外设识别的角度加以进一步讨论。

(1) 独立编址

在这种编址方式中，主存地址空间和 I/O 端口地址空间是相对独立的，分别单独编址。例如，在 8086 中，其主存地址范围是从 00000H 到 FFFFFH，其 I/O 端口地址范围是从 0000H 到 FFFFH，它们互相独立，互不影响。CPU 访问主存时，由主存读写控制线控制；访问外设时，由 I/O 读写控制线控制，所以在指令系统中必须设置专门的 I/O 指令。当 CPU 使用 I/O 指令时，其指令的地址字段直接或间接的指示出端口地址。这些端口地址被接口电路中的地址译码器接收并且进行译码，符合者就是 CPU 所指定的外设寄存器，该外设寄存器将被 CPU 访问。

(2) 统一编址

在这种编址方式中，I/O 端口地址和主存单元地址是统一编址的，把 I/O 接口中的端口作为主存单元一样进行访问，不设置专门的 I/O 指令。当 CPU 访问外设时，把分配给该外设的地址码(具体到该外设接口中的某一寄存器号)送到地址总线上，然后各外设接口中的地址译码器对地址码进行译码，如果符合即是 CPU 指定的外设寄存器。

例如，PDP-11 机分配给某些外设寄存器的端口地址如下。

纸带输入机：	控制状态寄存器	177550Q
	数据缓冲寄存器	177552Q
穿孔输入机：	控制状态寄存器	177554Q
	数据缓冲寄存器	177556Q
控制台打字机：	键盘控制状态寄存器	177560Q
	键盘数据寄存器	177562Q
	打印控制状态寄存器	177564Q
	打印数据寄存器	177566Q
行式打印机：	控制状态寄存器	177514Q

	数据缓冲寄存器	177516Q
磁盘存储器:	盘驱动器寄存器	177400Q
	错误寄存器	177402Q
	控制状态寄存器	177404Q
	字计数寄存器	177406Q
	主存地址寄存器	177410Q
	盘数据地址寄存器	177412Q
	数据缓冲寄存器	177414Q

从这个例子可以看出,每个外设至少有两个寄存器:控制状态寄存器和数据缓冲寄存器,外设寄存器的端口地址是连续的(PDP-11 按字节编址,外设寄存器字长16位)。在PDP-11中,把主存的高4KB地址空间留给外设寄存器和CPU内部寄存器使用,这4KB存储空间不允许用户再存放其他内容。

2. 独立编址方式的端口访问

独立编址方式广泛应用于Intel系列微型计算机及大型计算机中,Intel 80x86的I/O地址空间由64K(2^{16})个独立编址的8位端口组成。两个连续的8位端口可作为16位端口处理;4个连续的8位端口可作为32位端口处理。

80x86的专用I/O指令IN和OUT有直接寻址和间接寻址两种类型。直接寻址I/O端口的寻址范围为00~FFH,至多为256个端口地址。这时程序可以指定:

编号0~255的256个8位端口;

编号0、2、4、…、252、254的128个16位端口;

编号0、4、8、…、248、252的64个32位端口。

间接寻址由DX寄存器间接给出I/O端口地址。DX寄存器长16位,所以最多可寻址$2^{16}=64K$个端口地址,这时程序可指定:

编号0~65 535的65 536个8位端口;

编号0、2、4、…、65 532、65 534的32 768个16位端口;

编号0、4、8、…、65 528、65 532的16 384个32位端口。

CPU一次可实现字节(8位)、字(16位)或双字(32位)的数据传送。32位端口应对准可被4整除的地址;16位端口应对准偶地址。

9.1.4 输入输出信息传送控制方式

主机和外设之间的信息传送控制方式,经历了由低级到高级、由简单到复杂、由集中管理到各部件分散管理的发展过程,按其发展的先后次序和主机与外设并行工作的程度,可以分为程序查询方式、程序中断方式、直接存储器存取方式和I/O通道控制方式4种。

1. 程序查询方式

程序查询方式是一种程序直接控制方式,这是主机与外设之间进行信息交换的最简单方式,输入和输出完全是通过CPU执行程序来完成的。一旦某一外设被选中并启动之后,主机将查询这个外设的某些状态位,看其是否准备就绪?若外设未准备就绪,主机将再次查询;若外设已准备就绪,则执行一次I/O操作。

这种方式控制简单,但外设和主机不能同时工作,各外设之间也不能同时工作,系统效率很低,因此,仅适用于外设的数目不多、对I/O处理的实时要求不那么高、CPU的操作任务比较单一且并不很忙的情况。

2. 程序中断方式

在主机启动外设后,无须等待查询,而是继续执行原来的程序,外设在做好输入输出准备时,向主机发中断请求,主机接到请求后就暂时中止原来执行的程序,转去执行中断服务程序对外部请求进行处理,在中断处理完毕后返回原来的程序继续执行。显然,程序中断不仅适用于外部设备的输入输出操作,也适用于对外界发生的随机事件的处理。

程序中断在信息交换方式中处于最重要的地位,它不仅允许主机和外设同时并行工作,并且允许多个外设同时工作。但是,完成一次程序中断还需要许多辅助操作,当外设数目较多时,中断请求过分频繁,可能使CPU应接不暇;另外,对于一些高速外设,由于信息交换是成批的,如果处理不及时,可能会造成信息丢失,因此,它主要适用于中、低速外设。

3. 直接存储器存取(DMA)方式

DMA方式是在主存和外设之间开辟直接的数据通路,可以进行基本上不需要CPU介入的主存和外设之间的信息传送,这样不仅能保证CPU的高效率,而且能满足高速外设的需要。

DMA方式只能进行简单的数据传送操作,在数据块传送的起始和结束时还需CPU及中断系统进行预处理和后处理。

4. I/O通道控制方式

I/O通道控制方式是DMA方式的进一步发展,在系统中设有通道控制部件,每个通道挂若干外设。主机执行I/O指令启动有关通道,通道执行通道程序,完成输入输出操作。

通道是一个具有特殊功能的处理器,它能独立地执行通道程序,产生相应的控制信号,实现对外设的统一管理和外设与主存之间的数据传送。但它不是一个完全独立的处理器。它要在CPU的I/O指令指挥下才能启动、停止或改变工作状态,是从属于CPU的一个专用处理器。

一个通道执行输入输出过程全部由通道按照通道程序自行处理,不论交换信息多少,只打扰CPU两次(启动和停止时)。因此,主机、外设和通道可以并行同时工作,而且一个通道可以控制多台不同类型的设备。

目前,小型和微型计算机大多采用程序查询方式、程序中断方式和DMA方式;大型和中型计算机多采用通道方式。

9.2 程序查询方式及其接口

程序查询方式是主机与外设之间进行信息交换的最简单方式,程序查询方式的核心问题在于需要不断地查询I/O设备是否准备就绪。

9.2.1 程序查询方式

1. 程序查询的基本思想

由CPU执行一段输入输出程序来实现主机与外设之间数据传送的方式称为程序直接控制方式。根据外设的不同性质,这种传送方式又可分为无条件传送和程序查询方式两种。

在无条件传送方式中,I/O端口总是准备好接收主机的输出数据,或总是准备好向主机输入数据,因而CPU无须查询外设的工作状态,而默认外设始终处于准备就绪状态。在CPU认为需要时,随时可直接利用I/O指令访问相应的I/O端口,实现与外设之间的数据交换。这种方式的优点是软、硬件结构都很简单,但要求时序配合精确,一般的外设难以满足要求。所以,只能用于简单开关量的输入输出控制中,稍复杂一点的外设都不采用此种方式。

许多外设的工作状态是很难事先预知的,例如,何时按键、打印机是否能接收新的打印输出信息等。当CPU与外设工作不同步时,很难确保CPU在执行输入操作时,外设一定是“准备好”的;而在执行输出操作时,外设一定是“缓冲器空”的。为了保证数据传送的正确进行,就要求CPU在程序中查询外设的工作状态。如果外设尚未准备就绪,CPU就循环等待,只有当外设已做好准备,CPU才能执行I/O指令进行数据传送,这就是程序查询方式。

2. 程序查询方式的工作流程

程序查询方式的工作过程如下:

① 预置传送参数。在传送数据之前,由CPU执行一段初始化程序,预置传送参数。传送参数包括存取数据的主存缓冲区首地址和传送数据的个数。

② 向外设接口发出命令字。当CPU选中某台外设时,执行输出指令向外设接口发出命令字启动外设,为接收数据或发送数据做应有的操作准备。

③ 从外设接口取回状态字。CPU执行输入指令,从外设接口中取回状态字并进行测试,判断数据传送是否可以进行。

④ 查询外设标志。CPU不断查询状态标志。如果外设没有准备就绪,CPU就踏步等待,转至第③步,一直到这个外设准备就绪,并发出“外设准备就绪”信号为止。

⑤ 传送数据。只有外设准备好,才能实现主机与外设间的一次数据传送。输入时,CPU执行输入指令,从外设接口的数据缓冲寄存器中接收数据;输出时,CPU执行输出指令,将数据写入外设接口的数据缓冲寄存器中。

⑥ 修改传送参数。每进行一次数据传送之后必须要修改传送参数,其中包括主存缓冲区地址加1,传送个数计数器减1。

⑦ 判断传送是否结束。如果传送个数计数器不为0,则转第③步,继续传送,直到传送个数计数器为0,表示传送结束。

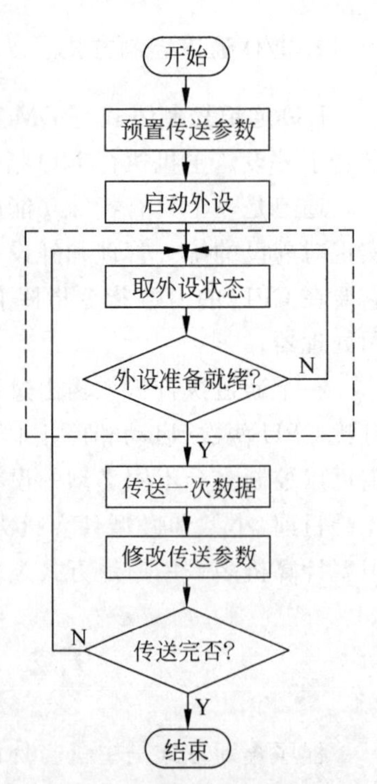

图9-2 程序查询方式流程图

程序查询方式的工作流程如图9-2所示,其程序查询的核心如图中虚线框部分，真正传送数据的操作由输入或输出指令完成。

9.2.2 程序查询方式接口

程序查询方式是最简单、经济的I/O方式，只需很少的硬件。通常接口中至少有两个寄存器，一个是数据缓冲寄存器，即数据端口，用来存放与CPU进行传送的数据信息；另一个是供CPU查询的设备状态寄存器，即状态端口，这个寄存器由多个标志位组成，其中最重要的是“外设准备就绪”标志（输入或输出设备的准备就绪标志可以不是同一位）。当CPU得到这位标志后就进行判断，以决定下一步是继续循环等待还是进行I/O传送。也有些计算机仅设置状态标志触发器，其作用与设备状态寄存器相同。

1. 输入接口

图9-3为查询式输入接口电路，图中Ready为准备好触发器，它对应于设备状态寄存器的D_0位。

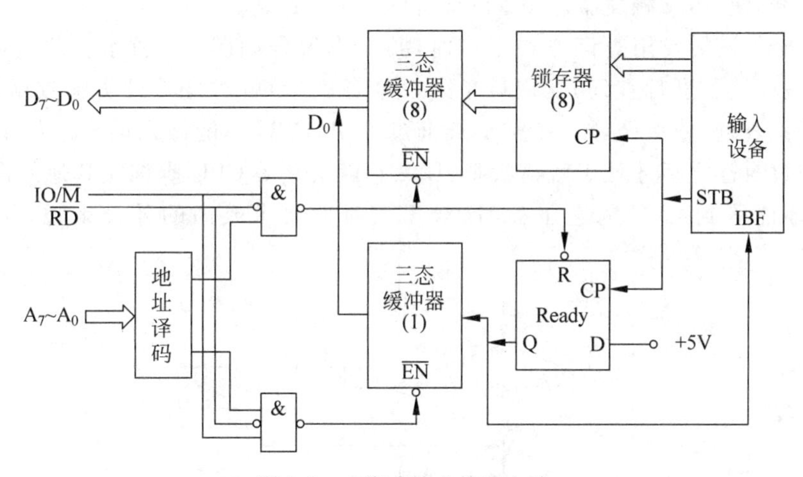

图9-3 查询式输入接口电路

在输入设备准备好数据时，发出一个选通信号（STB），将数据送入锁存器，同时将Ready触发器置“1”，以表示接口电路中已有数据（即准备就绪）。CPU要从外设输入数据时，先执行输入指令读取状态字，如Ready＝1，再执行输入指令从锁存器中读取数据，同时把Ready触发器清“0”，以准备从外设接收下一个数据；如Ready＝0，则踏步等待，继续读取状态字，直至Ready＝1为止。

2. 输出接口

图9-4为查询式输出接口电路，图中Busy为忙触发器，对应于设备状态寄存器的D_7位。

输出时，CPU首先执行输入指令读取状态字，如果Busy＝1，则表示接口的输出锁存器是满的，CPU只能踏步等待，继续读取状态字，直至Busy＝0为止；如果Busy＝0，则表示接口的输出锁存器是空的，允许CPU向外设发送数据。此时，CPU执行输出指令，将数据送入锁存器，并将Busy触发器置“1”。当输出设备把CPU送来的数据真正输出之后，将发出

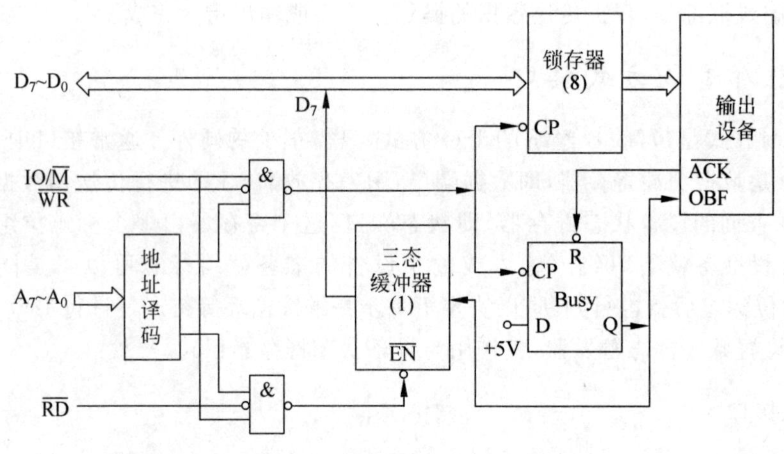

图 9-4　查询式输出接口电路

一个$\overline{\text{ACK}}$信号,使 Busy 触发器置"0",以准备下一次传送。

若有多个外设需要用查询方式工作时,其工作流程如图 9-5 所示。此时,CPU 巡回检测各个外设,逐个进行查询,发现哪个外设准备就绪,就对该外设实施数据传送,然后再对下一外设查询,依次循环。在整个查询过程中,CPU 不能做别的事。如果某一外设刚好在查询过自己之后才处于就绪状态,那么它就必须等 CPU 查询完其他外设后再次查询自己时,才能等到 CPU 为它服务,这对于实时性要求较高的外设来说,就可能丢失数据。

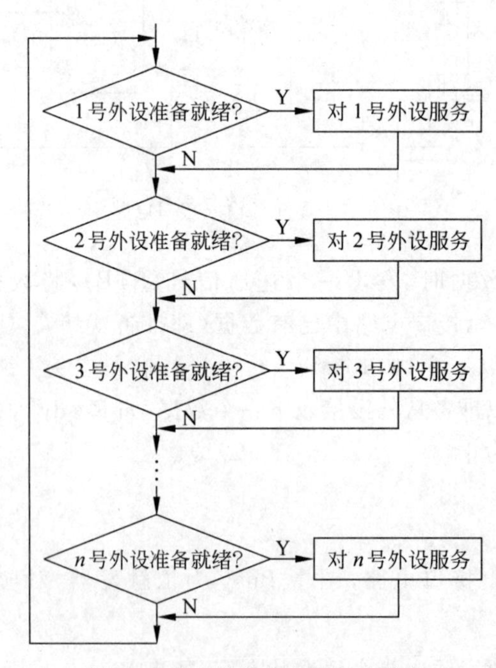

图 9-5　多个外设的查询工作流程

9.3 中断系统和程序中断方式

中断是现代计算机有效合理地发挥效能和提高效率的一个十分重要的功能。CPU中通常设有处理中断的机构——中断系统,以解决各种中断的共性问题。本节主要分析中断系统的功能,特别强调I/O中断。

9.3.1 中断的基本概念

1. 中断的提出

程序查询方式虽然简单,但却存在着下列明显的缺点:

① 在查询过程中,CPU长期处于踏步等待状态,使系统效率大大降低。

② CPU在一段时间内只能和一台外设交换信息,其他设备不能同时工作。

③ 不能发现和处理预先无法估计的错误和异常情况。

为了提高输入输出能力和CPU的效率,20世纪50年代中期,程序中断方式被引进计算机系统。程序中断方式的思想是:CPU在程序中安排好在某一时刻启动某一台外设,然后CPU继续执行原来程序,不需要像查询方式那样一直等待外设的准备就绪状态。一旦外设完成数据传送的准备工作(输入设备的数据准备好或输出设备的数据缓冲器空)时,便主动向CPU发出一个中断请求,请求CPU为自己服务。在可以响应中断的条件下,CPU暂时中止正在执行的程序,转去执行中断服务程序为中断请求者服务,在中断服务程序中完成一次主机与外设之间的数据传送,传送完成后,CPU仍返回原来的程序,从断点处继续执行。图9-6给出了程序中断方式的示意图。

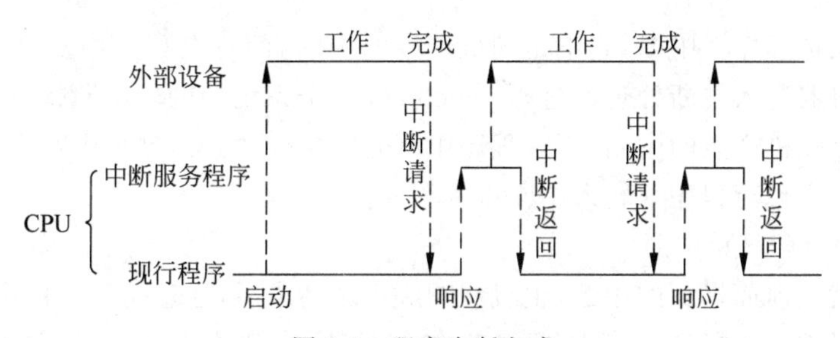

图9-6 程序中断方式

从图9-6中可以看到,中断方式在一定程度上实现了CPU和外设的并行工作,使CPU的效率得到充分的发挥。不仅如此,由于中断的引入,还能使多个外设并行工作,CPU根据需要可以启动多个外设,被启动的外设分别同时独立地工作,一旦外设准备就绪,即可向CPU发出中断请求,CPU可以根据预先安排好的优先顺序,按轻重缓急处理外设与自己的数据传送。另外,计算机在运行过程中可能会发生预料不到的异常事件,如运算错、掉电、溢出等,由于中断的引入,使计算机可以捕捉到这些故障和错误,及时予以处理。所以,现代计算机无论是巨型机、大型机、小型机还是微型机都具有中断处理的能力。

从图9-6中还可以看到,中断的处理过程实际上是程序的切换过程,即从现行程序切换到中断服务程序,再从中断服务程序返回到现行程序。CPU每次执行中断服务程序前总要保护断点、保护现场,执行完中断服务程序返回现行程序之前又要恢复现场、恢复断点。这些中断的辅助操作都将会限制数据传送的速度。

中断系统是计算机实现中断功能的软、硬件总称。一般在CPU中配置中断机构,在外设接口中配置中断控制器,在软件上设计相应的中断服务程序。

2. 程序中断与调用子程序的区别

程序中断是指计算机执行现行程序的过程中,出现某些急需处理的异常情况和特殊请求,CPU暂时中止现行程序,而转去对随机发生的更紧迫的事件进行处理,在处理完毕后,CPU将自动返回原来的程序继续执行。

从表面上看起来,计算机的中断处理过程有点类似于调用子程序的过程,这里现行程序相当于主程序,中断服务程序相当于子程序。但是,它们之间却有着本质上的区别,主要的区别在于:

① 子程序的执行是由程序员事先安排好的(由一条调用子程序指令转入),而中断服务程序的执行则是由随机的中断事件引起的。

② 子程序的执行受到主程序或上层子程序的控制,而中断服务程序一般与被中断的现行程序毫无关系。

③ 不存在同时调用多个子程序的情况,而有可能发生多个外设同时请求CPU为自己服务的情况。

因此,中断的处理要比调用子程序指令的执行复杂得多。

3. 中断的基本类型

(1) 自愿中断和强迫中断

自愿中断又称程序自中断,它不是随机产生的中断,而是在程序中安排的有关指令,这些指令可以使机器进入中断处理的过程,如80x86指令系统中的软中断指令INT n。

强迫中断是随机产生的中断,不是程序中事先安排好的。当这种中断产生后,由中断系统强迫计算机中止现行程序并转入中断服务程序。

(2) 程序中断和简单中断

程序中断就是前面提到的中断,主机在响应中断请求后,通过执行一段中断服务程序来处理更紧迫的任务,这样的中断处理过程将在后面详细讨论,它需要占用一定的CPU时间。

简单中断就是外设与主存之间直接进行信息交换的方法,即DMA方式。这种中断不去执行中断服务程序,故不破坏现行程序的状态。主机发现有简单中断请求(即DMA请求)时,让出一个或几个存取周期供外设与主存交换信息,然后继续执行程序。简单中断是早期对DMA方式的一种叫法,为避免误解,现在一般很少使用这个名词。

(3) 内中断和外中断

内中断是指由于CPU内部硬件或软件原因引起的中断,如单步中断、溢出中断等。

外中断是指CPU以外的部件引起的中断。通常,外中断又可以分为不可屏蔽中断和可屏蔽中断两种。不可屏蔽中断优先级别较高,常用于应急处理,如掉电、主存读写校验错等;而可屏蔽中断级别较低,常用于一般I/O设备的数据传送。

(4) 向量中断和非向量中断

向量中断是指那些中断服务程序的入口地址是由中断事件自己提供的中断。中断事件在提出中断请求的同时,通过硬件向主机提供中断服务程序入口地址,即向量地址。

非向量中断的中断事件不能直接提供中断服务程序的入口地址。

(5) 单重中断和多重中断

单重中断在 CPU 执行中断服务程序的过程中不能再被打断。

多重中断在执行某个中断服务程序的过程中,CPU 可去响应级别更高的中断请求,又称为中断嵌套。多重中断表征计算机中断功能的强弱,有的计算机能实现 8 级以上的多重中断。

9.3.2 中断请求和中断判优

1. 中断源和中断请求信号

中断源是指中断请求的来源,即引起计算机中断的事件。通常,一台计算机允许有多个中断源。由于每个中断源向 CPU 发出中断请求的时间是随机的,为了记录中断事件并区分不同的中断源,可采用具有存储功能的触发器来记录中断源,这个触发器称为中断请求触发器(INTR)。当某一个中断源有中断请求时,其相应的中断请求触发器置成"1"状态,表示该中断源向 CPU 提出中断请求。

中断请求触发器可以分散在各个中断源中,也可以集中到中断接口电路中。在中断接口电路中,多个中断请求触发器构成一个中断请求寄存器。中断请求寄存器的每一位对应一个中断源,其内容称为中断字或中断码。中断字中为"1"的位就表示对应的中断源有中断请求。

2. 中断请求信号的传送

(1) 独立请求线

每个中断源单独设置中断请求线,将中断请求信号直接送往 CPU,如图 9-7(a)所示。这种方式的特点是 CPU 在接到中断请求的同时也就知道了中断源是谁,其中断服务程序的入口地址在哪里。这有利于实现向量中断,提高中断的响应速度;但是其硬件代价较大,且 CPU 所能连接的中断请求线的数目有限,难以扩充。

(2) 公共请求线

多个中断源共有一根公共请求线,如图 9-7(b)所示。这种方式的特点是在负载允许的情况下,中断源的数目可随意扩充;但 CPU 在接到中断请求后,必须通过软件或硬件的方法来识别中断源,然后再找出中断服务程序的入口地址。

(3) 二维结构

将中断请求线连成二维结构,如图 9-7(c)所示。同一优先级别的中断源,采用一根公共的请求线;不同请求线上的中断源优先级别不同。这种方式综合了前两种方式的优点,在中断源较多的系统中常采用这种方式。

3. 中断优先级与判优方法

当多个中断源同时发出中断请求时,CPU 在任何瞬间只能接受一个中断源的请求。究

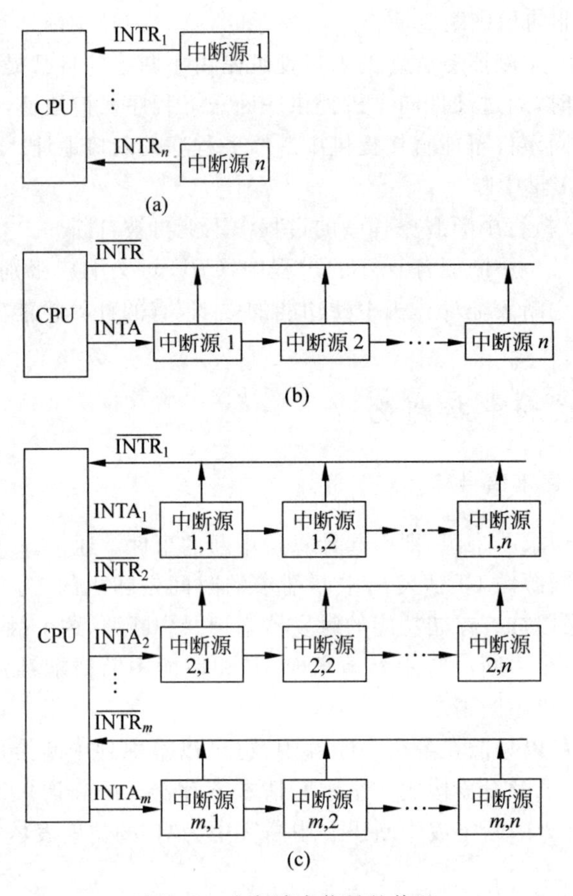

图 9-7　中断请求信号的传送

竟首先响应哪一个中断请求呢？通常，把全部中断源按中断的性质和处理的轻重缓急安排优先级，并进行排队。

确定中断优先级的原则是：对那些提出中断请求后需要立刻处理，否则就会造成严重后果的中断源规定为最高的优先级；而对那些可以延迟响应和处理的中断源规定为较低的优先级。例如，故障中断一般优先级较高，其次是简单中断，接着才是I/O设备中断。

每个中断源均有一个为其服务的中断服务程序，每个中断服务程序都有与之对应的优先级别。另外，CPU正在执行的程序也有优先级。只有当某个中断源的优先级别高于CPU现在的优先级时，才能中止CPU执行当前的程序。在一些计算机的程序状态字寄存器中就设置了优先级字段，如PDP-11机。

中断判优的方法可分为软件判优和硬件判优两种。

(1) 软件判优方法

所谓软件判优方法，就是用程序来判别优先级，这是最简单的中断判优方法。图9-8给出了软件判优的流程图。当CPU接到中断请求信号后，就执行查询程序，逐个检测中断请求寄存器的各位状态。检测顺序是按优先级的大小排列的，最先检测的中断源具有最高的优先级，其次检测的中断源具有次高优先级，如此下去，最后检测的中断源具有最低的优先级。

显然，软件判优是与识别中断源结合在一起的，当查询到中断请求信号的发出者，也就是找到了中断源，可以立即转入对应的中断服务程序中去。

软件判优方法简单，可以灵活地修改中断源的优先级别；但查询、判优完全是靠程序实现的，不但占用 CPU 时间，而且判优速度慢。

(2) 硬件判优电路

采用硬件判优电路实现中断优先级的判定可节省 CPU 时间，判优速度快，但是成本较高。

根据中断请求信号的传送方式不同，有不同的优先排队电路，常见的方案有：独立请求线的优先排队电路、公共请求线的优先排队电路等。这些排队电路的共同特点是：优先级别高的中断请求将自动封锁优先级别低的中断请求。硬件排队电路一旦设计连接好之后，将无法改变其优先级别。

独立请求线的优先排队电路如图 9-9 所示，图中 $INTR_i'$ 为来自中断源的中断请求信号，$INTR_i$ 为经过优先排队电路后送给 CPU 的中断请求信号。

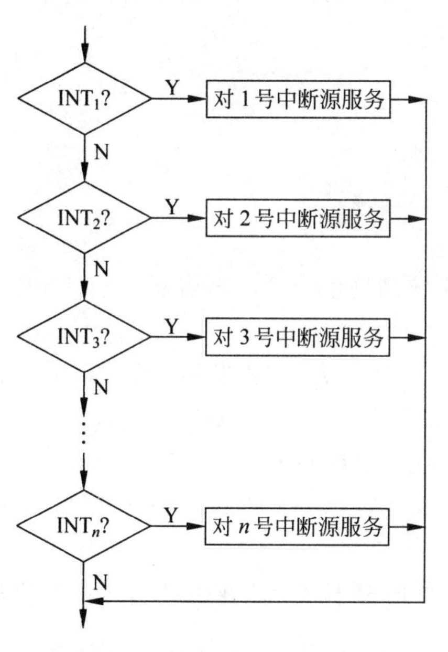

图 9-8　软件判优的流程图

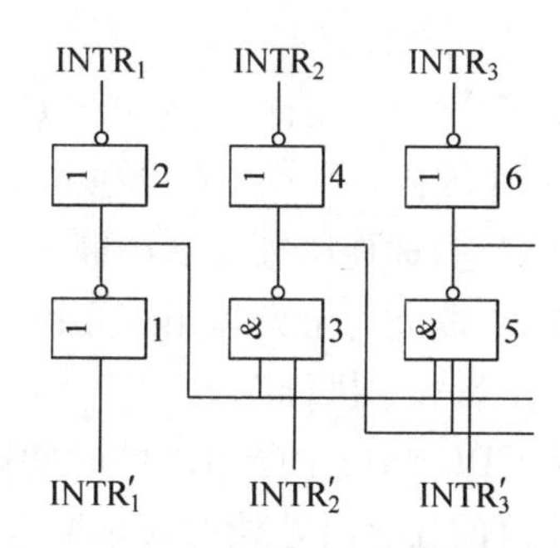

图 9-9　独立请求线的优先排队电路

优先级别从高到低依次是 $INTR_1$、$INTR_2$、$INTR_3$…优先级别高的中断请求将自动封锁优先级别低的中断请求。若 $INTR_1'=INTR_2'=1$ 时，门 1 输出的低电平将自动封锁门 3、门 5……故仅有 $INTR_1=1$，其他的 $INTR_i$ 均等于 0。

公共请求线的优先排队电路如图 9-10 所示，图中下面的虚线部分是一个串行优先链。$INTR_i$ 是各中断源的中断请求信号，优先级别从高到低依次是 $INTR_1$、$INTR_2$、$INTR_3$。而 $INTP_1$、$INTP_2$、$INTP_3$ 是与之对应的中断排队选中信号。$\overline{INTI}$ 为中断排队输入，$\overline{INTO}$ 为中断排队输出。若没有更高优先级的中断请求($\overline{INTI}=0$)时，$INTP_1=1$，此时如果中断请求 $INTR_1=1$，当 CPU 发来中断响应信号 INTA 时，$INTR_1$ 的请求被选中，选中信号经门 7 送入编码电路，产生一个唯一对应的向量地址。另一方面，由于此时 $\overline{INTR_1}=0$，封锁门 2，使 $INTP_2$、$INTP_3$ 全为低电平，即排队识别工作不再向下进行。

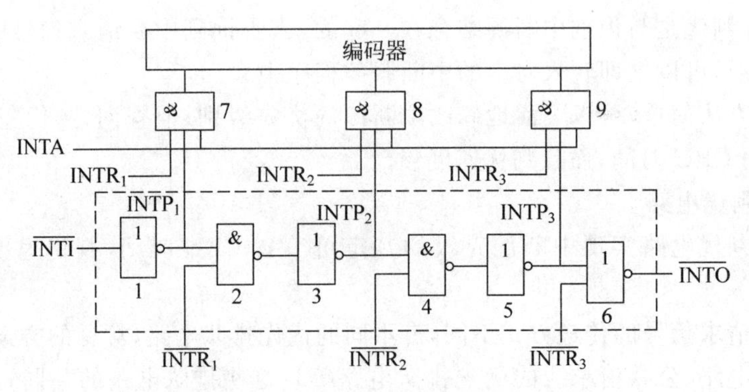

图 9-10　公共请求线的优先链排队电路

若 $INTR_1$ 无请求,则 $INTR_1=0$,门 7 被封锁,不会向编码电路送入选中信号;与此同时,因 $\overline{INTR_1}=1$,经门 2 和门 3,使 $INTP_2=1$,如果此时 $INTR_2=1$,则 $INTR_2$ 被选中。否则,串行优先链继续向下查询,直至找到发出中断请求信号 $INTR_i$ 的中断源为止。

9.3.3　中断响应和中断处理

1. CPU 响应中断的条件

CPU 响应中断必须满足下列条件。

(1) CPU 接收到中断请求信号

首先中断源要发出中断请求,同时 CPU 还要接收到这个中断请求信号。

(2) CPU 允许中断

CPU 允许中断,即开中断。CPU 内部有一个中断允许触发器(EINT),只有当 EINT=1 时,CPU 才可以响应中断源的中断请求(中断允许);如果 EINT=0,CPU 处于不允许中断状态,即使中断源有中断请求,CPU 也不响应(中断关闭)。

通常,中断允许触发器由开中断指令来置位,由关中断指令或硬件自动使其复位。

(3) 一条指令执行完毕

这是 CPU 响应中断请求的时间限制条件。一般情况下,CPU 在一条指令执行完毕且没有更紧迫的任务时才能响应中断请求。

2. 中断隐指令

CPU 响应中断之后,经过某些操作,转去执行中断服务程序。这些操作是由硬件直接实现的,把它称为中断隐指令。中断隐指令并不是指令系统中的一条真正的指令,它没有操作码,所以中断隐指令是一种不允许而且也不可能为用户使用的特殊指令。中断隐指令主要完成以下操作。

(1) 保存断点

为了保证在中断服务程序执行完毕能正确返回原来的程序,必须将原来程序的断点(即程序计数器(PC)的内容)保存起来。断点可以压入堆栈,也可以存入主存的特定单元中。

(2) 暂不允许中断

暂不允许中断即关中断。在中断服务程序中,为了保护中断现场(即 CPU 主要寄存器的内容)期间不被新的中断所打断,必须要关中断,从而保证被中断的程序在中断服务程序执行完毕之后能接着正确地执行下去。

并不是所有的计算机都在中断隐指令中由硬件自动地关中断,也有些计算机的这一操作是由软件(中断服务程序)来实现的。

(3) 引出中断服务程序

引出中断服务程序的实质就是取出中断服务程序的入口地址送程序计数器(PC)。对于向量中断和非向量中断,引出中断服务程序的方法是不相同的。

3. 中断周期

以上几个基本操作在不同的计算机系统中的处理方法是各异的。通常,在组合逻辑控制的计算机中,专门设置了一个中断周期来完成中断隐指令的任务。在微程序控制的计算机中,则专门安排有一段微程序来完成中断隐指令的这些操作。

假设将断点存至主存的0号单元,且采用硬件向量中断法寻找中断服务程序的入口地址(向量地址=中断服务程序的入口地址),则在中断周期需完成如下操作:

① 将特定地址"0"送至存储器地址寄存器,记作0→MAR。

② 将PC的内容(断点)送至MDR,记作(PC)→MDR。

③ 向主存发写命令,启动存储器进行写操作,记作Write。

④ 将MDR的内容通过数据总线写入MAR所指示的主存单元(0#)中,记作MDR→M(MAR)。

⑤ 向量地址形成部件的输出送至PC,为进入中断服务程序作准备,记作向量地址→PC。

⑥ 关中断,将中断允许触发器清0,记作0→EINT。

如果断点存入堆栈,只须将上述①改为堆栈指针的内容送MAR,记作(SP)→MAR。当然断点进栈,同时需要修改栈指针。

4. 进入中断服务程序

识别中断源的目的在于使CPU转入为该中断源专门设置的中断服务程序。解决这个问题的方法可以用软件,也可以用硬件,或用两者相结合的方法。

软件的方法前面已经提到,由中断隐指令控制进入一个中断总服务程序,在那里判优、寻找中断源并且转入相应的中断服务程序。这种方法方便、灵活,硬件极简单,但效率较低。

下面着重讨论硬件向量中断法。当CPU响应某一中断请求时,硬件能自动形成并找出与该中断源对应的中断服务程序的入口地址。

向量中断的过程如图9-11所示。当中断源向CPU发出中断请求信号$\overline{\text{INTR}}$之后,CPU进行一定的判优处理。若决定响应这个中断请求,则向中断源发出中断响应信号INTA。中断源接到INTA信号后就通过自己的向量地址形成部件向CPU发送向量地址,CPU接收该向量地址之后就

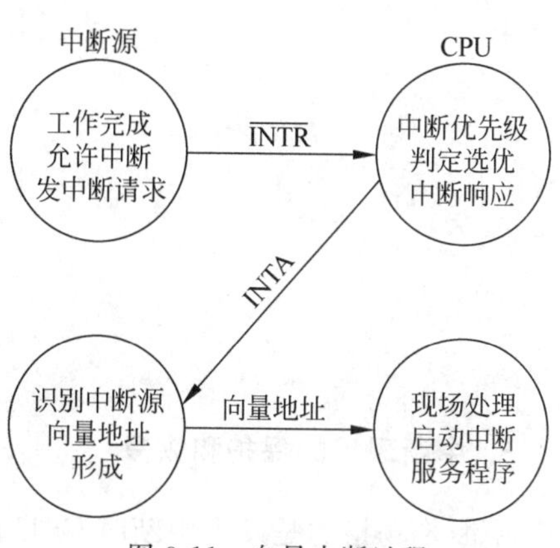

图9-11 向量中断过程

可转入相应的中断服务程序。

向量地址通常有以下两种情况。

(1) 向量地址是中断服务程序的入口地址

如果向量地址就是中断服务程序的入口地址,则CPU不需要再经过处理就可以进入相应的中断服务程序,Z-80的中断方式0就是这种情况。各中断源在接口中由硬件电路形成一条含有中断服务程序入口地址的特殊指令(重新启动指令),从而转入相应的中断服务程序。中断源向CPU提供RST指令,其操作码为11NNN111,其中NNN为3位二进制码,范围为000～111,故RST指令有8种组合。

RST指令完成的功能如下:

① 将断点(PC的内容)压入堆栈保存。

② PC←8×NNN(向量地址)。

由此可见,RST指令能调用位于存储器前64个字节的8个中断服务程序中的任意一个,两个入口地址之间相隔有8个单元,它们依次是00H,08H,10H,…,38H。如果中断服务程序较短,就可以放在这些单元里;如果中断服务程序较长,可在这8个单元里再放一条转移指令,以转至真正的中断服务程序中去。例如,当指令为RST 7时,经CPU处理后得到的向量地址VA=0038H,即该中断源的中断服务程序的入口地址为0038H。

(2) 向量地址是中断向量表的指针

如果向量地址是中断向量表的指针,则向量地址指向一个中断向量表,从中断向量表的相应单元中再取出中断服务程序的入口地址,此时中断源给出的向量地址是中断服务程序入口地址的地址。目前,大多数微型计算机都采用这种方法,Intel 8086和Z-80的中断方式2都属于这种情况,其转中断服务程序的方法如图9-12所示。

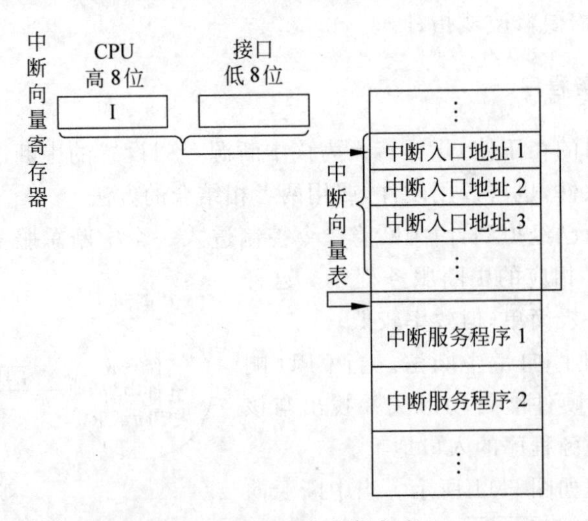

图9-12 Z-80的中断方式2

5. 中断现场的保护和恢复

中断现场指的是发生中断时CPU的主要状态,其中最重要的是断点,另外还有一些通用寄存器的状态。之所以需要保护和恢复现场的原因是因为CPU要先后执行两个完全不同的程序(现行程序和中断服务程序),必须进行两种程序运行状态的转换。一般来说,在中断隐指令中,CPU硬件将自动保存断点,有些计算机还自动保存程序状态字寄存器(PSWR)的内容。但是,在许多应用中,要保证中断返回后原来的程序能正确地继续运行,仅保存这一两个寄存器的内容是不够的。为此,在中断服务程序开始时,应由软件去保存那些硬件没有保存,而在中断服务程序中又可能用到的寄存器(如某些通用寄存器)的内容,在中断返回之前,这些内容还应该被恢复。

现场的保护和恢复方法不外乎有纯软件和软、硬件相结合两种。纯软件方法是在CPU响应中断后,用一系列传送指令把要保存的现场参数传送到主存某些单元中,当中断服务程序结束后,再采用传送指令进行相反方向的传送。这种方法不需要硬件代价,但是占用了CPU的宝贵时间,速度较慢。现代计算机一般都先采用硬件方法来自动快速的保护和恢复部分重要的现场,其余寄存器的内容再由软件完成保护和恢复,这种方法的硬件支持是堆栈。

软、硬件保护现场往往是和向量中断结合在一起使用的。首先把断点和程序状态字自动压入堆栈,这就是保护旧现场;接着根据中断源送来的向量地址自动取出中断服务程序入口地址和新的程序状态字,这就是建立新现场;最后由一些指令实现对必要的通用寄存器的保护。恢复现场则是保护现场的逆处理。

9.3.4 多重中断与中断屏蔽

1. 中断嵌套

中断嵌套过程如图9-13所示。中断嵌套的层次可以有多层,越在里层的中断请求越急迫,优先级越高,因此优先得到CPU的服务。

要使计算机具有多重中断的能力,首先要能保护多个断点,而且先发生的中断请求的断点,先保护后恢复;后发生的中断请求的断点,后保护先恢复。堆栈的先进后出特点正好满足多重中断这一先后次序的需要。同时,在CPU进入某一中断服务程序之后,系统必须处于开中断状态,否则中断嵌套是不可能实现的。

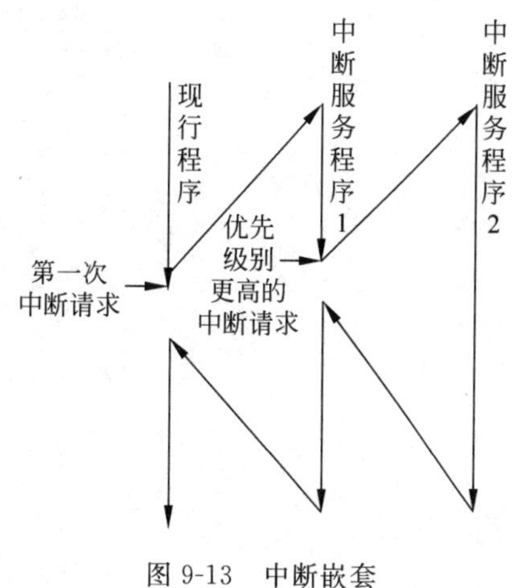

图9-13 中断嵌套

2. 允许和禁止中断

允许中断还是禁止中断是用CPU中的中断允许触发器控制的,当中断允许触发器(EINT)被置"1",则允许中断;当中断允许触发器(EINT)被置"0",则禁止中断。

允许中断即开中断,下列情况应开中断:

① 无论是单重中断还是多重中断,在中断服务程序执行完毕,恢复中断现场之后。

② 在多重中断的情况下,保护中断现场之后。

禁止中断即关中断,下列情况应关中断:

① 当响应某一级中断请求,不再允许被其他中断请求打断时。

② 在中断服务程序的保护和恢复现场之前。

3. 中断屏蔽

中断源发出中断请求之后,这个中断请求并不一定能真正送入CPU,在有些情况下,可以用程序方式有选择地封锁部分中断,这就是中断屏蔽。

如果给每个中断源都相应地配备一个中断屏蔽触发器(MASK),则每个中断请求信号在送往判优电路之前,还要受到屏蔽触发器的控制。当MASK=1,表示对应中断源的请求被屏蔽,可见中断请求触发器和中断屏蔽触发器是成对出现的,只有当$INTR_i=1$(中断源有中断请求),$MASK_i=0$(该级中断未被屏蔽)时,才允许对应的中断请求送往CPU,相应的电路如图9-14所示。

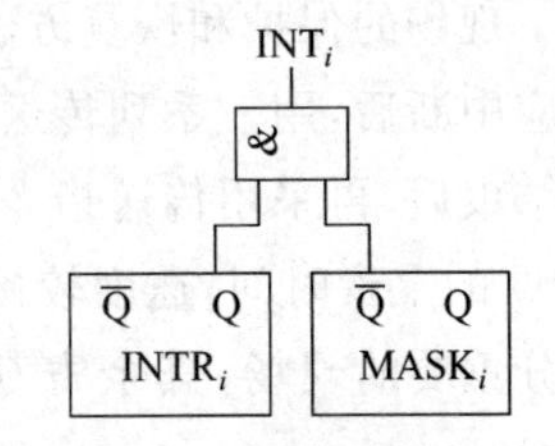

图9-14 中断请求触发器和中断屏蔽触发器

在中断接口电路中,多个屏蔽触发器组成一个屏蔽寄存器,其内容称为屏蔽字或屏蔽码,由程序来设置。屏蔽字某一位的状态将成为本中断源能否真正发出中断请求信号的必要条件之一。这样,就可实现CPU对中断处理的控制,使中断能在系统中合理协调地进行。中断屏蔽寄存器的作用如图9-15所示。具体地说,用程序设置的方法将屏蔽寄存器中的某一位置"1",则对应的中断请求被封锁,无法去参加排队判优;若屏蔽寄存器中的某一位置"0",才允许对应的中断请求送往CPU。

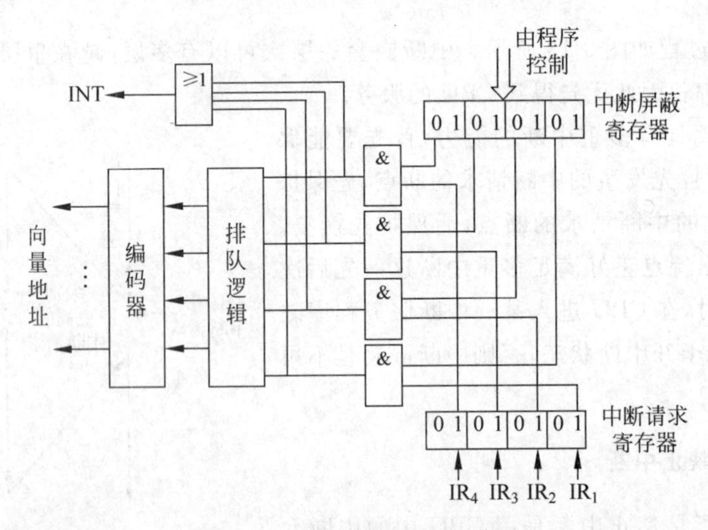

图9-15 中断屏蔽寄存器的作用

例如,一个中断系统有16个中断源,每一个中断源按其优先级别赋予一个屏蔽字。屏蔽字与中断源的优先级别是一一对应的,"0"表示开放,"1"表示屏蔽。表9-1中列出了各中断源对应的屏蔽字。

表 9-1　各中断源的屏蔽字

中断源的优先级	屏蔽字(16 位)
1	111…111
2	011…111
3	001…111
⋮	⋮
15	000…011
16	000…001

表 9-1 中第 1 级中断源的屏蔽字是 16 个“1”,它的优先级别最高,禁止本级和更低级的中断请求……第 16 级中断源的屏蔽字只有第 16 位(最低位)为“1”,其余各位均为“0”,它的优先级别最低,仅禁止本级的中断请求,而对其他高级的中断请求全部开放。

也有些中断请求是不可屏蔽的,即不受中断屏蔽寄存器的控制。这种中断源的中断请求一旦提出,CPU 必须立即响应,它们具有最高的优先级别。例如,电源掉电、主存校验错等。

4. 中断升级

中断屏蔽字的另一个作用是可以改变中断优先级,将原级别较低的中断源变成较高的级别,称为中断升级。这实际上是一种动态改变优先级的方法。

这里所说的改变优先次序,是指改变中断的处理次序。中断处理次序和中断响应次序是两个不同的概念,中断响应次序是由硬件排队电路决定的,无法改变。但是,中断处理次序是可以由屏蔽码来改变的,故把屏蔽码看成软排队器。中断处理次序可以不同于中断响应次序。

例如,某计算机的中断系统有 4 个中断源,每个中断源对应一个屏蔽码。表 9-2 为程序优先级与屏蔽码的关系,中断响应的优先次序为 1→2→3→4。根据表 9-2 给出的屏蔽码,中断的处理次序和中断的响应次序是一致的。

表 9-2　程序优先级与屏蔽码

程序级别	屏蔽码			
	1 级	2 级	3 级	4 级
第 1 级	1	1	1	1
第 2 级	0	1	1	1
第 3 级	0	0	1	1
第 4 级	0	0	0	1

根据这一次序,可以看到 CPU 运动的轨迹,如图 9-16 所示。当多个中断请求同时出现时,处理次序与响应次序一致;当中断请求先后出现时,允许优先级别高的中断请求打断优先级别低的中断服务程序,实现中断嵌套。

在不改变中断响应次序的条件下,通过改写屏蔽码可以改变中断处理次序。例如,要使中断处理次序改为 1→4→3→2,则只须使中断屏蔽码改为如表 9-3 所示即可。

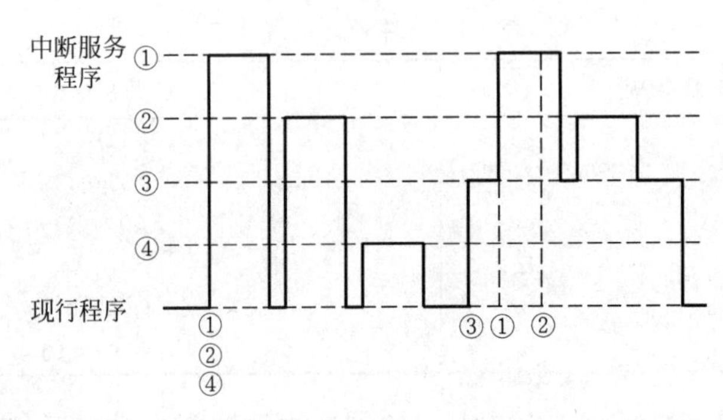

图 9-16　CPU 的运动轨迹

表 9-3　改变处理次序的屏蔽码

程序级别	屏蔽码			
	1级	2级	3级	4级
第1级	1	1	1	1
第2级	0	1	0	0
第3级	0	1	1	0
第4级	0	1	1	1

在同样中断请求的情况下,CPU 的运动轨迹发生了变化,如图 9-17 所示。CPU 正在执行现行程序时,中断源①、②、④同时请求中断服务,显然它们都没有被屏蔽。按照中断优先级别的高低,CPU 首先响应并处理第①级中断请求;当第①级中断处理完后,响应第②级中断请求。CPU 在处理第②级中断时,其屏蔽码对第④级中断是开放的,所以当②级的中断服务程序执行到开中断指令后,立即被④级中断请求打断,CPU 转去执行④级的中断服务程序,待④级的中断服务程序执行完毕后再返回接着执行②级中断服务程序。当第③级中断请求到来并在执行其中断服务程序的过程中,又来了①级中断请求,③级中断服务程序将被①级中断请求打断,转去执行①级中断服务程序。在此过程中,虽然出现了②级中断请求,但因②级的处理级别最低,故不理睬它的请求,直至③级的中断服务程序执行完毕,再响应第②级中断请求。

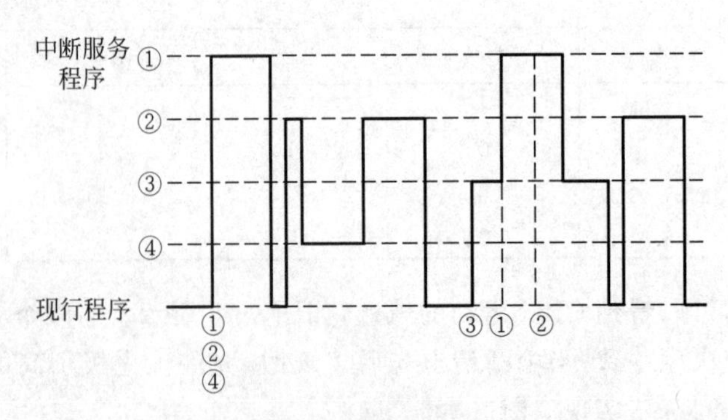

图 9-17　处理次序改变后的 CPU 运动轨迹

由此可见,屏蔽技术向使用者提供了一种手段,即可以用程序控制中断系统,动态地调度多重中断优先处理的次序,从而提高了中断系统的灵活性。

9.3.5 中断全过程

这里所说的中断全过程，指的是从中断源发出中断请求开始，CPU 响应这个请求，现行程序被中断，转至中断服务程序，直到中断服务程序执行完毕，CPU 再返回原来的程序继续执行的整个过程。

大体上可以把中断全过程分为 5 个阶段：中断请求、中断判优、中断响应、中断处理和中断返回。

其中中断处理就是执行中断服务程序，这是中断系统的核心。不同计算机系统的中断处理过程各具特色，但对多数计算机而言，其中断服务程序的流程如图 9-18 所示。图中灰框代表一条指令，白底框代表一段程序，往往不止一条指令。

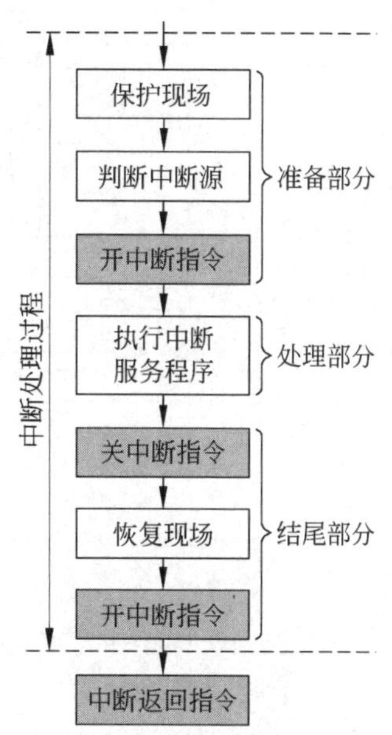

图 9-18 中断服务程序的流程

中断处理过程基本上由 3 个部分组成（以多重中断为例），第一部分为准备部分，其基本功能是保护现场，对于非向量中断方式则需要确定中断源，最后开放中断，允许更高级的中断请求打断低级的中断服务程序；第二部分为处理部分，即真正执行具体的为某个中断源服务的中断服务程序；第三部分为结尾部分，首先要关中断，以防止在恢复现场过程中被新的中断请求打断，接着恢复现场，然后开放中断，以便返回原来的程序后可响应其他的中断请求。中断服务程序的最后一条指令一定是中断返回指令。

注意：保护现场之前的关中断操作由中断隐指令完成。

多重中断与单重中断在中断服务程序的执行中有所不同，表 9-4 列出了两者的区别。

表 9-4 多重中断与单重中断的区别

操作类型	多重中断方式	单重中断方式
中断隐指令	关中断 保存断点及旧 PSW 取中断服务程序入口地址及新 PSW	关中断 保存断点及旧 PSW 取中断服务程序入口地址及新 PSW
中断服务程序	保护现场 送新屏蔽字 开中断	保护现场
	服务处理 （允许响应更高级别请求）	服务处理 （不允许响应更高级别请求）
	关中断 恢复现场及原屏蔽字 开中断 中断返回	恢复现场 开中断 中断返回

9.3.6 程序中断接口结构

具有中断能力的外设接口是由程序查询式接口再加上中断控制机构组成的。简化的中断式接口如图 9-19 所示。从其逻辑功能来看,这个接口不仅可以保证中断式传送,而且也可以提供程序查询式传送。图中 AB、DB、CB 分别表示地址总线、数据总线和控制总线。

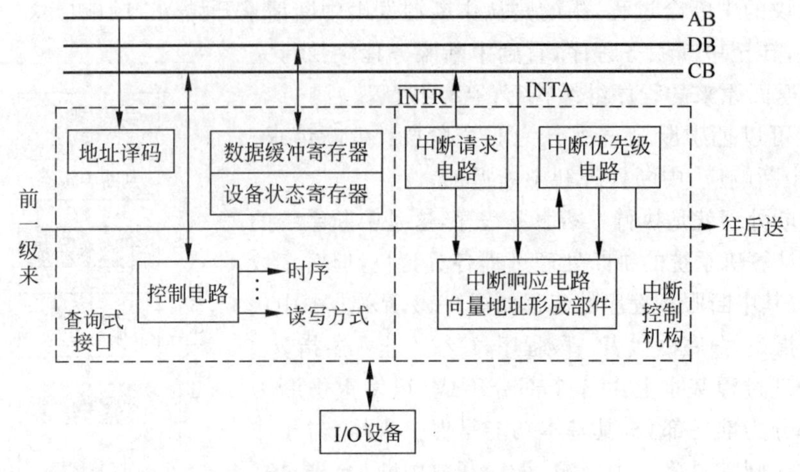

图 9-19　简化的中断式接口

中断控制机构至少应包括有下列几个部分。

(1) 中断请求电路

当中断源有请求且中断开放时,中断请求电路向 CPU 发中断请求信号。

(2) 中断优先级电路

中断优先级电路保证优先级别最高的中断源首先获得 CPU 的服务。

(3) 向量地址形成部件

向量地址形成部件用来产生向量中断时需要的向量地址,并且根据这个向量地址转向该中断源所对应的中断服务程序。

9.4　DMA 方式及其接口

DMA 方式是为了在主存与外设之间实现高速、批量数据交换而设置的。DMA 方式的数据传送直接依靠硬件(DMA 控制器)来实现,不需要执行任何程序。

9.4.1　DMA 方式的基本概念

1. DMA 方式的特点

无论程序查询还是程序中断方式,主要的工作都是由 CPU 执行程序完成的,这需要占用 CPU 时间,因此不能实现高速外设与主机的信息交换。

直接存储器访问(Direct Memory Access,DMA)方式是在外设和主存之间开辟一条"直接数据通道",在不需要 CPU 干预也不需要软件介入的情况下在两者之间进行的高速数据传送方式。在 DMA 传送方式中,对数据传送过程进行控制的硬件称为 DMA 控制器。当外设需要进行数据传送时,通过 DMA 控制器向 CPU 提出 DMA 传送请求,CPU 响应之后将让出系统总线,由 DMA 控制器接管总线进行数据传送。

DMA 方式具有下列特点：

① 它使主存与 CPU 的固定联系脱钩，主存既可被 CPU 访问，又可被外设访问。

② 在数据块传送时，主存地址的确定、传送数据的计数等都由硬件电路直接实现。

③ 主存中要开辟专用缓冲区，及时供给和接收外设的数据。

④ DMA 传送速度快，CPU 和外设并行工作，提高了系统的效率。

⑤ DMA 在传送开始前要通过程序进行预处理，结束后要通过中断方式进行后处理。

2. DMA 和中断的区别

DMA 与中断的主要区别如下：

① 中断方式是程序切换，需要保护和恢复现场；而 DMA 方式除了开始和结尾时，不占用 CPU 的任何资源。

② 对中断请求的响应时间只能发生在每条指令执行完毕时；而对 DMA 请求的响应时间可以发生在每个机器周期结束时，如图 9-20 所示。

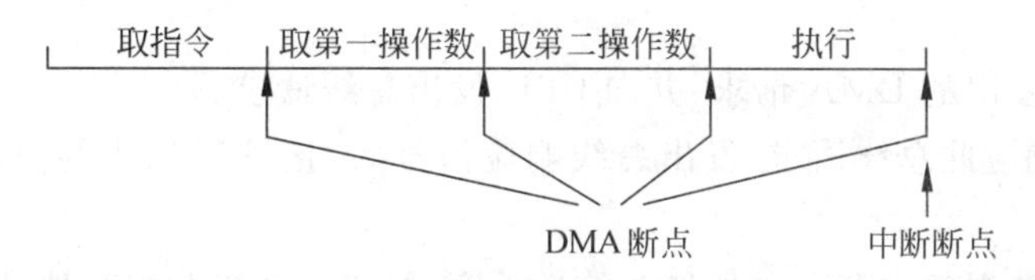

图 9-20　两种请求的响应时刻比较

③ 中断传送过程需要 CPU 的干预；而 DMA 传送过程不需要 CPU 的干预，故数据传输速率非常高，适合于高速外设的成组数据传送。

④ DMA 请求的优先级高于中断请求。

⑤ 中断方式具有对异常事件的处理能力，而 DMA 方式仅局限于完成传送数据块的 I/O 操作。

3. DMA 方式的应用

DMA 方式一般应用于主存与高速外设间的简单数据传送。如磁盘、磁带、光盘等辅助存储器以及其他带有局部存储器的外设、通信设备等都是高速外设。

对磁盘的读写是以数据块为单位进行的，一旦找到数据块起始位置，就将连续地读写。从磁盘中读出数据或往磁盘中写入数据时，一般采用 DMA 方式传送，即直接将数据由主存经数据总线输出到磁盘接口，然后写入盘片；或将数据由盘片读出到磁盘接口，然后经数据总线写入主存。

在大批量数据采集系统中，也可以采用 DMA 方式。

许多计算机系统中选用动态存储器(DRAM)，并用异步方式安排刷新周期。DRAM 的刷新操作可视为存储器内部的数据批量传送，因此，也可采用 DMA 方式实现，将每次刷新请求当成 DMA 请求。CPU 在刷新周期中让出系统总线，按行地址(刷新地址)访问主存，实现各芯片中的一行刷新。利用系统的 DMA 机制实现动态刷新，简化了专门的动态刷新逻辑，提高了主存的利用率。

DMA 传送是直接依靠硬件实现的，可用于快速的数据直传。也正是由于这一点，

DMA 方式本身不能处理较复杂的事件。因此,在某些场合常综合应用 DMA 方式与程序中断方式,二者互为补充。

9.4.2 DMA 接口

DMA 接口相对于查询式接口和中断式接口来说比较复杂,习惯将 DMA 方式的接口电路称为 DMA 控制器。

1. DMA 控制器的功能

在 DMA 传送过程中,DMA 控制器将接管 CPU 的地址总线、数据总线和控制总线,CPU 的主存控制信号被禁止使用。而当 DMA 传送结束后,将恢复 CPU 的一切权力并开始执行其操作。由此可见,DMA 控制器必须具有控制系统总线的能力,也就是说能够像 CPU 一样输出地址信号,接收或发出控制信号,输入或输出数据信号。

DMA 控制器在外设与主存之间直接传送数据期间,完全代替 CPU 进行工作,它的主要功能有:

① 接受外设发出的 DMA 请求,并向 CPU 发出总线请求。

② 当 CPU 响应此总线请求,发出总线响应信号后,接管对总线的控制,进入 DMA 操作周期。

③ 确定传送数据的主存单元地址及传送长度,并能自动修改主存地址计数值和传送长度计数值。

④ 规定数据在主存与外设之间的传送方向,发出读写或其他控制信号,并执行数据传送的操作。

⑤ 向 CPU 报告 DMA 操作的结束。

2. DMA 控制器的基本组成

图 9-21 给出了一个简单的 DMA 控制器框图,它由以下几部分组成。

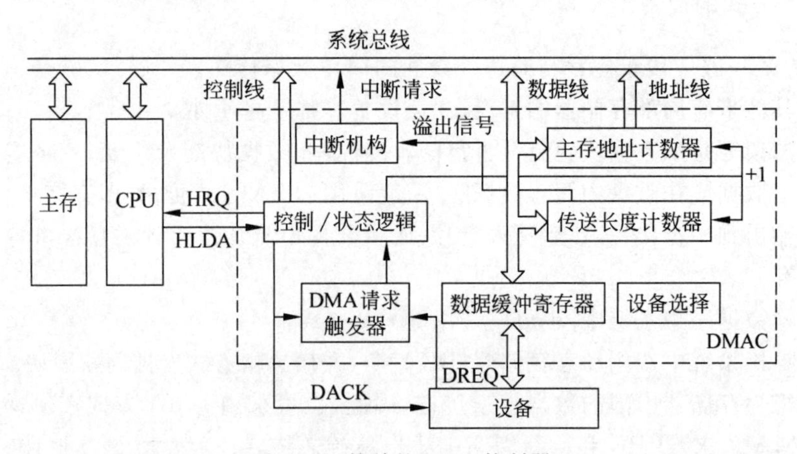

图 9-21 简单的 DMA 控制器

(1) 主存地址计数器

主存地址计数器用来存放待交换数据的主存地址。该计数器的初始值为主存缓冲区的首地址，当DMA传送时，每传送一个数据，将地址计数器加1，从而以增量方式给出主存中要交换的一批数据的地址，直至这批数据传送完毕为止。

(2) 传送长度计数器

传送长度计数器用来记录传送数据块的长度。其初始值为传送数据的总字数或总字节数，每传送一个字或一个字节，计数器自动减1，当其内容为0时表示数据已全部传送完毕。也有些DMA控制器中，初始时将字数或字节数求补之后送计数器，每传送一个字或一个字节，计数器加1，当计数器溢出时，表示数据传送完毕。

(3) 数据缓冲寄存器

数据缓冲寄存器用来暂存每次传送的数据。输入时，数据由外设(如磁盘)先送往数据缓冲寄存器，再通过数据总线送到主存。反之，输出时，数据由主存通过数据总线送到数据缓冲寄存器，然后再送到外设。

(4) DMA请求触发器

DMA请求触发器的作用是每当外设准备好数据后给出一个控制信号，使DMA请求触发器置位。

(5) 控制/状态逻辑

它由控制和时序电路以及状态标志等组成，用于指定传送方向，修改传送参数，并对DMA请求信号和CPU响应信号进行协调和同步。

(6) 中断机构

当一个数据块传送完毕后触发中断机构，向CPU提出中断请求，CPU将进行DMA传送的结尾处理。

有些商品化的DMA控制器芯片中看似并没有设置中断机构，但并不代表DMA的结尾处理不需要中断的参与，因为系统一定还同时配有中断控制器芯片，两个芯片共同完成了DMA的功能。

3. DMA控制器的引出线

DMA控制器必须有下列引出线。

(1) 地址线

在DMA方式下，地址线呈输出状态，可对主存进行地址选择；在CPU方式下，地址线呈输入状态，可对DMA控制器中的有关寄存器进行寻址。

(2) 数据线

在DMA方式下，用它进行数据传送；在CPU方式下，可对DMA控制器的有关寄存器进行编程。

(3) 控制数据传送方式的信号线

存储器读信号$\overline{MEMR}$、存储器写信号$\overline{MEMW}$、外设读信号$\overline{IOR}$和外设写信号$\overline{IOW}$。

当数据从外设写入主存时，$\overline{MEMW}$和$\overline{IOR}$同时有效；而当数据从主存读出送外设时，$\overline{MEMR}$和$\overline{IOW}$将同时有效。

(4) DMA控制器与外设之间的联络信号线

DMA请求信号DREQ(输入)是外设向DMA控制器提出DMA操作的申请信号。

DMA响应信号DACK(输出)是DMA控制器给提出DMA请求的外设的应答信号。

(5) DMA 控制器与 CPU 之间的联络信号线

总线请求信号 HRQ(输出)是 DMA 控制器向 CPU 请求使用总线的信号。

总线响应信号 HLDA(输入)是 CPU 向 DMA 控制器表示响应总线请求的信号。

4. DMA 控制器的连接和传送

图 9-22 给出了 DMA 控制器与 CPU 及主存、外设之间的连接框图。在进行 DMA 操作之前应先对 DMA 控制器编程。例如,确定传送数据的主存起始地址、要传送的字节数以及传送方式,是由外设将数据写入主存还是从主存将数据读出送外设。下面以外设将一个数据块写入主存的操作为例,简述 DMA 控制器的操作过程。

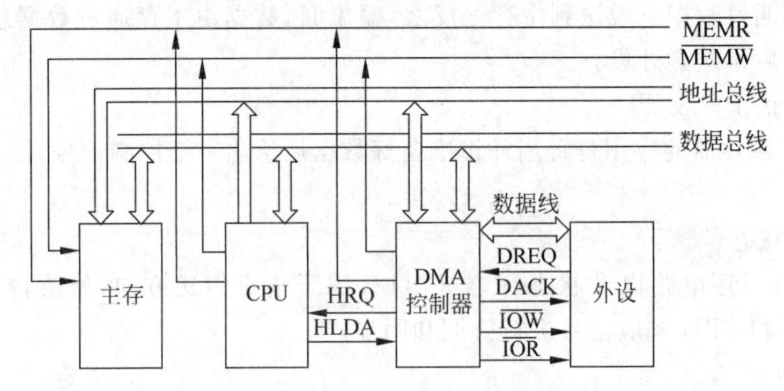

图 9-22　DMA 控制器与 CPU 及主存、外设之间的连接

① 由外设向 DMA 控制器发出 DMA 请求信号 DREQ。

② DMA 控制器向 CPU 发出总线请求信号 HRQ。

③ CPU 向 DMA 控制器发出总线响应信号 HLDA,此时 DMA 控制器获取了总线的控制权。

④ DMA 控制器向外设发出 DMA 响应信号 DACK,表示 DMA 控制器已控制了总线,允许外设与主存交换数据。

⑤ DMA 控制器按主存地址计数器的内容发出地址信号作为主存地址的选择,同时主存地址计数器的内容加 1。

⑥ DMA 控制器发出 $\overline{\text{IOR}}$信号到外设,将外设数据读入数据缓冲寄存器,同时发出 $\overline{\text{MEMW}}$信号,将数据缓冲寄存器中的数据写入选中的主存单元。

⑦ 传送长度计数器减 1。

重复⑤～⑦步骤,直到字节计数器减到 0 为止,数据块的 DMA 方式传送工作宣告完成。这时,DMA 控制器的 HRQ 降为低电平,总线控制权交还 CPU。

9.4.3　DMA 传送方法与传送过程

1. DMA 传送方法

DMA 控制器与 CPU 通常采用以下 3 种方法使用主存。

(1) CPU 停止访问主存法

这是最简单的 DMA 方法。这种方法是用 DMA 请求信号迫使 CPU 让出总线控制权。

CPU 在现行机器周期执行完成之后，使其数据、地址总线处于三态，并输出总线批准信号。每次 DMA 请求获得批准，DMA 控制器获得总线控制权以后，连续占用若干个存取周期(总线周期)进行成组连续的数据传送，直至批量传送结束，DMA 控制器才把总线控制权交回 CPU。在 DMA 操作期间，CPU 处于保持状态，停止访问主存，仅能进行一些与总线无关的内部操作。图 9-23(a)是这种传送方法的时间图，该方法只适用于高速外设的成组传送。

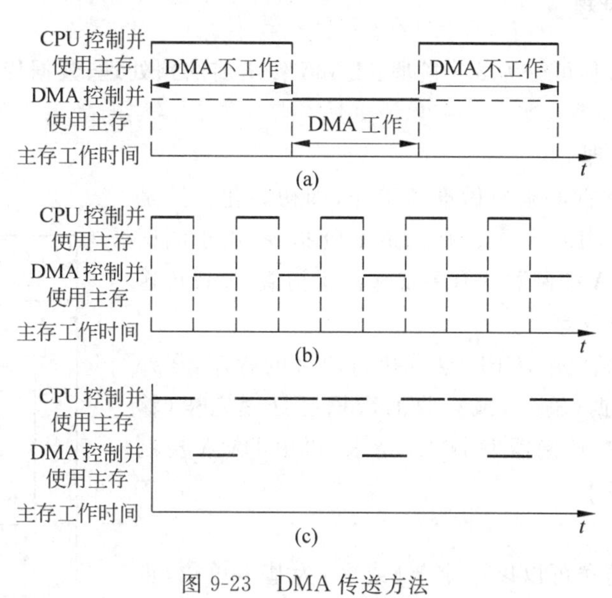

图 9-23　DMA 传送方法

当外设的数据传输率接近于主存工作速度时，或者 CPU 除了等待 DMA 传送结束并无其他事可干(如单用户状态下的个人计算机)时，常采用这种方法。它可以减少系统总线控制权的交换次数，有利于提高输入输出的速度。

(2) 存储器分时法

把原来的一个存取周期分成两个时间片，一片分给 CPU，一片分给 DMA，使 CPU 和 DMA 交替地访问主存。这种方法无须申请和归还总线，使总线控制权的转移几乎不需要什么时间，所以对 DMA 传送来讲效率是很高的，而且 CPU 既不停止现行程序的运行，也不进入保持状态，在 CPU 不知不觉中便进行了 DMA 传送；但这种方法需要主存在原来的存取周期内为两个部件服务，如果要维持 CPU 的访存速度不变，就要求主存的工作速度提高一倍。另外，由于大多数外设的速度都不能与 CPU 相匹配，所以供 DMA 使用的时间片可能成为空操作，将会造成一些不必要的浪费。图 9-23(b)是这种方法的时间图。

(3) 周期挪用法

周期挪用法是前两种方法的折中。当外设没有 DMA 请求时，CPU 按程序要求访问主存；一旦外设有 DMA 请求并获得 CPU 批准后，CPU 让出一个周期的总线控制权，由 DMA 控制器控制系统总线，挪用一个存取周期进行一次数据传送，传送一个字节或一个字；然后，DMA 控制器将总线控制权交回 CPU，CPU 继续进行自己的操作，等待下一个 DMA 请求的到来。重复上述过程，直至数据块传送完毕。如果在同一时刻，发生 CPU 与 DMA 的访存冲突，那么优先保证 DMA 工作，而 CPU 等待一个存取周期，如图 9-23(c)所示。若 DMA 传送期间 CPU 无须访存，则周期挪用对 CPU 执行程序无任何影响。

当主存工作速度高出外设较多时,采用周期挪用法可以提高主存的利用率,对CPU的影响较小,因此,高速主机系统常采用这种方法。根据主存的存取周期与磁盘的数据传输率,可以计算出主存操作时间的分配情况:有多少时间需用于DMA传送(被挪用),有多少时间可用于CPU访存。这在一定程度上反映了系统的处理效率。

2. DMA传送过程

DMA的传送过程可分为3个阶段:DMA传送前的预处理、数据传送和传送后的结束处理。

(1) DMA预处理

在DMA传送之前必须要做准备工作,即初始化。这是由CPU来完成的。CPU首先执行几条I/O指令,用于测试外设的状态、向DMA控制器的有关寄存器置初值、设置传送方向、启动该外部设备等。

在这些工作完成之后,CPU继续执行原来的程序,在外设准备好发送的数据(输入)或接收的数据已处理完毕(输出)时,外设向DMA控制器发DMA请求,再由DMA控制器向CPU发总线请求。

(2) 数据传送

DMA的数据传送可以以单字节(或字)为基本单位,也可以以数据块为基本单位。对于以数据块为单位的传送,DMA控制器占用总线后的数据输入和输出操作都是通过循环来实现的,其传送过程如图9-24所示。

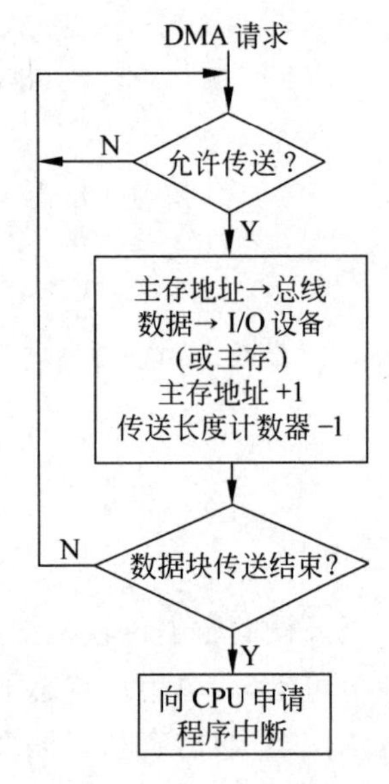

图9-24　DMA的数据传送过程

注意:*图9-24所示的流程图不是由CPU执行程序实现的,而是由DMA控制器实现的。*

(3) DMA后处理

当传送长度计数器计到0时,DMA操作结束,DMA控制器向CPU发中断请求,CPU停止原来程序的执行,转去执行中断服务程序做DMA结束处理工作。

9.5 通道控制方式

在大型计算机系统中,所连接的I/O设备数量多,输入输出频繁,要求整体的速度快,单纯依靠主CPU采取程序中断和DMA等控制方式已不能满足要求,于是通道控制方式被引入计算机系统。

9.5.1 通道的基本概念

1. 通道控制方式与DMA方式的区别

通道控制方式是DMA方式的进一步发展,实质上,通道也是实现外设和主存之间直接交换数据的控制器。与DMA控制器相比,两者的主要区别在于:

① DMA控制器是通过专门设计的硬件控制逻辑来实现对数据传送的控制；而通道则是一个具有特殊功能的处理器，它具有自己的指令和程序，通过执行通道程序来实现对数据传送的控制，故通道具有更强的独立处理数据输入输出的功能。

② DMA控制器通常只能控制一台或少数几台同类设备；而一个通道则可以同时控制许多台同类或不同类的设备。

2. 通道的功能

在第1章已经引出了典型的具有通道的计算机结构。从图1-4中可以看出，主机可以接若干个通道，一个通道可以接若干个设备控制器，一个设备控制器又可以接一台或多台外部设备。因此，从逻辑结构上讲，通道控制方式具有4级连接：主机→通道→设备控制器→外部设备。

通道是一种高级的I/O控制部件，它在一定的硬件基础上利用软件手段实现对I/O的控制和传送，更多地免去了CPU的介入，从而使主机和外设的并行工作程度更高。当然，通道并不能完全脱离CPU，它还要受到CPU的管理，如启动、停止等，而且通道还应该向CPU报告自己的状态，以便CPU决定下一步的处理。

通道应具有以下几个方面的功能：

① 接受CPU的I/O指令，按指令要求与指定的外设进行联系。

② 从主存取出属于该通道程序的通道指令，经译码后向设备控制器和设备发送各种命令。

③ 实施主存和外设间的数据传送，如为主存或外设装配和拆卸信息，提供数据中间缓存的空间以及指示数据存放的主存地址和传送的数据量。

④ 从外设获得设备的状态信息，形成并保存通道本身的状态信息，根据要求将这些状态信息送到主存的指定单元，供CPU使用。

⑤ 将外设的中断请求和通道本身的中断请求按次序及时报告CPU。

9.5.2 通道的类型与结构

1. 通道类型

按照通道独立于主机的程度，可分为结合型通道和独立型通道两种类型。结合型通道在硬件结构上与CPU结合在一起，借助于CPU的某些部件作为通道部件来实现外设与主机的信息交换。这种通道结构简单，成本较低，但功能较弱。独立型通道完全独立于主机对外设进行管理和控制。这种通道功能强，但设备成本高。

按照输入输出信息的传送方式，通道可分为字节多路通道、选择通道和数组多路通道3种类型。

(1) 字节多路通道

字节多路通道是一种简单的共享通道，用于连接与管理多台低速设备，以字节交叉方式传送信息，其传送方式如图9-25所示。字节多路通道先选择设备A，为其传送一个字节A_1；然后选择设备B，传送字节B_1；再选择设备C，传送字节C_1。再交叉地传送A_2,B_2,C_2,…所以字节多路通道的功能好比一个多路开关，交叉(轮流)地接通各台设备。

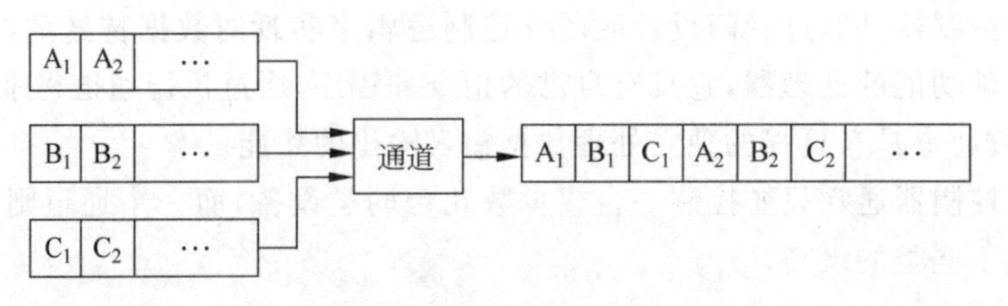

图 9-25 字节多路通道传送方式

一个字节多路通道,包括多个按字节方式传送信息的子通道。每个子通道服务于一个设备控制器,每个子通道都可以独立地执行通道程序。各个子通道可以并行工作,但是,所有子通道的控制部分是公共的,各个子通道可以分时地使用。

通道不间断地、轮流地启动每个设备控制器,当通道为一个设备传送完一个字节后,就转去为另一个设备服务。当通道为某一设备传送时,其他设备可以并行地工作,准备需要传送的数据字节或处理收到的数据字节。这种轮流服务是建立在主机的速度比外设的速度高得多的基础之上的,它可以提高系统的工作效率。

(2) 选择通道

对于高速设备,字节多路通道显然是不合适的。选择通道又称高速通道,在物理上它也可以连接多个设备,但这些设备不能同时工作,在一段时间内通道只能选择一台设备进行数据传送,此时该设备可以独占整个通道。因此,选择通道一次只能执行一个通道程序,只有当它与主存交换完信息后,才能再选择另一台外部设备并执行该设备的通道程序。如图 9-26 所示,选择通道先选择设备 A,成组连续地传送 A_1A_2…,当设备 A 传送完毕后,选择通道又选择通道 B,成组连续地传送 B_1B_2…,再选择设备 C,成组连续地传送 C_1C_2…。

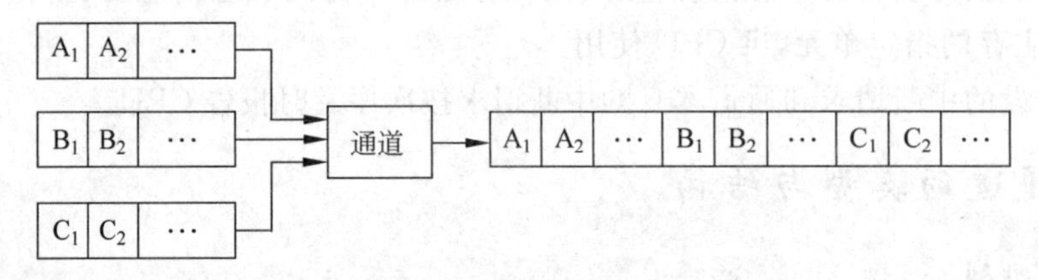

图 9-26 选择通道传送方式

选择通道主要用于连接高速外设,如磁盘、磁带等,信息以成组方式高速传送。但是,在数据传送过程中还有一些辅助操作,如磁盘机的寻道等,此时会使通道处于等待状态,所以虽然选择通道具有很高的数据传输速率,但整个通道的利用率并不高。

(3) 数组多路通道

数组多路通道是把字节多路通道和选择通道的特点结合起来的一种通道结构。它的基本思想是:当某设备进行数据传送时,通道只为该设备服务;当设备在执行辅助操作时,通道暂时断开与这个设备的连接,挂起该设备的通道程序,去为其他设备服务。

数组多路通道有多个子通道,既可以执行多路通道程序,即像字节多路通道那样,所有子通道分时共享总通道,又可以用选择通道那样的方式成组地传送数据;既具有多路并行操作的能力,又具有很高的数据传输速率,使通道的效率充分得到发挥。

选择通道和数组多路通道都适用于连接高速外设，但前者的数据宽度是不定长的数据块，后者的数据宽度是定长的数据块。3种类型通道的比较见表9-5。3种类型的通道组织在一起，可配置若干台不同种类、不同速度的I/O设备，使计算机的I/O组织更合理、功能更完善、管理更方便。

表9-5 3种类型通道的比较

性能＼通道类型	字节多路	选择	数组多路
数据宽度	单字节	不定长块	定长块
适用范围	大量低速设备	优先级高的高速设备	大量高速设备
工作方式	字节交叉	独占通道	成组交叉
共享性	分时共享	独占	分时共享
选择设备次数	多次	一次	多次

通道在单位时间内传送的位数或字节数称为通道的数据传输率或流量，它标志了计算机系统中的系统吞吐量，也表明了通道对外设的控制能力和效率。在单位时间内允许传送的最大字节数或位数称为通道的最大数据传输率或通道极限流量，它是设计通道的最大依据。

字节多路通道的实际流量是该通道上所有设备的数据传输率之和。而选择通道和数组多路通道在一段时间内只能为一台设备传送数据，这时的通道流量就等于这台设备的数据传输率。因此，这两种通道的实际流量等于连接在这个通道上的所有设备中流量最大的那一个。

2. 通道的结构

通道的一般逻辑结构如图9-27所示，其中CSWR、CAWR、CCWR是3个重要的寄存器。CCWR是通道命令字寄存器，它用来存放通道命令字(CCW)。CCW是控制I/O操作的关键参数，一条条的通道命令字(通道指令)构成通道程序，放在主存中。CAWR是通道地址字寄存器，它指出了通道程序在主存中的起始地址，工作时通道就依照这个地址到主存中取出CCW并加以执行。CSWR是通道状态字寄存器，记录了通道程序执行后本通道和相应设备的各种状态信息，这些信息称为通道状态字(CSW)。CSW通常放在主存的固定单元中，此专用单元的内容在执行下一个I/O指令或中断之前是有效的，可供CPU了解通道、设备状态和操作结束的原因。

9.5.3 通道程序

1. 通道指令

通道指令也就是通道命令字(CCW)，它用来编制通道程序，并由管理程序将它存放在主存的任何地方。为了使通道能够快速地找到通道程序，用通道地址字(CAW)指出通道程序的起始地址。在主CPU执行“启动I/O”指令启动指定通道后，通道将执行通道程序来实现具体的I/O操作，直到组成通道程序的全部CCW执行完毕时，这次I/O传送就算完成了。通道指令格式简单，功能专一，一般带有很强的面向外部设备的特征。

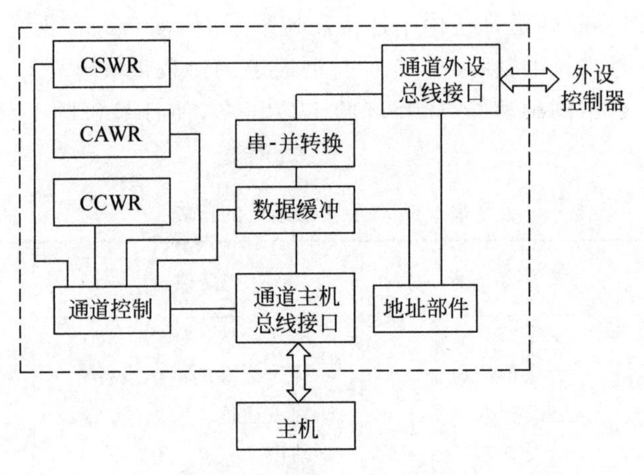

图 9-27 通道逻辑结构

通道指令的功能和格式因计算机不同而异,下面介绍 IBM 4300 的通道指令格式,其格式如图 9-28 所示。

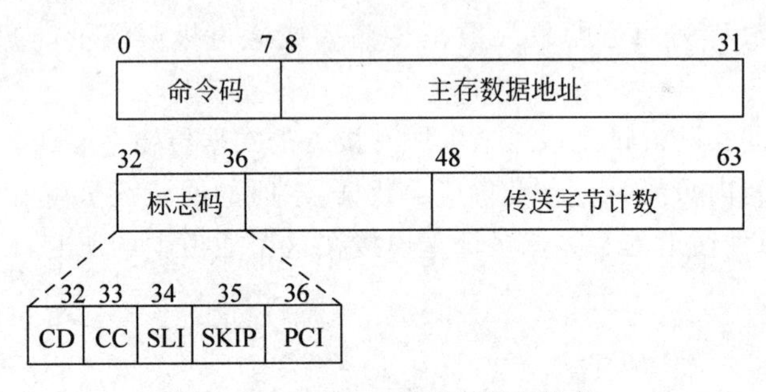

图 9-28 IBM 4300 通道指令格式

这是一个双字长(64 位)的指令,共分 5 个字段。

(1) 命令码

命令码字段相当于机器指令的操作码,由它决定通道和设备执行什么操作。

(2) 主存数据地址

通道指令中的 8～31 位(共 24 位)给出本次 I/O 传送操作(读、写、反读)时主存缓冲区的首地址,在数据传送过程中,每传送一个字(或字节),数据地址修改一次(加 1 或减 1)。

(3) 传送字节计数

通道指令中的 48～63 位(共 16 位),用来表示通道执行 I/O 操作时所传送的数据块长度,通常以字节为单位。其值可以是传送的字节数,每传送一次计数值减 1;也可以是传送字节数的补数,每传送一次计数值加 1,当计数值为全 0 时,表示数据块传送完毕。

(4) 标志码

通道指令中的 32～36 位(共 5 位),用来定义通道程序的链接方式或通道命令的操作特征,统称为特征位,各位的含义如下。

① 数据链特征:用 CD 表示。CD=1,表示接下去的一条通道指令也是数据传送命令。执行完本条通道指令后不必断开与通道的逻辑联系,接着取出下一条通道指令来执行即可。

第二条通道指令的命令码和第一条的命令码相同。

② 命令链特征：用 CC 表示。CC=1，表示本条通道指令执行完毕，接着有不同操作命令的通道指令要执行。执行完本条通道指令后要断开与通道的逻辑联系，接着取下一条通道指令。前后两条通道指令的命令码是不相同的。

由此可见，只要通道指令中的 CD 或 CC 位为 1，就表示通道程序还没有结束；当 CD 和 CC 位全为 0 时，表示本条通道指令是通道程序的最后一条指令，通道程序将结束。

③ 封锁错误长度特征：用 SLI 表示。所谓长度错，是指当通道指令中所给定的传送字节个数与外部设备请求传送的字节个数不相等时，通道指令执行完毕将产生长度错误标志，并向 CPU 发中断请求。若 SLI=1，即使产生了长度错误标志，也不发送错误信号，不产生中断请求，继续执行通道指令。

④ 封锁写入主存特征：用 SKIP 表示。SKIP=1 时，禁止将外部设备读出的数据写入主存。本特征位若与数据链特征位连用，则可从外部设备的一批连续数据中任选一部分写入主存。

⑤ 程序控制中断特征：用 PCI 表示。PCI=1，表示执行本通道指令时允许产生一个中断条件。

2. 通道程序举例

通道程序由一条或几条 CCW 组成，在进行通道程序设计时，要特别注意命令码和标志码的应用。例如，在对磁盘机进行读写操作前，要使用控制命令查找磁盘地址，这个地址（含柱面号、盘面号、扇区号等）被包含在控制命令的数据地址字段中。根据此命令使磁盘机进行寻址工作，当找到指定的磁盘数据区时，通道才开始执行真正的对磁盘机进行读写操作的通道程序。下面通过两个例子看通道程序。

例 9-1 磁盘写入操作。

把主存中 3 个长度分别为 128 个字节、96 个字节和 256 个字节的数据块写入到磁盘机的指定地址中。这 3 个数据块的主存起始地址分别为 002000H、002100H、002200H。同时，假设磁盘数据区地址已通过前面的通道程序找到了，因此完成磁盘写入操作的通道程序如表 9-6 所示。

表 9-6 磁盘机写入操作通道程序举例

通道指令	命 令	主存地址（十六进制）	标志码（二进制）	字节计数（十进制）
CCW_1	磁盘写	002000	10000	128
CCW_2	无用	002100	10000	96
CCW_3	无用	002200	00000	256

例 9-2 磁带读出操作。

从磁带机读出一个数据块，总长度为 256 个字节，分别放到主存的两个地方，其中第一个位置的起始地址为 005000H，存放数据块开始的 120 个字节；第二个位置的起始地址为 006000H，存放数据块的最后 80 个字节，数据块中间部分的 56 个字节不送入主存中，其通道程序如表 9-7 所示。

表 9-7 磁带机读出操作通道程序举例

通道指令	命 令	主存地址(十六进制)	标志码(二进制)	字节计数(十进制)
CCW_1	磁带读	005000	10000	120
CCW_2	无用	无用	10010	56
CCW_3	无用	006000	00000	80

9.5.4 通道工作过程

通道完成一次数据传输的主要过程分为如下3步:

① 在用户程序中使用访管指令进入管理程序,由CPU通过管理程序组织一个通道程序,并启动通道。

② 通道执行CPU为它组织的通道程序,完成指定的数据输入输出工作。

③ 通道程序结束后向CPU发中断请求。CPU响应这个中断请求后,第二次调用管理程序对中断请求进行处理。

这样,每完成一次输入输出工作,CPU只需要两次调用管理程序,大大减少了对用户程序的打扰。CPU执行用户程序和管理程序,通道执行通道程序的时间关系如图9-29所示。

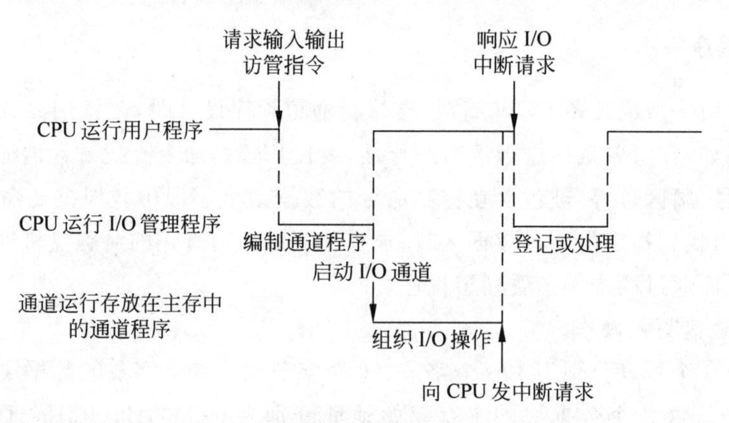

图9-29 用户程序、管理程序和通道程序的执行时间关系

习 题

9-1 什么是计算机的输入输出系统?输入输出设备有哪些编址方式?有什么特点?

9-2 什么是I/O接口?I/O接口有哪些特点和功能?接口有哪些类型?

9-3 并行接口和串行接口实质上的区别是什么?其界面如何划分?各有什么特点?

9-4 程序查询方式、程序中断方式、DMA方式各自适用什么范围?下面这些结论正确吗?为什么?

(1) 程序中断方式能提高CPU利用率,所以在设置了中断方式后就没有再应用程序查询方式的必要了。

(2) DMA方式能处理高速外部设备与主存间的数据传送,高速工作性能往往能覆盖低速工作要求,所以DMA方式可以完全取代程序中断方式。

9-5 什么是程序查询I/O传送方式?试举例说明其工作原理,它有哪些优缺点?

9-6 图9-5是以程序查询方式实现与多台设备进行数据交换的流程图,试分析这种处理方式存在的问题以及改进措施。

9-7　如果采用程序查询方式从磁盘上输入一组数据，设主机执行指令的平均速度为100万条指令每秒，试问从磁盘上读出相邻两个数据的最短允许时间间隔是多少？若改为中断式输入，这个间隔是更短些还是更长些？由此可得出什么结论？

9-8　在程序查询方式的输入输出系统中，假设不考虑处理时间，每一个查询操作需要100个时钟周期，CPU的时钟频率为50MHz。现有鼠标和硬盘两个设备，而且CPU必须每秒对鼠标进行30次查询，硬盘以32位字长为单位传输数据，即每32位被CPU查询一次，传输率为2MB/s。求CPU对这两个设备查询所花费的时间比率，由此可得出什么结论？

9-9　什么是中断？外部设备如何才能产生中断？

9-10　中断为什么要判优？有哪些具体的判优方法？各有什么优缺点？

9-11　CPU响应中断应具备哪些条件？

9-12　什么叫中断隐指令？中断隐指令有哪些功能？中断隐指令如何实现？

9-13　什么是中断向量？中断向量如何形成？向量中断和非向量中断有何差异？

9-14　在程序中断处理中，要做到现行程序向中断服务程序过渡和中断服务程序执行完毕返回现行程序，必须进行哪些关键性操作？一般采用什么方法实现这些操作？

9-15　假定某计算机的中断处理方式是将断点存入00000Q单元，并从77777Q单元取出指令(即中断服务程序的第一条指令)执行。试排出完成此功能的中断周期微操作序列，并判断出中断服务程序的第一条指令是何指令(假定主存容量为2^{15}个单元)？

9-16　假设有设备1和设备2两个设备，其优先级为设备1＞设备2，若它们同时提出中断请求，试说明中断处理过程，画出其中断处理过程示意图，并标出断点。

9-17　设某计算机有4个中断源，优先顺序按1→2→3→4降序排列，若1、2、3、4中断源的服务程序中对应的屏蔽字分别为1110、0100、0110、1111，试写出这4个中断源的中断处理次序(按降序排列)。若4个中断源同时有中断请求，画出CPU执行程序的轨迹。

9-18　现有A、B、C、D 4个中断源，其优先级由高向低按A→B→C→D顺序排列。若中断服务程序的执行时间为20μs，根据图9-30所示时间轴给出的中断源请求中断的时刻，画出CPU执行程序的轨迹。

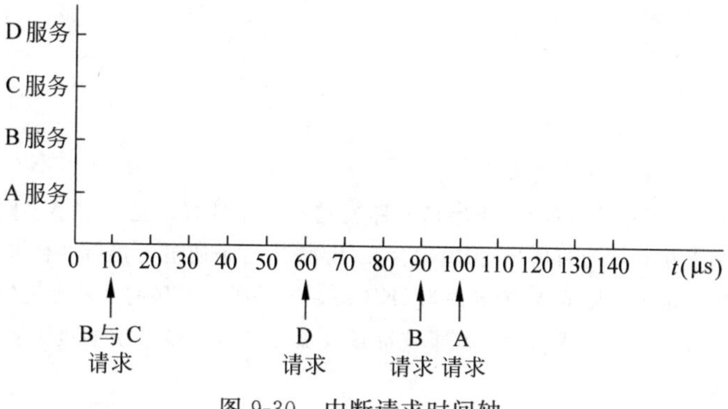

图9-30　中断请求时间轴

9-19　设某计算机有5级中断：L_0、L_1、L_2、L_3、L_4，其中断响应优先次序为：L_0最高，L_1次之，……，L_4最低。现在要求将中断处理次序改为L_1→L_3→L_0→L_4→L_2，试问：

(1) 各级中断服务程序中的各中断屏蔽码应如何设置(设每级对应一位，当该位为"0"，表示中断允许；当该位为"1"，表示中断屏蔽)？

(2) 若这5级同时都发出中断请求，试画出进入各级中断处理过程示意图。

9-20　实现多重中断应具备何种条件？如有A、B、C、D 4级中断，A的优先级最高，B次之，C再次之，D最低。如果在程序执行过程中，C和D同时申请中断，该先响应哪级中断？如果正在处理该中断时，A

和B又同时有中断请求,试画出该多级中断处理的流程来。

9-21 CPU响应DMA请求和响应中断请求有什么区别?为什么通常使DMA请求的优先级高于中断请求?

9-22 什么是DMA传送方式?试比较常用的3种DMA传送方法的优缺点?

9-23 实现DMA传送需要哪些硬件支持?

9-24 简述DMA传送的工作过程。

9-25 在主存接收从磁盘送来的一批信息时:

(1) 假定主存的周期为1μs,若采用程序查询方式传送,试估算在磁盘上相邻两数据字间必须具有的最短允许时间间隔是多少?

(2) 若改为中断方式传送,这个时间又会怎样?是否还有更好的传送方式?

(3) 在采用更好的传送方式下,假设磁盘上两数据字间的间隔为1μs,主存又要被CPU占有一半周期时间,试计算这种情况下主存周期最少应是多少。

9-26 磁盘机采用DMA方式与主机通信,若主存周期为1μs,能否满足传输速率为1MB/s的磁盘机的要求?此时CPU处于什么状态?若要求主存有一半时间允许CPU访问,该如何处理?

9-27 假定一个字长为32位的CPU的主频为500MHz,硬盘的传输速率为4MB/s。

(1) 采用中断方式进行数据传送,每次中断传输4字块数据。每次中断的开销(包括中断响应和中断处理的时间)是500个时钟周期,问CPU用于磁盘数据传送的时间占整个CPU时间的百分比是多少?

(2) 采用DMA方式进行数据传送,每次DMA传输的数据量为8KB。如果CPU在DMA预处理时花了1000个时钟周期,在DMA后处理时花了500个时钟周期,问CPU用于磁盘数据传送的时间占整个CPU时间的百分比为多少?

9-28 通道有哪些基本类型?各有何特点?

9-29 已知一个32位大型计算机系统具有两个选择通道和一个字节多路通道。每个选择通道连接两台磁盘机和两台磁带机,字节多路通道连接两台打印机、两台卡片输入机和10台CRT显示终端。假设这些设备的传输速率分别为:

磁盘机	800KB/s
磁带机	200KB/s
打印机	6.6KB/s
卡片输入机	1.2KB/s
CRT显示终端	1KB/s

求该计算机系统的最大I/O传输速率。

9-30 某计算机I/O系统中,接有一个字节多路通道和一个选择通道。字节多路通道包括3个子通道。其中,0号子通道上接有两台打印机(传输率为5KB/s);1号子通道上接有3台卡片输入机(传输率为1.5KB/s);2号子通道上接8台显示器(传输率为1KB/s)。选择通道上接两台磁盘机(传输率为800KB/s);5台磁带机(传输率为250KB/s),求I/O系统的实际最大流量。若I/O系统的极限容量为822KB/s,问能否满足所连接设备流量的要求?

9-31 试概括通道控制方式和DMA方式的异同点。

9-32 什么是通道指令?通道指令的结构如何?它与CPU指令有何区别?它们的执行过程相同吗?

9-33 简述通道操作的基本过程。

9-34 在通道控制方式下,I/O操作由通道控制,以达到CPU和I/O设备的并行操作,试问:

(1) 当通道正在进行I/O操作时,CPU能否响应其他中断请求?

(2) 若CPU能响应其他中断请求,是否会影响正在进行的I/O操作?

索　引

A～B

C

D

E

F

G

H

I～J

K

L

M

N～O

P

Q

R

S

T

U～W

X

Y

Z

EISA(扩展工业标准结构)　extended industry standard architecture　225
VESA 局部总线　video electronics standard association local bus　225
PCI(周边元件扩展接口)　peripheral component interconnect　225
AGP(图形加速端口)　accelerated graphics port　225
USB(通用串行总线)　universal serial bus　228
eSATA(外部串行 ATA)　external serial ATA　229
IDE(集成驱动器电路)　integrated drive electronics　242
SATA(串行 ATA)　serial ATA　243
SCSI(小型计算机系统接口)　small computer system interface　243
SAS(串行连接 SCSI)　serial attached SCSI　243
CD-ROM(只读光盘)　compact disc read only memory　248
CD-R 光盘　compact disc-recordable　248
CD-RW 光盘　compact disc-rewritable　248
DVD 光盘　digital versatile disc　248
BD 光盘(蓝光盘)　blu-ray disk　248
U 盘(USB 闪存驱动器)　USB flash disk　257
A/N(字母数字)模式　alpha number mode　273
APA 模式　all-points addressable mode　274
MDA(单色显示适配器)　monochrome display adapter　281
CGA(彩色图形适配器)　color graphics adapter　281
EGA(增强的图形适配器)　enhanced graphics adapter　281
VGA(视频图形阵列)　video graphics array　281
XGA(扩展图形显示)　extended graphics array　282

参考文献

[1] 蒋本珊.计算机组成原理.3 版.北京：清华大学出版社，2014.
[2] 唐朔飞.计算机组成原理.2 版.北京：高等教育出版社，2008.
[3] 王爱英.计算机组成与结构.3 版.北京：清华大学出版社，2001.
[4] Scott Mueller. PC 硬件工程师手册.吕俊辉，等，译.北京：机械工业出版社，2002.
[5] Patterson，Hennessy.计算机组成和设计硬件/软件接口.2 版.郑纬民，译.北京：清华大学出版社，2003.
[6] 李亚民.计算机组成与系统结构.北京：清华大学出版社，2000.
[7] William Stallings. computer organization and architecture(影印版).北京：高等教育出版社，2001.

“十二五”普通高等教育本科国家级规划教材
21世纪大学本科计算机专业系列教材

近期出版书目

- 计算概论(第 2 版)
- 计算概论——程序设计阅读题解
- 计算机导论(第 4 版)
- 计算机导论教学指导与习题解答
- 计算机伦理学
- 程序设计导引及在线实践(第 2 版)
- 程序设计基础(第 2 版)
- 程序设计基础习题解析与实验指导
- 程序设计基础(C 语言)(第 2 版)
- 程序设计基础(C 语言)实验指导(第 2 版)
- 离散数学(第 3 版)
- 离散数学习题解答与学习指导(第 3 版)
- 数据结构(STL 框架)
- 算法设计与分析(第 2 版)
- 算法设计与分析习题解答与学习指导(第 2 版)
- 算法设计与分析(第 4 版)
- 算法设计与分析习题解答(第 4 版)
- C ++ 程序设计(第 3 版)
- Java 程序设计(第 2 版)
- 面向对象程序设计(第 3 版)
- 形式语言与自动机理论(第 3 版)
- 形式语言与自动机理论教学参考书(第 3 版)
- 数字电子技术基础
- 数字逻辑
- FPGA 数字逻辑设计
- 计算机组成原理(第 4 版)
- 计算机组成原理教师用书(第 4 版)
- 计算机组成原理学习指导与习题解析(第 4 版)
- 微机原理与接口技术(第 2 版)
- 微型计算机系统与接口(第 2 版)
- 计算机组成与系统结构(第 2 版)
- 计算机组成与体系结构习题解答与教学指导(第 2 版)
- 计算机组成与体系结构(第 2 版)
- 计算机系统结构教程
- 计算机系统结构学习指导与题解
- 计算机系统结构实践教程
- 计算机操作系统(第 2 版)
- 计算机操作系统学习指导与习题解答
- 编译原理
- 软件工程(第 3 版)
- 计算机网络(第 4 版)
- 计算机网络教师用书(第 4 版)
- 计算机网络实验指导书(第 3 版)
- 计算机网络习题解析与同步练习(第 2 版)
- 计算机网络软件编程指导书
- 人工智能
- 多媒体技术原理及应用(第 2 版)
- 计算机图形学
- 计算机网络工程(第 2 版)
- 计算机网络工程实验教程
- 信息安全原理及应用

平台功能介绍

如果您是教师，您可以

管理课程
建立课程
管理题库
发布试卷
布置作业
管理问答与话题

如果您是学生，您可以

发表话题
提出问题
加入课程
下载课程资料
编辑笔记
使用优惠码和激活序列号

如何加入课程

1 找到教材封底“数字课程入口”

范例
数字课程入口
刮开涂层
获取二维码

刮开涂层

2 刮开涂层获取二维码，扫码进入课程

范例

获取更多详尽平台使用指导可输入网址

http://www.wqketang.com/course/550

如有疑问，可联系微信客服：DESTUP

图书资源支持

感谢您一直以来对清华版图书的支持和爱护。为了配合本书的使用，本书提供配套的资源，有需求的读者请扫描下方的"书圈"微信公众号二维码，在图书专区下载，也可以拨打电话或发送电子邮件咨询。

如果您在使用本书的过程中遇到了什么问题，或者有相关图书出版计划，也请您发邮件告诉我们，以便我们更好地为您服务。

我们的联系方式：

地　　址：北京市海淀区双清路学研大厦 A 座 714

邮　　编：100084

电　　话：010-83470236　010-83470237

客服邮箱：2301891038@qq.com

QQ：2301891038（请写明您的单位和姓名）

资源下载：关注公众号"书圈"下载配套资源。

书圈

获取最新书目

观看课程直播